Christoph Duppel

Ingenieurwissenschaftliche Untersuchungen an der Hauptkuppel und den Hauptpfeilern der Hagia Sophia in Istanbul

Ingenieurwissenschaftliche Untersuchungen an der Hauptkuppel und den Hauptpfeilern der Hagia Sophia in Istanbul

von
Christoph Duppel

Dissertation, Universität Karlsruhe (TH)
Fakultät für Architektur,
Tag der mündlichen Prüfung: 21.07.2009

Impressum

Karlsruher Institut für Technologie (KIT)
KIT Scientific Publishing
Straße am Forum 2
D-76131 Karlsruhe
www.uvka.de

KIT – Universität des Landes Baden-Württemberg und nationales
Forschungszentrum in der Helmholtz-Gemeinschaft

KIT Scientific Publishing 2010
Print on Demand

ISBN 978-3-86644-466-9

Ingenieurwissenschaftliche Untersuchungen an der Hauptkuppel und den Hauptpfeilern der Hagia Sophia in Istanbul

Zur Erlangung des akademischen Grades eines

DOKTORS DER INGENIEURWISSENSCHAFTEN

von der Fakultät für Architektur der
Universität Karlsruhe (TH) genehmigte

DISSERTATION

von

Dipl.-Ing. Christoph Duppel

Tag der mündlichen Prüfung: 21. Juli 2009

Referent:
Prof. Dr.-Ing. Dr.-Ing. E. h. Fritz Wenzel, Universität Karlsruhe (TH)

Korreferent:
Prof. Dr.-Ing. Rainer Barthel, Technische Universität München

Zu diesem Buch

Der von Christoph Duppel hier vorgelegte Bericht beschäftigt sich mit dem Konstruktionsgefüge eines bau- und kulturgeschichtlich ganz besonderen Bauwerkes, der Hagia Sophia in Istanbul. Mit ihr, ihrer Baugeschichte und ihrem Baubestand hat sich schon eine ganze Reihe von Forschern unterschiedlichster Disziplinen befasst. Dabei waren – ihrer denkmalpflegerischen Schutzwürdigkeit, um nicht zu sagen Unantastbarkeit wegen – Untersuchungen mit Eingriffen in die Bausubstanz nicht erlaubt, selbst wenn dabei nur geringste Verletzungen entstanden. Das ist auch heute noch so. Deshalb hat Christoph Duppel bei seinen Erkundungen zu zerstörungsfreien Untersuchungsmethoden gegriffen, und es ist erstaunlich, was dabei herausgefunden werden konnte und von ihm hier als Ergebnis vorgelegt werden kann.

Inhalt

Der Bericht ist zweiteilig aufgebaut. Im ersten Teil wird über die Erkundungen am Bauwerk referiert, im zweiten Teil über die Folgerungen, die sich daraus für das Tragverhalten und Tragvermögen des Konstruktionsgefüges ergeben.
Die Erkundungen galten vornehmlich dem Bestand und Zustand des Backsteinmauerwerks der Hauptkuppel und der Pendentifs sowie des Granitmauerwerks der vier Hauptpfeiler. Bei der Kuppel ging es um die unterschiedlichen Konstruktionsdicken, die wechselnden Querschnittsmaße und Querschnittsverläufe, die zum Teil beträchtlichen Verformungen, ferner um die Schwachstellen und Schäden wie Bruchkanten, Mosaikablösungen, Feuchte, auch um Verarbeitungsqualität, Steifigkeit, Elastizität des Mauerwerks. Bei den Pfeilern wurde der Frage nachgegangen, ob sie durchgemauert oder mit innerer Füllung ausgeführt worden sind, und es ging wiederum auch um Feuchte, Steifigkeit, Elastizität.
Bei den Folgerungen, die Christoph Duppel aus dem Studium früherer Forschungsberichte und vor allem aus den Ergebnissen seiner eigenen Untersuchungen für das Tragverhalten und Tragvermögen herleitet, spielen die geometrischen und materialtechnischen Irregularitäten eine Rolle, insbesondere auch die Erkenntnisse, die er aus dem Nachvollzug der verschiedenen Teileinstürze und Wiederaufbauten gewinnt, welche die Hagia Sophia in ihrer 1500-jährigen Geschichte erfuhr.
Die statisch-konstruktiven Studien beginnen mit der Kuppel als Teilsystem, dann werden sie auf das Gesamtsystem ausgedehnt. Es folgt eine Validierung der Berechnungsansätze und Berechnungsergebnisse anhand von Vergleichen mit dem jeweiligen tatsächlichen Zustand der entsprechenden Bauwerksteile.
Die dynamischen, sprich Erdbebenuntersuchungen – ein noch einmal sehr großes Aufgabenfeld – sind nicht Teil der ohnehin schon weit gespannten Arbeit. Aber die Daten aus den Erkundungen und Folgerungen wurden an das Institut für Mechanik der Universität Karlsruhe und dort an die Arbeitsgruppe von Professor Karl Schweizerhof weitergegeben, um im Rahmen eines gemeinsamen anschließenden Forschungsvorhabens umfängliche Untersuchungen des Erdbebeneinflusses auf das Baugefüge der Hagia Sophia vornehmen zu können.

Methoden

Die Erkundungen am Bauwerk waren nur möglich, weil in der Hagia Sophia ein Gerüst für die türkischen Restauratoren aufgebaut war, von dem aus die Mosaiken, Kalligraphien und Malflächen der Hauptkuppel restauriert werden konnten. Dieses Gerüst machte jeweils ein Viertel der Kuppelgrundfläche aus und wurde ungefähr im Jahresabstand umgesetzt. Es durfte, in Absprache mit der Museumsdirektion und dem Zentrallabor für Restaurierung und Konservierung, für die ingenieurmäßigen Untersuchungen des Kuppelmauerwerks mitbenutzt werden. Diese erfolgten zerstörungsfrei, eingesetzt wurden Radar, Mikroseismik, Geoelektrik und Ultraschall.

Bei den statisch-konstruktiven Studien war ein Rückgriff auf Erfahrungen und Normen, wie sie im heutigen Bauwesen Anwendung finden, nicht möglich. Vielmehr musste Bezug auf die alte Bausubstanz genommen und zu den alten Baumaterialien und ihren Eigenschaften hergestellt werden. Hilfreich beim Erkennen des Mauerverbandes und der Tragfähigkeit waren sowohl die hoch aufgelösten Radarbilder als auch die an der Kuppel und den Pfeilern gemessenen Wellengeschwindigkeiten mit den daraus hergeleiteten Elastizitätsmoduli des alten Mauerwerkes.

Ergebnisse

Die Ergebnisse sind vielfältig: Der Bestand und Zustand des von den Mosaiken, den Marmorplatten und dem Bleidach unsichtbar und unzugänglich verdeckten Mauerwerkes konnte festgestellt und beurteilt, unzutreffende Einschätzungen und Vermutungen hinsichtlich seines Gefüges konnten widerlegt werden. Herausgefunden wurde, dass die zu unterschiedlichen Zeiten aufgebauten bzw. wieder aufgebauten Kuppelteile von unterschiedlicher Dicke und Qualität sind. Es entstand ein Beitrag zur Reparaturgeschichte der Hagia Sophia, der nicht nur auf die äußerlich wahrnehmbaren Veränderungen des Baugefüges abhebt, sondern auch die inneren Entwicklungen der Konstruktion zum Inhalt hat. In ihm werden die Wandlung der einst einteiligen Hauptkuppel in langer Zeit hin zum vierteiligen Klostergewölbe behandelt und dazu die Veränderungen aufgezeigt, die der Kraftfluss dabei erfuhr. Die statische Standsicherheit wird nachgewiesen und begründet, zur Untersuchung der dynamischen Standsicherheit bei Erdbeben werden wesentliche geometrische Daten und materialtechnische Kennwerte bereitgestellt. Insgesamt wurden Untersuchungsmethoden für hochsensible Baudenkmale entwickelt und erfolgreich getestet, die auch anderen vergleichbaren Erkundungsaufgaben zugute kommen können. Dabei wurde ein erkennbarer Zugewinn an wissenschaftlicher, in der denkmalpflegerischen Praxis anwendbarer Erkenntnis erzielt.

Der von Christoph Duppel hier vorgelegte Bericht über die ingenieurtechnischen Untersuchungen an der Hauptkuppel und den Hauptpfeilern der Hagia Sophia in Istanbul spannt den Bogen von der historischen Bausubstanz über ihre späteren Reparaturen und Ergänzungen bis hin zu den neuen technischen Erkundungsmöglichkeiten am alten Gefüge. Er ist das Ergebnis mehrerer Jahre umsichtig-sorgfältiger Arbeit, interdisziplinären Vorgehens und Verständnisses und großen persönlichen Einsatzes. Thema und Inhalt des Berichtes sind von grundlegendem Interesse und von hoher aktueller Bedeutung.

Karlsruhe, im September 2009

Fritz Wenzel

About this book

This book submitted by Christoph Duppel is about the structural characteristics of the Hagia Sophia in Istanbul, a unique building from the point of view of architectural and cultural history. Quite a number of scholars from a wide variety of disciplines have already studied this structure, its architectural history and the existing building substance. For all of them, invasive studies into the existing structure were out of the question, even if they would have only resulted in minimal damage, due to the Hagia Sophia´s historic significance, or rather, inviolability. This has remained unchanged to this day, which is why Christoph Duppel selected non-destructive methods of examination for his studies. It is amazing what he has been able to find out, and what he is consequently able to present here as his results.

Contents

This book has two parts. The first one describes the investigations of the building. The second part contains the conclusions drawn from these for the structural behavior and capacity of the structure.
The examinations focused on the present substance and condition of the brick masonry of the main dome and the pendentives as well as of the granite masonry of the four main pillars. With regard to the dome, factors looked at were the different building thicknesses, the changing cross-sectional dimensions and their characteristics, the deformations, which were considerable in places, as well as the weak points and damaged areas such as breaking edges, mosaic delaminations, humidity, as well as the workmanship, rigidity, and elasticity of the masonry. As for the pillars, issues examined were whether the masonry was solid or had an internal filling, and here also, humidity, rigidity, and elasticity.
The focal points in Christoph Duppel's conclusions, drawn from studying earlier research reports, and in particular, from the results of his own studies of the structural behavior and capacity, are the irregularities in geometry and material, and specifically his findings from tracking the various partial collapses and reconstructions which the Hagia Sophia has faced in its 1,500-year history.
The structural studies start with the dome as a subsystem and are then expanded to the overall system. This is followed by a validation of the mathematical approaches and results in the form of comparisons to the actual condition of each building component.
The dynamic, i.e., earthquake studies – another very large task – are not part of this work, which is already covering a lot of ground. But the data from the examinations and the conclusions have been forwarded to Professor Karl Schweizerhof's working group at the *Institut für Mechanik* at the Universität Karlsruhe. They will form a basis for comprehensive studies of the impact of earthquakes on the Hagia Sophia's structure in a joint follow-up research project.

Methods

The investigations of the building were possible only due to the fact that scaffolding had been erected for the Turkish restoration experts who were restoring the mosaics, calligraphies and painted surfaces of the main dome. This scaffolding, which covered a quarter of the dome area at a time, was moved roughly once a year. Permission was obtained to use this structure, in coordination with the museum management and the *Central Laboratory for Restoration and Conservation*, to perform the engineering studies of the dome's masonry. Radar, microseismic, geoelectric and ultrasound methods were used for these non-destructive examinations.
For the structural studies, there were no pre-existing experiences or standards such as they are used in modern construction. Instead, the old building substance and building materials with their characteristics had to be referenced. High-resolution radar images as well as the

wave speeds measured on the dome and the pillars with their resulting moduli of elasticity of the old masonry proved helpful for determining the masonry bond and its structural capacity.

Results

The results are multi-faceted. The study succeeded in determining and evaluating the existing characteristics and condition of the masonry, which is invisibly and inaccessibly covered by mosaics, marble plates, and the lead roof, and it helped rebut existing incorrect assessments and assumptions regarding its bond. It was found that the dome components built or reconstructed at various times are of different thicknesses and quality. This study is a contribution to the Hagia Sophia's repair history that focuses not only on the externally noticeable changes of the structure, but also describes its internal developments. It treats the change of the main dome, which used to be in one part, to the four-part cloister vault over a long period of time, and points out the related changes that resulted for the flow of forces from this process. The building's structural stability is proven and supported by evidence, and essential geometric data and material characteristics are provided for examining the structure's stability during earthquakes. Overall, examination methods for highly sensitive structures were developed and successfully tested that can also be useful for other comparable studies. This resulted in a noticeable addition of scientific insights applicable to practical historical restoration work.

This report on the engineering examinations on the main dome and main pillars of the Hagia Sophia in Istanbul, submitted by Christoph Duppel, runs the gamut from the historical building substance to its later repairs and additions, to the latest technological investigation methods on the old structure. It is the result of several years of careful and diligent work, an interdisciplinary approach and expertise, and great personal commitment. Topic and content of the report are of fundamental interest and great timely importance.

Karlsruhe, September 2009

Fritz Wenzel

Vorwort des Verfassers

Die vorliegende Forschungsarbeit entstand im Rahmen der Bearbeitung des von der Deutschen Forschungsgemeinschaft (DFG) über einen Zeitraum von drei Jahren geförderten Projektes *„Ingenieurwissenschaftliche Untersuchungen an der Hauptkuppel und den Hauptpfeilern der Hagia Sophia in Istanbul"*.

Eines der bedeutendsten Gebäude der Architekturgeschichte einer intensiven Erkundung und Bewertung zu unterziehen, ist eine großartige Aufgabe und war eine einmalige Herausforderung. Geprägt von der Einzigartigkeit des Bauwerks und seiner exponierten Lage am Rande zweier Kontinente hinterließen die Aufenthalte in Istanbul vielfältige persönliche Eindrücke. Für diese Eindrücke und Erfahrungen, die einzigartige Chance der Erstellung dieser Arbeit und das Vertrauen, welches mir mit der Betrauung dieser Aufgabe entgegengebracht wurde, bin ich Herrn Prof. Dr.-Ing. Fritz Wenzel zu größtem Dank verpflichtet. Erst seine jahrzehntelange Erfahrung und seine Forschungstätigkeiten zum sensiblen Umgang mit der historisch bedeutsamen Bausubstanz, seine langjährige Tätigkeit in der durch die UNESCO eingesetzten ´Internationalen Kommission zur Sicherung der Hagia Sophia´, und insbesondere sein beständiger persönlicher Einsatz ermöglichte die Durchführung dieses Projektes.

Die in der Natur der Sache liegenden, bei Organisation und Durchführung eines derartigen Vorhabens immer wieder und in den verschiedensten Formen auftretenden Unwägbarkeiten ließen sich damit und dank behördlicher und privater Unterstützung im In- und Ausland gemeinsam überwinden. Hierfür darf ich meinen Dank aussprechen

- der Deutschen Forschungsgemeinschaft (DFG) für die Gewährung der erforderlichen finanziellen Mittel, ohne welche das Projekt nicht hätte durchgeführt werden können,
- dem ´General Directorate of Monuments and Museums´ des türkischen Kulturministeriums für die Erteilung der Messgenehmigung, dem Kulturreferat der Botschaft der Bundesrepublik Deutschland in Ankara für die Unterstützung bei der Beantragung derselben,
- den Direktoren des Hagia-Sophia-Museums, Frau Jale Dedeoğlu, Herrn Seracettin Sahin und Herrn Mustafa Akkaya für das Einverständnis zur Durchführung der Messungen sowie die kooperative Unterstützung vor Ort,
- der Direktorin des ´Central Laboratory for Restoration and Conservation´ des türkischen Kulturministeriums, Frau Ülkü Izmirligil, welche bei der Erteilung der behördlichen Genehmigung für die Untersuchungen maßgeblich mitwirkte und uns im Rahmen der von ihr geleiteten Restaurierungsarbeiten dienliche Unterstützung zukommen ließ,
- Herrn Prof. Adolf Hoffmann, Herrn Dr. Felix Pirson und Herrn Dr. Martin Bachmann vom Deutschen Archäologischen Institut in Istanbul für die Begleitung des Projektes, die Bereitstellung von Institutseinrichtungen und wichtige Hilfestellungen zur Regelung behördlicher Angelegenheiten.

Wertvolle Unterstützung in fachlicher Hinsicht und stete Bereitschaft zur Diskussion durfte ich von verschiedensten Seiten erfahren. Hierbei gebührt mein ganz besonderer Dank:

- Frau Prof. Zeynep Ahunbay, Herrn Prof. Metin Ahunbay und Herrn Prof. Müfit Yorulmaz († 2006) von der Technischen Universität Istanbul. Als Architektin, Bauhistoriker und Bauingenieur standen mir mit ihnen Experten zur Seite, welche durch ihre jahrzehntelange Arbeit an der Hagia Sophia und in ihrer Funktion als Mitglieder des von der UNESCO eingesetzten Komitees einen einzigartigen Kenntnisstand erwarben und ihren Fundus an Informationen im Rahmen von Gesprächen und Diskussionen gerne bereitstellten. Sie unterstützten das Forschungsprojekt in fachlicher und persönlicher Weise nach vollen Kräften.
- Herrn Prof. Dr.-Ing. Rainer Barthel von der Technischen Universität München für die fachliche Begleitung der Arbeit, die konstruktiven Anmerkungen und Hinweise sowie für die Bereitschaft zur Übernahme des Korreferats.

Einen maßgeblichen Anteil am Gelingen dieser Arbeit kommt den Mitgliedern des vor Ort bzw. bei den späteren Auswertungen unmittelbar beteiligten „Projektteams“ zu:

- Herrn Dipl.-Geophys. Bernhard Illich, der die geophysikalischen Messungen und die erforderliche Datenaufbereitung betreute und im Rahmen der Auswertungen mit fachlichen Ratschlägen und Hinweisen stets zur Seite stand.
- Herrn Dipl.-Ing. arch. Martin Gartner, der das Projekt über einen Zeitraum von drei Jahren begleitete und insbesondere mit seiner Unterstützung bei den Messungen in der Hagia Sophia und der geometrischen Gebäudeerfassung weit mehr als ein Hilfsassistent war.
- Herrn Umut Almac und Frau Füsun Ferah von der Technischen Universität Istanbul, deren Unterstützung vor Ort – sei es in technischer, sprachlicher oder organisatorischer Hinsicht – maßgeblich zum Abbau entsprechender Barrieren beitrug.

Ihnen allen und dem Restauratorenteam auf dem Gerüst sage ich meinen ganz persönlichen Dank, und es ist mir ein Anliegen zu ergänzen, dass sich über die hervorragende Zusammenarbeit hinaus Freundschaften entwickelt haben, welche Bestand zu haben versprechen.

Weiterhin darf ich der Geschäftsleitung des ´Büro für Baukonstruktionen´, Karlsruhe, danken, welche mir über die Laufzeit des Projektes eine Beurlaubung ermöglichte, darüber hinaus die nötigen Freiräume einräumte und alle denkbare fachliche und technische Unterstützung zukommen ließ.

Mein Dank gilt ferner Herrn Prof. Matthias Pfeifer vom Institut für Tragkonstruktionen der Universität Karlsruhe (TH) für die Unterstützung der Forschungsanträge und die interessierte Projektbegleitung. Frau Brigitte Urbaschek danke ich für die gewissenhafte Projektverwaltung und Erledigung der notwendigen Formalitäten.

Schließlich darf ich an dieser Stelle die Gelegenheit nutzen, all jenen zu danken, die mir in den vergangenen vier Jahren auch im privaten und familiären Bereich den erforderlichen Rückhalt und Freiraum gaben. Dieser Dank gilt im Besonderen meinen Eltern, meiner lieben Frau Simone und meinem Sohn Paul.

Karlsruhe, im Juli 2008

Christoph Duppel

Inhaltsverzeichnis

Teil A: Das Konstruktionsgefüge der Hagia Sophia

Teil B: Zum Tragverhalten der Hagia Sophia

1 Einleitung

Ihre weithin sichtbaren Abmessungen, die außerordentlich kurze Erbauungszeit und ein überwältigender Raumeindruck machen die Hagia Sophia in Istanbul einzigartig in der Architekturgeschichte.

Sie muss nicht nur als das bedeutendste byzantinische Bauwerk gesehen werden, sondern ist mit Sicherheit eines der baugeschichtlich wichtigsten und ingenieurmäßig bemerkenswertesten Baugefüge der letzten 1500 Jahre. Ihre Baumeister wagten sich bis an die Grenzen der in der Spätantike verfügbaren technischen Möglichkeiten und schufen damit eine der kühnsten Konstruktionen von Menschenhand.

Abb. 1.1: Die Hagia Sophia in Istanbul – Ansicht aus südwestlicher Richtung

Als Teil ihrer kultur- und baugeschichtlichen Entwicklung muss auch der Wandel des Tragverhaltens der Hagia Sophia in Vergangenheit, Gegenwart und Zukunft als kontinuierlicher Prozess betrachtet und verstanden werden.

Der Blick in die Vergangenheit des Gebäudes, d. h. die Erkundung von Geometrie, Struktur und Material, welche dem in den vergangenen Jahrhunderten mehrfach veränderten und ergänzten Bauwerk die nötige Stabilität gaben, bildet hierbei die Voraussetzung, um das Tragverhalten des gegenwärtigen Baugefüges realitätsnah zu erfassen und – in die Zukunft blickend – sein Vermögen einzuschätzen, einem drohenden Erdbeben zu widerstehen.

Dieser zeitlich geordneten Betrachtungsweise folgend, sei im Rahmen der vorliegenden Forschungsarbeit der Blick insbesondere auf die „Vergangenheit“ und die „Gegenwart“ des Bauwerks gerichtet.

Ausgehend von den kultur- und baugeschichtlichen Fakten und Ereignissen steht das verschiedenen Bauphasen entstammende Konstruktionsgefüge der Hagia Sophia im Mittelpunkt des ersten Teils der Arbeit. Auf der Grundlage einer genauen Bauwerkserkundung wird der nur lückenhaft vorhandene Kenntnisstand zu einem umfassenden Bild des geometrischen, strukturellen und materialspezifischen Aufbaus der tragenden Bauteile gefügt und auch hinsichtlich bauwerksgeschichtlich relevanter Ereignisse und Daten erweitert.

Wesentliches Hilfsmittel dieser Bauwerkserkundung bildet der Einsatz zerstörungsfrei arbeitender geophysikalischer Untersuchungsverfahren, die dabei durch entsprechende Modifikationen und spezifische Anpassungen für den weiteren Einsatz an besonders schützenswerten Baudenkmälern eine Weiterentwicklung erfahren.

Der sich anschließende zweite Teil der Forschungsarbeit beschäftigt sich mit dem Tragverhalten der Hagia Sophia. Hierbei werden zunächst die Ergebnisse der Bauwerkserkundungen den als Grundlage bisheriger Berechnungen dienenden Bauwerksdaten gegenübergestellt. Die erarbeiteten Erkenntnisse hinsichtlich der tatsächlichen geometrischen und materialspezifischen Verhältnisse ermöglichen dann eine realistische Einschätzung des gegenwärtigen Lastflusses und eine Beurteilung des Tragverhaltens der Hagia Sophia unter Berücksichtigung ihrer baugeschichtlichen Entwicklung.

Der Blick in die Zukunft – und damit auf die Erdbebengefährdung der Hagia Sophia – ist im Rahmen der vorliegenden Arbeit auf qualitative Überlegungen und auf die Erläuterung der Vorgehensweise bei einem derzeit in Bearbeitung befindlichen, anschließenden Forschungsvorhaben beschränkt.

Aus den nachfolgend dargestellten Erkundungen und Studien ist eine Arbeit über das Konstruktionsgefüge der Hagia Sophia entstanden, welche sich interdisziplinär von der Bau und Konstruktionsgeschichte über geophysikalische Untersuchungsmethoden und baustofftechnologische Probleme bis hin zu numerischen Gebäudemodellierungen, statischen Berechnungen und Ausblicken auf die Erdbebenfragen erstreckt. Dafür, dass Umfang und Spannweite der Arbeit Begrenzungen und Einschränkungen nötig machten, wird um Verständnis gebeten.

1.1 Hagia Sophia – mehr als ein Bauwerk

Sei es durch die prachtvolle Mosaikausstattung oder die beeindruckende, durch Verschmelzung von Lang- und Zentralbau entstandene und von einer eindrucksvollen „schwebenden" Kuppel gekrönte Raumschöpfung – die Kirche der „heiligen Weisheit" birgt eine ungemeine Faszination und ruft beim Betrachter – früher wie heute – Bewunderung hervor.

Bereits der Historiker *Prokop* schwärmte nach Einweihung des Bauwerks im Jahre 537: *„Die Kirche wurde also ein über alle Maße herrlich anzuschauendes Werk, kaum zu fassen für den, der sie zu sehen vermag, für diejenigen, die nur von ihr hören, überhaupt unglaubwürdig. Denn sie scheint bis an das Firmament zu reichen,..."* [57, 93].

Das Streben *Kaiser Justinians I.* (527–565), eine Kirche zu stiften, die gemäß den Versen des zeitgenössischen Dichters *Paulos Silentiarios* *„...jedem noch so berühmten Werke überlegen ist..."* [106], fand in dem ihm zugeschriebenen Ausruf am Tage der Einweihung der Kirche *„Ruhm und Ehre dem Allerhöchsten, der mich für würdig hielt, ein solches Bauwerk zu vollenden! Salomo, ich habe dich übertroffen!"* [57] seinen Höhepunkt und demonstrierte fortan die unlösbare Verbindung von politischer und geistiger Führung.

Mehr als neun Jahrhunderte diente die Hagia Sophia als christliche Hauptkirche der Stadt und des gesamten byzantinischen Reiches. In ihrer Funktion als höchster sakraler Repräsentationsraum fanden in ihr sowohl alle großen kirchlichen Handlungen als auch die Krönungen der byzantinischen Kaiser statt.

Nach der Eroberung Konstantinopels durch die Osmanen am 29. Mai 1453 unter *Fatih Sultan Mehmed II.* erwies dieser dem Gebäude seine Anerkennung, indem er die ehemals christliche Hagia Sophia – nach islamischem Brauch eigentlich undenkbar – zum Ort des ersten muslimischen Gebets werden ließ [31, 45].

Die in den Folgejahren errichteten Minarette und die Entfernung bzw. Übertünchung christlicher Motive symbolisierten auch im äußeren Erscheinungsbild den erfolgten Wandel der Hagia Sophia von christlicher Kirche zur Hauptmoschee des osmanischen Reiches. In dieser nahezu fünf Jahrhunderte andauernden Funktion erlebte die Hagia Sophia nicht nur eine neue Blüte als religiöses Symbol, sondern diente der osmanischen Architektur als herausragendes Vorbild [1, 61].

Im Jahre 1934 erklärte der Begründer und erste Präsident der nach dem Ersten Weltkrieg aus dem Osmanischen Reich hervorgegangenen Republik Türkei, *Kemal Atatürk*, die Hagia Sophia per Dekret zum staatlichen Museum, welches als „Ayasofya Müzesi" am 1. Februar 1935 eröffnet wurde. Damit endete, nach nahezu 1400 Jahren, ihre Geschichte als Raum des Glaubens. Die Faszination, die dieses für Christen und Moslems gleichermaßen zeugnisreiche Gebäude ausmacht, ging jedoch keineswegs verloren.

Als eines der herausragenden Bauwerke der Architekturgeschichte wurde die Hagia Sophia 1985 von der UNESCO in die Liste des Weltkulturerbes aufgenommen.

1.2 Die Bauwerksgeschichte – Errichtung und Ergänzungen

Neben der wechselvollen kulturgeschichtlichen Chronik weist die Hagia Sophia eine nicht minder bewegte, von Einstürzen, Wiederaufbauten, Ergänzungs- und Verstärkungsmaßnahmen geprägte Baugeschichte auf.

Der herausragenden Bedeutung des Gebäudes ist es zu verdanken, dass relevante Eckdaten und baugeschichtliche Ereignisse durch zeitgenössische Geschichtsschreiber dokumentiert wurden und sich daher zeitlich exakt einordnen lassen.

Hinsichtlich der Aufarbeitung und dem Studium historischer Quellen seien insbesondere die Arbeiten von MANGO [72, 73, 74] hervorgehoben, auf dessen Angaben – soweit nicht anders angegeben – die folgende Bauwerkschronologie beruht.

- ***Die Erbauung (532–537) und ihre Baumeister***

  Nach der Zerstörung des an derselben Stelle befindlichen Vorgängerbaues[1] während des sogenannten Nika-Aufstandes in der Nacht vom 12. auf den 13. Januar 532 soll bereits am 23. Januar 532 – also 40 Tage später – mit der Erbauung der Hagia Sophia begonnen worden sein. Die von *Kaiser Justinian I.* beauftragten Baumeister *Anthemius von Tralles* und *Isidoros von Milet* vollendeten das Bauwerk nach einer bemerkenswert kurzen Bauzeit von fünf Jahren und zehn Monaten am 27. Dezember 537[2].

  Anthemius von Tralles und *Isidoros von Milet* galten als zwei der größten Baumeister ihrer Zeit. *Anthemius*, dem nach [93] der Entwurf[3] des Bauwerkes zugeschrieben wird, war gemäß den Berichten des zeitgenössischen Historikers *Agathias von Myrina* [101] *„... ausgezeichnet als Ingenieur, und brachte es zu Höchstleistungen in der Mathematikwissenschaft ...“*. Auch *Isidoros*, der sich wohl vorwiegend der Ausführung des Bauwerkes widmete, zeichnete hohes handwerkliches und mathematisch-naturwissenschaftliches Können aus. So sollen gar Texte des Mathematikers *Archimedes* von ihm bearbeitet worden sein [101].

  Der außerordentlich schnelle Baufortschritt wurde, so wird vermutet, durch den Einsatz von 10 000 Arbeitern und unter erheblichem finanziellen Aufwand und persönlichem Engagement des Kaisers erreicht [87]. Dieser solle nahezu täglich die Baustelle besucht haben, um die Arbeiten zu kontrollieren und voranzutreiben [59].

  Berichtet [57, 73, 76] wird jedoch auch von den negativen Folgen des derart raschen Baufortschritts: So soll es bereits während der Bauzeit – wohl aufgrund des noch nicht vollständig abgebundenen Mörtels – zu deutlichen Bauwerksverformungen gekommen sein, die zu einem teilweisen Rückbau bereits erstellter Bauteile führten.

- ***Einsturz der „ersten“ und Erstellung der „zweiten“ Kuppel (558–562)***

  Eine Serie von Erdbeben im April, Oktober und insbesondere Dezember des Jahres 557 bildete wohl den Anstoß für den am 7. Mai 558 – knapp 20 Jahre nach der Fertigstellung – erfolgten Einsturz des östlichen Hauptbogens sowie der angrenzenden Teile von Haupt- und Halbkuppel.

---

[1] Es wird von zwei Vorgängerbauten als Palast- und Hauptkirche der Stadt berichtet [81]. Zunächst als „Megale ekklesia“ – „Die große Kirche“ – bezeichnet, tragen sie seit Anfang des 5. Jahrhunderts bereits den Namen „Hagia Sophia“. Die erste holzgedeckte Basilika, begonnen unter *Kaiser Konstantin* um 325, soll im Jahre 393 bei einem Volksauflauf in Brand gesteckt worden sein. Beim Nachfolgebau, eingeweiht im Jahre 415 unter *Theodosius*, soll es sich um eine fünfschiffige Basilika mit westlicher Vorhalle gehandelt haben [101].

[2] Nach [74] ist das Datum des Baubeginns erst in später erstellten Quellen erwähnt und kann daher angezweifelt werden, der Zeitpunkt der Weihe ist jedoch unstrittig.

[3] Aufgrund der herausragenden mathematischen Befähigung der Baumeister ist es als durchaus wahrscheinlich zu erachten, dass der Entwurf des Gebäudes einem ausgefeilten geometrischen Konzept folgt, dessen Entschlüsselung bis heute Raum wissenschaftlicher Untersuchungen bietet [46, 52, 105].

Die genaue geometrische Form und Ausbildung der bis zu diesem Zeitpunkt bestehenden, sogenannten „ersten" Kuppel wird vielfach diskutiert [u. a. 12, 29, 32, 46, 51, 75, 110]. Diese Thematik soll an dieser Stelle jedoch nicht vertiefend dargestellt werden. Durch historische Quellen belegt [74] und damit als gesichert gilt jedoch, dass die ursprüngliche Kuppel um ca. 6–7m niedriger und damit wesentlich flacher ausgebildet war als die heutige. Anhand dieser Maßangabe liegt es nahe, die Form der „ersten" Kuppel als Außenkreis- bzw. Stutzkuppel zu identifizieren.

Isidoros der Jüngere, der gleichnamige Neffe des Erbauers *Isidoros von Milet*, wurde mit den Aufbauarbeiten betraut. Nach Rückbau der ursprünglichen Kuppelreste vollendete er die in Teilbereichen bis heute erhaltene „zweite" Kuppel noch unter der Regentschaft *Kaiser Justinians I.* Am 24. Dezember des Jahres 562 erfuhr die Hagia Sophia ihre zweite Weihe.

- ***Teileinsturz und Wiederaufbau des westlichen Kuppelsegments (989–994)***

Zwar wurden an dem bereits im Jahre 869 geschädigten westlichen Hauptbogen Reparaturen durchgeführt, dennoch kam es als Folge eines Erdbebens am 26. Oktober 989 zu dessen Versagen. Von diesem Einsturz ebenfalls betroffen waren die westliche Halbkuppel sowie das an den westlichen Hauptbogen grenzende Segment der Hauptkuppel.

Der aus Armenien stammende Architekt *Trdat* leitete den bis in das Jahr 994 reichenden Wiederaufbau. Der Furcht eines erneuten Einsturzes begegnete *Trdat*, indem er insbesondere den westlichen Hauptbogen mit deutlich erhöhten Querschnitten ausstattete und Fensteröffnungen in der Hauptkuppel verschloss (vgl. Abb. 3.3).

- ***Teileinsturz und Wiederaufbau des östlichen Kuppelsegments (1346–1354)***

Eine Serie von Erdbeben in den Jahren 1343 und 1344 bildete den Auslöser der dritten maßgeblichen Gebäudeschädigung und führte am 19. Mai 1346 zum Einsturz des östlichen Hauptbogens, der östlichen Halbkuppel sowie des östlichen Segments der Hauptkuppel.

Dank einer finanziellen Förderung aus Russland, jedoch unter erheblichen innenpolitischen Schwierigkeiten[4], wurde der Wiederaufbau durch die Architekten *Astras* und *Giovanni Peralta* im Jahre 1354 fertig gestellt.

Seit dieser Zeit sind keine Einstürze oder nennenswerte statisch-konstruktiven Schädigungen zu verzeichnen.

- ***Weitere bauliche Maßnahmen, Verstärkungen und Ergänzungen***

Die vergleichende Betrachtung des Baugefüges zur Zeit *Justinians* mit der heutigen Gebäudestruktur (Abb. 1.2-a, b) verdeutlicht, dass die Hagia Sophia im Laufe der Jahrhunderte, über die genannten Teileinstürze hinaus, eine bewegte baugeschichtliche und baukonstruktive Entwicklung erfahren hat.

Neben den vier Minaretten sind es insbesondere die mächtigen Strebepfeiler, die im Rahmen von Verstärkungs- oder Restaurierungsmaßnahmen ergänzt wurden, den ursprünglichen Gebäudegrundriss umfassend stützen und damit das heutige Erscheinungsbild ganz entscheidend prägen.

Die zeitliche Einordnung bzw. Datierung dieser Vielzahl einzelner Ergänzungs- und Verstärkungsmaßnahmen blieb unvollständig. Einzelne Hinweise hierzu sind [67], [32] oder [81] zu entnehmen.

---

[4] Nach AHUNBAY [3] kam es aufgrund eines Wechsels in der politischen Führung [32, 74] zu einem mehrjährigen Stillstand der Aufbauarbeiten. In dieser Zeit war die Konstruktion der Witterung ausgesetzt.

Den oben erläuterten, den Teileinstürzen folgenden Bauphasen seien zwei weitere, das Konstruktionsgefüge[5] betreffende Restaurierungsphasen angefügt:

- Im Jahre 1573 führte der osmanische Architekt *Mimar Sinan* im Zusammenhang mit der Neuerstellung eines Minaretts umfangreiche Reparaturen am Gebäude durch [72, 81]. Bei dieser Maßnahme sollen auch Zugringe um die Hauptkuppel gelegt worden sein [11].
- Eine intensive und vielbeachtete Sanierung erfolgte in den Jahren 1847–1849 durch das italienisch-schweizerische Brüderpaar *Fossati* [31, 44, 45, 72, 100] (siehe hierzu auch Abschnitt 1.3.2). Neben umfänglichen Sanierungen der Oberflächen wird ebenfalls von einem eisernen Reifen berichtet [50, 101], welcher zur Stabilisierung der Kuppel angebracht worden sei.

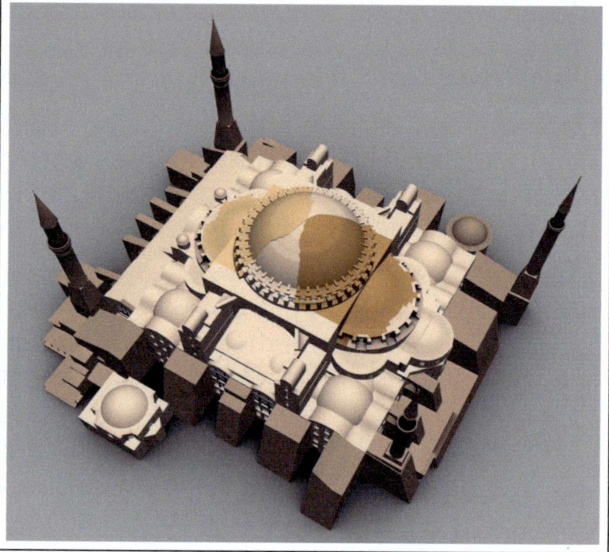

Abb. 1.2: (a) Die Hagia Sophia zur Zeit *Justinians I.* (b) Die Hagia Sophia heute

Die Bau- und Konstruktionsgeschichte der Hagia Sophia rekapitulierend wird deutlich, dass die Kirche *Justinians* ihre bauliche Homogenität verloren hat und heute – aufgrund von Einstürzen und Wiederaufbauten, Ergänzungen und Verstärkungen – von Irregularitäten und Diskontinuitäten durchzogen wird.

Die spezifischen Eigenarten und Ausprägungen der verschiedenen Bauphasen sind – wie im weiteren Verlauf der Arbeit gezeigt wird – an vielen Stellen ablesbar und werden an der Hauptkuppel besonders deutlich: Hier treffen die drei Bau- und Wiederaufbauphasen des 6., 10. und 14. Jahrhunderts auf engstem Raum zusammen.

[5] Weitere Restaurierungsphasen, welche sich jedoch überwiegend auf die Sicherung der Mosaiken bzw. Putzoberflächen beschränkten, sind z. B. in [71] oder [88] erwähnt.

1.3. Die Frage der Standsicherheit

Die bewegte Baugeschichte des Gebäudes verdeutlicht, dass die Frage der Standsicherheit die Hagia Sophia seit Beginn ihrer Erbauung im Jahre 532 bis heute begleitet. Die Teileinstürze im 6., 10. und 14. Jahrhundert zeigen einerseits, dass die Grenzen der Tragfähigkeit des Gebäudes nicht nur erreicht, sondern – infolge statischer und insbesondere dynamischer Erdbebenlasten – überschritten waren. Andererseits zeugen die nach jedem Einsturz unmittelbar anschließenden Aufbauphasen und die Abstütz- und Verstärkungsmaßnahmen auch vom stetigen Bemühen der Baumeister, das Gebäude widerstandsfähiger zu machen und die Kräfte zu beherrschen. Diese sich über Jahrhunderte erstreckende „Entwicklung" des Gebäudes und deren Einfluss auf das statische Gefüge führte schließlich zu einem Gleichgewichtszustand, welcher die Tragstruktur – trotz vorhandener Inhomogenitäten und deutlich sichtbarer Verformungen und Schiefstellungen – seit nunmehr über 650 Jahren weitestgehend[6] schadensfrei hält.

Dennoch stellt sich im Hinblick auf die nähere Zukunft die Frage: Ist das Gefährdungspotential für die Hagia Sophia derart, dass mit Schäden zu rechnen ist, oder ist das Bauwerk in seiner heutigen Struktur in der Lage, auch kommenden Erdbebenbelastungen zu widerstehen? In den Worten des Ingenieurs ausgedrückt: Wie ist einerseits die *Einwirkung* auf das Bauwerk einzuschätzen und was kann zu dessen Widerstand, d.h. *Tragfähigkeit* ausgesagt werden?

1.3.1 Zur Frage der Einwirkungen – die Erdbebengefahr

Unter *Einwirkungen* versteht man in der Statik die Gesamtheit der Kräfte und Belastungen, die auf ein Tragwerk einwirken. Sie werden unterschieden in ständige, veränderliche und außergewöhnliche Einwirkungen.

Im Falle der Hagia Sophia lassen sich die maßgeblichen Einwirkungen auf die ständige statische Eigengewichtslast und die außergewöhnliche dynamische Belastung im Falle eines Erdbebens reduzieren [110].

Während sich die Eigengewichtslast – Kenntnisse über die Bauteilabmessungen sowie deren Materialeigenschaften vorausgesetzt – relativ einfach und exakt bestimmen lässt, erweist sich die zuverlässige Vorhersage des Zeitpunktes sowie der Stärke und Richtung eines Erdbebens als nahezu unmöglich.

Istanbul liegt in einer seismisch aktiven Region. Die nordanatolische Verwerfung als Grenzkante zwischen der eurasischen und der anatolischen Kontinentalplatte verläuft auf dem Grunde des Marmarameeres nur ca. 20 km südlich der Metropole (Abb. 1.3-a). Die südlich dieser Verwerfung gelegene anatolische Platte wandert pro Jahr etwa 2–3 cm nach Westen [27]. In der Berührungsfläche kann aufgrund einer Verhakung der Gesteinsmassen keine kontinuierliche Bewegung stattfinden. Ruckartige Bewegungen zwischen den Platten – und damit der Abbau aufgestauter Schubspannungen – äußern sich dann in Form von Erdbeben.

Eine große Verwerfung – im Falle der nordanatolischen Verwerfung sprechen wir über eine Länge von über 900 km – bewegt sich aufgrund des enormen Reibungswiderstandes nicht auf der gesamten Länge zugleich. Stattdessen reißt die Erde abschnittsweise. Dabei kommt es einerseits zu einer Entlastung der aufgestauten Spannung vor Ort, andererseits aber auch zu einer Spannungskonzentration am Ende des aktiven Teils der Verwerfung. Und dort wird dann, Jahre oder Jahrzehnte später, das nächste Beben ausgelöst. Tendenziell ist damit ein „Wandern" der Epizentren stärkerer Beben entlang der Verwerfung – derzeit von Ost nach West – zu verzeichnen.

6 Die Erdbeben in den Jahren 1776 und 1894 hatten lediglich geringe Schäden an den Oberflächen zur Folge [71, 88].

Internationale Erdbebenexperten beschäftigen sich intensiv mit der Frage, ob und wann und, wenn ja, mit welcher Intensität ein Erdbeben Istanbul erschüttern wird [27]. Anlass zur Sorge gibt das Beben von Düzce (12. November 1999, Magnitude 7,2) und insbesondere das schwere Erdbeben im nur ca. 100 km entfernten Izmit (17. August 1999, Magnitude 7,4). Diese Ereignisse waren auch in Istanbul zu spüren und führten dort zu geringen Schäden (Abb. 1.3-b), wobei die Hagia Sophia hiervon verschont blieb [19].

Gesicherte Einschätzungen lassen sich nicht vornehmen, es wird jedoch von einer Wahrscheinlichkeit von ca. 70% gesprochen, dass Istanbul innerhalb der nächsten 30 Jahre von einem Erdbeben der Magnitude 7,0 oder höher heimgesucht wird [27]. Die Gefahr, welche sich daraus – nicht nur für die Hagia Sophia – herleiten lässt, ist beträchtlich.

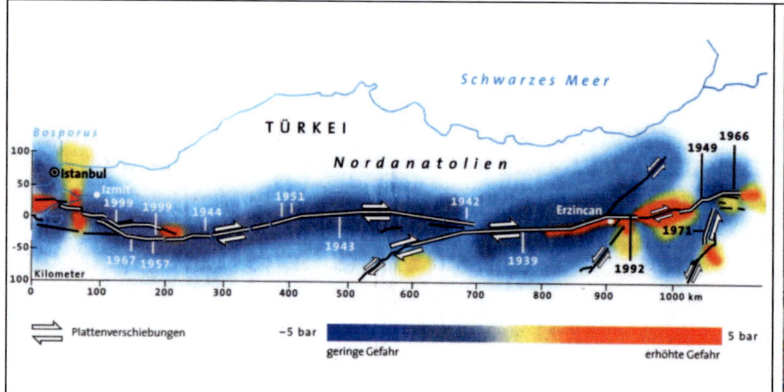

Abb. 1.3: (a) Erdbebenereignisse entlang der nordanatolischen Verwerfung [Quelle: *Die Zeit, Nr. 34 (2005), S. 28*]

(b) Fatih-Moschee (Istanbul): Putzabplatzungen infolge des Erdbebens im Jahre 1999

1.3.2 Zur Frage der Tragfähigkeit – Kenntnisse über das Bauwerksgefüge

Die *Tragfähigkeit* einer Konstruktion ist immer dann gewährleistet, wenn die Beanspruchung in allen Bauteilen mit einer ausreichenden Zuverlässigkeit kleiner ist als die Beanspruchbarkeit.

Voraussetzung für die Einschätzung der Tragfähigkeit eines Bauwerks ist eine fundierte Zustandsanalyse und Bewertung der Bausubstanz. Hierzu zählt eine hinreichende Kenntnis der Geschichte des Bauwerks, seiner Abmessungen und Verformungen, der Gefüge und Materialien sowie seiner Schäden und deren Ursachen [115].

Die Kultur- und Baugeschichte der Hagia Sophia ist durch vielerlei Quellen dokumentiert. Die überwiegend von Historikern oder Reisenden verfassten Berichte basieren jedoch oftmals auf subjektiven Beobachtungen und schildern insbesondere die optische Wirkung dieses gewaltigen Bauwerks auf den Betrachter. Baukonstruktive Besonderheiten treten vor dem Hintergrund des Raumeindruckes oder auch der kunstvollen Innenausstattung – durchaus verständlich – in den Hintergrund.

Es wird zwar vermutet [74], dass in byzantinischer Zeit technische Berichte oder Planunterlagen zu den Baumaßnahmen an der Hagia Sophia existierten, von denen heute jedoch keine mehr vorhanden sind.

Mittelalterliche Quellen und Darstellungen [106] sind nur wenige überliefert, wobei es sich hierbei oftmals um „irreführende“ [113] Beschreibungen bzw. um von der persönlichen Wahrnehmung geprägte, verbale oder zeichnerische Interpretationen des Gebäudes handelt.

Und selbst aus jüngerer Vergangenheit, d. h. aus der Zeit vor 1934, als die Hagia Sophia Moschee war, existieren nur wenige Berichte oder Dokumente zu den Gebäudeabmessungen oder der baukonstruktiven Struktur. So bemängelt JANDL [50] in seinem Reisebericht des Jahres 1912, dass in den muslimischen Gotteshäusern äußerst vorsichtiges Verhalten geboten war und *„... ein zeichnerisches Aufnehmen von Details kaum gestattet wurde."*

Als erste und für lange Zeit einzige Möglichkeit zum näheren Studium der Gebäudestruktur muss die umfängliche Restaurierungsphase der Hagia Sophia in den Jahren 1847–1849 gelten. Die für diese Maßnahme verantwortlichen Architekten, das schweizerisch-italienische Geschwisterpaar *Giuseppe* und *Gaspare Fossati*, veröffentlichten nach Abschluss ihrer Arbeiten ein Tafelwerk [31] mit 25 kolorierten Zeichnungen der Hagia Sophia mit malerischen Außenansichten (Abb. 1.4-a) bzw. Szenen aus der Moschee.

Der deutsche Architekt *Wilhelm Salzenberg* nutzte ebenfalls die Gelegenheit dieser Restaurierungsarbeiten, eine Bauaufnahme durchzuführen [86]. Er gab auf 27 Tafeln [97] einen kunsthistorischen Abriss, dessen Wert vor allem in der architektonischen Präzision lag (Abb. 1.4-b). Dies war bis dahin die umfassendste gedruckte Darstellung der Hagia Sophia.

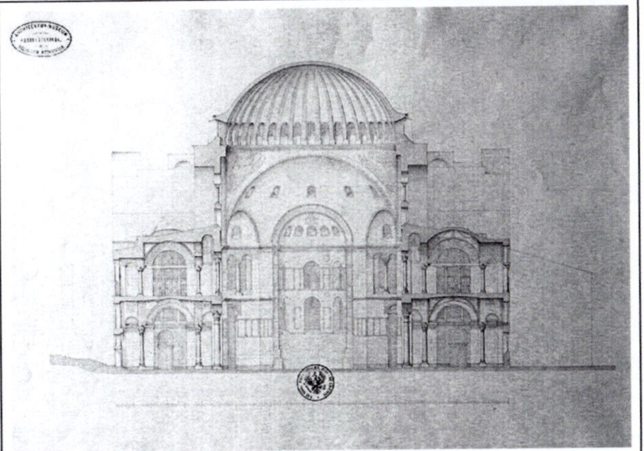

Abb. 1.4: (a) Ansicht von Südosten nach FOSSATI [31] (b) Gebäudequerschnitt nach SALZENBERG [97] [Quelle: *Architekturmuseum TU Berlin, Inv. Nr. 15154*]

Die Untersuchungen durch *A. Choisy* (1883), *E. Antoniades* (1904) und eine Bauaufnahme von *H. Prost* (1905/07) bedeuteten erste Schritte einer modernen Untersuchung und systematischen Erfassung des Gebäudes [46, 57, 81, 106], doch erst mit der Wandlung der Moschee in ein staatliches Museum im Jahre 1934 war es für Bauhistoriker, Architekten und Ingenieure verstärkt möglich, Untersuchungen vor Ort durchzuführen. Auch die Erkundung der baukonstruktiven Struktur wurde nun Thema diverser Forschungsarbeiten.

Aus einer Vielzahl von Berichten und Veröffentlichungen seien die Arbeiten zweier Wissenschaftler genannt, welche bis heute als Grundlage jeder weiteren Forschungstätigkeit gesehen werden müssen.

- Der amerikanische Architekt und Bauforscher *Robert L. Van Nice* begann im Jahre 1937[7] mit der ersten modernen Vermessung und Aufnahme der Baustruktur der Hagia Sophia [22, 23, 24]. Sein 1965 und 1986 erschienenes Tafelwerk *„St. Sophia in Istanbul: An architectural survey"* [113] beinhaltet umfassende Planunterlagen in – wie kürzlich durch Laserscannung bestätigt [46] – bewundernswerter Präzision und Detailtreue (Abb. 1.5).
- Als einer der besten Kenner der Hagia Sophia und der Besonderheiten ihres Baugefüges kann der Bauhistoriker und Ingenieur *Rowland J. Mainstone* bezeichnet werden. In seinem 1988 erschienen Buch *„Hagia Sophia – Architecture, Structure and Liturgy of Justinian´s Great Church"* [67] stellt er sowohl eigene als auch Forschungsergebnisse anderer Wissenschaftler zusammen und schafft damit ein umfassendes Standardwerk zur „Architektur, Struktur und Liturgie" der Hagia Sophia.

[7] Zunächst als Assistent von *William Emerson.*

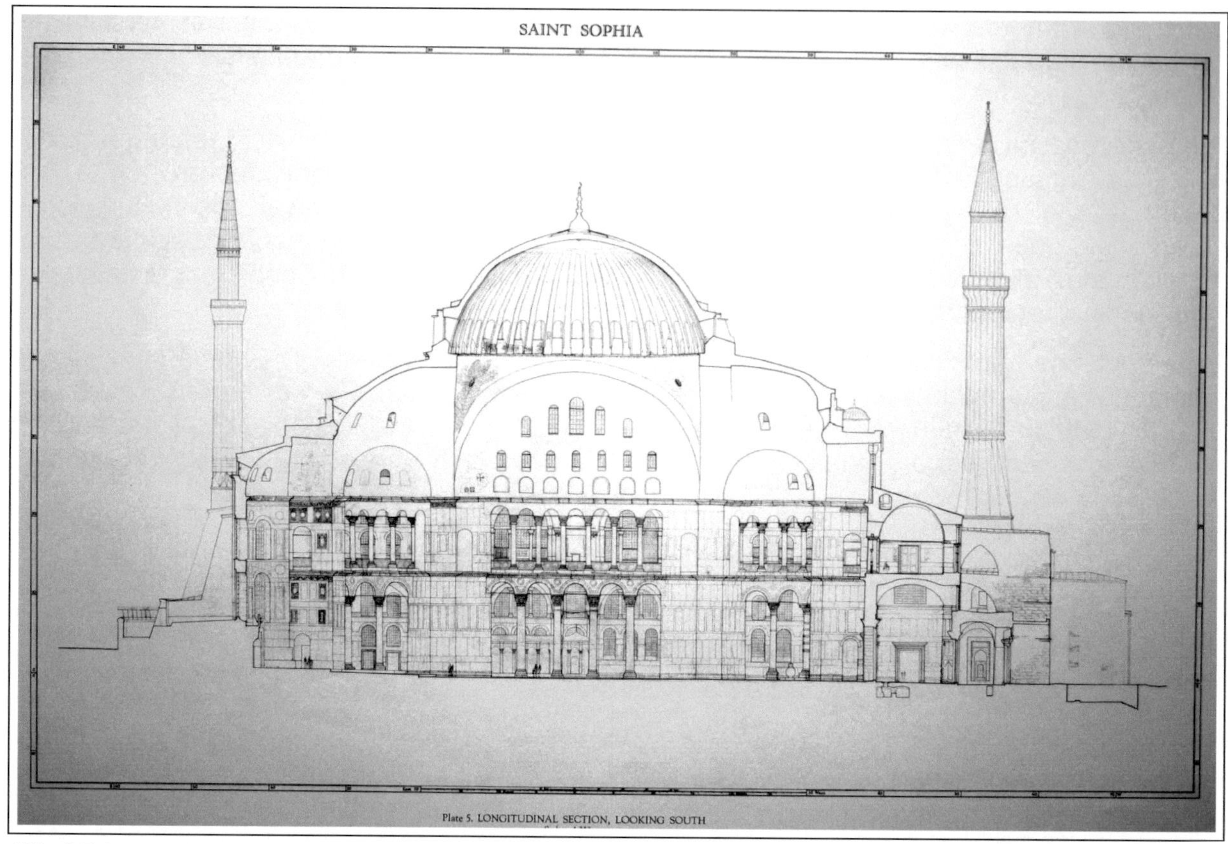

Abb. 1.5: Längsschnitt nach VAN NICE [113] [Quelle: *Deutsches Archäologisches Institut, Abteilung Istanbul*]

Zweifellos besitzen diese Forschungsarbeiten richtungsweisenden Charakter. Dennoch ist festzuhalten, dass sich die Untersuchungen der genannten und weiterer Bauforscher auf eine optische Beurteilung der wenigen, von Mosaiken bzw. Putz unbedeckten und unmittelbar zugänglichen Bereiche beschränken mussten. Da Freilegungen, Bohrungen oder Probenentnahmen am tragenden Mauerwerk aufgrund der kunsthistorischen Bedeutung der Mosaik- und Marmoroberflächen aus denkmalpflegerischen Gründen nicht erlaubt waren, konnte das innere Konstruktions- und Mauerwerksgefüge und die Materialeigenschaften wenn überhaupt, nur ungenügend erkundet werden. Die Erlangung zuverlässiger Erkenntnisse gestaltete sich umso schwieriger, als die unmittelbare Zugänglichkeit – insbesondere der Kuppelschale oder Pendentifflächen – nicht gegeben war.

Entsprechend dem nur lückenhaft vorhandenen Kenntnisstand über das innere Konstruktionsgefüge der Hagia Sophia waren die Voraussetzungen für die Einschätzung der Tragfähigkeit nach den bisherigen Untersuchungen nur beschränkt vorhanden bzw. mit Unsicherheiten behaftet. Wohlwissend um die von Inhomogenitäten und Diskontinuitäten geprägte und sich aus Bauteilen unterschiedlichster Bauphasen zusammensetzende Struktur, mussten damit die analytischen oder numerischen Berechnungen zum statischen und dynamischen Tragverhalten der Hagia Sophia von stark idealisierten Bedingungen und Annahmen ausgehen.

1.4 Motivation und Intention der Forschungsarbeit

Die vorstehenden Erläuterungen zusammenfassend wird deutlich, dass die Frage der Standsicherheit der Hagia Sophia vor dem Hintergrund eines drohenden Erdbebens statisch nur angenähert und dynamisch überhaupt nicht zuverlässig gelöst werden kann, sofern nicht gesicherte Kenntnisse über das Bauwerksgefüge zur Verfügung stehen. Die Notwendigkeit einer exakten Bauwerkserkundung wird aus diesem Grunde seit Jahren von Experten angemahnt und ist insbesondere in *Rowland Mainstone*´s Report *„Present State of the Hagia Sophia Monument with Recommendations for its Preservation and Restoration"* [71], erstellt 1993 im Auftrag der UNESCO und publiziert 1996, formuliert.

Intention der vorliegenden Arbeit ist daher eine auf einer genauen Bauwerkserkundung beruhende Erweiterung und Ergänzung der Kenntnisse zum Konstruktionsgefüge der Hagia Sophia, um auf Grundlage exakter Daten eine Beurteilung des Tragverhaltens, wirklichkeitsnäher als es bisher möglich war, vorzunehmen, und für eine realistische Einschätzung der Standsicherheit, insbesondere im Falle eines Erdbebens, die erforderlichen Berechnungsparameter zur Verfügung zu stellen. Neben der Ermittlung der exakten geometrischen Verhältnisse sind insbesondere Erkenntnisse zu den Konstruktionsformen der unterschiedlichen Bauphasen, deren Materialeigenschaften sowie Verlauf und Beschaffenheit der Nahtstellen erforderlich. Damit lässt sich auch einen Zugewinn bauwerksgeschichtlich relevanter Erkenntnisse und Daten erreichen.

Anstoß und gleichzeitig wichtigste Voraussetzung zur Durchführung der Bauwerkserkundung bildete die in den vergangenen Jahren unter der Federführung des türkischen Kulturministeriums durchgeführte Sanierung und Sicherung der Kuppelmosaiken [88]. Die mit dieser Maßnahme verbundene segmentweise Einrüstung der Kuppel und der Pendentifs bot die einmalige Gelegenheit der unmittelbaren Zugänglichkeit dieser Bauteile und eröffnete damit die Chance, aus nächster Nähe ein verlässliches Bild von deren heutigem Zustand zu erlangen und geometrische bzw. materielle Irregularitäten und Diskontinuitäten zu erfassen.

Zentrales Hilfsmittel bildete der Einsatz von zerstörungsfreien geophysikalischen Untersuchungsverfahren. Diese ließen aussagekräftige flächendeckende Erkenntnisse über Querschnittsdicken sowie die innere Gefügestruktur erwarten, ohne die sensiblen, kunsthistorisch bedeutsamen Oberflächen durch Freilegungen oder sonstige zerstörende Eingriffe zu schädigen. Die geophysikalischen Untersuchungen erfolgten auch vor dem Hintergrund einer anwendungsbezogenen Weiterentwicklung der zerstörungsfreien bzw. zerstörungsarmen Untersuchungsmethoden für besonders schützenswerte Baudenkmäler.

2 Die zerstörungsfreien Untersuchungsmethoden

Zerstörungsfreie Untersuchungsmethoden ermöglichen die Erkundung der inneren Gefügestruktur eines Bauteils, ohne dieses oder dessen Oberfläche zu schädigen.

Im Gegensatz zu den zerstörenden, direkten Prüfverfahren wie beispielsweise Freilegungen, Bohrkernentnahmen oder endoskopische Untersuchungen handelt es sich bei den zerstörungsfreien Messverfahren im Allgemeinen um indirekte Methoden. Dies bedeutet, dass zerstörungsfreie Messungen meist nicht die unmittelbare Aussage über die relevanten Eigenschaften erbringen, sondern einen mit diesen mehr oder weniger stark korrelierenden, physikalischen Messwert. Die Interpretation und Deutung dieser Messergebnisse setzt, neben einer geeigneten Datengrundlage und den Kenntnissen über den Zusammenhang zwischen gemessener und gesuchter Eigenschaft, die entsprechende Erfahrung voraus.

Insbesondere im Rahmen der Arbeiten des Sonderforschungsbereichs 315 der Universität Karlsruhe (TH), wurden in den vergangenen Jahren grundlegende Forschungen zum Einsatz zerstörungsfreier Verfahren an historischem Mauerwerk durchgeführt. Stellvertretend seien hier die Arbeiten von KAHLE [56] und PATITZ [91] genannt.

Darüber hinaus haben sich im Bauwesen diverse zerstörungsfreie Verfahren – unterteilt in elektrische, mechanische, optische und magnetische [37, 115] – entwickelt und finden, entsprechend den angestrebten Erkundungszielen und den materialspezifischen Eigenarten des zu untersuchenden Baukörpers, ihre Anwendung.

Die Beschreibung der Funktionsweisen zerstörungsfreier Verfahren sei im Folgenden auf die zur Erkundung des Mauerwerksgefüges der Hagia Sophia eingesetzten elektrischen Verfahren Radar und Geoelektrik sowie die mechanischen Verfahren Mikroseismik und Ultraschall beschränkt.

2.1 Das Radarverfahren

2.1.1 Verfahrensgrundlagen, Messeinsatz und Datendarstellung

Beim Radarverfahren erfolgt eine flächige Erkundung historischen Mauerwerks mit Hilfe elektromagnetischer Wellen [34, 53, 54, 55, 56,115].

Abbildung 2.1-a zeigt das Funktionsprinzip des Verfahrens bei gängiger Reflexionsanordnung: Die an der Bauteiloberfläche entlang einer definierten Messlinie bewegte Sendeantenne (S) strahlt die vom Radargerät kontinuierlich erzeugten Impulse I in das Mauerwerk ab. Diese Wellen bewegen sich mit einer materialspezifischen Wellengeschwindigkeit v in Abhängigkeit von der relativen Dielektrizitätszahl ε_r fort, bis sie an den Übergängen zwischen Materialien mit unterschiedlichen elektrischen Eigenschaften teils reflektiert, teils transmittiert werden. Diese Grenzflächen zwischen Materialien unterschiedlicher Beschaffenheit werden als *Schichtgrenzen* bezeichnet.

Metallische Oberflächen lassen sich nicht durchdringen und bewirken eine Totalreflexion. Der Reflexionskoeffizient r als Verhältnis der Feldstärken zwischen reflektierter und einfallender Welle nimmt in diesem Falle seinen Maximalwert $r = 1{,}0$ an.

Die Amplitude der Welle wird auf ihrem Weg im Medium durch Ausbreitung im Raum, Streuung und Absorption[8] geschwächt. Die Absorption hängt wesentlich von der Leitfähigkeit σ bzw. – als dessen Reziprokwert – dem spezifischen elektrischen Materialwiderstand ρ ab.

[8] Mit Absorption ist hier das Abschwächen elektromagnetischer Strahlungsenergie beim Durchgang durch ein Medium gemeint.

Die reflektierten Wellen R werden an der Bauteiloberfläche von der Empfangsantenne (E) aufgenommen und in Abhängigkeit ihrer Signalamplituden und Laufzeiten *t* in sogenannten Radargrammen (Abb. 2.1-b) als Reflektoren dargestellt.

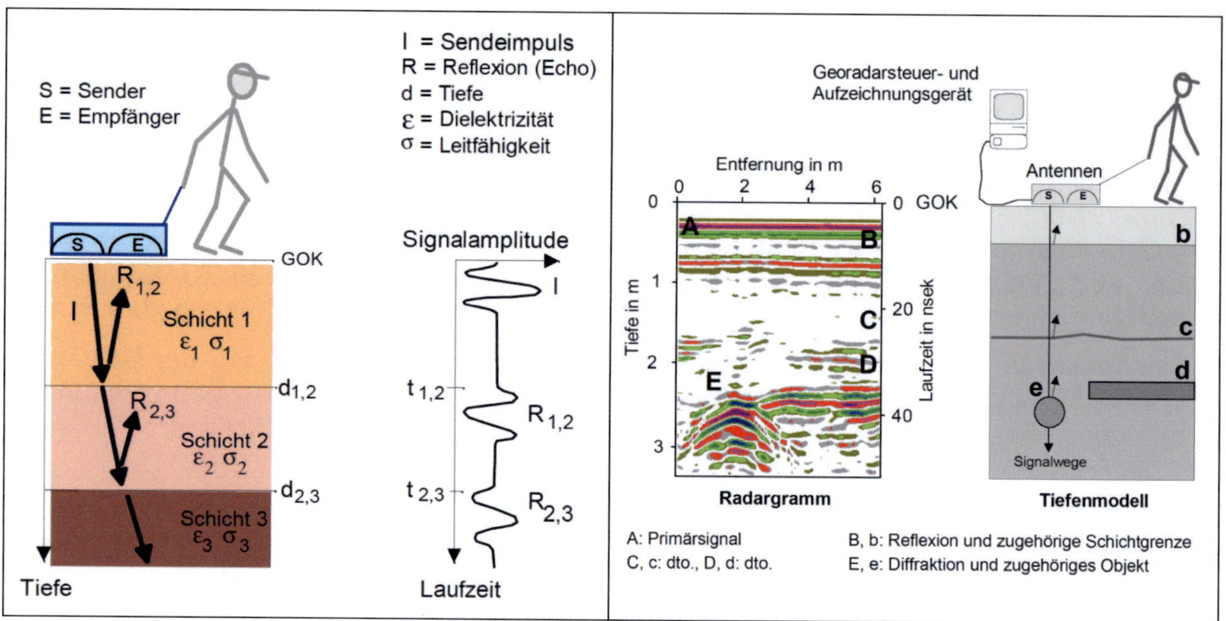

Abb. 2.1: (a) Funktionsprinzip des Radarverfahrens bei Reflexionsanordnung, aus [34] (b) Messdatendarstellung in Form von Radargrammen, aus [34]

Aufgrund der annähernd linearen Weg-Zeit-Beziehung ist unter Zugrundelegung einer materialspezifischen Wellengeschwindigkeit *v* der Reflektorabstand *d* aus der Laufzeit *t* gemäß Gleichung (2.1) zu berechnen:

$$d = \frac{1}{2} \cdot v \cdot t \qquad (2.1)$$

Die Laufzeitachse des Radargramms lässt sich damit in eine Tiefenachse überführen und ermöglicht die Darstellung von Materialwechseln, Mehrschaligkeiten, vorhandenen Hohlräumen oder metallischen Einlagerungen im Mauerwerk. Darüber hinaus lassen sich Aussagen zum Feuchte- und Salzgehalt im untersuchten Bauteil treffen.

Bei der praktischen Durchführung der Radarmessung kommt der Wahl der Antennen eine zentrale Bedeutung zu: Je nach Bauteilgeometrie, Materialeigenschaften und Erkundungsziel ist zwischen Antennen niedriger Dominanzfrequenzen mit hoher Reichweite, aber geringerem Auflösungsvermögen, und hochfrequenten Antennen mit geringerer Reichweite, jedoch einem höheren Maß an Auflösungsvermögen und Trennschärfe zu variieren.

2.1.2 Die Zeitscheibenberechnung

Sofern bei flächigen Untersuchungen die Messstrecken rasterförmig angelegt sind und sich auf ein gemeinsames kartesisches Koordinatensystem beziehen, ist eine spezielle Datendarstellung, die sogenannte Zeitscheibenberechnung, möglich (Abb. 2.2). Die Daten aller Messstrecken werden hierbei so umsortiert, dass man innerhalb der gesamten Messfläche die Amplitudendarstellung für ein vorgegebenes Laufzeitintervall, das entsprechend der materialspezifischen Geschwindigkeit wiederum einer bestimmten Bauteiltiefe entspricht, erhält. Die errechnete Zeitscheibe bildet damit eine grundrissähnliche Datendarstellung, quasi einen Schnitt parallel zur Messoberfläche, worin die Reflexionsstärken aus einer bestimmten Tiefe abgebildet sind. Diese Berechnung bzw. Darstellung kann für jede beliebige Tiefe erfolgen.

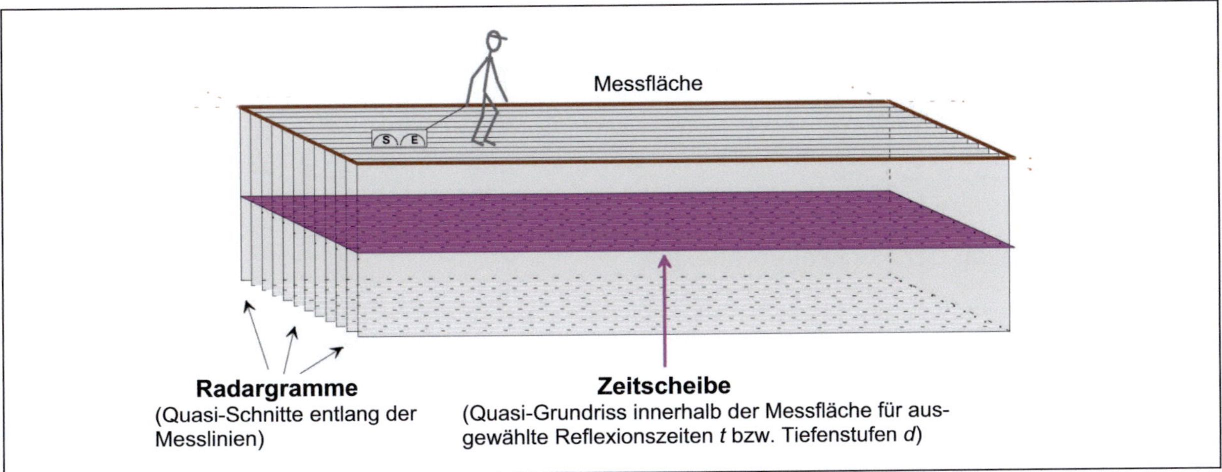

Abb. 2.2: Prinzipskizze zur Zeitscheibenberechnung, aus [34]

2.1.3 Die Ermittlung der elektromagnetischen Wellengeschwindigkeit

Die mittlere Geschwindigkeit v der elektromagnetischen Welle im untersuchten Material ist einer der zentralen Parameter und deren Kenntnis elementare Voraussetzung für den aussagekräftigen Einsatz des Radarverfahrens.

Einerseits erforderlich zur korrekten Transformierung der Zeitachse der Radargramme in eine Tiefenachse gemäß Gl. (2.1), gibt die Wellengeschwindigkeit nach Gl. (2.2) andererseits Aufschluss über die elektrische Materialeigenschaft ´relative Dielektrizität´ ε_r und ist damit ein Indikator für den Gehalt von Feuchte im Bauwerk (vgl. hierzu Abschnitt 4.3.6.5).

$$v = \frac{c}{\sqrt{\varepsilon_r}} \tag{2.2}$$

mit $c = 3 \cdot 10^8$ m/s : Lichtgeschwindigkeit im Vakuum

Die für trockenes Mauerwerk geltenden, auch in der Literatur [u. a. 56] genannten Näherungswerte für die Wellengeschwindigkeit werden damit – im Umkehrschluss – in hohem Maße vom lokalen Feuchtegehalt beeinflusst und bieten, falls dieser nicht auszuschließen ist, keine hinreichende Genauigkeit.

Eine exakte messtechnische Ermittlung der elektromagnetischen Wellengeschwindigkeit im Medium ist durch Radarmessungen in Reflexions- bzw. Transmissionsanordnung oder der CDP-Methode („common depth point“) möglich.

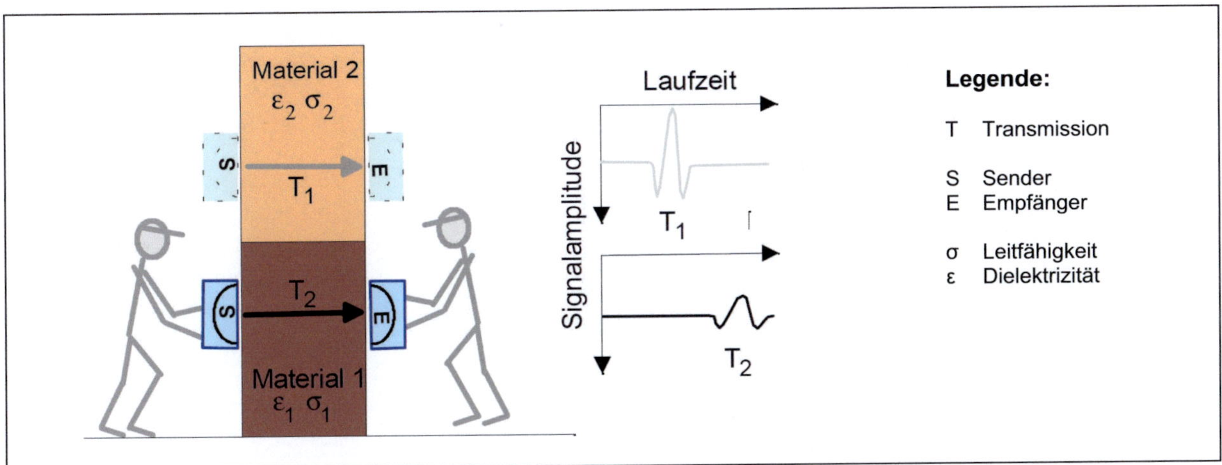

Abb. 2.3: Funktionsprinzip des Radarverfahrens bei Transmissionsanordnung, aus [34]

- ***Reflexions- bzw. Transmissionsmessungen***

Die Bestimmung der mittleren Wellengeschwindigkeit v mittels Reflexions- (Abb. 2.1) bzw. Transmissionsanordnung (Abb. 2.3) kann auf Basis der einfachen Weg-Zeit-Beziehungen

$$v = \frac{2 \cdot d}{t_1} \tag{2.3}$$

mit t_1: Laufzeit der Rückseitenreflexion

bzw.

$$v = \frac{d}{t_2} \tag{2.4}$$

mit t_2: Laufzeit der ersten Signalauslenkung durch das Bauteil

erfolgen. Bei diesen Verfahren wird jedoch die exakte Kenntnis der Schicht- bzw. Bauteildicke d vorausgesetzt.

- ***CDP-Methode***

Bei der CDP-Methode („common depth point") (Abb. 2.4) wird ein gemeinsamer Zentralpunkt mit einer immer weiter auseinandergezogenen Sender-Empfänger-Anordnung betrachtet. Im Radargramm zeichnet sich die Form eines Hyperbelastes ab. Aus den Laufzeiten t_0 (Lotzeit) bei unmittelbar nebeneinander liegenden Antennen bzw. t_i bei entsprechendem Antennenabstand x_i lässt sich gemäß Gleichung (2.5) die mittlere Geschwindigkeit v errechnen.

$$v = \frac{x_i}{\sqrt{t_i^2 - t_0^2}} \tag{2.5}$$

Eine mit den entsprechenden Parametern synthetisch errechnete Hyperbel kann mit der Radargrammdarstellung überlagert werden und bietet damit eine graphische Kontrolle der errechneten Wellengeschwindigkeit.

Ein Vorteil der CDP-Methode gegenüber herkömmlichen Messanordnungen bildet die Tatsache, dass die Ermittlung der mittleren Wellengeschwindigkeit v auch bei unbekannter Schichtdicke d erfolgen kann.

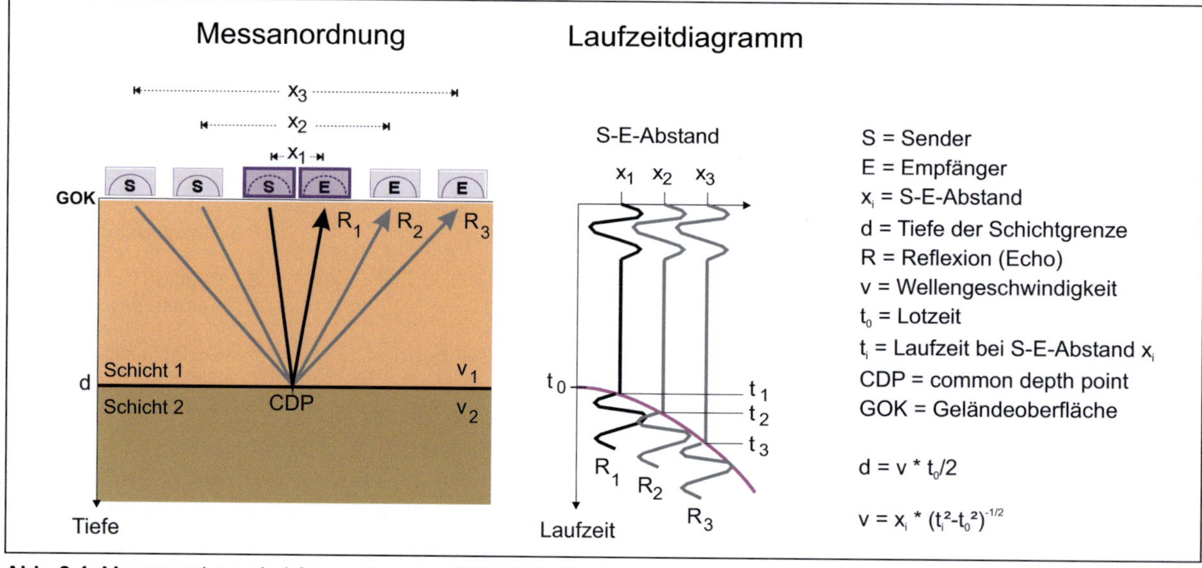

Abb. 2.4: Messanordnung bei Anwendung der CDP-Methode

2.1.4 Die Radar-Tomographie

Die Radartomographie ist eine spezielle Form der Radar-Transmission (vgl. Abb. 2.3). In Analogie zu den tomographischen Verfahren in der Medizin wird durch die sukzessive Positionsänderung einer Signalquelle und eines Signalaufnehmers (Abb. 2.5) eine Mehrfachdurchstrahlung des Bauteils mit sich überschneidenden Laufwegen der elektromagnetischen Signale erreicht.

Die tomographische Auswertung der gemessenen Transmissionslaufzeiten basiert auf der Festlegung eines angemessenen Rasters, dessen Elementen durch iterative Berechnungsschritte die entsprechenden Laufzeiten zugeordnet werden. Es ergibt sich ein Rasterbild, welches das Maß und die Verteilung der elektromagnetischen Wellengeschwindigkeit v zeigt und damit eine flächige Strukturanalyse des untersuchten Querschnitts auf Grundlage der elektrischen Eigenschaft Dielektrizität ε_r ermöglicht.

Im trockenen Zustand korreliert diese mit den Materialeigenschaften der verwendeten Gesteine. Im Falle eines Feuchtigkeitsbefalls des Bauteils gibt die Radartomographie insbesondere die Feuchteverhältnisse in der Schnittebene wieder.

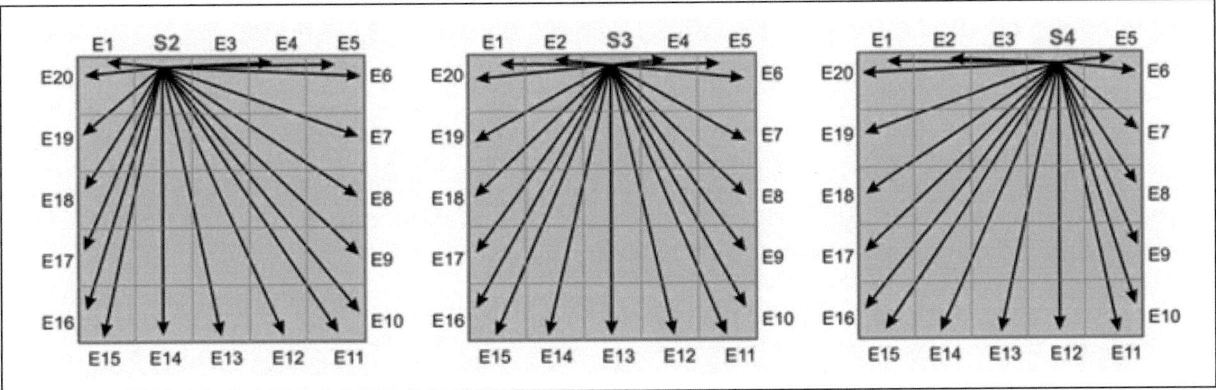

Abb. 2.5: Messanordnung zur tomographischen Bauteilerkundung mittels Radar

2.2 Die Mikroseismik

2.2.1 Verfahrensgrundlagen, Messeinsatz und Datendarstellung

Die mikroseismische Erkundungsmethode [34, 91, 115] beruht auf der Ausbreitung und Erfassung mechanischer Wellen im Medium. Die Wellen werden an der Bauteiloberfläche durch Impulsquellen wie z. B. Hammerschlag erzeugt, durchlaufen die Konstruktion und werden von einem oder mehreren Schwingungsaufnehmern, den Geophonen, registriert. Die Laufzeit der Kompressionswelle – die schnellste der unterschiedlichen Wellentypen, oftmals auch als P-Welle bezeichnet – zwischen Sender und Aufnehmer wird gemessen und in einem sogenannten Seismogramm dargestellt.

Die aus diesem Wert errechnete Wellengeschwindigkeit gibt Aufschluss über mechanische Eigenschaften des durchschallten Materials, aber auch über Inhomogenitäten wie Fehlstellen, offene Stoßfugen oder Klüfte. Es lassen sich somit Bereiche mit unterschiedlichen Materialien bzw. Strukturen differenzieren.

Die Wellenausbreitung in einem Medium kann durch die elastischen Eigenschaften wie Schubmodul *G*, dynamischer Elastizitätsmodul E_{dyn}[9] und Poissonzahl μ beschrieben werden. In Verbindung mit der Materialdichte ρ ergibt sich die bekannte Beziehung:

$$v_p^2 = \frac{E_{dyn}}{\rho} \cdot \frac{1-\mu}{(1+\mu)(1-2\mu)} \tag{2.6}$$

Im Falle schlanker Bauteile, d. h. solange die Wellenlänge größer ist als die Abmessung des Körpers rechtwinklig zur Richtung der gemessenen Wellenausbreitung, kann die Querdehnungsbehinderung vernachlässigt werden (μ~0).

$$v_p^2 = \frac{E_{dyn}}{\rho} \tag{2.7}$$

Ein direkter Zusammenhang zwischen der Wellengeschwindigkeit *v* und der Druckfestigkeit β_D konnte aufgrund starker Streuungen und des großen Einflusses von Herstellungsparametern bislang weder für Beton noch für Mauerwerk zuverlässig hergestellt werden [91]. Die anhand von Materialproben zu bestimmende Druckfestigkeit kann jedoch mit der gemessenen Wellengeschwindigkeit korreliert werden.

Die Abgrenzung der Mikroseismik gegenüber herkömmlichen seismischen Verfahren liegt im Frequenzbereich: Dieser liegt zwischen den tieffrequenten Signalen der herkömmlichen Seismik (f < 1 kHz) und den hochfrequenten Signalen des Ultraschalls (f > 20 kHz). Die Wellenlänge λ und damit die Reichweite des Signals ist damit auf die Anwendung seismischer Verfahren im kleinen Maßstab, d. h. an Gebäuden oder Bauteilen, reduziert, weist jedoch gegenüber Ultraschallmessungen eine höhere Tiefenreichweite auf.

In der Geophysik lassen sich drei wesentliche seismische Messanordnungen (Auslagen) hervorheben, welche analog Anwendung in der Mikroseismik finden.

- ***Transmissionsseismik***

  Bei diesem Messverfahren wird die direkte Laufzeit *t* eines mechanischen Impulses ermittelt. Die Berechnung der Wellengeschwindigkeit v_p erfolgt auf der Annahme des geometrisch kürzesten Weges *s* zwischen Wellenfelderregung und Empfang. Die Versuchsanordnung entspricht im Wesentlichen der Radartransmission (vgl. Abb. 2.3).

9 Der dynamische Elastizitätsmodul E_{dyn} beschreibt den Verformungswiderstand bei stoßartigen Beanspruchungen, welche sich wellenförmig im Medium fortpflanzen.

- ***Reflexionsseismik***

  Bei der Reflexionsseismik wird die auf eine Schichtgrenze einfallende und dort reflektierte Welle („Echo") betrachtet. Kompressions- und Scherwellenimpulse laufen von einer seismischen Quelle *Q* aus mit einer materialabhängigen Geschwindigkeit v_p bzw. v_s durch das Medium. Beim Übergang der Wellen in eine Schicht mit unterschiedlichen elastischen Eigenschaften werden diese reflektiert und refraktiert. Aus der gemessenen Laufzeit des Reflexionsimpulses lässt sich die Schichtdicke ermitteln. Die Versuchsanordnung entspricht im Wesentlichen der Radarreflexion (vgl. Abb. 2.1-a).

- ***Refraktionsseismik***

  Besitzt bei einem mehrschaligen Medium die untere Schicht eine größere Wellengeschwindigkeit als die obere ($v_{p,2}>v_{p,1}$), können sich an der Grenzfläche Kopf- oder Refrakionswellen ausbilden. Diese schnellere Welle strahlt dabei ständig Energie nach oben ab, welche durch eine entsprechende Geophonauslage messbar ist (Abb. 2.6-a).

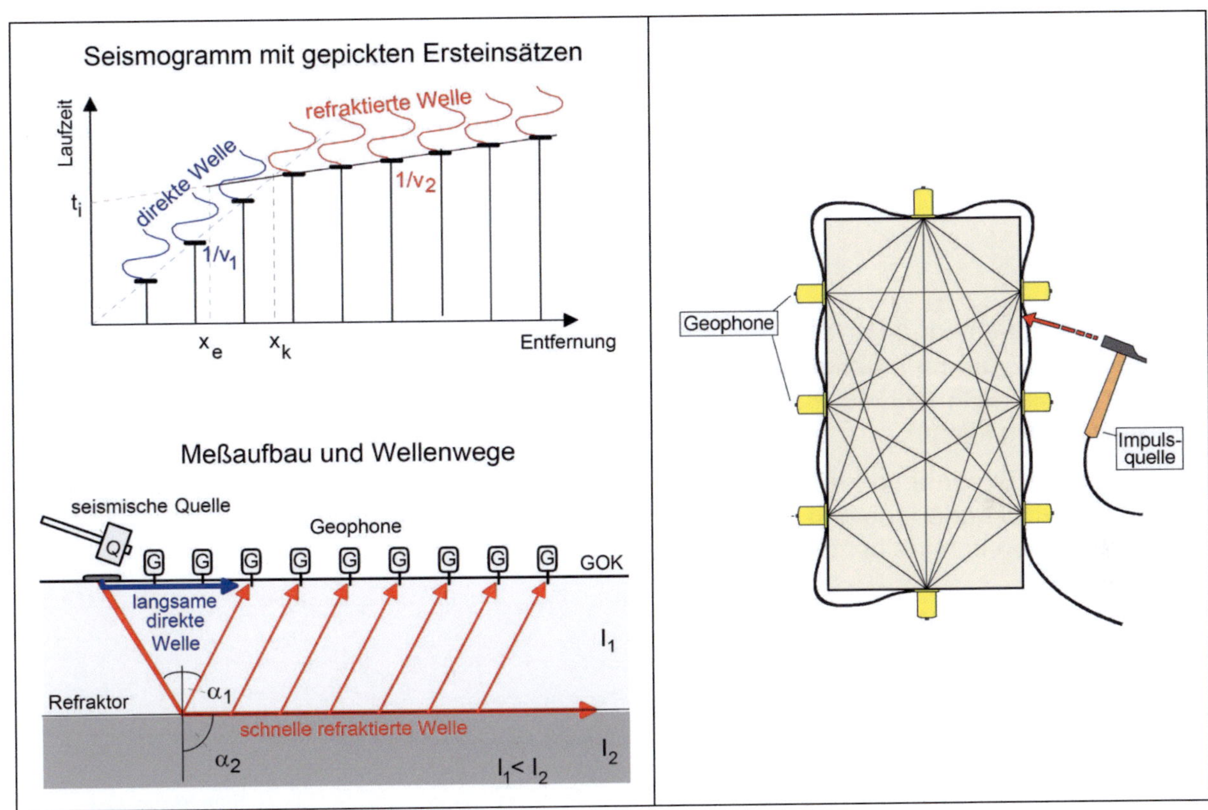

Abb. 2.6: (a) Prinzip der Refraktionsseismik, aus [34] (b) Prinzip der Mikroseismik-Tomographie

2.2.2 Die Mikroseismik-Tomographie

Analog zur Radartomographie beruht die Mikroseismik-Tomographie auf der sukzessiven Positionsänderung einer Signalquelle und eines Signalaufnehmers mit dem Ziel, eine Mehrfachdurchstrahlung des Bauteils mit sich überschneidenden Laufwegen elastischer Kompressionswellen zu erreichen (Abb. 2.6-b).

Als Ergebnis der Messung steht die Verteilung der Wellengeschwindigkeiten und damit des dynamischen Elastizitätsmoduls über die Schnittebene.

2.3 Das Ultraschallverfahren

Analog dem mikroseismischen Verfahren beruht das Ultraschallverfahren [37, 115] auf der Anregung mechanischer Wellen und deren Aufnahme nach Durchlaufen des Bauteils mit dem Ziel der Bestimmung der Wellengeschwindigkeit im Medium.

Im Gegensatz zur Mikroseismik erfolgt die Impulsanregung nicht durch Hammerschlag, sondern durch piezoelektrische oder magnetostriktive Schwinger. Aufgrund der Frequenz von $f > 20$ kHz, der damit verbundenen kurzen Wellenlänge und einer geringen Sendeintensität ist die Reichweite der Welle begrenzt. Der Einsatz des Ultraschallverfahrens zur Erkundung von Mauerwerk beschränkt sich daher im Allgemeinen auf Bruchstücke bzw. sehr dünne Bauteile.

2.4 Die Geoelektrik

Die geoelektrische Untersuchungsmethode [56, 115] basiert auf der Einprägung eines elektrischen Gleichstromfeldes in das Bauteil durch zwei Elektroden (Abb. 2.7). Aus der Stromstärke I im Stromkreis der Apparatur, der Spannung ΔU zwischen den beiden Sonden, welche die Potentialdifferenz an der Oberfläche abgreifen, und einem Faktor K, der sich aus der verwendeten Konfiguration ergibt, wird die Materialeigenschaft ´spezifischer elektrischer Widerstand´ ρ_s berechnet.

$$\rho_S = K \cdot \frac{\Delta U}{I} \tag{2.8}$$

Dieser Wert hängt vor allem von den beiden Parametern ´Feuchtegehalt´ und ´Konzentration gelöster Salze´ ab. Es ist zwar nicht möglich, eine dieser Größen unmittelbar zu bestimmen, jedoch lassen sich mit der Geoelektrik feuchte Bauteilbereiche orten, die dann gezielt beprobt werden können.

Die Daten aus einer geoelektrischen Kartierung, deren Tiefenwirkung sich aus dem gewähltem Elektrodenabstand ergibt, bedürfen in der Regel keiner weiteren Auswertung, sondern können unmittelbar beurteilt und interpretiert werden.

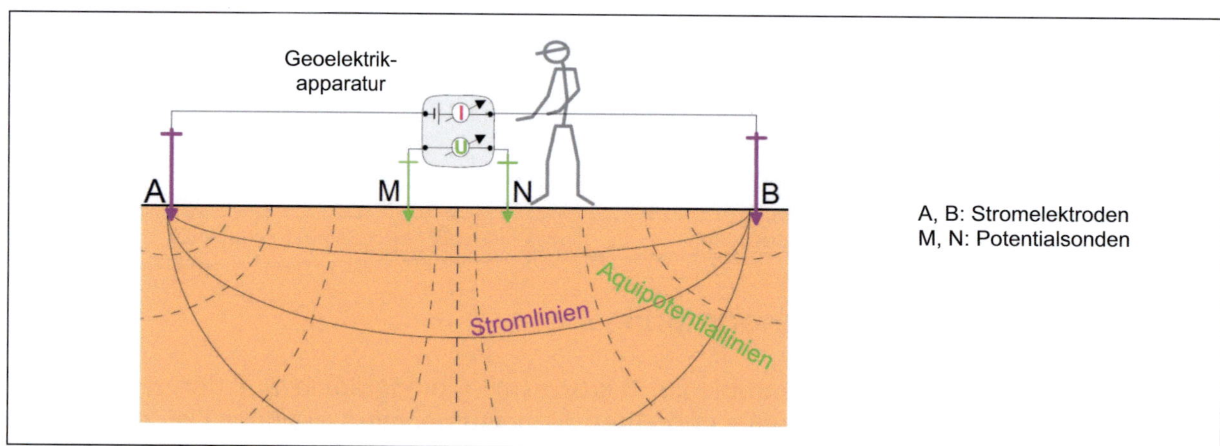

Abb. 2.7: Prinzip der Widerstandsgeoelektrik, aus [34]

3 Die Messkampagnen

3.1 Das Gerüst unter der Hauptkuppel

Nachdem die letzte, in Verbindung mit einer Einrüstung der Kuppel stehenden Restaurierung der Kuppelmosaiken um das Jahr 1926 [71] erfolgte, begann im Jahre 1992 unter der Federführung des *´Central Laboratory for Restoration and Conservation´* des türkischen Kulturministeriums das Projekt[10] der flächendeckenden Aufnahme, Sanierung und Konservierung der Mosaik- und Putzflächen der Hauptkuppel.

Das zuvor am östlichen Hauptbogen und der anschließenden Halbkuppel eingesetzte Holzgerüst (Abb. 3.1-a) wurde für dieses Vorhaben im Jahre 1993 durch ein modernes Stahlgerüst ersetzt, welches zunächst im Nordost-Quadranten der Hauptkuppel errichtet wurde.

(a) (b)

Abb. 3.1: (a) Die Hauptkuppel vor der Restaurierung: Holzgerüst unter dem östlichen Hauptbogen
(b) Kuppeluntersicht mit Gerüststellung im Südost-Quadranten

Erstmals nach Wandlung der Moschee in ein Museum bot diese bis zum Kuppelscheitel reichende Einrüstung die einmalige und vermutlich über Jahrzehnte nicht wiederkehrende Gelegenheit der unmittelbaren Zugänglichkeit der Kuppelinnenseite, der Pendentifs und der Hauptbögen.

Mit den fortschreitenden Sicherungs- und Säuberungsarbeiten setzte sich in den darauffolgenden Jahren die sequenzielle Einrüstung der vier Kuppelquadranten über den Nordwest- und Südwest- bis in den Südost-Quadranten (Abb. 3.1-b) fort.

Die im Rahmen des Sanierungsprojektes durchgeführten Maßnahmen zur Konservierung und Sicherung der Kuppelmosaiken bzw. der Putzflächen seien an dieser Stelle nicht näher erläutert. Hier wird im Besonderen auf die detaillierten Ausführungen nach OZIL [88] verwiesen. Als maßgebliche Schadensbilder und ergriffene Sanierungsmaßnahmen seien genannt:

- lokale Ablösungen der Mosaiken bzw. der darunterliegenden Putzschichten vom Mauerwerk. Durch Abklopfen der Oberflächen wurden die Hohlräume lokalisiert und durch Mörtelinjektionen geschlossen (Abb. 3.2-a).

[10] Dieses international angelegte Projekt wird unterstützt vom UNESCO World Cultural Heritage Center

- erhebliche, vermutlich auf Feuchteeinwirkungen zurückzuführende Schädigungen der den Mosaiken nachempfundenen Bemalungen der Putzflächen. Diese wurden gesäubert und – sofern erforderlich – neu aufgetragen (Abb. 3.2-b).

Abb. 3.2: (a) Mörtelinjektion (b) Sanierung geschädigter Putzflächen

Die Konservierungsarbeiten an der Hauptkuppel wurden im Jahre 2006 abgeschlossen, der Abbau des Gerüstes soll in Kürze erfolgen.

3.2 Durchgeführte Messkampagnen und untersuchte Bauteile

Dank der Unterstützung durch türkische Kollegen, namentlich im einleitenden Abschnitt erwähnt, wurde es für die Durchführung der Bauwerkserkundung möglich, das Gerüst gemeinsam mit den Mosaik- und Putzrestauratoren zu nutzen.

Im Rahmen mehrerer Messkampagnen konnte die Struktur der – zuvor nie unmittelbar erreichbaren – Bauteile Hauptkuppel, Pendentifs und Hauptbögen einer exakten Erkundung unterzogen werden. Der Einsatz zerstörungsfreier Untersuchungsmethoden wurde dabei ergänzt durch Handaufmaße, Detailskizzen und eine ausführliche Fotodokumentation.

Die Durchführung der zerstörungsfreien Messungen erfolgte in Zusammenarbeit mit der Firma GGU, Karlsruhe, welche mit modernster Geräteausstattung und langjähriger Erfahrung in der Anwendung geophysikalischer Verfahren zur Erkundung historischer Gebäude die größtmögliche Aussagekraft der Messungen gewährleistete.

Nachfolgende Aufstellung gibt einen Überblick über die durchgeführten Messkampagnen und die zugänglichen bzw. untersuchten Bauteile (Abb. 3.3):

- *Messkampagne 1 (MK1): 29. 1.–4. 2. 2002* [116, 117]

  Gerüststellung im Nordwest-Quadranten.
  Die erste Kampagne diente als vorbereitende Testphase, in deren Rahmen bei beschränktem Messprogramm verschiedenartige zerstörungsfreie Untersuchungsmethoden entsprechend den spezifischen Erkundungszielen an Kuppel und Hauptpfeiler zum Einsatz kamen und die Möglichkeiten und Grenzen dieser Verfahren ermittelt wurden.

  Angemerkt sei, dass mit Beginn der Untersuchungen im Jahre 2002 das Gerüst bereits vom Nordost- in den Nordwest-Quadranten gerückt war. Die Zugänglichkeit bzw. Erkundung des Nordost-Quadranten war daher nicht mehr gegeben.

- *Messkampagne 2 (MK2): 19.–28. 4. 2004* [119]
  Gerüststellung im Südwest-Quadranten.
  In Messkampagne 2 erfolgte die flächendeckende messtechnische und visuelle Bauaufnahme der Kuppelinnenseite im Bereich des Südwest-Quadranten (Rippen 12 bis 21/22[11]) vom Kuppelscheitel bis zum Kämpferbereich der Fenstergewölbe sowie des Südwest-Pendentifs.
- *Messkampagne 3 (MK3): 2.–17. 5. 2005*
  Gerüststellung im Südost-Quadranten.
  Die anschließende Messkampagne 3 wurde im Bereich des Südost-Quadranten (Rippen 40 bis Rippe 11), am Kuppelscheitel beginnend bis zum Ansatz der Fensterpfeiler, durchgeführt.
- *Messkampagne 4 (MK4): 7.–19. 11. 2005*
  Gerüststellung im Südost-Quadranten.
  Bei unveränderter Gerüststellung gegenüber Messkampagne 3 erfolgten im Rahmen von Messkampagne 4 die Erfassung des Pendentifs im Südosten sowie ergänzende Messungen am Kuppelquadranten. Darüber hinaus war die Erkundung der vier Hauptpfeiler in Grund- und Gallerieebene Inhalt der Messkampagne 4.

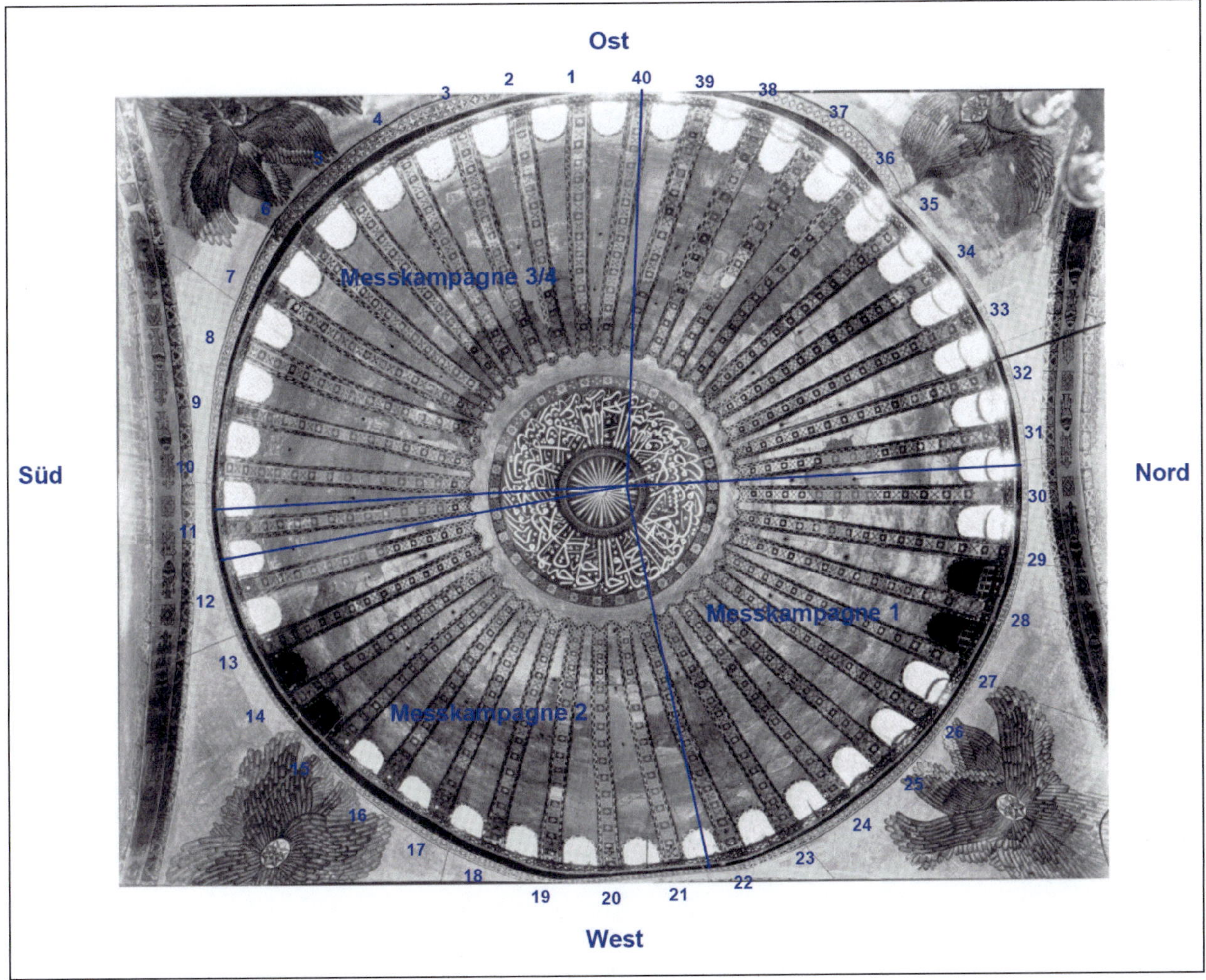

Abb. 3.3: Kuppeluntersicht mit gekennzeichneten Untersuchungsbereiche, aus [72]

[11] Die verwendete Nummerierung der Kuppelrippen erfolgt in Anlehnung an die allgemein gebräuchliche Konvention: im Osten beginnend mit aufsteigendem Zahlenwert in Richtung Süden.

4 Die Erkundung der Hauptkuppel

4.1 Bauteilbeschreibung und Begriffsdefinition

Die Kuppel der Hagia Sophia bildet zweifellos das herausragende, den inneren Raumeindruck ebenso wie das äußere Erscheinungsbild dominierende Gebäudeelement. Als Krönung der aus Lang- und Zentralbau entstandenen Raumschöpfung versinnbildlicht sie den Höhepunkt in technischer und geistiger Hinsicht. Bereits *Prokop* schwärmte *„. . . sie erhebe sich in die ungreifbare Luft und umschließe die Kirche wie ein strahlender Himmel . . .“* [93].

Gegenüber den Kuppelbauten der Römer, die kontinuierlich von einer zylindrischen Wand getragen wurden, ist die Kuppel der Hagia Sophia über einem quadratischen, durch die vier *Hauptpfeiler* und mächtige *Hauptbögen* eingefassten Grundriss erstellt (Abb. 4.1).

Die in ihrer heutigen Form von *Isidoros d. J.* entworfene und realisierte „zweite“ Kuppel bildet die erste monumentale Pendentifkuppel in der Architekturgeschichte. Sie diente jahrhundertelang als herausragendes Vorbild für viele weitere Kuppelbauten [1], wobei ihre Dimensionen mit einem Durchmesser von 33 m und einer Scheitelhöhe von 56 m nie mehr erreicht wurden.

Dennoch wird vielfach vermutet [u. a. 29, 38], dass die bis heute als die vollkommene technische und formale Lösung für die Verbindung von Kuppel und Raumkubus geltende Kuppelform [17] „zufällig“ entstanden sei, indem *Isidoros d. J.* seine mit einem kleineren Radius und einer höheren Wölbung ausgestattete Kuppel auf die aus der ursprünglichen „ersten“ Kuppelform erhalten gebliebenen *Pendentifs* aufsetzte.

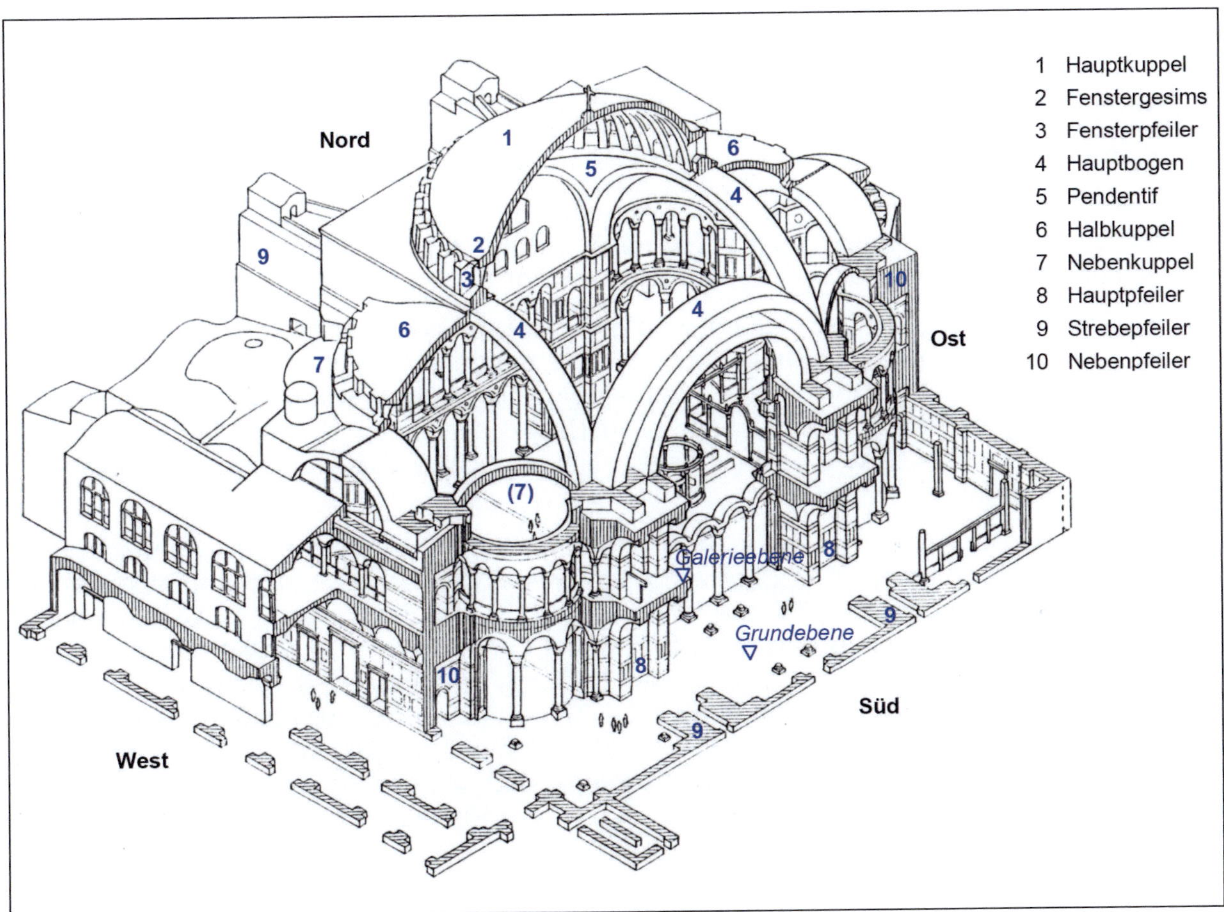

Abb. 4.1: Isometrie der Hagia Sophia und Bauteilbezeichnung, aus [67]

1 Rippe
2 Feld
3 Fensterpfeiler
4 Kalligraphiebereich
5 Kuppelgesims

Abb. 4.2: Blick in die Hauptkuppel (Blickrichtung Nordwest, Rippen 17–29) und Bauteilbezeichnung

Wie kaum ein anderes Bauwerk verkörpert die Hagia Sophia die oströmische oder byzantinische Bautradition des 6. Jahrhunderts. Entsprechend wurde die Hauptkuppel aus dem für diese Epoche charakteristischen Mauerwerk mit großen, flachen Ziegeln und dicken Mörtelfugen erstellt. Sie wird von 40 *Rippen* durchzogen. Diese entspringen den sich an der Außenseite abzeichnenden, zwischen den Fensteröffnungen liegenden *Fensterpfeilern* am Kuppelfuß und verlieren sich in Richtung des Kuppelscheitels (Abb. 4.2). Die Mauerung der aus der Kuppelfläche herausragenden Rippen ist in das dazwischenliegende Mauerwerk integriert, die beiden Elemente bilden damit eine homogene und statisch zusammenwirkende Einheit [68]. Diese wird künftig als *Kuppelschale* bezeichnet.

Trotz der sich abzeichnenden Rippen ist die oftmals anzutreffende Bezeichnung „Rippenkuppel" und eine damit verbundene statische Aufteilung in ein tragendes Rippengerüst und ein nichttragendes Füllmauerwerk für vorliegenden Fall nicht zutreffend.

Als Folge der genannten Teileinstürze und Wiederaufbauten besteht die heutige Kuppelschale aus Bauteilen verschiedener Epochen. Zur baugeschichtlichen und damit konstruktiven, strukturellen und geometrischen Abgrenzung wird jedes Element der Kuppelschale in einer ersten begrifflichen Differenzierung seiner *Bauphase* des 6., 10. oder 14. Jahrhunderts zugeordnet. Die Nahtstellen zwischen diesen Bauphasen werden künftig als *Bruchkanten* bezeichnet.

Eine mess- und auswertungstechnische Bedeutung kommt der weiteren Unterteilung der Kuppelschale entsprechend ihrer geometrischen Ausbildung und Oberflächenbeschaffenheit an der Kuppelinnenseite zu. Es wird differenziert in Bereiche der sich abzeichnenden *Rippen*, in Bereiche zwischen den Rippen – künftig *Felder* genannt – sowie den im Kuppelscheitel befindlichen kreisrunden *Bereich der Kalligraphien*. Letzteren zeichnet eine besondere optische Ausprägung aus (vgl. Abb. 3.3, 4.2): Im Gegensatz zur übrigen Kuppelschale, deren Oberflächen mit Mosaiken bzw. den Mosaikmustern nachempfundenen Malereien unterschiedlicher Restaurierungsphasen ausgeführt sind, wurden zu Zeiten der osmanischen Herrschaft die Mosaiken im Scheitelbereich durch eine Putzschicht ersetzt bzw. überdeckt[12] und mit Kalligraphien als Blattgoldauflage überzogen.

[12] Ob sich unter der Putzschicht noch Originalmosaiken befinden, ist nicht abschließend geklärt. Gemäß neuesten Berichten [88] wurden im Rahmen der Restaurierungsarbeiten jedoch keine Hinweise auf noch vorhandene Mosaiken entdeckt.

4.2 Die Messungen – Verfahren, Ziele und Durchführung

Die Erkundungen an der Hauptkuppel der Hagia Sophia erfolgten mit den zerstörungsfreien geophysikalischen Verfahren Radar, Geoelektrik, Mikroseismik und Ultraschall. Ergänzt wurden diese Untersuchungen durch diverse Handaufmaße und eine skizzenhafte und photographische Bauaufnahme. Nachfolgend werden die spezifischen Erkundungsziele der jeweiligen Verfahren erläutert, das Messprogramm dargelegt und die Messdurchführung vor Ort beschrieben.

4.2.1 Die vollflächigen Radarmessungen

Als zentrale Untersuchungsmethode an der Hauptkuppel wurde die vollflächige Radarmessung gewählt und umfassend angewandt. Die im Rahmen von Messkampagne 2 und 3 im Südwest- und Südost-Quadranten durchgeführte Datenaufnahme diente dem Ziel, charakteristische geometrische und strukturelle Konstruktionsmerkmale zu erkennen und diese den jeweiligen Bauphasen zuzuordnen. Besondere Aufmerksamkeit galt hierbei der Erkundung von Lage und Beschaffenheit der Bruchkanten zwischen den Bauteilen der unterschiedlichen Bauphasen.

4.2.1.1 Die Koordinatensysteme

Die Datenaufnahme erfolgte auf Grundlage eines auf exakt definierten Koordinatensystemen basierenden feinmaschigen Messstreckenrasters. Mit Blick auf eine spätere Zeitscheibenberechnung, deren Einzelmessstrecken sich auf ein gemeinsames *kartesisches* Messstreckenraster beziehen müssen, wurde ein der rotationssymmetrischen Kuppelgeometrie eher entsprechendes polares Koordinatensystem durch einzelne lokale kartesische Koordinatensysteme ersetzt (Abb. 4.3).

Folglich wurde für jede Rippe ein separates lokales kartesisches Koordinatensystem x_i/y_i definiert mit Koordinatenursprung im Kuppelscheitel, einer x_i-Achse (mit $i = 1...40$, entsprechend der Rippennummer) in der jeweiligen Rippenachse sowie einer darauf orthogonal stehenden y_i-Achse, welche in Richtung aufsteigender Rippennummerierung ihren positiven Wert annimmt. Die Messstrecken links und rechts der Hauptachsen verlaufen somit nicht radial vom Kuppelscheitel ab, sondern in einem durch y_i exakt definierten Abstand parallel zur jeweiligen Rippenachse. Mit der in Richtung der Fensteröffnungen wachsenden Feldbreite wurde, zur vollständigen Erfassung dieser Bereiche, eine stufenweise Erhöhung der Messstreckenanzahl erforderlich.

Im Bereich der Kalligraphien wurde im Südwest-Quadranten (Messkampagne 2) aus Gründen der Geometrie und geänderten Oberflächenbeschaffenheiten (siehe hierzu Abschnitt 4.3.1.3) ein separates Koordinatensystem x_{Ka}/y_{Ka} eingeführt: Der Ursprung wird wiederum durch den Kuppelscheitel, die positive x_{Ka}- bzw. orthogonal darauf stehende y_{Ka}-Achse durch die Rippenachsen 12 und 22 gebildet. Somit ist $x_{Ka} = x_{12}$ und $y_{Ka} = x_{22}$. Der erhöhte Auswertungsaufwand führte im Südost-Quadranten (Messkampagne 3) dazu, dass auf die Einführung eines separaten Koordinatensystems verzichtet wurde und die Erfassung des Kalligraphiebereiches auf Grundlage der lokalen kartesischen Koordinatensysteme der Einzelrippen erfolgte.

Die definierten Koordinatensysteme wurden mit Hilfe eines exakt eingemessenen Schnurnetzes (Abb. 4.4) entlang der beschriebenen Hauptachsen vor Ort gekennzeichnet, Klebemarkierungen dienten im jeweiligen Rasterabstand der exakten Koordinatenbestimmung. Hierbei sei erwähnt, dass es im Bereich der Rippen 7 und 8 aufgrund starker Rippendeformationen nicht möglich war, die Rippenachse auf den Kuppelscheitel zu zentrieren, die Hauptachse musste daher abgeknickt werden (vgl. Abb. 4.31).

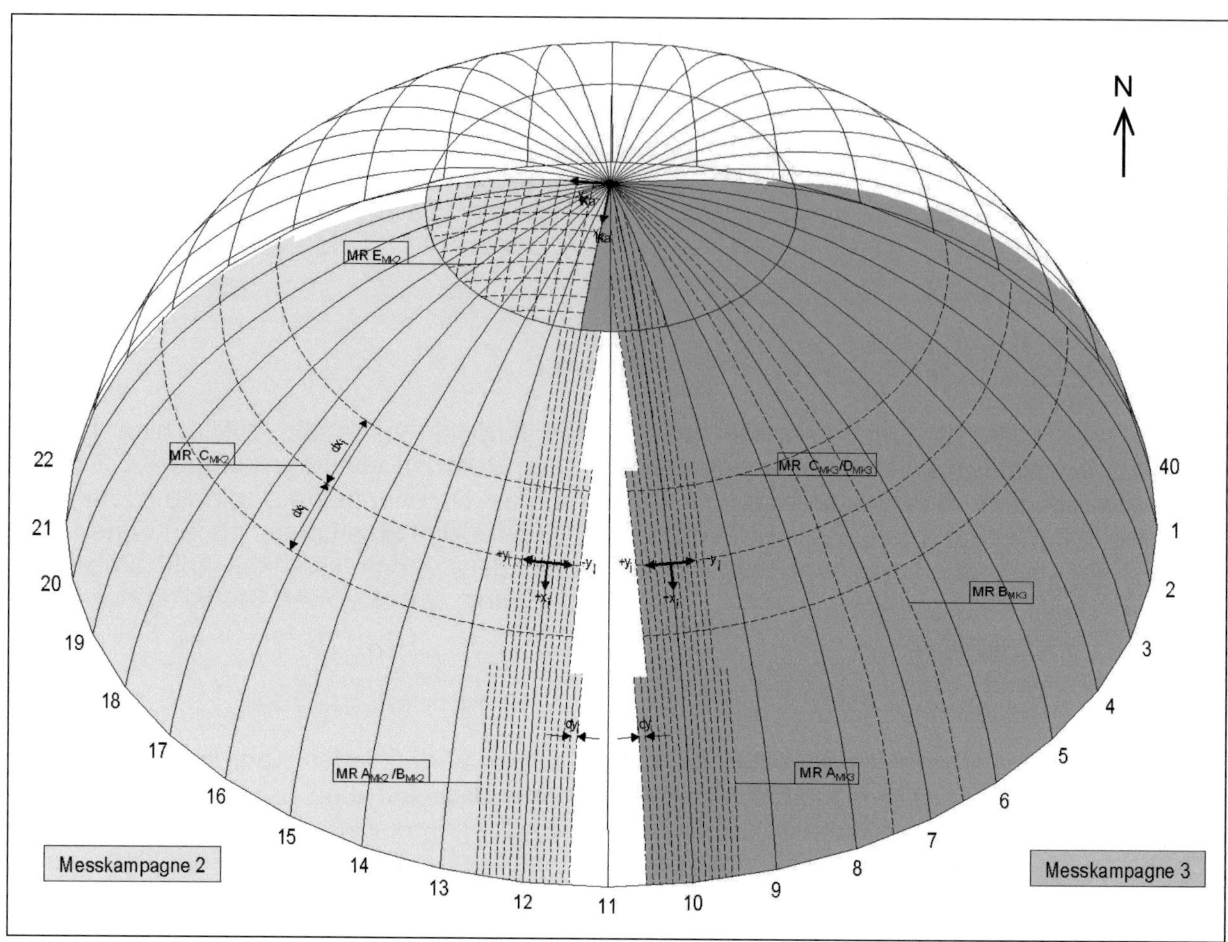

Abb. 4.3: Systemskizze der Hauptkuppel mit den definierten Koordinatensystemen und zugehörigen Messreihen

4.2.1.2 Die Messreihen

Im Rahmen von Messkampagne 2 (MK2) und Messkampagne 3 (MK3) wurden die nachfolgend genannten Messreihen durchgeführt (Abb. 4.3). Die Wahl und der Einsatz von Radarantennen unterschiedlicher Dominanzfrequenzen[13] erfolgte hierbei entsprechend der örtlichen Gegebenheiten und angestrebten Erkundungsziele.

- *Messreihe A_{MK2}, A_{MK3} (1500-MHz-Antenne):*

  Messstrecken in Meridianrichtung unter Zugrundelegung der lokalen Koordinatensysteme x_i/y_i (mit $i = 40, 1 \ldots 22$, entsprechend der Rippennummer), horizontaler Abstand der Einzelmessstrecken dy_i = 10 cm. Während in Messkampagne 2 der Messbeginn (in Ergänzung zu Messreihe E, s. u.) unterhalb des Kalligraphiebereichs bei x_i = 5,00 m erfolgte, wurde in Messkampagne 3 der Kuppelscheitel als Ausgangspunkt der Messungen gewählt. Alle Messstrecken wurden bis in den Bereich der Fensterpfeiler bzw. der Oberkante des Fenstergewölbes geführt.

- *Messreihe B_{MK2}, B_{MK3} (900-MHz-Antenne):*

  Messstrecken in Meridianrichtung, Richtung und Lage der Messstrecken bei Messreihe B_{MK2} entsprechend Messreihe A_{MK2}, wobei der horizontale Abstand der Messstrecken auf dy_i = 60 cm erhöht wurde. Pro Rippe wurden damit drei Messungen durchgeführt: in Rippenachse und jeweils im Abstand von 60 cm hierzu. Bei Messreihe B_{MK3} wurden die

[13] Die genannten Dominanzfrequenzen stellen die vom Antennenhersteller angegebenen Werte dar. Die tatsächliche Frequenz des Sendeimpulses kann von diesen Angaben abweichen. Zum Zwecke der Eindeutigkeit und Vereinfachung wird künftig dennoch von der mittelfrequenten 400-MHz-, der hochfrequenten 900-MHz- und der höchstfrequenten 1500-MHz-Antenne die Rede sein.

Messstrecken, beginnend im Kuppelscheitel, in Rippenachse und – im Gegensatz zu B_{MK2} – nicht im parallelen Abstand hierzu, sondern in Feldmitte definiert.

- *Messreihe C_{MK2}, C_{MK3} (1500-MHz-Antenne):*
  Messstrecken in Ringrichtung (x_i = konstant), vertikaler Abstand der Messstrecken dx_i = 50 cm. In Analogie zu Messreihe A wurde bei Messreihe C_{MK2} das erste Horizontalprofil unterhalb des Kalligraphiebereichs erstellt, während bei Messreihe C_{MK3} bereits der Kalligraphiebereich berücksichtigt wurde.
- *Messreihe D_{MK3} (900-MHz-Antenne):*
  Horizontalprofile in Ringrichtung (x_i = konstant), vertikaler Abstand der Messstrecken dx_i = 1,00 m.
- *Messreihe E_{MK2} (1500-MHz-Antenne):*
  Messprofile bezogen auf das Koordinatensystem x_{Ka}/y_{Ka} im Bereich der Kalligraphien mit dx_{Ka} = 10 cm, dy_{Ka} = 50 cm.

4.2.1.3 Messdurchführung und Datenaufnahme

Der Messvorgang (Abb. 4.4-a) erfolgte durch Führung der Radarantenne entlang des definierten Messrasters. Die Koordinaten des Startpunktes jeder Einzelmessung wurden dem System mitgeteilt, die zurückgelegte Antennenstrecke durch einen exakt justierten Wegaufnehmer in Form eines an der Oberfläche anliegenden Laufrades aufgezeichnet. Somit ist die Lage jeder Einzelmessung eindeutig bestimmt.

Die Messungen wurden mit großer Sorgfalt durchgeführt. Geringe Abweichungen der Messstrecken von den Koordinatensystemen, als Folge stark deformierter Oberflächen, lokaler Störungen oder Hindernisse durch die Gerüstkonstruktion liegen im niedrigen Zentimeterbereich und sind daher als unwesentlich zu erachten.

Radarantennen der Fa. *GSSI* dienten der Aufnahme der Daten, welche mittels der Steuereinheit *SIR20* desselben Herstellers auf einen Laptop übertragen und aufgezeichnet wurden (Abb. 4.4-b). Die spätere Auswertung der Daten erfolgte mit der Software *„ReflexW"* der Fa. *Dr. Sandmeier.*

Abb. 4.4: (a) Durchführung der Radarmessung (b) Messapparatur und Datenaufnahme

4.2.2 Die Radarmessungen zur Ermittlung der Wellengeschwindigkeit

Entsprechend den Erläuterungen in Abschnitt 2.1.3 ist die Kenntnis der Wellengeschwindigkeit *v* der elektromagnetischen Welle im Medium zur korrekten Transformierung der Zeitachse der Radargramme in eine Wegachse und zur Ermittlung der elektrischen Materialeigenschaft ´relative Dielektrizität´ ε_r erforderlich.

Bei den Radarmessungen zur Ermittlung der elektromagnetischen Wellengeschwindigkeit handelt es sich um punktuelle Messungen in spezieller Messanordnung. Sie wurden am Mauerwerk der Hagia Sophia in Form von

- Reflexionsmessungen an den Fensterpfeilern sowie
- CDP-Messungen an der Kuppelschale des Südost-Quadranten angewandt.

4.2.2.1 Reflexionsmessungen an den Fensterpfeilern

Eine Schwierigkeit hinsichtlich der Durchführung einfacher Reflexions- oder Transmissionsmessungen zur Bestimmung der Wellengeschwindigkeit bildet die Tatsache, dass im Bereich der Hauptkuppel der Hagia Sophia nur wenige Schicht- bzw. Bauteildicken mit hinreichender Genauigkeit bekannt bzw. direkt messbar sind. Lediglich die Fensterpfeiler am Kuppelansatz bieten in Querrichtung die beidseitige Zugänglichkeit sowie eine geometrisch kontrollierbare und gleichzeitig radartechnisch durchdringbare Mauerwerksstärke (Abb. 4.5-a).

Im Rahmen von Messkampagne 3 wurden alle Fensterpfeiler des Südost-Quadranten (Rippe 40–10) einer entsprechenden Erkundung unterzogen. Die Querdurchstrahlung erfolgte mittels einer Reflexionsanordnung unter Einsatz einer tieffrequenten 400-MHz-Antenne. Pro Fensterpfeiler wurde eine horizontale Messstrecke unterhalb des Kämpferbereichs der Fenstergewölbe angelegt. Zur eindeutigen radartechnischen Darstellung der Querschnittsrückseite diente eine metallische Folie mit einem Reflexionskoeffizienten $r = 1$.

Abb. 4.5: (a) Radar-Reflexionsmessung an einem Fensterpfeiler (b) CDP-Messung an einer Kuppelrippe (Sensorkombination 1500/900 MHz)

4.2.2.2 CDP-Messungen an der Kuppelschale

Für den Bereich der Kuppelschale geben vorhandene Planunterlagen [113] keine hinreichende Auskunft zu den Querschnittsdicken. Da von Sondierungsbohrungen, zum Zwecke einer lokalen Dickenbestimmung, aufgrund der zu erwartenden Beschädigungen abgesehen werden sollte, standen keine gesicherten Kenntnisse zu den Querschnittsabmessungen der Kuppelschale zur Verfügung.

Wie dargelegt bieten CDP-Messungen gegenüber den Reflexions- oder Transmissionsmessungen die Möglichkeit zur Bestimmung der elektromagnetischen Wellengeschwindigkeit v, auch wenn das untersuchte Bauteil nur einseitig zugänglich und dessen Querschnittsdicke nicht bekannt bzw. messbar ist. Dieser Vorteil wurde im Rahmen von Messkampagne 4 genutzt, um die Kuppelschale entsprechend zu erkunden.

Die CDP-Messungen erfolgten auf Grundlage der Koordinatensysteme x_i/y_i (mit $i = 40, 1 \ldots 10$, entsprechend den Rippennummern). Die punktuellen Einzelmessungen wurden auf allen Rippen ($y_i = 0$) für $x_i = 8, 10, 12, 14, 16$ m, sowie in den dazwischenliegenden Feldbereichen bei $x_i = 12, 14, 16$ m durchgeführt.

Beim Messvorgang (Abb. 4.5-b) wurden die beiden Antennen, am definierten gemeinsamen Zentralpunkt beginnend, gleichmäßig bis auf einen Abstand von $x_i = 2{,}00$ m bewegt. Als Sensorpaar diente die Antennenkombination 1500/900 MHz bzw. – in Bereichen erhöhter Signalabsorption – die Sensorkombination 900/400 MHz.

4.2.3 Die Mikroseismikmessungen an den Rippen der Hauptkuppel

Der Einsatz mikroseismischer Verfahren an der Kuppel der Hagia Sophia erfolgte zur Ermittlung der Geschwindigkeit v_p der elastischen Welle (Kompressions- oder P-Welle) im Mauerwerk, um aus dieser Rückschlüsse auf die mechanischen Eigenschaften des durchschallten Materials zu ziehen.

Neben der Erlangung von exakten Kenntnissen zum dynamischen Elastizitätsmodul E_{dyn} dienen diese Messungen auch der Erkundung relevanter Materialunterschiede zwischen den unterschiedlichen Bauphasen.

Im Rahmen von Messkampagne 4 wurden an den Kuppelrippen bzw. Fensterpfeilern mikroseismische Messungen in Rippenquerrichtung in Form einer Transmissionsseismik sowie in Längsrichtung mittels einer Refraktionsanordnung durchgeführt.

4.2.3.1 Transmissionsseismik in Rippenquerrichtung

Die Transmissionsseismik wurde im Bereich der Fensterpfeiler der Rippen 6 und 7 sowie der Rippen 9 und 10 angewendet. Hier fanden sich Bereiche, welche frei von Putz bzw. Mosaik waren und damit Messungen unmittelbar am Mauerwerk ermöglichten (Abb. 4.6-a).

Um den Einfluss der Mauerwerksverkleidung zu bewerten, wurden vergleichend auch Untersuchungen am vollständigen Querschnitt, d. h. inklusive Putz oder Mosaik durchgeführt (Abb. 4.6-b).

Abb. 4.6: (a) Transmissionsseismik am Mauerwerk und (b) am verkleideten Querschnitt einer Kuppelrippe

Die Einzelmessungen wurden jeweils in *Querrichtung* in drei Tiefenlagen der Fensterpfeiler durchgeführt: am raumseitig verjüngten Rippenquerschnitt (vgl. Abb. 4.6-a), im Bereich der vollen Pfeilerbreite sowie in unmittelbarer Nähe der Fenster (siehe auch Abb. 4.54-b).

Die Anregung der mechanischen Welle erfolgte durch einen Impulshammer (Piezo-Trigger), der auf der gegenüberliegenden Bauteilseite angebrachte Beschleunigungsaufnehmer gab die Laufzeitinformation an ein Digitaloszilloskop weiter.

4.2.3.2 Refraktionsseismik in Rippenlängsrichtung

Der Ermittlung der Wellengeschwindigkeit der Kompressionswelle in *Rippenlängsrichtung* liegt eine an den Rippen 6 und 7 sowie 9 und 10 durchgeführte refraktionsseismische Messung zugrunde.

Die Messauslage bestand aus zwölf Geophonen im Abstand von jeweils einem Meter. Um eine kraftschlüssige Verbindung der Geophone mit der Mauerwerksstruktur zu gewährleisten, wurden diese mit Hilfe von Heißkleber und Gewebeband an den Rippen fixiert (Abb. 4.7-a). Unter Verwendung eines Impulshammers (Schließ-Trigger) wurde in unmittelbarer Nähe jedes Geophones ein Impuls erzeugt (Abb. 4.7-b) und die Laufzeit zu allen benachbarten Geophonen aufgezeichnet. Die Messung setzte sich damit pro Auslage aus $12^2 = 144$ Einzelmessungen zusammen.

Die Aufnahme der Daten erfolgte mittels der hochauflösenden 24-Kanal-Seismikapparatur *„Geometrics Strataview“*.

Abb. 4.7: (a) Geophonauslage an einer Rippe (b) Wellenerregung unter Verwendung eines Impulshammers

4.2.4 Ultraschallmessungen

Die Ultraschallmessungen dienten – analog den mikroseismischen Messungen – dem Ziel der Ermittlung von Wellengeschwindigkeiten im Medium. Aufgrund der geringen Sendeintensität erfolgten diese Messungen lediglich an den Kuppelrippen und an Putzproben.

- *Ultraschall an den Rippen*

  Unter Verwendung des Ultraschallgerätes der Fa. *Steinkamp* wurden verschiedene Tests durchgeführt (Abb. 4.8-a), die erzielte Reichweite war jedoch äußerst gering und erlaubt keine Aussage über vorhandene Materialeigenschaften. Das Messprogramm wurde daher nicht weiterverfolgt.

- *Ultraschall an Putzproben*

  Ultraschallmessungen an vereinzelten Putzproben ergaben durchaus verwertbare Ergebnisse. Da Herkunft und zeitliche Einordnung der Putzproben nicht vorgenommen werden konnte, sei diese Thematik nicht vertiefend dargestellt.

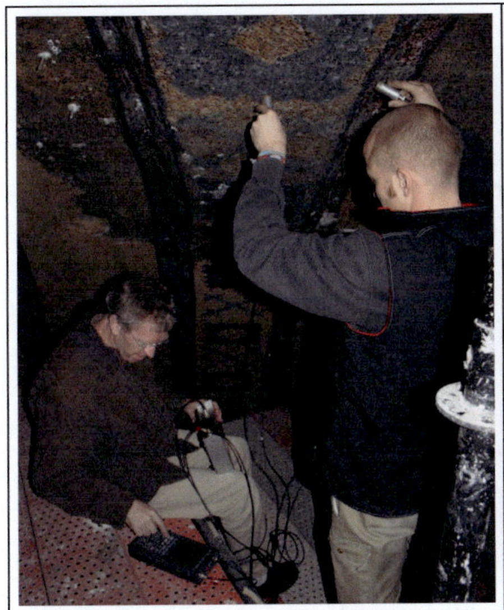

Abb. 4.8: (a) Ultraschallmessungen (b) Geoelektrikmessungen

4.2.5 Die Geoelektrikmessungen

Die Geoelektrikmessungen dienten insbesondere dazu, eine qualitative Aussage zum Feuchte- bzw. Salzgehalt im Kuppelmauerwerk zu tätigen.

Als Messpunkte boten sich die von Putz befreiten Mauerwerksflächen im Bereich der Rippen 6–8 bzw. die dazwischenliegenden Brüstungsbereiche an. Vergleichend wurden auch Untersuchungen im Bereich der Mosaikoberflächen vorgenommen (Abb. 4.8-b). Die Messungen wurden an insgesamt 21 Punkten unter Einsatz einer niederfrequenten Wechselstromapparatur der Fa. *Unilap* in quadratischer Anordnung durchgeführt.

4.2.6 Geometrische und oberflächige Bauaufnahmen

Ergänzend zu den geophysikalischen Untersuchungen wurde an den Kuppelbauteilen eine Vielzahl geometrischer Aufmaße genommen und eine detaillierte Bauaufnahme erstellt.

Im Einzelnen sind zu nennen:

- *Messung der Originalöffnungen in der Kuppelschale*

  Im betrachteten Untersuchungsbereich befinden sich in verschiedenen Höhenlagen 35 Öffnungen. Die Röhren durchdringen die Mauerwerkskonstruktion und sind an der Außenseite verschlossen. Die Messung der Tiefe der Röhren ergibt unter Berücksichtigung des Neigungswinkels zwischen Rohrachse und Kuppelfläche das Mindestmaß der Schalenstärke an der entsprechenden Stelle. Dieses Maß dient als Kontroll- und Kalibrierungsmöglichkeit der Radarmessungen.

- *Messung der Rippenprofile*

  Das Aufmaß der Rippenprofile, d. h. das Maß Δd_R des Rippenvorsprungs gegenüber der Kuppelfläche der Felder, bietet eine weitere Möglichkeit zur Kalibrierung der Messergebnisse.

- *Aufnahme der Rippenverformung*

  An besonders deformierten Stellen wurden Rippenprofile erstellt. Diese dienen zum Abgleich mit den Ergebnissen der Radarmessungen sowie den vorliegenden photogrammetrischen Messungen.

- *Aufmaß der Fensterpfeiler*

  Zum Abgleich mit vorhandenen Unterlagen erfolgte ein Aufmaß der zugänglichen Seiten der Fensterpfeiler.

- *Beurteilung des sichtbaren Mauerwerks*

  Es existieren nur sehr wenige Bereiche, die frei von Putz bzw. Mosaiken sind und somit die direkte Begutachtung des Mauerwerks zulassen. Diese Bereiche beschränkten sich zum Untersuchungszeitpunkt auf einzelne, vom Kuppelumgang zu erreichende Nischen unterhalb der Fenster. Die Erkenntnisse der visuellen Erkundung dienen dem Abgleich der radartechnischen Untersuchung des vorhandenen Mauerwerkgefüges.

- *Bauaufnahme des betrachteten Kuppelbereiches, Photodokumentation*

  Die an der Kuppelunterseite sichtbaren strukturellen Besonderheiten, wie z. B. unterschiedliche Oberflächenbeschaffenheiten, Risse, Klammern, Fehlstellen etc., wurden skizzenhaft aufgenommen und in einer ausführlichen Photodokumentation festgehalten.

4.3 Die Konstruktion der Hauptkuppel – Erkundungsergebnisse

Die umfassenden Erkundungen am Konstruktionsgefüge der Hauptkuppel erbrachten Erkenntnisse in vielfältiger Hinsicht. Entsprechend den spezifischen Fragestellungen ist die folgende Darlegung und Bewertung der Erkundungsergebnisse in Unterkapitel zur äußeren Form der Kuppel, zur Lage und Beschaffenheit der Bruchkante zwischen den einzelnen Bauphasen, zur inneren Gefügestruktur sowie zu den Materialeigenschaften gegliedert. Durch den jedem Abschnitt vorangestellten, bisherigen Stand der Bauforschung und dessen Ergänzung, Bestätigung oder Widerlegung durch die eigenen Erkundungsergebnisse soll ein umfassender Kenntnisstand zur geometrischen, strukturellen und materialspezifischen Form der Hauptkuppel und deren verschiedenen Bauphasen vermittelt werden.

4.3.1 Die Dicke der Kuppelschale oberhalb der Fensterpfeiler

Die Ermittlung der Querschnittsabmessungen der Kuppel bildet eines der zentralen Themen im Rahmen der Bestandserkundung. Dabei sind Fragen zur Dicke d der tragenden Mauerwerksschale im Rippen- und Feldbereich, des Querschnittverlaufs und insbesondere auch der geometrischen Unterschiede der verschiedenen Bauphasen zu bewerten.

4.3.1.1 Bisheriger Kenntnisstand

Das von VAN NICE [113] erstellte Gebäudeaufmaß umfasst alle Gebäudeabmessungen in erstaunlicher Präzision. Bezüglich des Kuppelquerschnitts wurde jedoch die äußere Kontur, d. h. der Querschnitt zwischen den Mosaikoberflächen an der Kuppelinnenseite und der die Mauerwerksstruktur verblendende Bleideckung an der Kuppelaußenseite erfasst. Eine exakte Aussage zum tragenden Mauerwerksquerschnitt wurde – und konnte – dagegen nicht getroffen werden.

MAINSTONE [67] geht davon aus, dass Rippen und Felder in einem homogenen Mauerwerksverband durchgemauert sind. Für die Bereiche des 6. und 14. Jahrhundert gibt er eine Schalenstärke von $d_K \sim 70$ cm an, die im 10. Jahrhundert ergänzten Kuppelbereiche seien dagegen dicker. Diese Differenz in der Schalendicke wird von AHUNBAY [3] bestätigt. Er nennt einen an der Kuppelaußenseite erkennbaren Versatz von ca. 11–13 cm zwischen der Bauphase des 6. und des 10. Jahrhunderts. Um einen stetigen Verlauf der Bleideckung zu gewährleisten, seien – im Rahmen der Neudeckung der Kuppel – Ausgleichshölzer eingebaut worden.

THODE [110] berichtet in seiner Arbeit von Schalendicken, welche nach dem ihm vorliegenden Unterlagen zwischen 65 cm und 100 cm schwanken. Er geht in seinen Berechnungen daher von einer mittleren Dicke von $d_K = 90$ cm aus. Ergänzend wird – ohne nähere Quellenangabe – von einer ca. 15 cm dicken Verstärkung im Scheitelbereich der Kuppel berichtet.

WARTH [114] und JANDL [50] führen eine Schalendicke von $d_K = 75$ cm über den Fenstern und $d_K = 62$ cm im Kuppelscheitel an[14]. Ähnliche Abmessungen (80/65 cm) sind KLEINBAUER [60] zu entnehmen.

Die vorgenannten und eine Vielzahl weiterer Quellen zusammenfassend wird deutlich, dass sich die Angaben zur Dicke d_K der Kuppelschale in einer Bandbreite von ca. 60–100cm bewegen. Ein exaktes Maß, der Querschnittsverlauf oder gar charakteristische geometrische Unterschiede zwischen den Bauphasen sind dagegen nicht dokumentiert.

[14] Die aus dem frühen 19. Jahrhundert stammenden Quellen seien erwähnt, da die Angaben zur Schalendicke – wie später gezeigt wird – eine gute Übereinstimmung mit den eigenen Erkundungsergebnissen für den Kuppelquerschnitt des 6. Jahrhunderts darstellen.

4.3.1.2 Grundlage eigener Erkundungen: Die Ermittlung der Wellengeschwindigkeit

Die eigenen Untersuchungen zur Ermittlung der Dicke der tragenden Mauerwerksschale basieren auf der vollflächigen radartechnischen Erfassung des Südwest- und Südost-Quadranten.

Die radartechnisch ermittelten Laufzeiten *t* der maßgebenden Reflektoren werden gemäß Gleichung (2.1) auf Grundlage der materialspezifischen elektromagnetischen Wellengeschwindigkeiten *v* in die Wegstrecke *d*, welche die Schichttiefe bzw. Schalendicke repräsentiert, umgerechnet.

Entscheidende Auswertungsgrundlage für eine korrekte Schichttiefenbestimmung bildet damit die Kenntnis bzw. die genaue Ermittlung der elektromagnetischen Wellengeschwindigkeit *v*. Diese steht nach Gleichung (2.2) in direkter Abhängigkeit von der relativen Dielektrizität ε_r des Mediums und wird dementsprechend von den elektrischen Eigenschaften des trockenen Materials und insbesondere vom Feuchtegehalt beeinflusst. Letztgenannte Faktoren bewirken gegenüber trockenen Verhältnissen eine deutliche Verminderung der Wellengeschwindigkeit *v*.

Diese Abhängigkeit und die daraus zu ziehenden Rückschlüsse auf die Feuchteverhältnisse im untersuchten Bauteil werden an späterer Stelle (Abschnitt 4.3.6.5) diskutiert. Kernpunkt der folgenden Betrachtung sei die Ermittlung der Wellengeschwindigkeit *v* des trockenen Materials.

KAHLE [56] ermittelte in seinen Versuchsreihen für Ziegelmauerwerk eine elektromagnetische Wellengeschwindigkeit von $v = 0{,}15$ m/ns. Dieser Wert steht in guter Übereinstimmung mit den Angaben anderer Autoren und konnte inzwischen durch vielfältige Messungen in der Praxis [49] bestätigt werden. Auch vom Mauerwerk der Hagia Sophia ist in trockenem Zustand keine wesentliche Abweichung von diesem Wert zu erwarten.

Die eigenen, an Kuppelschale und Fensterpfeilern durchgeführten Messungen dienten ergänzend der exakten differenzierten Ermittlung von Wellengeschwindigkeiten, welche auf eventuell unterschiedliche Materialeigenschaften schließen lassen oder den Einflüssen lokaler Feuchte- bzw. Salzbelastung Rechnung tragen.

• ***Die Wellengeschwindigkeit im Mauerwerk der Kuppelschale***

Aus den im Südost-Quadranten durchgeführten CDP-Messungen konnten insgesamt 83 Messwerte gewonnen werden. Im Vorgriff auf die Ermittlung der Bauphasengrenzen sei erwähnt, dass sich 18 dieser Messpunkte in den Rippen- bzw. Feldbereichen der Bauphase des 6. Jahrhunderts und 65 Punkte im Bereich der im 14. Jahrhundert errichteten Bauteile befinden. Messwerte der Bauteile des 10. Jahrhunderts stehen dagegen nicht zur Verfügung.

Abbildung 4.9 zeigt exemplarisch die Radargramme der an einer Rippe des 14. Jahrhunderts durchgeführten Einzelmessung: An dem sich abzeichnenden Hyperbelast lässt sich durch eine mathematische Hyperbelanpassung die lokale mittlere Wellengeschwindigkeit von $v = 0{,}156$ m/ns und damit die exakte Tiefe der auftretenden Reflektoren ermitteln. Die Reflexionsamplitude tritt bei geringer Signalabsorption deutlich hervor und kennzeichnet – wie später gezeigt wird – die Lage der Mauerrückseite bzw. die Bleideckung.

Alle auf diese Weise ermittelten lokalen Wellengeschwindigkeiten *v* sind in Abbildung 4.10 in Abhängigkeit ihres in Meridianrichtung gemessenen Abstandes x_i vom Kuppelscheitel aufgetragen. Die entsprechend den Bauphasen differenzierte und unter Ergänzung der

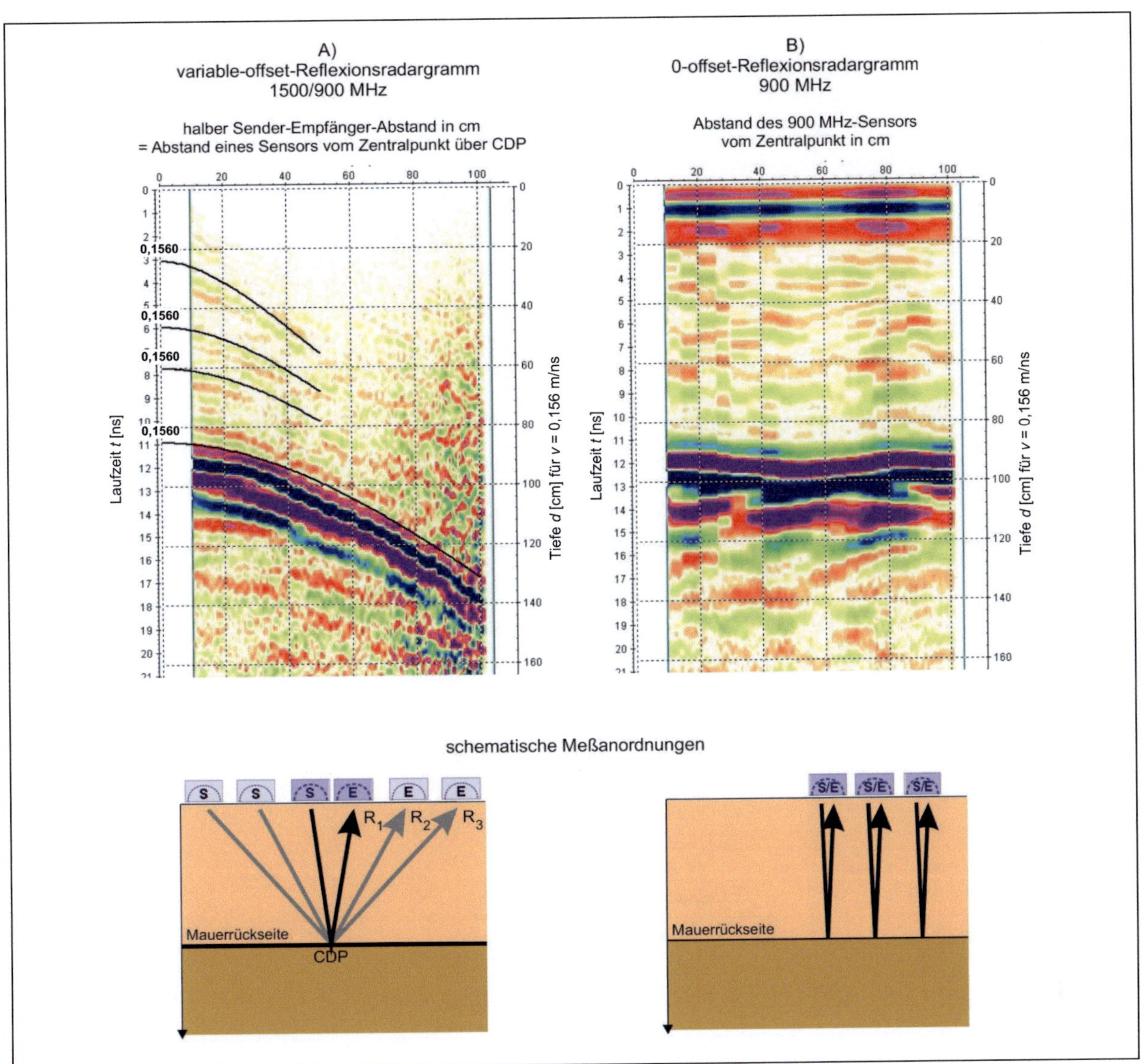

Abb. 4.9: Beispielradargramme der CDP-Messung, Rippe 8 (x_8 = 8,0m)

jeweils gemittelten Wellengeschwindigkeit und einer linearen Trendlinie erfolgte Betrachtung macht Folgendes deutlich:

- Mit Ausnahme zweier Messwerte bei Rippe 6 und 7 ($x_{6/7}$ = 16,00 m) schwanken die gemessenen Wellengeschwindigkeiten in einer Bandbreite zwischen v = 0,135 m/ns und v = 0,170 m/ns. Die gute Annäherung an den oben genannten, von KAHLE [56] ermittelten Wert von v = 0,15 m/ns sowie die optische Begutachtung der Messstellen lässt darauf schließen, dass es sich hierbei um Wellengeschwindigkeiten des trockenen Materials handelt.
- Der Vergleich der mittleren Wellengeschwindigkeiten der Bauphasen zeigt, dass diese im Mauerwerk des 6. Jahrhunderts bei $v_{6.Jh.}$ = 0,164 m/ns und damit deutlich über dem Wert des Mauerwerks des 14. Jahrhunderts liegt, welcher eine mittlere Wellengeschwindigkeit von $v_{14.Jh.}$ = 0,148 m/ns aufweist. Diese Differenz ist ein Hinweis auf die unterschiedlichen Charakteristiken des trockenen Mauerwerks. Die geringe Schwankung der Einzelmesswerte des 6. Jahrhunderts lässt hierbei auf eine – gegenüber dem 14. Jahrhundert – homogenere Materialzusammensetzung schließen.

- Beide Bauphasen weisen tendenziell eine Abnahme der Wellengeschwindigkeit mit wachsendem Abstand vom Kuppelscheitel auf. Dies könnte auf eine nach unten hin geringfügig zunehmende Feuchtebelastung hindeuten. Für die Bereiche von Rippe 6 und 7 bei x_i = 16,00 m ist bei den gemessenen Wellengeschwindigkeiten von $v \leq 0{,}13$ m/ns von einem erhöhten Feuchtegehalt im Mauerwerk auszugehen.

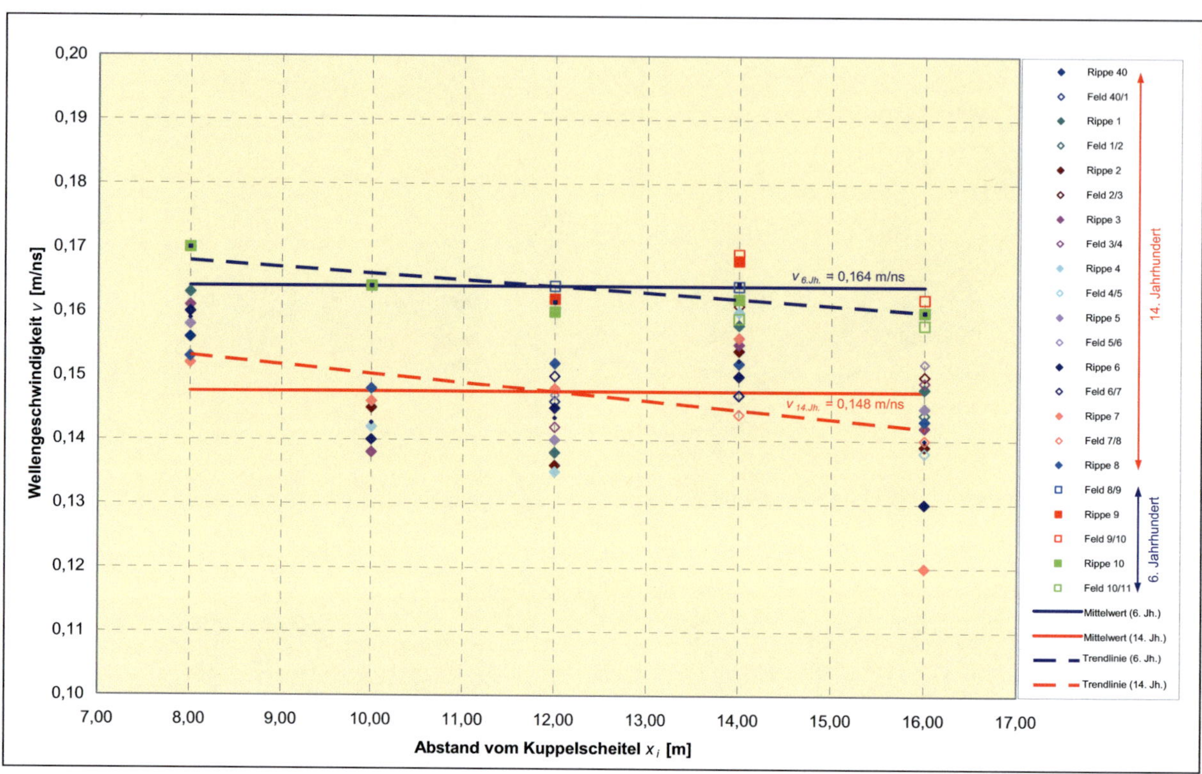

Abb. 4.10: Die Wellengeschwindigkeiten v im Bereich der Kuppelschale als Ergebnis der CDP-Messungen

- ***Die Wellengeschwindigkeit im Bereich der Fensterpfeiler***

Im Bereich der Fensterpfeiler wurden zur Ermittlung der elektromagnetischen Wellengeschwindigkeit die Radar-Reflexionsmessungen herangezogen. Es standen Daten der Fensterpfeiler 40–10 zur Auswertung zur Verfügung. Hierbei sind die Rippen 40–8 dem 14. Jahrhundert, die Rippen 9 und 10 der Bauphase des 6. Jahrhunderts zuzuordnen.

Die Radargramme der Bauteile des 14. Jahrhunderts sind geprägt durch eine sehr hohe Signalabsorption. Selbst die mit einer großen Tiefenreichweite ausgestattete 400-MHz-Antenne war an vielen Stellen nicht in der Lage, die im Mittel ca. 1,10 m breiten Fensterpfeiler zu durchdringen. Die wenigen zu ermittelnden Wellengeschwindigkeiten unterliegen im gleichen Bauteil hohen Schwankungen und weisen dabei geringe Wellengeschwindigkeiten zwischen v = 0,10 m/ns und v = 0,13 m/ns auf.

In den Bauteilen des 6. Jahrhunderts erweist sich die Signalabsorption weniger intensiv, die Bauteile ließen sich radartechnisch durchdringen. Die errechnete Wellengeschwindigkeit ist ebenfalls Schwankungen unterworfen, befindet sich jedoch auf einem etwas höheren Niveau zwischen v = 0,12 m/ns und v = 0,14 m/ns.

Als Ergebnis der Radarmessungen im Bereich der Fensterpfeiler ist festzustellen, dass das starke Absorptionsverhalten und schwankende, auf niedrigem Niveau befindliche Wellengeschwindigkeiten v auf einen hohen Feuchte- und Salzeinfluss zurückzuführen sind. Eine charakteristische Wellengeschwindigkeit, welche auch im trockenen Material Gültigkeit besitzt und somit als Grundlage der flächigen Radarmessungen dienen kann, lässt sich nicht ableiten.

- ***Die bauphasenspezifischen Wellengeschwindigkeiten***

Anhand der durchgeführten Messungen und vorgenannten Überlegungen werden den weiteren Auswertungen die folgenden, im Rahmen der CDP-Messungen ermittelten mittleren elektromagnetischen Wellengeschwindigkeiten zugrunde gelegt:

Ziegelmauerwerk des 6. Jahrhunderts: $v_{6.Jh.}$ = 0,164 m/ns

Ziegelmauerwerk des 14. Jahrhunderts: $v_{14.Jh.}$ = 0,148 m/ns

Den erkannten lokalen Schwankungen um den errechneten Mittelwert wird im Rahmen der späteren Auswertungen begegnet, indem die tatsächlichen punktuellen Schichtstärken den mit der gemittelten Wellengeschwindigkeit ermittelten Schichtgrenzenverläufe gegenübergestellt werden.

Die dem 10. Jahrhundert entstammenden Kuppelbereiche konnten keiner differenzierten Bestimmung der Wellengeschwindigkeit unterzogen werden. Als Grundlage der Auswertungen von Radardaten dieser Bauphase wird der Wert nach KAHLE [56] herangezogen:

Ziegelmauerwerk des 10. Jahrhunderts: $v_{10.Jh.}$ = 0,150 m/ns

Eine Validierung und Beurteilung dieses Wertes erfolgt an späterer Stelle.

4.3.1.3 Ergebnisse der Radarmessungen im Bereich der Kalligraphien

• ***Messbedingungen und Datengrundlage***

Hinsichtlich des Einsatzes des Radarverfahrens bergen die Kalligraphien im Bereich des Kuppelscheitels eine messtechnische Schwierigkeit. Die mit Blattgold überzogenen Oberflächenbereiche bilden einen metallischen Totalreflektor und damit ein unüberwindbares Hindernis für elektromagnetische Wellen. Die radartechnische Durchdringung der Kuppelschale im Bereich der Kalligraphien und damit die Erkundung tiefer liegender Schichten ist aus diesem Grund nur in den Bereichen zwischen den Schriftzeichen möglich.

Diesem Umstand wurde im Südwest-Quadranten (Messkampagne 2) Rechnung getragen, indem im Kalligraphiebereich, gegenüber den Messreihen an den Rippen und Feldern, ein separates kartesisches Messraster (Messreihe E_{MK2}, vgl. Abb. 4.3) eingeführt wurde. Ziel war, mit Hilfe eines sehr engmaschigen Rasters den überwiegenden Teil der Zwischenräume radartechnisch zu erfassen.

Im Südost-Quadranten (Messkampagne 3) wurde auf eine separate messtechnische Erfassung des Kalligraphiebereichs verzichtet, stattdessen fanden die Messreihen zur Erkundung der Rippen am Kuppelscheitel ihren Ausgangspunkt (Messreihe A_{MK3} bzw. B_{MK3}). Diese kontinuierlichen Messstrecken lieferten einen stetigen Schichtgrenzenverlauf bei geringerer Auswertungsintensität.

• ***Die Radargrammstruktur***

Alle im Bereich der Kalligraphien erstellten Radargramme erweisen sich als äußerst diffus und sind erwartungsgemäß stark geprägt von oberflächennahen, durch die Blattgoldauflage hervorgerufenen Störsignalen. Darüber hinaus weisen Reflexionen im Querschnittsinnern auf eine Vielzahl von materialtechnischen Inhomogenitäten (wie z. B. metallische Einlagerungen oder Gefügestörungen) hin. In den ungestörten Zwischenbereichen lassen sich dennoch maßgebende Reflektoren ausmachen, die auf Schichtgrenzen hinweisen. Durch entsprechende Interpolation in den Störbereichen lässt sich partiell ein stetiger Verlauf dieser ablesen.

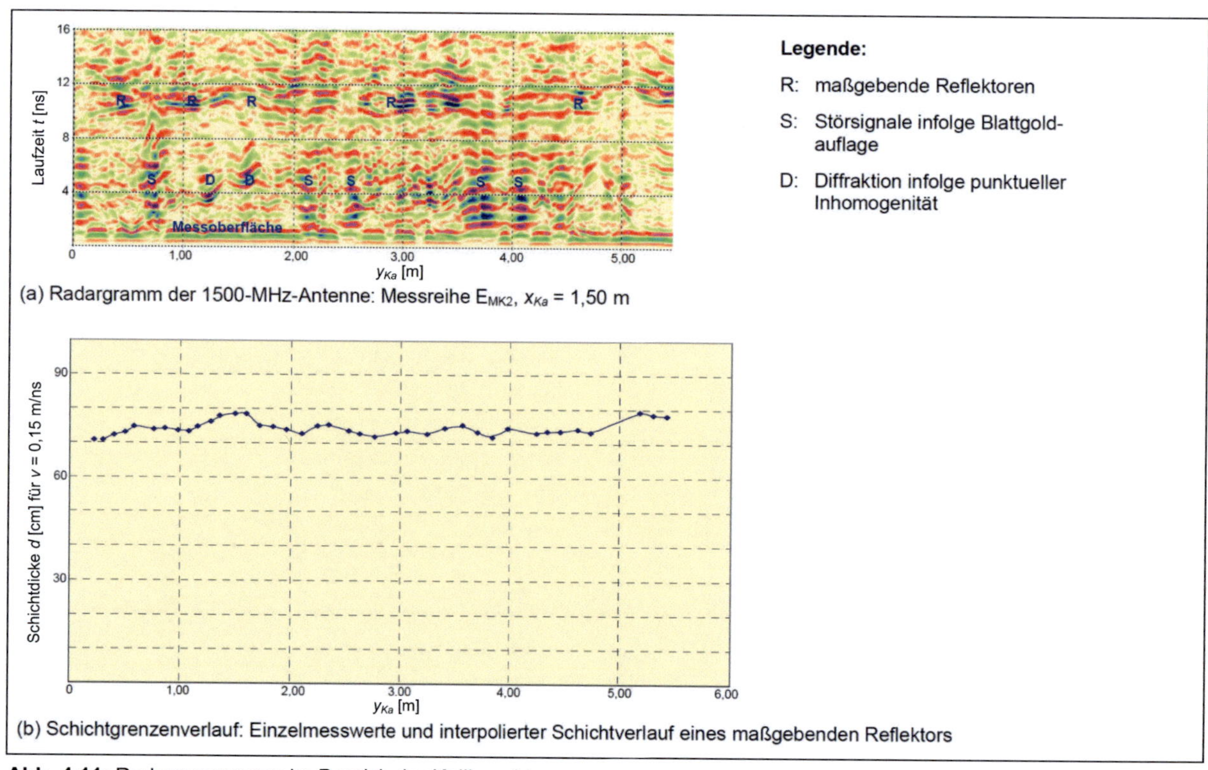

(a) Radargramm der 1500-MHz-Antenne: Messreihe E_{MK2}, x_{Ka} = 1,50 m

(b) Schichtgrenzenverlauf: Einzelmesswerte und interpolierter Schichtverlauf eines maßgebenden Reflektors

Abb. 4.11: Radarmessungen im Bereich der Kalligraphien

Abbildung 4.11 zeigt exemplarisch ein im Südwest-Quadranten erstelltes Radargramm der Messreihe E_{MK2}. Die abgegriffenen Tiefenwerte weisen unter Zugrundelegung einer elektromagnetischen Wellengeschwindigkeit von $v_{10.Jh.} = 0{,}15$ m/ns auf eine deutliche Schichtgrenze zwischen Materialien unterschiedlicher materialspezifischer Eigenschaften in einer Tiefe von $d \sim 75$ cm hin.

- ***Koordinatentransformation der Messreihe E_{MK2}***

Die Messstrecken der Messreihe E_{MK2} beziehen sich auf das im Kalligraphiebereich des Südwest-Quadranten definierte kartesische Koordinatensystem x_{Ka}/y_{Ka} (vgl. Abb. 4.3). Da diese Messstrecken weder dem Meridian noch den Höhenlinien der Kuppel folgen, spiegeln die zugehörigen Radargramme nicht den am Scheitel beginnenden radialen Verlauf der Schichtgrenzen wider.

Die graphische Darstellung des Schichtgrenzenverlaufs in Meridianrichtung und damit die spätere logische Anbindung der Messwerte an die Messstrecken des Rippen- bzw. Feldbereichs erfordert die Transformation der den Einzelmessungen zugrundeliegenden kartesischen Koordinaten in Polarkoordinaten. Hierbei wird für jeden Messpunkt der Polarwinkel ϑ_{Ka} sowie der Radiusvektor r_{Ka} (radialer Abstand vom Kuppelscheitel bis zum entsprechenden Messpunkt) gemäß Gleichung (4.1) und (4.2) ermittelt.

$$\vartheta_{Ka} = arctan(y_{Ka}/x_{Ka}) \qquad (4.1) \qquad\qquad r_{Ka} = \sqrt{{x_{Ka}}^2 + {y_{Ka}}^2} \qquad (4.2)$$

Entsprechend ihres Polarwinkels ϑ_{Ka} lassen sich die Messwerte einer Rippenachse zuordnen und in Abhängigkeit von r_{Ka} auftragen. Die Zuordnung der Messwerte zu einer Rippenachse erfolgt näherungsweise durch die fächerförmige Aufteilung des Messbereiches in Kreisausschnitte mit einem Öffnungswinkel von $\vartheta = 9°$ und einer den Rippenachsen entsprechenden Winkelhalbierenden.

Abbildung 4.12 zeigt das Messfeld x_{Ka}/y_{Ka} im Bereich der Kalligraphie des Südwest-Quadranten, die Messstrecken mit den in den ungestörten Bereichen abgegriffenen Einzelmesswerten des maßgeblichen Reflektors sowie die den Rippenachsen zugeordneten Kreisausschnitte.

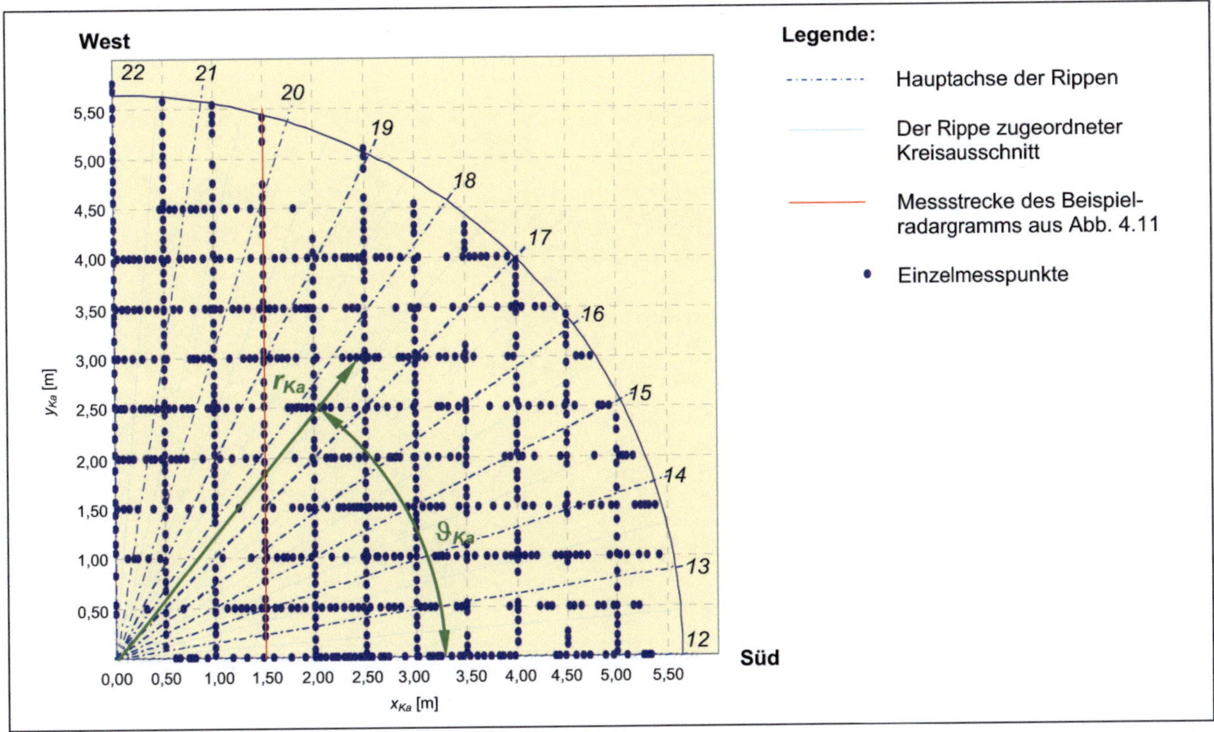

Abb. 4.12: Rippenachsenzuordnung der Einzelmesswerte im Kalligraphiebereich des Südwest-Quadranten (Messreihe E_{MK2})

- ***Deutung der Reflektoren***

Abbildung 4.13 zeigt alle Einzelmesswerte der Messreihe E_{MK2} in radialer, d. h. in Abhängigkeit ihres Radiusvektors r_{Ka} aufgetragener Anordnung. Die vorgenommene Rippenachsenzuordnung wurde farblich differenziert dargestellt.

Die einer Rippenachse zugeordneten Werte liegen nicht in einer gemeinsamen radialen Flucht und spiegeln damit auch keinen stetigen Schichtgrenzenverlauf wider. Entsprechend erfolgt die Messwertdarstellung in den Diagrammen als Einzelpunkt.

Die Grafik enthält Messwerte unterschiedlicher Bauphasen und Amplitudenstärken. Eine differenzierte Betrachtung der den Bauphasen des 6. und 10. Jahrhunderts zuzuordnenden Einzelmesswerte erfolgt im Rahmen der Bauteilauswertung der verschiedenen Bauphasen und wird an entsprechender Stelle vertieft.

Qualitativ lässt sich aus der Darstellung jedoch Folgendes erkennen: Ein maßgeblicher, mit höchster Amplitude auftretender Reflektor zeichnet sich in allen Radargrammen ab und befindet sich in einer Tiefe d von ca. 70–75 cm. Mit zunehmender Distanz vom Kuppelscheitel ist ein leichtes Anwachsen des Abstandes zwischen Messoberfläche und Reflektor zu beobachten.

Dieser Reflektor wird durch einen deutlichen Materialwechsel hervorgerufen. Intensität und Einheitlichkeit seiner Ausprägung lassen darauf schließen, dass es sich hierbei um die Außenseite des tragenden Kuppelmauerwerks handelt. Dass dieser Materialwechsel in unmittelbarer Verbindung mit der Bleideckung steht, ist auszuschließen, da in diesem Falle die undurchdringliche metallische Schichtgrenze jegliche Hinweise auf das dahinter befindliche Gefüge verhindern würde. Schwache Reflektoren oberhalb der Mauerwerksrückseite sind jedoch Indikatoren für dortige Strukturen bzw. den Verlauf der Bleideckung. Zumindest im Bereich des Kuppelscheitels scheint damit die Bleideckung vom Kuppelmauerwerk abgelöst und eine Zwischenschicht differierender materialspezifischer Ausprägung zu existieren.

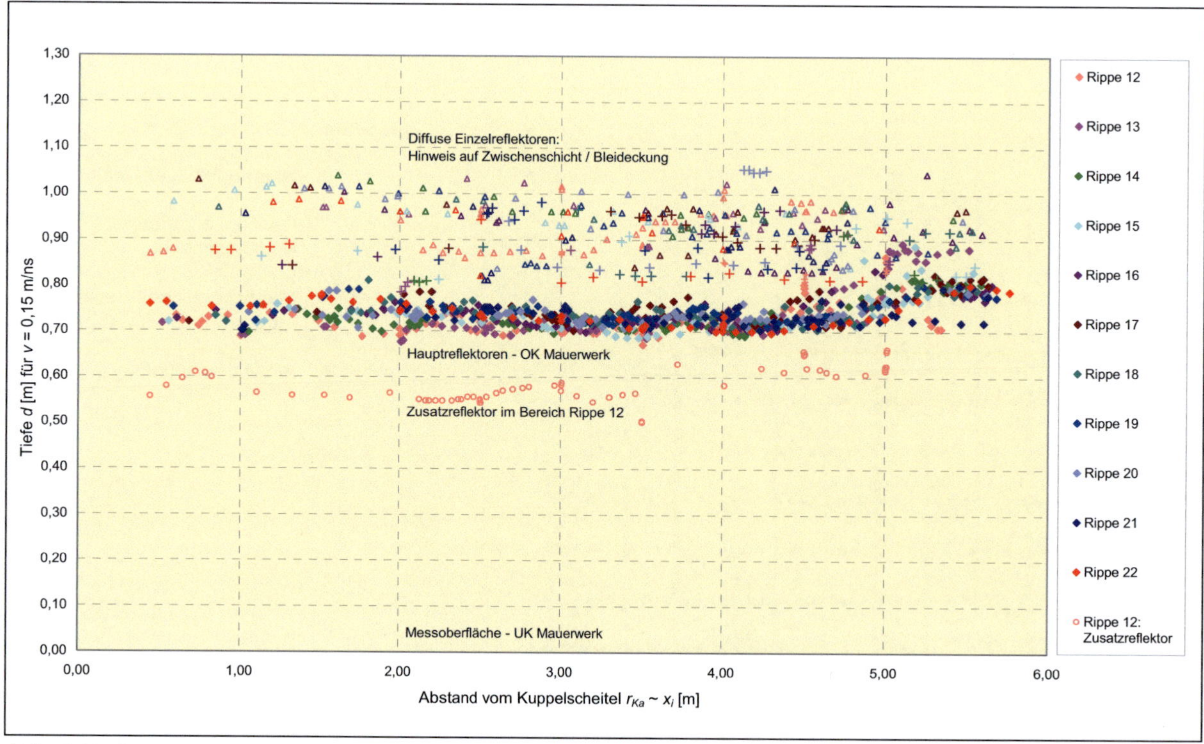

Abb. 4.13: Gesamtheit aller Einzelmesswerte im Bereich der Kalligraphie (Messreihe E_{MK2}, radiale Anordnung)

4.3.1.4 Die Kuppelbauteile des 6. Jahrhunderts

- ***Der Untersuchungsbereich***

Gemäß existierenden Berichten und Beobachtungen [67, 98] sind die Rippen 9–14 auf der Kuppelsüdseite sowie die Rippen 28–35 auf der Kuppelnordseite der Bauphase des 6. Jahrhunderts zuzuordnen. Diese entstammen der Erbauungszeit der „zweiten Kuppel“ durch *Isidoros d. J.* und blieben bis heute von Einstürzen verschont (vgl. auch Abschnitt 4.3.4.1 zur Lage der Bruchkante).

Die Gerüststellung im Südwest- und Südost-Quadranten ermöglichte im Rahmen von Messkampagne 2 bzw. 3 die Zugänglichkeit und radartechnische Erfassung der auf der Südseite befindlichen Rippen 9–14 mit den zugehörigen Feldbereichen. Eingeschränkt war lediglich die Erreichbarkeit von Rippe 11: Aufgrund der sich nicht überschneidenden Gerüststellung war diese unterhalb des Kalligraphiebereichs in keiner der beiden Messkampagnen messtechnisch zu erfassen (vgl. Abb. 4.3).

- ***Datengrundlage***

Grundlage der Ermittlung des Dickenverlaufs der Kuppelschale bilden die in Meridianrichtung durchgeführten Radarmessungen (Messreihe $A_{MK2/3}$, $B_{MK2/3}$, vgl. Abb. 4.3). Während die Messstrecken der Messkampagne 3 am Scheitel beginnend bis zum Kuppelfuß geführt wurden, sind die unterhalb des Kalligraphiebereichs begonnenen Messstrecken der Messkampagne 2 im Kalligraphiebereich durch die transformierten Einzelmesswerte der Messreihe E_{MK2} (Abb. 4.13) zu ergänzen.

- ***Die Radargrammstruktur/Deutung der Reflektoren***

Abb. 4.14-a und -b bzw. 4.15-a und -b zeigen exemplarisch die nahezu deckungsgleichen Radargramme der 900-MHz-Antenne und der 1500-MHz-Antenne, aufgenommen im Feld 9/10 bzw. in Rippenachse 9. Diese und alle den Bauteilen des 6. Jahrhunderts zuzuordnenden Radargramme weisen charakteristische, die Bauphase kennzeichnende Gemeinsamkeiten auf.

Am Kuppelscheitel beginnend zeichnen sich zunächst die Blattgoldauflagen des Kalligraphiebereichs durch deutliche Signalstörungen ab. Diese klingen mit Verlassen dieses Bereiches ab, es treten zwei deutliche Reflektoren mit hoher Amplitude hervor. Der stetige Verlauf dieses „Doppelreflektors“ ist in den Radargrammen der 900-MHz-Antenne und – trotz einer Tiefe von bis zu 1,20 m – auch der hochfrequenten 1500-MHz-Antenne ablesbar. Die hohe Amplitude in Verbindung mit einer überdurchschnittlichen Reichweite der Radarwelle deutet auf eine geringe Signalabsorption, sehr wahrscheinlich infolge einer überaus homogenen Gefügestruktur hin.

Beide Reflektoren kennzeichnen deutliche Schichtgrenzen in Verbindung mit Materialwechsel. Offensichtlich stellt der äußere (im Radargramm obere) Reflektor die für die Radarstrahlen undurchdringbare Bleideckung[15] dar. Der weiter innen liegende Reflektor hingegen beschreibt eine Schichtgrenze zwischen differierenden Materialeigenschaften innerhalb der Kuppelkonstruktion.

Entsprechend den Aussagen AHUNBAY´s [3], der – wie an anderer Stelle bereits erwähnt – für die Bereiche des 6. Jahrhunderts von einer ausgleichenden hölzernen Konstruktion zwischen Mauerwerk und Bleideckung berichtet, lässt sich der innere Reflektor eindeutig der Oberkante der tragenden Ziegelkonstruktion zuordnen.

[15] Im radartechnischen Sinne ist eine „Schichtgrenze“ dadurch gekennzeichnet, dass bei den Messungen ein Reflektor hervorgerufen wird. Dies kann bei Materialwechsel innerhalb einer Mauerwerksstruktur, aber auch bei metallischen Grenzflächen der Fall sein. Definitionsgemäß bildet damit auch die bleierne Dachdeckung eine Schichtgrenze.

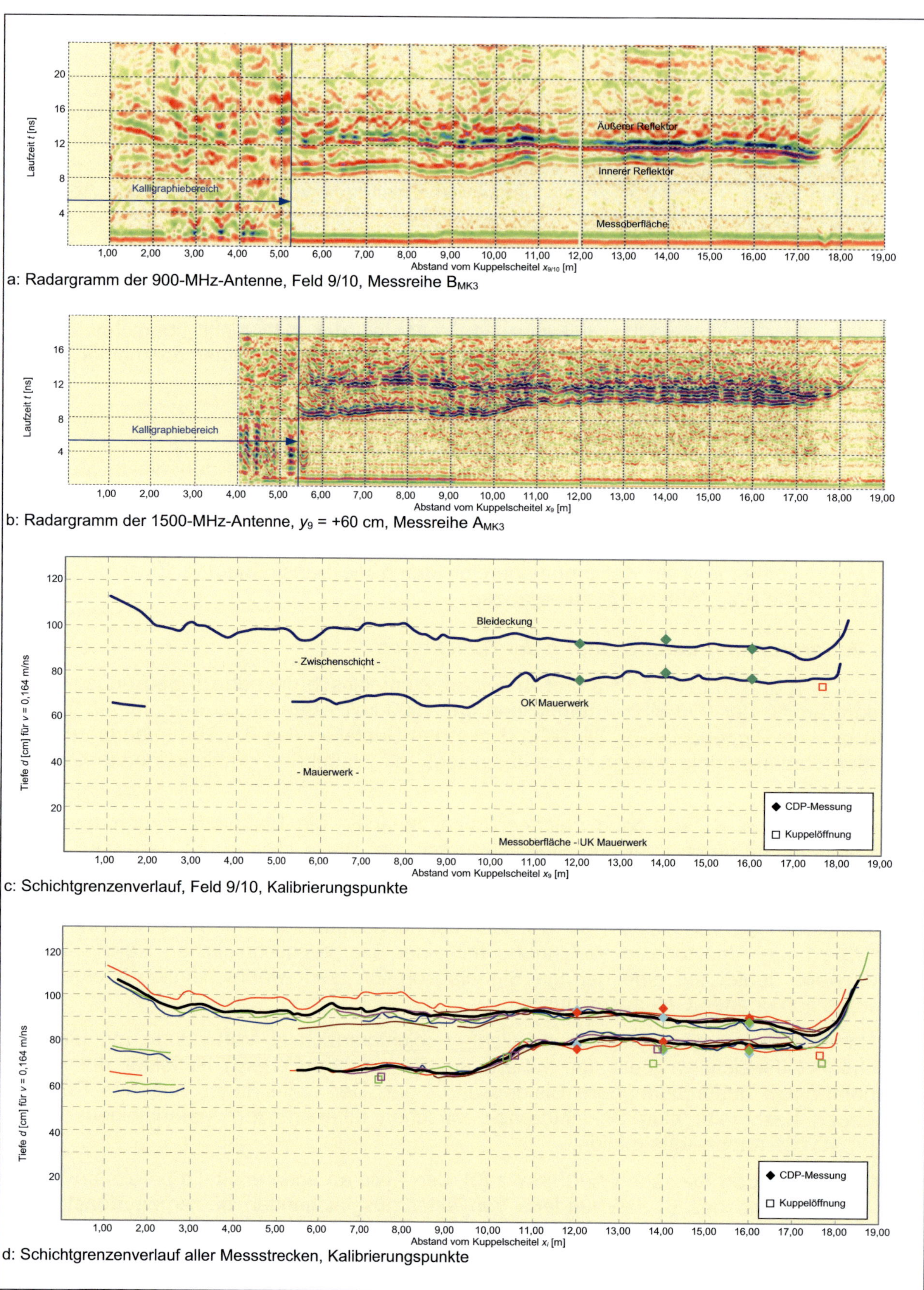

a: Radargramm der 900-MHz-Antenne, Feld 9/10, Messreihe B_{MK3}

b: Radargramm der 1500-MHz-Antenne, y_9 = +60 cm, Messreihe A_{MK3}

c: Schichtgrenzenverlauf, Feld 9/10, Kalibrierungspunkte

d: Schichtgrenzenverlauf aller Messstrecken, Kalibrierungspunkte

Abb. 4.14: Schichtgrenzenverlauf der Felder des 6. Jahrhunderts

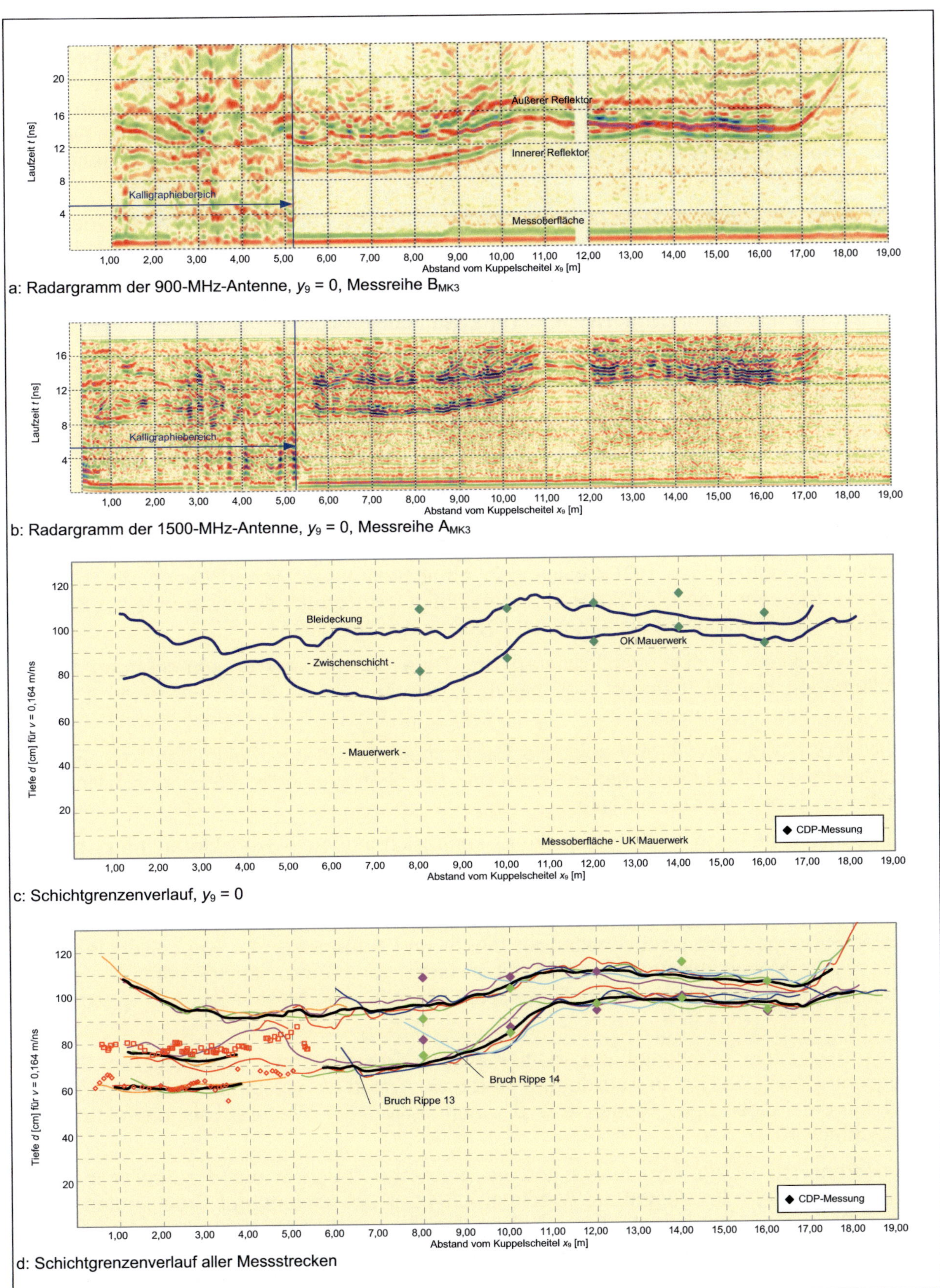

Abb. 4.15: Schichtgrenzenverlauf der Rippen des 6. Jahrhunderts

Ab x_i ~ 18,00 m zeichnet sich in den Radargrammen eine Art „Schweif" ab. Diese Stelle kennzeichnet den an der Kuppelaußenseite befindlichen Knick zwischen der Kuppelschale und dem umlaufenden Gesims oberhalb der Fensterpfeiler (vgl. Abb. 4.1, 4.24). Der Verlauf des Reflektors spiegelt jedoch nicht den Querschnittsverlauf der Kuppelaußenseite wider, stattdessen handelt es sich um die Darstellung einer sogenannten Diffraktionshyperbel, welche den mit der Antennenbewegung abrupt anwachsenden Abstand zum Reflexionspunkt wiedergibt.

Ergänzend sei erwähnt, dass sich im Bereich des Kuppelscheitels unterhalb der Bleideckung *zwei* Reflexionsbänder abzeichnen, deren Darstellung infolge der Oberflächenstörungen nur partiell gelingt. Dies deutet auf einen weiteren, nicht näher zu spezifizierenden Materialübergang innerhalb der Ausgleichsschicht hin. Gegebenenfalls könnte dies ein Hinweis auf die von THODE [110] erwähnte Verstärkung im Bereich des Kuppelscheitels sein.

- ***Der Schichtgrenzenverlauf***

Abbildung 4.14-c bzw. 4.15-c zeigt den Verlauf der Schichtgrenzen nach Transformation der Zeitachse der Radargramme in eine Tiefenachse. Die Umrechnung erfolgte unter Ansatz der für das 6. Jahrhundert ermittelten mittleren Wellengeschwindigkeit von $v_{6.Jh.}$ = 0,164 m/ns.

Die rautenförmigen Punkte kennzeichnen ergänzend die an den entsprechenden Stellen durch die unabhängigen CDP-Messungen ermittelten tatsächlichen Lagen der Schichtgrenzen. Die sehr gute Übereinstimmung bestätigt die Korrektheit der ermittelten Schichtgrenzenverläufe und damit die angesetzte Wellengeschwindigkeit.

Die rechteckigen Punkte symbolisieren die Tiefe der an den entsprechenden Stellen existierenden Kuppelöffnungen (vgl. hierzu Abschnitt 4.3.1.7). Auch hier zeigt sich eine sehr gute Übereinstimmung.

Abbildung 4.14-d bzw. 4.15-d zeigt die Gesamtheit aller in den Feldmitten bzw. Rippenachsen des 6. Jahrhunderts gemessenen und mit oben genannter Wellengeschwindigkeit ermittelten Schichtgrenzenverläufe.

Während die äußeren – die Bleideckung kennzeichnenden – Reflektoren noch geringe Differenzen zwischen den einzelnen Messstrecken zeigen, erweist sich der Verlauf der inneren, die Oberkante des tragenden Mauerwerks darstellenden Reflektoren als nahezu deckungsgleich. In Anbetracht tatsächlich vorhandener Baudifferenzen und Deformationen, lokaler Störungen und Unebenheiten an Innen- und Außenseite der Kuppelschale, unterschiedlicher Mosaikablösungen sowie einer nicht ganz auszuschließenden Messungenauigkeit kann von einer erstaunlichen Homogenität der Messergebnisse gesprochen werden.

Diese Erkenntnis rechtfertigt die mathematische Bestimmung eines mittleren Schichtgrenzenverlaufs, welcher in Abbildung 4.14-d bzw. 4.15-d als verstärkte Linie dargestellt ist und für die Felder bzw. Rippen des 6. Jahrhunderts im Weiteren als charakteristisch betrachtet wird.

Bemerkenswert ist der strukturelle und geometrische Bruch in den Radargrammen der Rippen 13 und 14: Im Vorgriff auf Abschnitt 4.3.4 zur Betrachtung der Bruchkanten sei an dieser Stelle erwähnt, dass die Bereiche von Rippe 13 und 14 oberhalb dieses Bruches im 10. Jahrhundert ergänzt wurden. Aus diesem Grunde wurden der Abbildung im Kalligraphiebereich lediglich die Einzelmesspunkte der dem 6. Jahrhundert zuzuordnenden Rippe 12 zugefügt.

4.3.1.5 Die Kuppelbauteile des 10. Jahrhunderts

- ***Der Untersuchungsbereich***

Die Rippen 15–27 an der Kuppelwestseite entstammen den Aufbauarbeiten, welche nach dem Teileinsturz im Jahre 989 durch den armenischen Baumeister *Trdat* durchgeführt wurden.

Die Gerüststellung im Südwest-Quadranten ermöglichte im Rahmen von Messkampagne 2 die Erreichbarkeit und die messtechnische Erfassung der Rippen 15–21 und der zugehörigen Felder 14/15 bis 21/22.

- ***Datengrundlage***

Grundlage der Ermittlung des Dickenverlaufs der Kuppelschale bilden die in Meridianrichtung verlaufenden Radarmessungen (Messreihe A_{MK2}, B_{MK2}, vgl. Abb. 4.3). Diese sind im Kalligraphiebereich durch die transformierten Einzelmesswerte der Messreihe E_{MK2} zu ergänzen.

- ***Die Radargrammstruktur/Deutung der Reflektoren***

Die Abbildungen 4.16-a und -b bzw. 4.17-a und -b zeigen charakteristische Radargramme von Bauteilen des 10. Jahrhunderts. Die mit der 900-MHz-Antenne und der 1500-MHz-Antenne im Feld 17/18 bzw. in Rippenachse 15 erstellten Radargramme zeigen strukturelle Gemeinsamkeiten. Diese charakteristische graphische Struktur ist in allen Radargrammen des 10. Jahrhunderts zu erkennen und grenzt die Bauphase eindeutig von den anderen Epochen ab.

Insbesondere bei den Messungen mit der hochfrequenten 1500-MHz-Antenne erscheinen die Reflektoren diffus und mit schwacher Amplitude ausgebildet. Dies deutet auf eine stärkere Absorption der Radarwelle im Mauerwerk hin und lässt – gegenüber dem 6. Jahrhundert – auf differierende Materialeigenschaften bzw. eine inhomogenere Gefügestruktur (denkbar wäre eine höhere Porosität oder weniger dicht vermörtelte Mauerwerksfugen) schließen.

Zu Beginn der Messstrecke bis $x_i \sim$ 5,50m zeichnen sich noch die Störsignale des Kalligraphiebereiches ab, bevor – im Gegensatz zu denen des 6. Jahrhunderts – in allen Radargrammen des 10. Jahrhunderts nur *ein* kontinuierlicher Hauptreflektor erkennbar ist. Nur partiell zeichnet sich unterhalb dieses Hauptreflektors ein – vom Kalligraphiebereich kommender – weiterer schwacher Reflektor ab, welcher bei $x_i \sim$ 7,00 m in den Hauptreflektor übergeht.

Unter der als sicher geltenden Annahme, dass der Hauptreflektor wiederum durch die bleierne Dachdeckung hervorgerufen wird, findet der für das 6. Jahrhundert beschriebene Materialwechsel nicht statt bzw. ist die Schicht differierender Materialeigenschaften sehr dünn ausgebildet und wäre in diesem Fall durch die Radarmessung nicht zu lokalisieren.

Das tragende Mauerwerksgefüge scheint somit bis unmittelbar unter die aufliegende Bleideckung zu reichen. Diese Erkenntnis wird durch die Aussage AHUNBAY´s [3] bestätigt, der für die Bauphasen des 10. und 14. Jahrhunderts von einer lediglich wenige Zentimeter starken ausgleichenden Mörtelschicht zwischen dem tragenden Mauerwerk und der Bleideckung spricht.

Einzig in Richtung des Kuppelscheitels deutet der erwähnte Zusatzreflektor, der die Oberkante des tragenden Mauerwerks repräsentiert, auf ein Anwachsen der Zwischenschicht bzw. ein Ablösen der Bleideckung vom Mauerwerk hin.

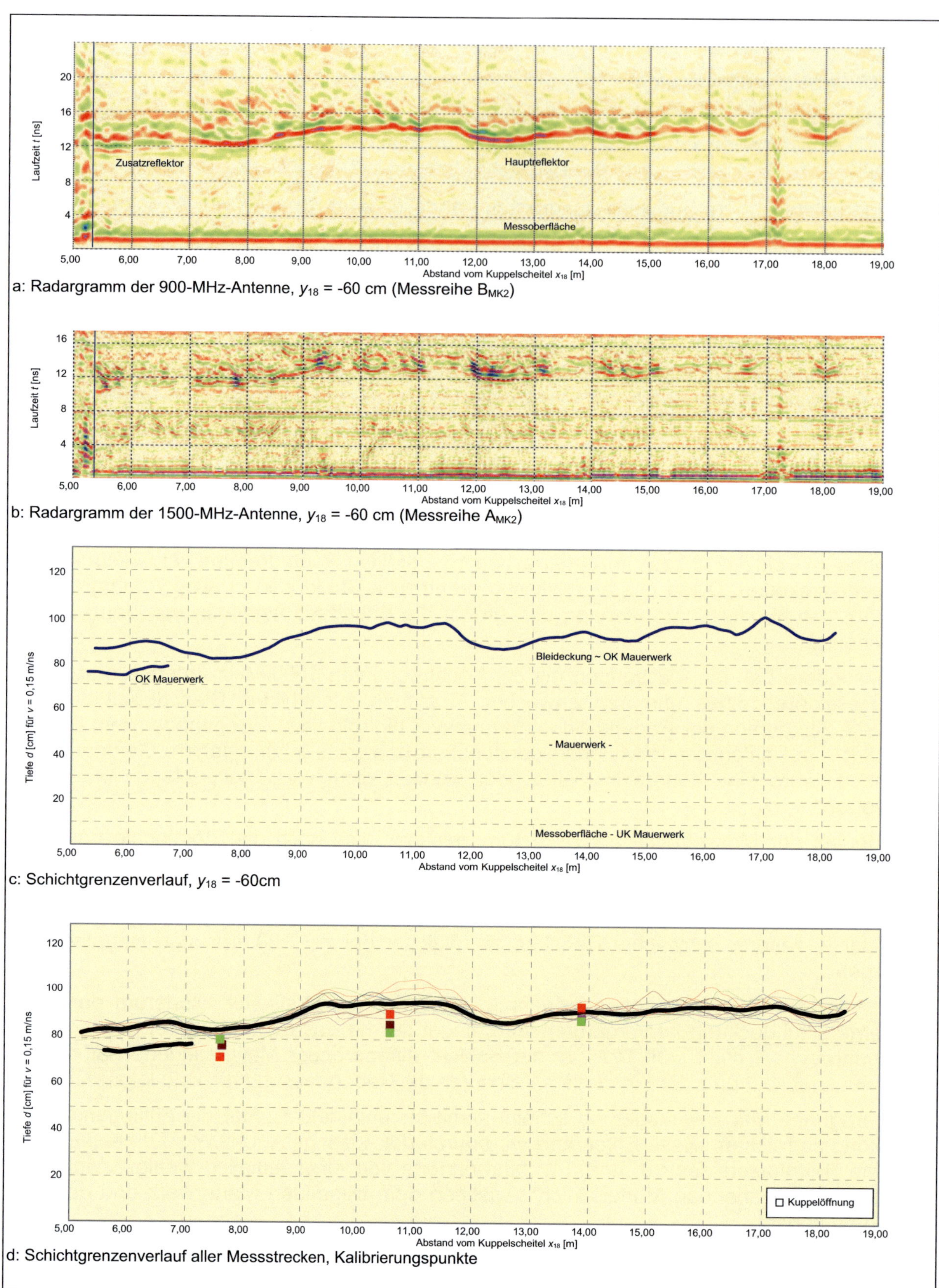

Abb. 4.16: Schichtgrenzenverlauf der Felder des 10. Jahrhunderts

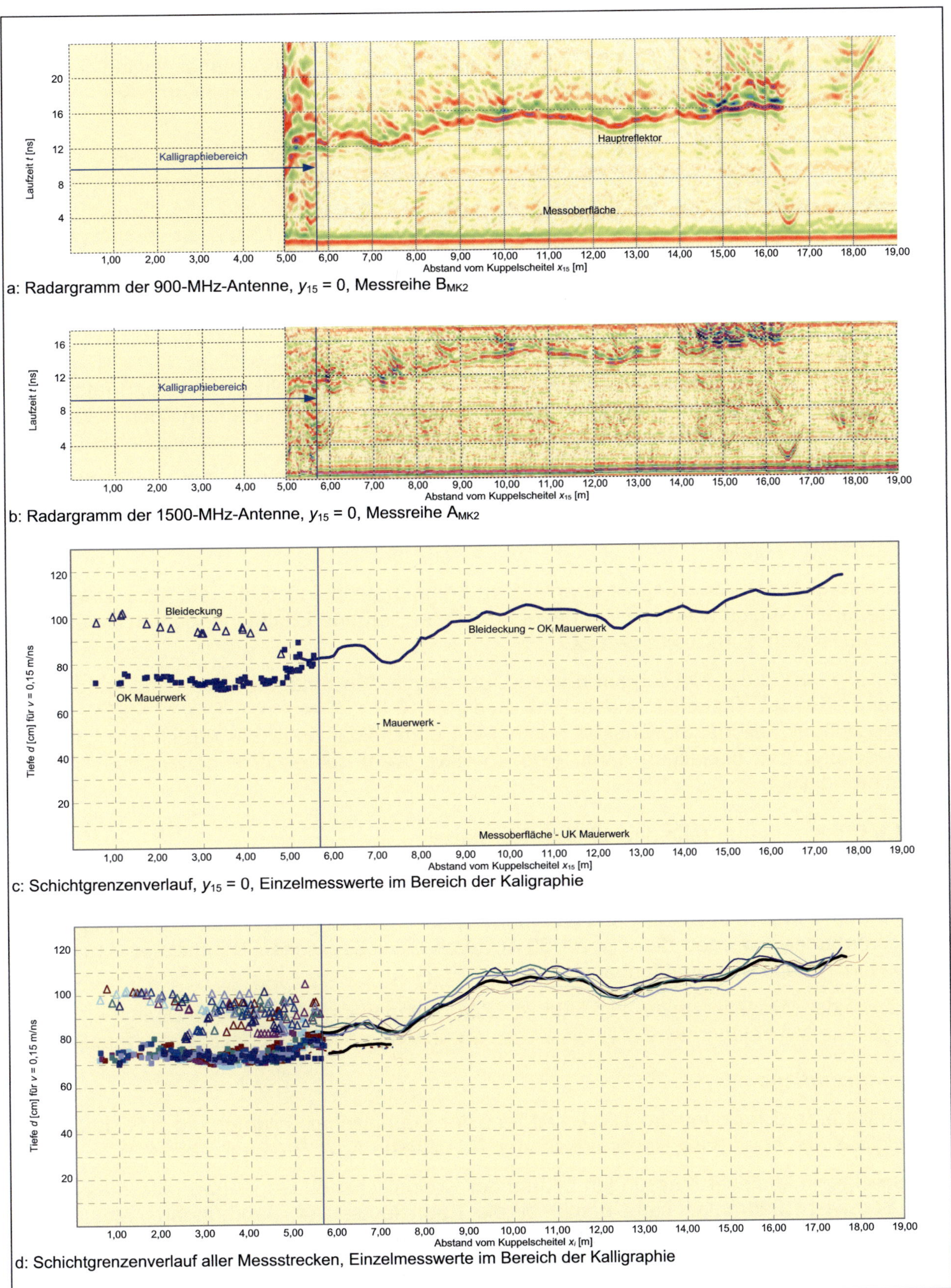

Abb. 4.17: Schichtgrenzenverlauf der Rippen des 10. Jahrhunderts mit Ergänzung der Messwerte im Kalligraphiebereich

- ***Der Schichtgrenzenverlauf***

In Abbildung 4.16-c bzw. 4.17-c ist der unter Ansatz einer Wellengeschwindigkeit von $v_{10.Jh.}$ = 0,15 m/ns errechnete Verlauf des – die Bleideckung repräsentierenden – Hauptreflektors aufgetragen.

Die Ergänzung der Einzelmesswerte des Kalligraphiebereichs (Messreihe E_{MK2}) wurde vereinfacht lediglich für den Bereich der Rippen (Abb. 4.17-c) vorgenommen. Die zuvor erkannte Ablösung der Bleideckung vom Kuppelmauerwerk und die Existenz einer Zwischenschicht im Scheitelbereich der Kuppel wird durch diese Messwerte bestätigt.

Abbildung 4.16-d bzw. 4.17-d stellt zusammenfassend alle zur Verfügung stehenden Messstrecken der Felder bzw. Rippen des 10. Jahrhunderts sowie den ermittelten mittleren Verlauf der Schichtgrenzen dar.

Eine gegenüber den erfassten Bauteilen des 6. Jahrhunderts größere Abweichung des Schichtverlaufs der Einzelmessstrecken vom errechneten Mittelwert ist neben tatsächlich vorhandenen lokalen Irregularitäten und unvermeidlichen Messtoleranzen auch Folge einer größeren Anzahl von Messstrecken. Qualitativ ergibt sich dennoch ein einheitliches Bild.

Die Ergänzung aller Einzelmesswerte des Kalligraphiebereichs (vgl. Abb. 4.13) erscheint zunächst etwas diffus. Deutlich zeichnet sich jedoch die Oberkante des tragenden Mauerwerks als Schar von Einzelmesspunkten ab, welche ihren stetigen Fortsatz im genannten Zusatzreflektor findet.

Der Verlauf der Bleideckung ist ebenfalls zu erahnen, wobei sich hier ein stark streuender Wertebereich ergibt, was auf nicht näher zu differenzierende Erscheinungen im Bereich der Zwischenschicht zurückzuführen ist.

Der Kalibrierung der Messungen dienend, wurden in den Feldbereichen (Abb. 4.16-d) die Tiefenmaße der Kuppelöffnungen (vgl. Abschnitt 4.3.1.7) ergänzt. Die in Rechteckform dargestellten „Kalibrierungspunkte" reichen bis unmittelbar unter die errechnete Lage der Bleideckung und bestätigen damit eine korrekte Wahl der elektromagnetischen Wellengeschwindigkeit.

4.3.1.6 Die Kuppelbauteile des 14. Jahrhunderts

- ***Der Untersuchungsbereich***

Nach dem Einsturz des östlichen Hauptbogens sowie der angrenzenden Kuppelbauteile im 14. Jahrhundert wurden die Rippen 36–8 durch die italienischen Baumeister *Astras* und *Giovanni Peralta* wieder aufgebaut.

Im Zuge der Messkampagne 3 im Südost-Quadranten waren die Rippen 40 bis 8 sowie die angegliederten Feldbereiche 40/1 bis 8/9 zu erreichen und radartechnisch zu erfassen.

- ***Datengrundlage***

Grundlage der Ermittlung des Dickenverlaufs der Kuppelschale bildeten die in Richtung des Meridians durchgeführten Radarmessungen (Messreihe A_{MK3}, B_{MK3}, vgl. Abb. 4.3).

Ausgangspunkt dieser Messungen bildete der Kuppelscheitel. Gegenüber den Messungen im Südwest-Quadranten steht damit für die Bauteile des 14. Jahrhunderts eine stetige Radargrammdarstellung vom Kuppelscheitel mit den Kalligraphien bis in den Bereich der Fensterpfeiler zur Verfügung.

- ***Die Radargrammstruktur/Deutung der Reflektoren***

Die Radargramme der Bauteile des 14. Jahrhunderts weisen ebenfalls eine einheitliche, die Bauphase kennzeichnende und gegenüber den anderen Perioden abgrenzende Struktur auf. Abbildung 4.18-a und -b sowie 4.19-a und -b zeigen exemplarisch die Radargramme der 900-MHz- und 1500-MHz-Antenne des Feldbereiches 5/6 bzw. der Rippe 5.

Beide Antennen sind in der Lage, die Kuppelschale bis zur Bleideckung zu durchdringen und diese als klare Schichtgrenze abzubilden. Die Reflexionsamplitude gestaltet sich gegenüber den Bauteilen des 10. Jahrhundert stärker, erreicht jedoch nicht die Intensität der Bauteile des 6. Jahrhunderts. Die damit in Verbindung stehenden geringfügigen Materialdifferenzen werden ergänzt durch vermehrt diffuse Radargrammabschnitte (z. B. Abbildung 4.19-a und -b, x_i = 12,00 m), was auf einen lokal erhöhten Feuchte- oder Salzgehalt hinweist.

Im scheitelnahen Bereich zeichnen sich die dominierenden Störsignale der Blattgoldauflage ab, bevor im weiteren Verlauf *ein* kontinuierlicher Hauptreflektor mit hoher Amplitude zu erkennen ist. Das Mauerwerksgefüge reicht damit – analog den Kuppelbereichen des 10. Jahrhunderts – bis unmittelbar unter die Bleideckung. Eine evtl. vorhandene dünne Ausgleichsschicht ist radartechnisch nicht nachzuweisen.

Ausnahme bildet ein zusätzlicher schwacher Reflektor, der in Verbindung mit einer deutlichen Einbauchung[16] bei $x_i \sim 7{,}00$ m steht. Dieser kennzeichnet eine existierende dünne Zwischenschicht, könnte aber auch schon im Zusammenhang mit der beginnenden Ablösung der Bleideckung vom Mauerwerk in Richtung des Kuppelscheitels stehen, welche bereits für die entsprechenden Bereichen des 6. und 10. Jahrhunderts erkannt wurde.

- ***Der Schichtgrenzenverlauf***

Abbildung 4.18-c und 4.19-c stellen den Verlauf der maßgeblichen Reflektoren auf Grundlage der Wellengeschwindigkeit von $v_{14.Jh.}$ = 0,148 m/ns dar.

Die Ablösung der Bleideckung von der Mauerwerksschale im Bereich des Kuppelscheitels zeichnet sich deutlich ab, bevor bei $x_i \sim 5{,}00$ m die Verläufe von Bleideckung und Oberkante Mauerwerk ineinander übergehen.

Als Kalibrierungspunkte dienen sowohl die Werte der CDP-Messungen (als Rauten dargestellt) als auch die Tiefenmaße der Kuppelöffnungen (als Rechtecke dargestellt). Zwischen den unabhängig durchgeführten Kalibrierungsmessungen und dem errechneten Schichtgrenzenverlauf stellt sich eine gute Übereinstimmung ein und bestätigt damit die korrekte Wahl der Wellengeschwindigkeit.

Abbildung 4.18-d und 4.19-d stellen den Schichtgrenzenverlauf aller zur Verfügung stehenden Felder und Rippen des 14. Jahrhunderts sowie den rechnerisch ermittelten Mittelwert dar.

Die Abweichung der Einzelmessungen vom gemittelten Schichtgrenzenverlauf bewegt sich in engen Grenzen und ist insbesondere in lokalen Irregularitäten oder geringen Feuchteschwankungen begründet.

[16] Diese Einbauchung ist an der Innenseite der Kuppel deutlich erkennbar und könnte eventuell in Zusammenhang mit dem von AHUNBAY [3] erwähnten mehrjährigen Baustopp während der Aufbauarbeiten des 14. Jahrhunderts stehen (vgl. Abschnitt 1.2).

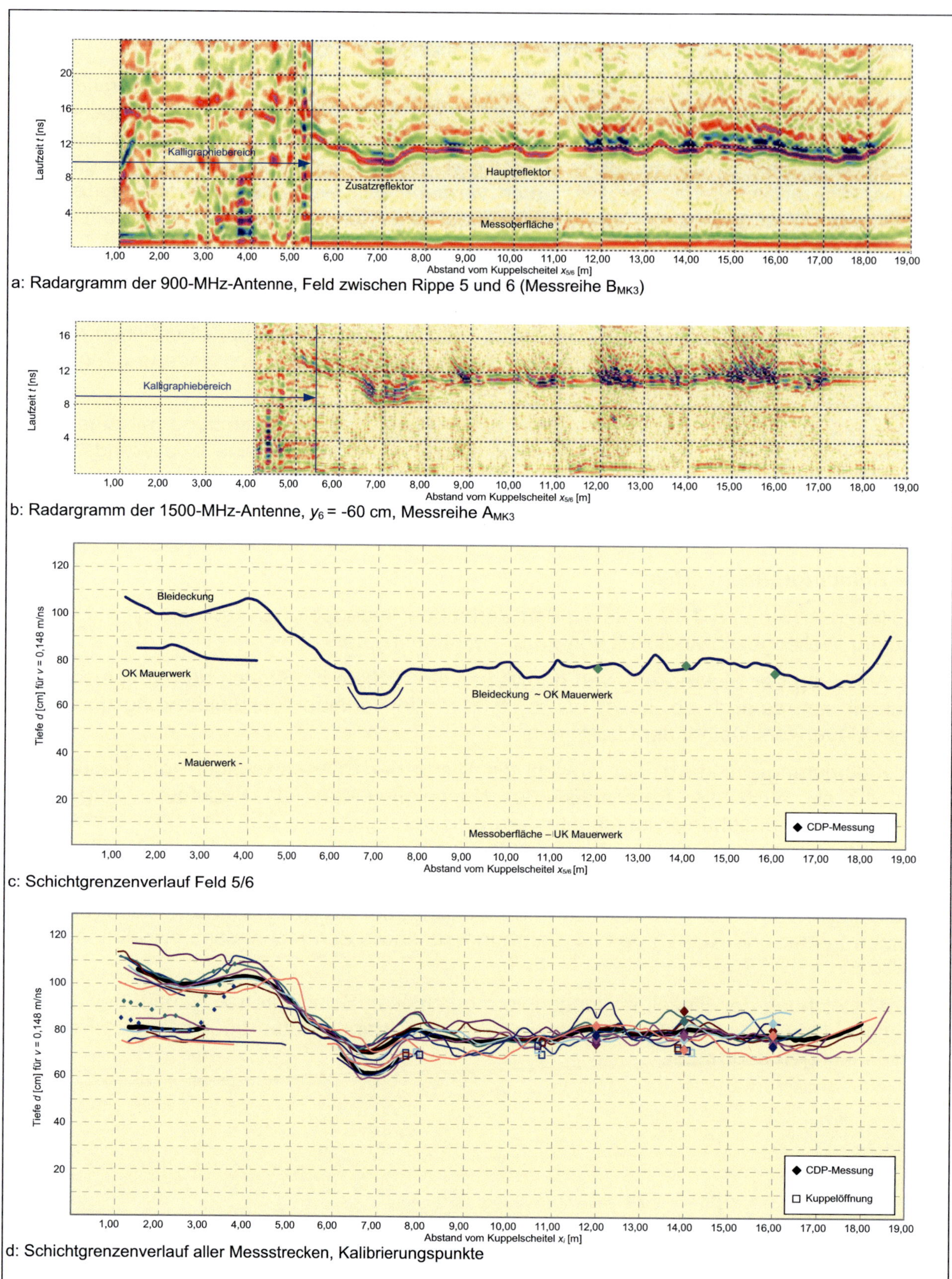

a: Radargramm der 900-MHz-Antenne, Feld zwischen Rippe 5 und 6 (Messreihe B_{MK3})

b: Radargramm der 1500-MHz-Antenne, y_6 = -60 cm, Messreihe A_{MK3}

c: Schichtgrenzenverlauf Feld 5/6

d: Schichtgrenzenverlauf aller Messstrecken, Kalibrierungspunkte

Abb. 4.18: Schichtgrenzenverlauf der Felder des 14. Jahrhunderts

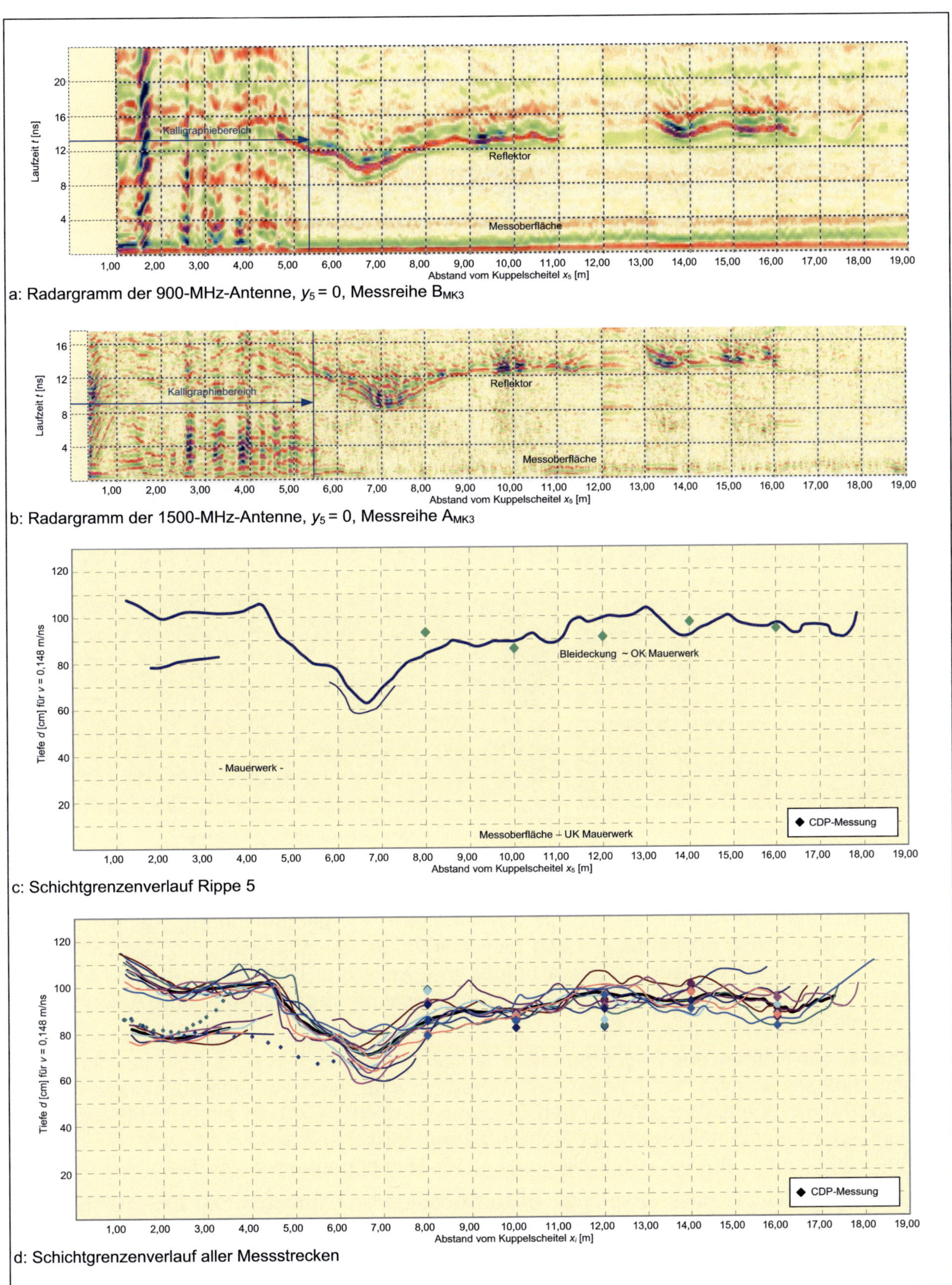

Abb. 4.19: Schichtgrenzenverlauf der Rippen des 14. Jahrhunderts

4.3.1.7 Die Kuppelöffnungen als Kontrollmöglichkeit der Schalendicke

Die Ermittlung der Schichtdicken erfolgte auf Grundlage sehr gut angenäherter materialspezifischer Wellengeschwindigkeiten *v*, es kann daher von einer hohen Genauigkeit der Messergebnisse ausgegangen werden.

Da eine wünschenswerte unmittelbare Kontrolle der Ergebnisse bzw. unabhängige Messwertkalibrierung mittels Bohrungen ausschied, boten lediglich die im Kuppelmauerwerk integrierten röhrenförmigen, an ihrer Außenseite verschlossenen Öffnungen (Abb. 4.20) eine direkte Möglichkeit zur Messung der tatsächlichen Schalendicken. Aufgrund der Vermutung, dass es sich beim Verschluss dieser Röhren nicht um die bleierne Dachdeckung selbst, sondern um eine Rohrverdeckelung unterhalb dieser handelt, bildet die vorhandene Röhrentiefe jedoch lediglich ein *Mindestmaß* für die Schalendicke an entsprechender Stelle.

Abb. 4.20: (a) Kuppelöffnung (b) Kuppelöffnung mit Haltekonstruktion für Leuchter

- ***Allgemeines zu den Kuppelöffnungen***

Bei den Öffnungen handelt es sich um eingemauerte Terrakotta-Röhren, welche an ihrer Außenseite – soweit erkennbar – durch Blei oder Ziegel verschlossen sind. Die Öffnungen sind in der Mittelachse jedes zweiten Feldes in jeweils drei Höhenlagen angeordnet und weisen entsprechend ihrer Bauphasen unterschiedliche Herstellungs- und Ausführungsmerkmale auf.

Während die Röhren des 6. Jahrhunderts einteilig ausgeführt sind, d. h., dass die ganze Querschnittsdicke mit einer Einzelröhre überbrückt wird, sind die Öffnungen des 10. und 14. Jahrhunderts aus zwei Röhren gebildet, welche nach ca. 40 cm einen Muffenstoß aufweisen. Der Innendurchmesser der Röhren beträgt zwischen ca. 12,5 cm und 15,5 cm, die Wandstärke konnte an wenigen Stellen zu ca. 15–18 mm gemessen werden.

Ozil [88] berichtet, dass ursprünglich zumindest 114 Öffnungen in fünf Höhenlagen existierten. Ein Teil dieser Öffnungen – insbesondere im Kalligraphiebereich – wurde im Rahmen der Neudeckung der Kuppel an der Kuppelaußenseite entdeckt. Diese sind mit Holz und Mörtel verfüllt, mit Blei verschlossen und somit von der Innenseite nicht wahrnehmbar.

Heute entspringen einem Teil dieser Öffnungen Ketten als Haltekonstruktion für die Leuchter im Innenraum des Gebäudes (Abb. 4.20-b). Diese Ketten sind an den Außenseiten der Röhren durch Traversen verankert. Beschädigungen, welche durch diese Konstruktion an den Rändern der Öffnungen hervorgerufen wurden, machen deren ursprüngliche Funktion als Aufhängepunkte der Leuchter jedoch mehr als fraglich. Ohne an dieser Stelle näher auf diese Thematik einzugehen, scheinen Überlegungen, dass die Öffnungen als Haltepunkte für eine Hilfskonstruktion bzw. ein Gerüst oder auch als geometrisches Hilfsmittel dienten, wesentlich plausibler. Derartige Vermutungen werden durch die Tatsache gestützt, dass die Röhren nicht senkrecht zur Kuppelinnenseite, sondern um einen Winkel von bis zu 10° gegen die Horizontale geneigt eingebaut sind und dieser erschwerte ausführungstechnische Aufwand sicherlich nicht ohne entsprechende Hintergründe erfolgte.

• ***Aufmaß der Kuppelöffnungen***

Im Rahmen der im Südwest- und Südost-Quadranten durchgeführten Messkampagnen waren die Felder 40/1 bis 20/21 zugänglich, insgesamt konnten 35 Öffnungen aufgemessen werden. Entsprechend dem ermittelten Bruchkantenverlauf (Abschnitt 4.3.4) sind acht dieser Öffnungen der Bauphase des 6. Jahrhunderts zuzuordnen, dem 10. und 14. Jahrhundert entstammen jeweils zwölf Öffnungen. Drei weitere Öffnungen liegen im Feld zwischen Rippe 8 und 9 und damit im Bereich der Bruchkante zwischen dem 14. und dem 6. Jahrhundert. Während die oberste Öffnung augenscheinlich dem 14. Jahrhundert entstammt und die mittlere Öffnung exakt auf der Bruchkante liegt, kann die unterste Öffnung wohl dem 6. Jahrhundert zugeordnet werden.

Das Aufmaß der Röhrentiefe bis zur Abdeckung sowie die Ermittlung des Neigungswinkels zwischen der Innenfläche der Kuppelschale und der Röhrenachse ermöglichte die Berechnung der zugehörigen Mindestschalendicken.

• ***Öffnungen im Bereich des 6. Jahrhunderts***

In Abbildung 4.14-c und -d sind die punktuell bestimmten Schalendicken den radartechnisch ermittelten Schichtgrenzenverläufen gegenübergestellt. Es zeigt sich, dass der innere Reflektor eine nahezu exakte Übereinstimmung zum Handaufmaß an den entsprechenden Stellen aufweist.

Dieses Ergebnis bestätigt die im Rahmen der Radarauswertungen geäußerten Vermutungen zum tragenden Mauerwerk und der darauf angeordneten Ausgleichsschicht: Die Röhrentiefe beschreibt die Dicke des tragenden Mauerwerks, die bleierne Abdeckung der Röhren ist nur lokal und schließt die Öffnung gegen die genannte Ausgleichsschicht bzw. der Unterkonstruktion der Dachdeckung ab.

Die Korrektheit der für das Mauerwerk des 6. Jahrhunderts angesetzten, materialspezifischen elektromagnetischen Wellengeschwindigkeit $v_{6.Jh.}$ wird durch das Handaufmaß der Kuppelöffnungen bestätigt.

• ***Öffnungen im Bereich des 10. Jahrhunderts***

In Abbildung 4.16-d sind die ermittelten Röhrentiefen den radartechnisch ermittelten Schichtgrenzen der Felder des 10. Jahrhunderts hinzugefügt. Es wird deutlich, dass die radartechnisch ermittelten Schichtgrenzen geringfügig oberhalb der gemessenen Strecken bis zu den Abdeckungen der Röhren liegen.

Dies ist insofern qualitativ korrekt, als gemäß den Ausführungen in Abschnitt 4.3.1.5 der maßgebende Reflektor die Bleideckung darstellt und die Röhren keinesfalls über diese hinausragen. Durch diese Überlegung kann somit ausgeschlossen werden, dass die Wahl der materialspezifischen Wellengeschwindigkeit von $v_{10.Jh.}$ = 0,15 m/ns einen zu hohen Wert darstellt.

Bei differenzierter Betrachtung der Messwerte zeigt sich, dass sich für die acht Öffnungen der oberen beiden Reihen (x_i~ 7,70 m und x_i~ 10,60 m) geringfügige Abweichungen gegenüber den Radarmessungen ergeben, die unterste Reihe (x_i ~ 13,80 m) dagegen eine nahezu exakte Übereinstimmung aufweist.

Eine generelle Anpassung oder Korrektur der angesetzten Wellengeschwindigkeit für die Bauteile des 10. Jahrhunderts scheint damit nicht angezeigt. Denkbar wäre, dass – ähnlich dem 6. Jahrhundert – die Öffnungen an ihrer Oberseite gegen eine Ausgleichsschicht unter der Dachdeckung abgedeckt sind, welche mit steiler werdender Kuppelneigung dünner wird. Diese Vermutung könnte gestützt werden durch den in wenigen Teilbereichen zusätzlich erkennbaren schwachen Reflektor und würde in der Konsequenz bedeuten, dass sich der tragende Mauerwerksquerschnitt geringfügig dünner darstellen würde.

- ***Öffnungen im Bereich des 14. Jahrhunderts***

  Die für das 14. Jahrhundert ermittelten Röhrentiefen sind in Abbildung 4.18-d graphisch aufgetragen. Qualitativ entsprechen die Messergebnisse denen des 10. Jahrhunderts: Die Öffnungen reichen bis wenige Zentimeter unter die Bleideckung heran und lassen auch hier eine sehr dünne Ausgleichsschicht vermuten.

  Aufgrund der guten Übereinstimmung zwischen der tatsächlichen Öffnungstiefe und dem radartechnisch ermittelten Schichtgrenzenverlauf lässt sich die korrekte Wahl der Wellengeschwindigkeit $v_{14.Jh.}$ bestätigen.

4.3.2 Die äußeren Abmessungen der Fensterpfeiler

Die Fensterpfeiler (Abb. 4.1 und 4.2) dienen den Kuppelrippen als Ausgangsbasis und bilden das statische und geometrische Bindeglied zwischen der Kuppelschale und der aus Hauptbögen und Pendentifs gebildeten Unterkonstruktion.

Hinsichtlich der äußeren geometrischen Ausbildung kann auf das detaillierte Bauaufmaß von VAN NICE [113] (Abb. 4.21) verwiesen werden. Als auffallend erweist sich hierbei das gegenüber den Fensterpfeilern des 6. und 14. Jahrhunderts deutlich größere Dickenmaß d_{Fp} sowie die mit dem Winkel β_{Fp} gegen die Horizontale geneigte Außenseite der Fensterpfeiler des 10. Jahrhunderts.

Im Rahmen von Messkampagne 3 war die Möglichkeit einer direkten Geometrieermittlung durch einfache Handmessung gegeben. Die vom Gebäudeinnern (Pfeiler 40–10) und -äußeren erreichbaren Bauteilgeometrien wurden aufgemessen und zum Gesamtquer- und -längsschnitt der Fensterpfeiler gefügt.

Die Ergebnisse dieses Aufmaßes wurden der Bauaufnahme von VAN NICE [113] vergleichend gegenübergestellt. Erwartungsgemäß ergab sich eine – im Rahmen der Messgenauigkeit – sehr gute Übereinstimmung.

An dieser Stelle seien lediglich die wichtigsten geometrischen Kennwerte und die relevanten Unterschiede zwischen den Bauphasen zusammenfassend erläutert. Eine maßstäbliche graphische Darstellung der Fensterpfeiler erfolgt im Rahmen des nachfolgenden Abschnitts.

- Die an der Innenseite gemessenen Pfeilerbreiten b_{Fp} der Rippen 40–10 schwanken – inklusive beidseitigem Putzauftrag – um einen Mittelwert von b_{Fp} = 1,10 m. Abzüglich des Putzes kann von einer Mauerwerksbreite von knapp über einem Meter ausgegangen werden. In den Bereichen fehlenden Putzauftrages (Rippe 6–8, vgl. Abschnitt 4.3.5.2) wurde die tatsächliche Mauerwerksbreite zu b_{Fp} = 1,03 m bis b_{Fp} = 1,05 m ermittelt.
- Das Tiefenmaß d_{Fp} der Pfeiler ist aufgrund der Kuppelkrümmung auf der Innenseite sowie der Neigung der Außenseite über die Pfeilerhöhe veränderlich. Bezogen auf die Unterkante der Fensteröffnung entsprechen sich die Tiefen der Fensterpfeiler des 6. und 14. Jahrhunderts annähernd und betragen – inklusive Putz und Bleiverwahrung – im Mittel $d_{Fp,6.Jh.}$ = 2,54 m bzw. $d_{Fp,14.Jh.}$ = 2,43 m. Aufgrund der lokal stark verspringenden Bleiver-

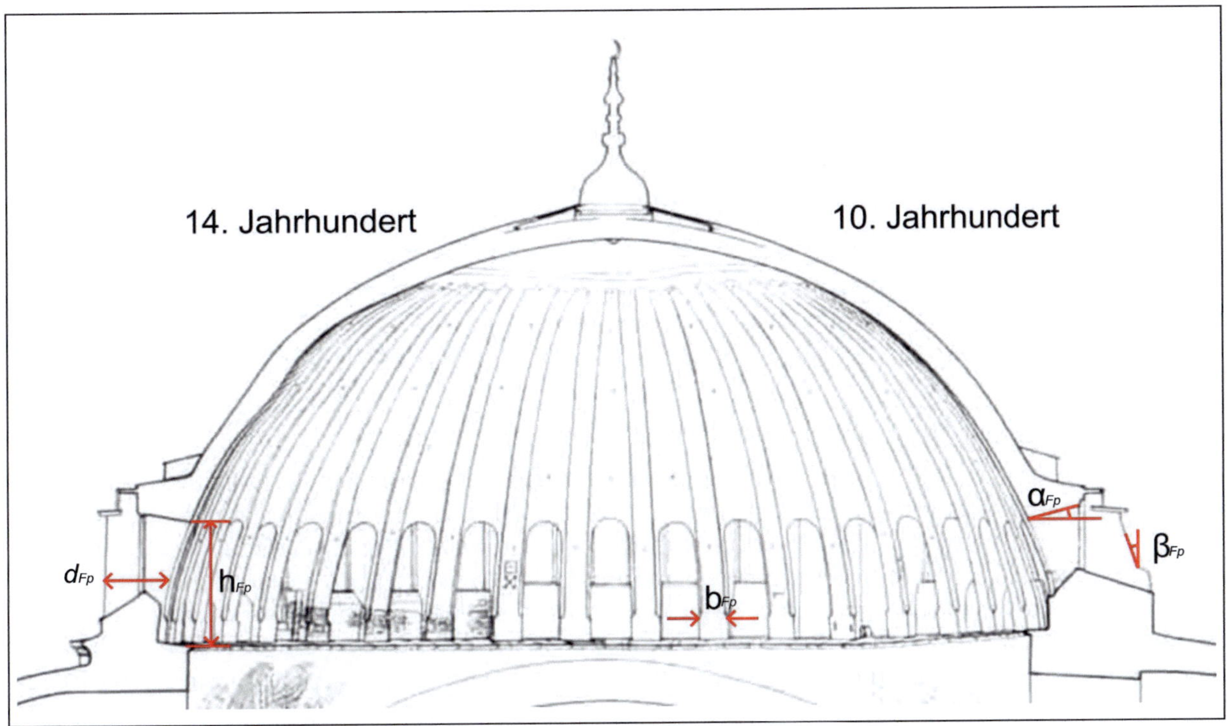

Abb. 4.21: Kuppelquerschnitt (Blickrichtung Süden), Kennwerte zur Geometrie der Fensterpfeiler, aus [113]

wahrung ist eine Maßtoleranz von ±5 cm durchaus denk-, aber auch vertretbar. Die Pfeilertiefe des 10. Jahrhunderts erweist sich – wie eingangs erwähnt – deutlich ausgeprägter und beträgt an entsprechender Stelle $d_{Fp,10.Jh.} \sim 3{,}50$ m.

- Im Aufriss erweist sich die Höhenlage der erfassten Scheitelansätze als nahezu konstant, der vertikale Abstand h_{Fp} zwischen Scheitelansatz und OK Gesims beträgt für die Stützen des 14. Jahrhunderts im Mittel $h_{Fp,14.Jh.} = 4{,}41$ m, während das Maß für die beiden Rippen des 6. Jahrhunderts $h_{Fp,6.Jh.} = 4{,}30$ m beträgt.
- Ein geometrischer Unterschied zwischen den Bauphasen des 6. und des 14. Jahrhunderts ist bezüglich der Neigung α_{Fp} des Gewölbes über den Fensteröffnungen zu erkennen. Diese beträgt für die Bauteile des 6. Jahrhunderts im Mittel $\alpha_{Fp,6.Jh.} \sim 22°$, während im 14. Jahrhundert diese Neigung mit $\alpha_{Fp,14.Jh.} \sim 10°$ wesentlich flacher ausgeführt wurde. Dies bedingt, dass sich das Differenzmaß der Scheitelpunkte zwischen Gebäudeinnen- und -außenseite im 6. Jahrhundert mit ca. 58 cm wesentlich größer als das für die Bauteile des 14. Jahrhunderts mit 25 cm ermittelte Maß darstellt.
- Die Außenkante der Pfeiler des 6. und 14. Jahrhunderts verlaufen nahezu vertikal, dagegen weisen die entsprechenden Kanten der im 10. Jahrhundert erstellten Fensterpfeiler eine Neigung von $\beta_{Fp,10.Jh.} \sim 20°$ gegen die Vertikale auf.

4.3.3 Der Querschnittsverlauf über Schale und Pfeiler

Die Ergebnisse der vorangegangenen Untersuchungen zur Dicke der Kuppelschale und den äußeren Abmessungen der Fensterpfeiler werden nachfolgend – zunächst in geometrisch idealisierter Form, dann unter Berücksichtigung der vorhandenen Verformungen – zu vollständigen Kuppelquerschnitten der jeweiligen Bauphasen gefügt.

Die zentrale Aufgabe besteht darin, die bisher über einer horizontalen Bezugsebene abgetragenen, radartechnisch ermittelten Schichtgrenzen bzw. Querschnittsdicken von Rippen und Feldern durch entsprechende Transformation auf diejenigen Ebenen zu beziehen, welche der tatsächlichen Innenkontur von Kuppelrippen bzw. Kuppelfeldern entsprechen.

Die Transformierung der Bezugsebene bedarf einer Vorüberlegung (Abb. 4.22):

Mit Beginn der sich auf der Kuppelinnenseite abzeichnenden Rippe ändert sich die Messoberfläche der Radarantenne und somit das Bezugsniveau der zugehörigen Radargramme gegenüber den Messungen in den Feldbereichen. Das Maß dieses Bezugsniveauunterschieds entspricht der Rippendicke Δd_R (vgl. Abb. 4.20-b) am entsprechenden Punkt. Das Radargramm stellt den Verlauf der Gesamtschichtstärke dar. Ob die Änderung des Schichtenverlaufs durch die sich an der Kuppelinnenseite befindliche Rippe ($\Delta d_i = \Delta d_R$) oder durch eine Querschnittsänderung an der Kuppelaußenseite (Δd_a) erfolgt, ist nicht unmittelbar ablesbar. Für die weitere Auswertung bedeutet dies: Um die Feld- und Rippenradargramme direkt vergleichen zu können und um auf den Verlauf der Kuppelaußenseite zu schließen, ist die Messoberfläche der Radargramme unter Berücksichtigung der Stärke der sich abzeichnenden Rippe auf ein einheitliches Niveau zu beziehen.

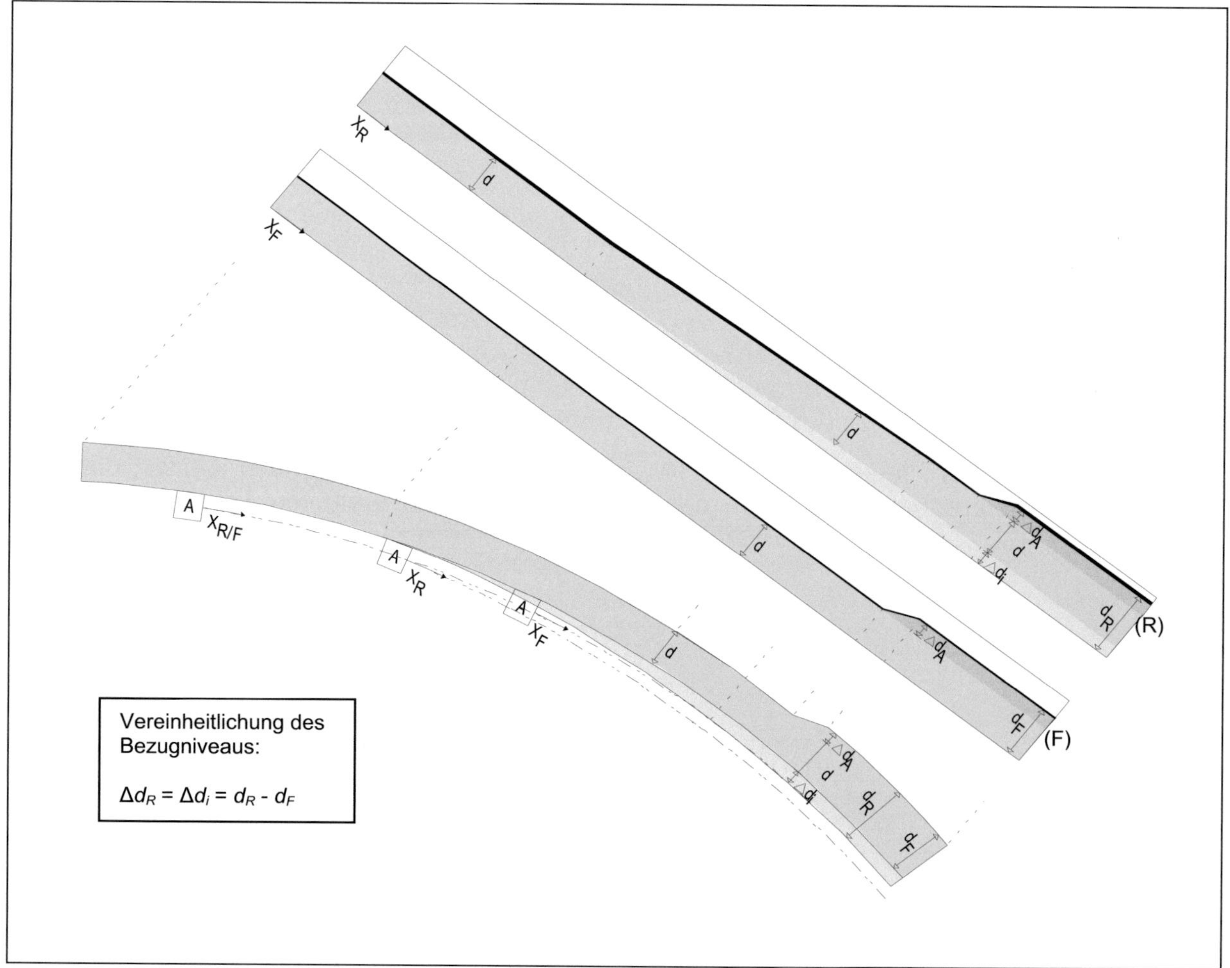

Abb. 4.22: Prinzipskizze Kuppelausschnitt und zugehöriges Feld- (F) bzw. Rippenradargramm (R)

4.3.3.1 Die idealisierten Kuppelquerschnitte der Einzelbauphasen

Die Ermittlung der idealisierten Kuppelquerschnitte hat das Ziel, einen angenäherten, aber dennoch für jede Bauphase charakteristischen Kuppelquerschnitt zu bestimmen. Hierzu werden folgende geometrische Vereinfachungen getroffen:

- Für die Schalendicken der jeweiligen Bauphasen werden die gemittelten Schichtgrenzenverläufe der Radarmessungen angesetzt. Dickenänderungen, welche sich im niedrigen Zentimeterbereich bewegen, bleiben unberücksichtigt.
- Die Innenkontur der Kuppelrippen folgt einem idealen und einheitlichen Kreisbogen mit einem Radius von R_i = 16,65 m. Dieses Maß entspricht den Angaben von MAINSTONE [67], nach denen der Innenradius des Kuppelquerschnitts in Nord-Süd-Richtung 53,35 Byzantinische Fuß (1 Byz. Fuß ~ 0,312 m) beträgt und der Kuppelanlauf unter einem Winkel von ca. 9° gegen die Horizontale geneigt ist (vgl. hierzu auch [22]).

- ***Der idealisierte Kuppelquerschnitt des 6. Jahrhunderts***

Die für die Bauteile des 6. Jahrhunderts gemittelten Schichtgrenzenverläufe des Feld- und Rippenbereiches (vgl. Abb. 4.14-d und 4.15-d) sind – bezogen auf eine horizontale Bezugsebene – in Abbildung 4.23 aufgetragen.

Ergänzend ist das Differenzmaß zwischen den (die Oberkante des tragenden Mauerwerks widerspiegelnden) inneren Schichtgrenzen der Felder und Rippen (a´- a) sowie das Differenzmaß der (die Bleideckung darstellenden) äußeren Schichtgrenzen der beiden Messbereiche (b´- b) dargestellt. Beide Differenzmaße verlaufen, trotz unterschiedlicher Messstrecken und Mittelwertbildung, annähernd deckungsgleich und stellen die sich nach innen abzeichnenden Rippen Δd_R (und gleichzeitig die Änderung des Bezugsniveaus der Messoberfläche Δd_i nach Abb. 4.22) dar. Diese entwickeln sich ab x_i = 7,50 m und haben bei x_i = 11,00 m ihr volles Maß mit Δd_R ~ 17 cm erreicht. Die radartechnisch ermittelten Abmessungen stehen in nahezu exakter Übereinstimmung mit dem durchgeführten Handaufmaß der Rippen und sind damit als ergänzender Hinweis für die korrekte Wahl der materialspezifischen elektromagnetischen Wellengeschwindigkeit zu werten.

Die Erkenntnis, dass sich die Radarmessungen des Rippen- und Feldbereichs lediglich um das Maß der sich nach innen abzeichnenden Rippe unterscheiden, rechtfertigt die Ermittlung des Gesamtquerschnitts anhand der maßgeblichen Reflektoren des Feldbereichs und deren späteren Ergänzung durch den Rippenquerschnitt.

Der *äußere* Reflektor (b bzw. b´) beschreibt die Lage und den Verlauf der bleiernen Dachdeckung. Diese weist – wie in den Plänen von VAN NICE [113] (vgl. Abb. 4.21) schematisch skizziert – im Bereich des Kuppelscheitels ihren maximalen Abstand von der Innenkontur der Kuppel auf. Ab x_i = 2,80 m zeichnet sich dann über die gesamte Messstrecke des Feld-

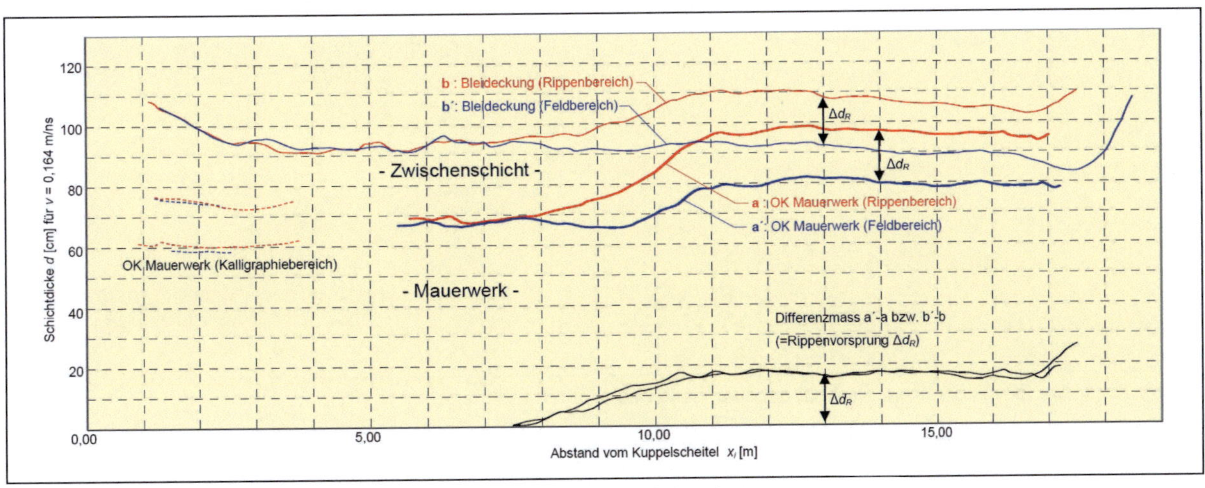

Abb. 4.23: Gemittelter Schichtgrenzenverlauf der Bauteile des 6. Jahrhunderts

bereiches (b´) ein annähernd konstanter Abstand zur Messoberfläche von $d = 92$ cm ab. Mit steiler werdender Kuppelneigung ist eine leicht abnehmende Tendenz erkennbar.

Die Querschnittsdicke der tragenden Mauerwerksschale wird durch den Verlauf des inneren Reflektors (a bzw. a´) wiedergegeben. Ausgehend von einer Schalendicke von $d \sim 60$ cm am Kuppelscheitel und einer leichten Querschnittserhöhung bis auf $d \sim 67$ cm folgt im Bereich zwischen $x_i = 9{,}50$m und $x_i = 11{,}00$ m das Anwachsen der Schalenstärke im Feldbereich (a´) um ca. 13 cm auf $d \sim 80$ cm. Diese Schalenstärke bleibt bis zum Beginn des Fensterkranzes bei $x_i = 17{,}00$ m konstant.

In Abbildung 4.24 erfolgt die graphische Darstellung der Erkenntnisse zur Schalendicke in Form eines „idealisierten", d. h. auf Grundlage der eingangs erwähnten vereinfachten Annahmen erstellten, Kuppelquerschnitts. Die gestrichelte Kontur kennzeichnet hierbei Bereiche, deren Schichtgrenzenverlauf radartechnisch nicht eindeutig nachzuweisen ist. Dies betrifft insbesondere den Bereich des Kuppelscheitels. Die Ergänzung des Fensterpfeilers erfolgt auf Grundlage des Handaufmaßes nach Abschnitt 4.3.2.

Als wichtigste Erkenntnisse zum Querschnittsverlauf der Kuppel des 6. Jahrhunderts seien folgende Punkte genannt:

- Die Kuppelschale weist keine konstante Dicke auf. Sie erfährt in Richtung des Kuppelscheitels eine an ihrer Innenseite nicht ablesbare Querschnittsverjüngung. Ausgehend von einer Schalendicke (inkl. Rippen) von $d_R = 97$ cm oberhalb der Fensteröffnungen bis zum Kuppelscheitel mit einer Dicke von $d_K = 60$ cm beträgt die Querschnittsverjüngung ca. 38%[17].
- Die Verjüngung an der Kuppelaußenseite steht nicht in unmittelbarem räumlichen Zusammenhang mit den sich nach innen abzeichnenden Rippen.
- Der Verlauf der Schichtgrenzen im Feld- bzw. Rippenbereich unterscheidet sich lediglich durch das Maß der innenliegenden Rippe. Die Kuppeloberseite stellt sich damit – erwartungsgemäß – als stetig gekrümmte Fläche dar.

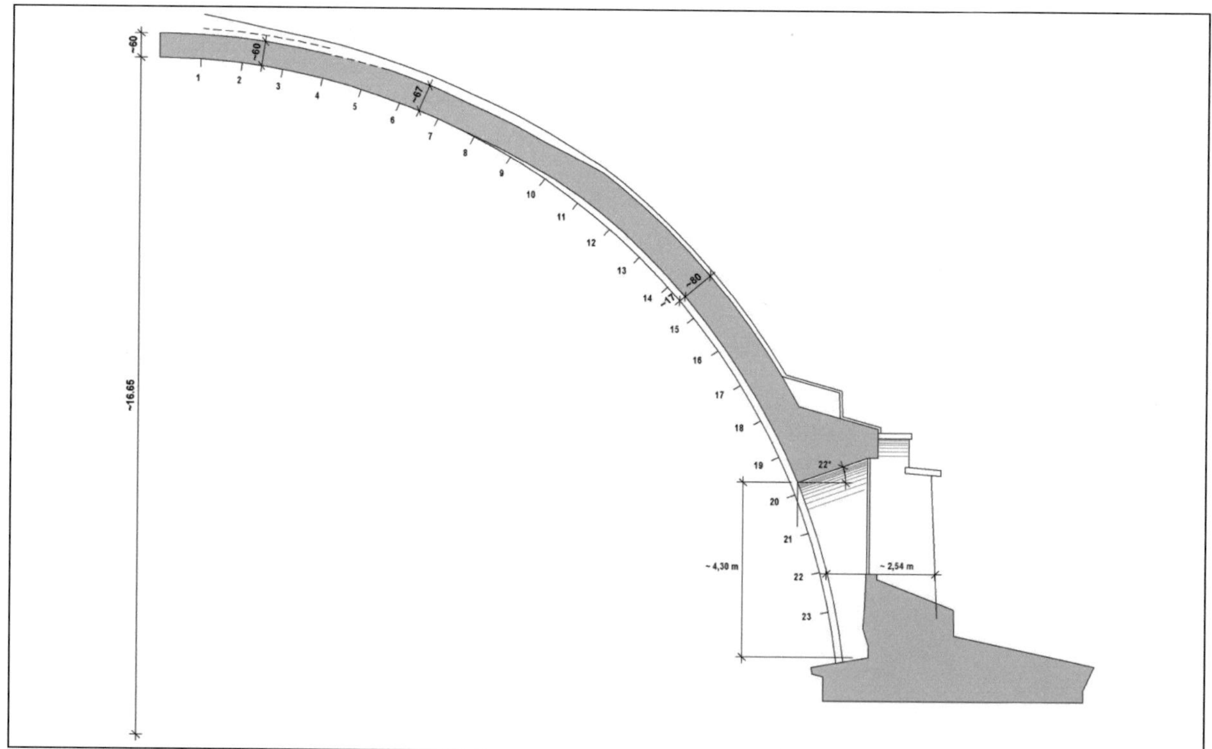

Abb. 4.24: Der idealisierte Kuppelschnitt der Bauphase des 6. Jahrhunderts.

17 Hier drängt sich der Vergleich mit römischen Bauten wie z. B. das Pantheon oder die Minerva Medica [103] auf, welche zwar aus Opus caementitium, dem römischen „Beton", errichtet wurden, aber auch die Querschnittsverjüngungen in Richtung des Kuppelscheitels aufweisen.

• *Der idealisierte Kuppelquerschnitt des 10. Jahrhunderts*

Abbildung 4.25 zeigt die ermittelten mittleren Verläufe des als Bleideckung interpretierten Hauptreflektors der Feld- und Rippenbereiche der Bauteile des 10. Jahrhunderts (vgl. Abb. 4.16-d und 4.17-d). Ergänzend sind die maßgebenden Einzelmesspunkte des Kalligraphiebereichs (Rippenbereich 13–21) gemäß Abbildung 4.13 aufgetragen, die Mauerwerksrückseite und Bleideckung darstellen.

Das Differenzmaß zwischen den Hauptreflektoren der Rippen und Felder (a´ - a) stellt wiederum die Stärke der sich nach innen abzeichnenden Rippe dar. Beginnend bei x_i = 7,50 m zeigt diese mit einer Dicke von ca. Δd_R = 10 cm einen sehr konstanten Verlauf. Ab ca. x_i = 15,00 m erhöht sich die Rippendicke etwas. Diese Ergebnisse stehen in sehr guter Übereinstimmung zum Handaufmaß der Rippen: Die bei x_i = 10,00 m und x_i = 13,00 m gemessene Rippenstärke beträgt im Mittel Δd_R ~ 10 cm, bei x_i = 16,00 m dagegen Δd_R = 17 cm. Der Verlauf der Schalendicke im Rippenbereich (a) unterscheidet sich demnach gegenüber dem Feldbereich (a´) wiederum lediglich um das Maß der sich auf der Innenseite abzeichnenden Rippe.

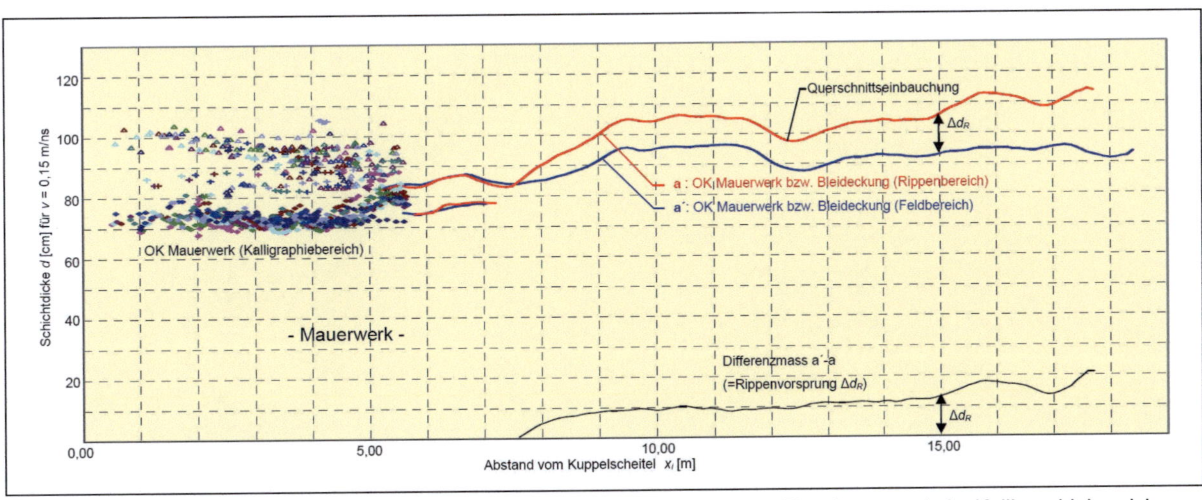

Abb. 4.25: Gemittelter Schichtgrenzenverlauf der Bauteile des 10. Jahrhunderts, Einzelmesswerte im Kalligraphiebereich.

Im Gegensatz zum 6. Jahrhundert ist eine deutliche Ablösung der Bleideckung vom Kuppelmauerwerk lediglich im Scheitelbereich der Kuppel zu beobachten. Ab x_i ~ 7,00 m liegt die Bleideckung unmittelbar auf dem Mauerwerk auf.

Das tragende Mauerwerk verläuft, vom Bereich der Kalligraphien kommend, mit einer Stärke von d ~ 72 cm und ist damit um ca. 12 cm stärker ausgebildet als an entsprechender Stelle des 6. Jahrhunderts. Aufgrund der identischen Lage der Bleideckung (bei unterschiedlicher Dicke der Ausgleichsschichten) tritt diese Differenz im äußeren Erscheinungsbild nicht zutage.

Bei x_i ~ 7,50 m liegt der zu vermutende Ausgangspunkt einer Querschnittsverdickung, welche bei x_i = 9,50 m abgeschlossen ist. Diese ist im Verlauf der Schichtgrenzen im Feldbereich (a) abzulesen und erhöht die Dicke der Schale auf ein Maß von d = 95 cm. Das Differenzmaß gegenüber den benachbarten Bauteilen des 6. Jahrhunderts beträgt 15 cm. Mit Ausnahme einer Querschnittseinbauchung bei x_i = 12,50 m bleibt dieses Maß bis in den Bereich des Fenstergesimses nahezu konstant.

Abbildung 4.26 zeigt den sich ergebenden „idealisierten" Schnitt durch die rekonstruierte Kuppelschale des 10. Jahrhunderts. Die gestrichelte Konturdarstellung wurde wiederum für Bereiche gewählt, die radartechnisch nicht eindeutig zu differenzieren sind.

- Es zeigt sich, dass die tragende Mauerwerksschale des 10. Jahrhunderts generell eine größere Stärke gegenüber der Mauerwerksschale des 6. Jahrhunderts aufweist. Diese Feststellung spiegelt die – in diverser Literatur [67] beschriebene – Tatsache wider, dass alle im 10. Jahrhundert ergänzten Bauteile eine gegenüber den vorhandenen Bauteilen mächtigere Ausführung aufweisen. Der von AHUNBAY [3] erwähnte Versprung von ca. 11–13 cm zwischen den Bauteilen des 6. und den im 10. Jahrhundert ergänzten Bereichen steht in sehr gutem Einklang mit den Messergebnissen.
- Analog den Erkenntnissen im 6. Jahrhundert ist auch im 10. Jahrhundert eine Querschnittsverjüngung in Richtung des Kuppelscheitels zu erkennen. Das Maß dieser Verjüngung stellt sich mit ca. 31% etwas geringer dar als in der vorhergehenden Bauphase.

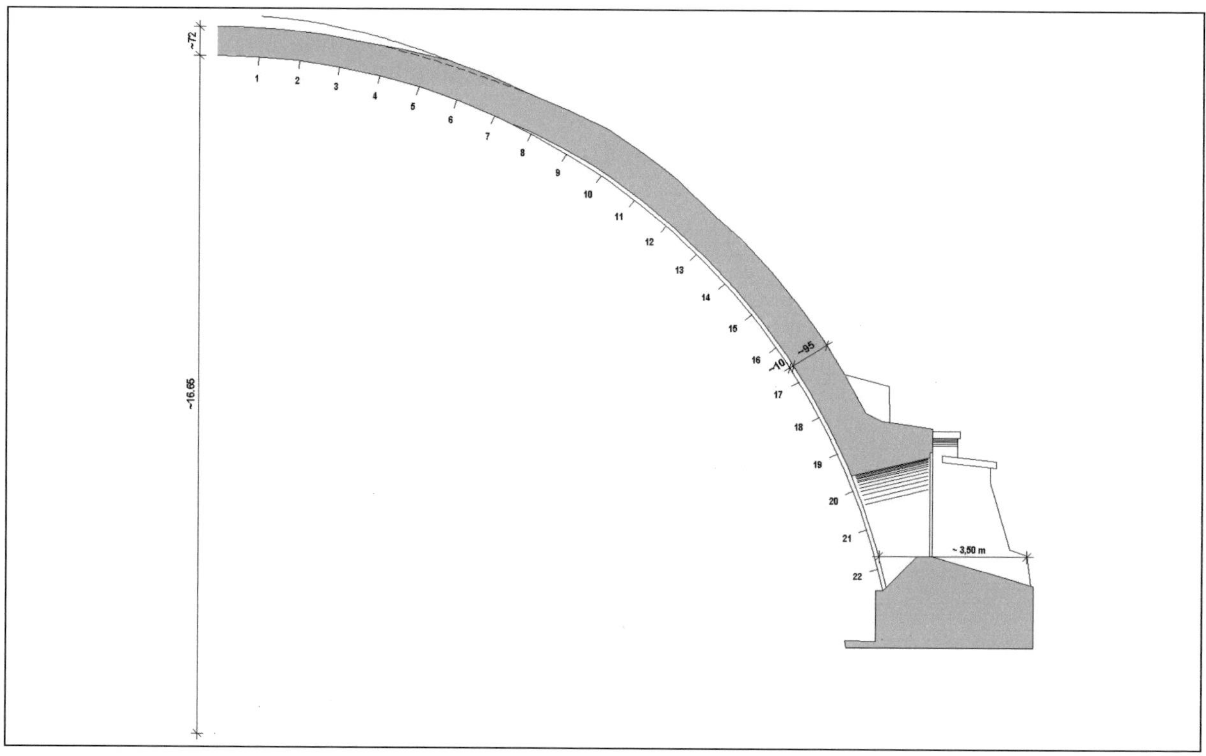

Abb. 4.26: Der idealisierte Kuppelschnitt der Bauphase des 10. Jahrhunderts.

- ***Der idealisierte Kuppelquerschnitt des 14. Jahrhunderts***

Abbildung 4.27 zeigt die ermittelten mittleren Schichtgrenzenverläufe der Felder und Rippen der Bauteile des 14. Jahrhunderts (vgl. Abb. 4.18-d und 4.19-d).

Das im Diagramm aufgetragene Differenzmaß zwischen den Hauptreflektoren der Rippen und Felder (a´ - a) stellt wie zuvor die Dicke Δd_R der sich nach innen abzeichnenden Rippe dar. Diese zeichnet sich ab x_i = 7,50 m ab. Es zeigt sich ein relativ konstanter Verlauf, die Rippe weist eine radartechnisch ermittelte mittlere Stärke zwischen x_i = 9,00 m und x_i = 17,00 m von Δd_R ~ 14 cm auf. Dieses Maß steht in guter Übereinstimmung mit dem durchgeführten Aufmaß der Rippen. Unter Berücksichtigung des unterschiedlichen Bezugniveaus stellt sich damit, wie in den Bauphasen zuvor, ein nahezu identischer Verlauf der im Rippen- bzw. Feldbereich ermittelten Schichtgrenzen ein.

Eine Ablösung der Bleideckung vom Mauerwerk ist wie bei den Bauteilen des 10. Jahrhunderts lediglich im Scheitelbereich der Kuppel zu beobachten, ab x_i ~ 6,00 m verlaufen Oberkante Mauerwerk und Bleideckung nahezu deckungsgleich.

Der tragende Mauerwerksquerschnitt kann im Kalligraphiebereich[18] sowie im Feldbereich ab x_i = 7,50 m mit einer Dicke von d = 80 cm nachgewiesen werden. Diese konstant verlaufende Querschnittsdicke wird lediglich durch eine lokale Einbauchung bei x_i = 7,00 m unterbrochen, deren Abklingen ihren unmittelbaren Fortsatz im Abzeichnen der Rippen auf der Strecke zwischen x_i = 7,50 m bis x_i = 9,00 m findet. Eine generelle Querschnittsänderung ähnlich den Bauteilen des 6. oder 10. Jahrhunderts ist dagegen nicht zu verzeichnen.

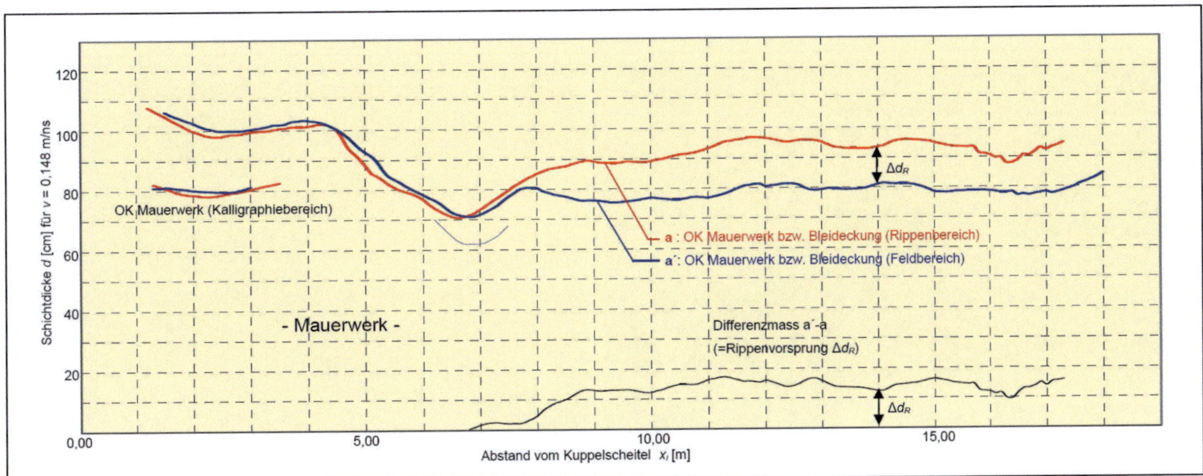

Abb. 4.27: Gemittelter Schichtgrenzenverlauf der Bauteile des 14. Jahrhunderts.

Abbildung 4.28 zeigt den sich ergebenden idealisierten Schnitt durch die rekonstruierte Kuppelschale des 14. Jahrhunderts. Im Vergleich zu den Bauphasen des 6. bzw. 10. Jahrhunderts zeigt sich, dass die im 14. Jahrhundert erstellten Teile der Kuppelschale eine konstante Stärke aufweisen und eine in den anderen Bauphasen erkennbare Querschnittsverjüngung nicht stattfindet.

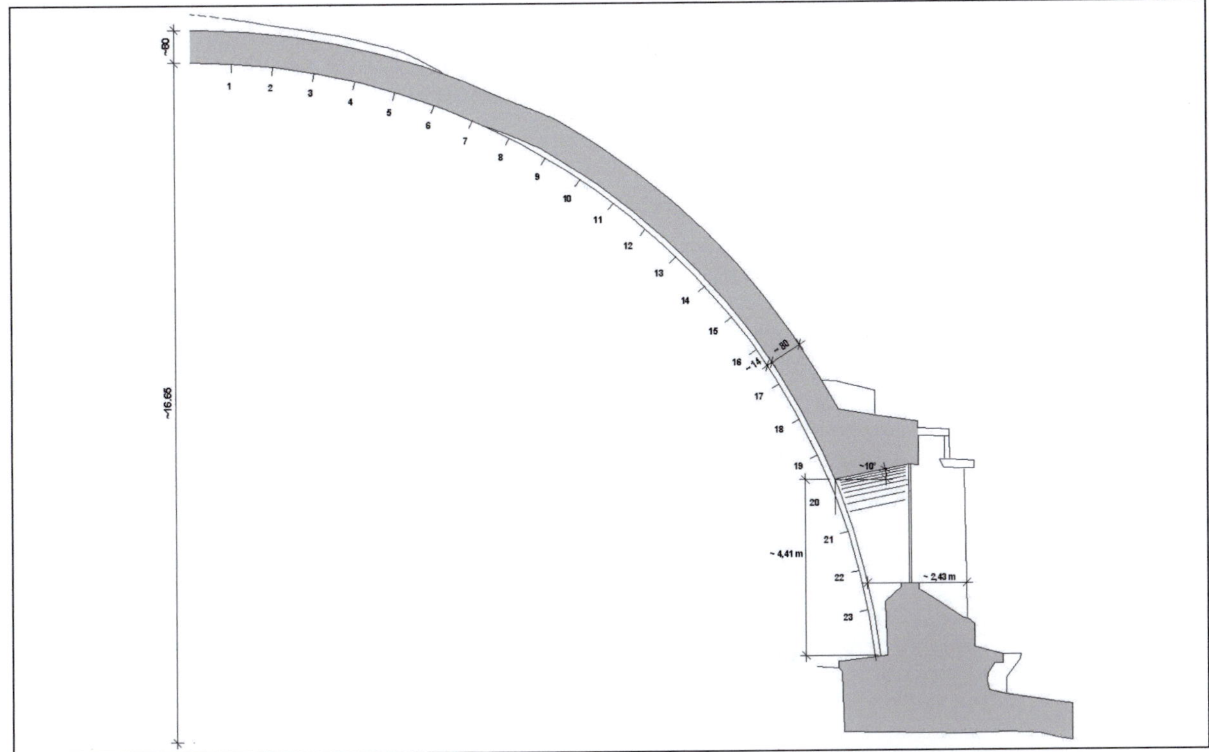

Abb. 4.28: Der idealisierte Kuppelschnitt der Bauphase des 14. Jahrhunderts.

[18] Es sei erwähnt, dass AHUNBAY [3] im äußeren Scheitelbereich der Kuppel einen Höhenversatz von nahezu 20 cm zwischen den Bauteilen des 6. und 14. Jahrhunderts nicht beobachten konnte. Im Rahmen der Ermittlung der verformungstreuen Querschnitte ist daher zu prüfen, ob dies anhand von Erscheinungen an der Kuppelinnenseite zu erklären ist.

4.3.3.2 Die verformungstreuen Kuppelquerschnitte

Bei näherer Betrachtung der inneren Kuppelkontur wird deutlich, dass diese erheblich von der idealen Kugelform abweicht und geprägt ist von Deformationen und geometrischen Irregularitäten (Abb. 4.29). Die den zuvor beschriebenen „idealisierten“ Querschnitten zugrundeliegende, eine ideale Kreisform beschreibende Innenkontur ist daher eine stark vereinfachte Annäherung an die tatsächlichen geometrischen Verhältnisse.

Abb. 4.29: (a) Deformation der Rippen (b) Irregularitäten im Bereich der Bruchkanten

Bereits vorhandene photogrammetrische Planunterlagen der inneren Kuppelkontur machten die Notwendigkeit eines eigenen flächendeckenden Aufmaßes überflüssig und eröffneten erstmals die Möglichkeit, durch ihre Ergänzung mit den radartechnisch ermittelten Schalendicken den vollständigen verformungstreuen Querschnitt des Kuppeltragwerks zu ermitteln und darzustellen.

• ***Die photogrammetrische Vermessung der Kuppelinnenseite***

Vorab sei erwähnt, dass das von VAN NICE [113] (vgl. Abb. 4.21) erstellte, in wenigen Schnitten dargestellte Kuppelaufmaß keine hinreichende Auskunft zu vorhandenen Irregularitäten oder lokalen Deformationen gibt.

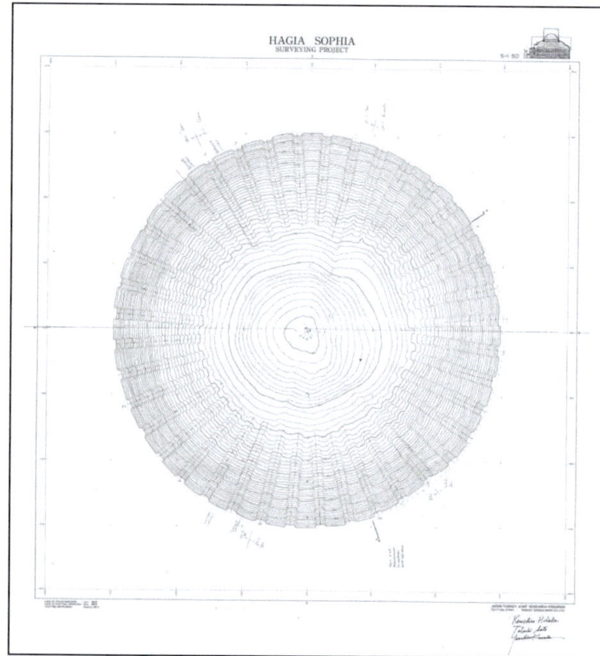

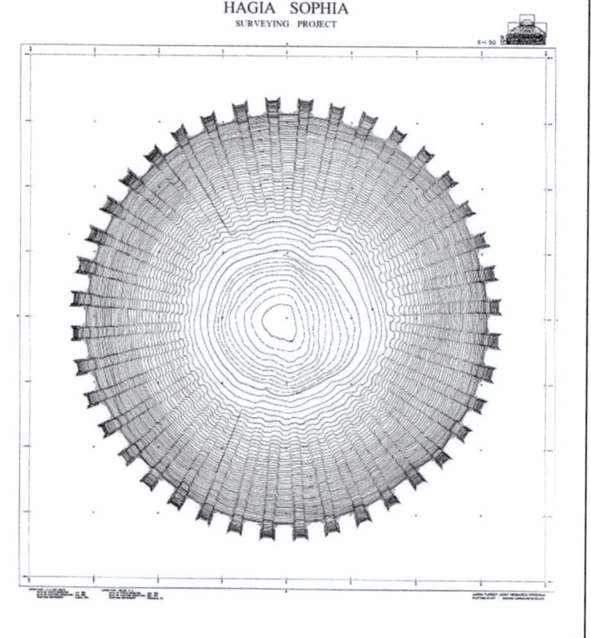

Abb. 4.30: (a) Höhenlinienplan des oberen Kuppelbereichs (H = 47,00 – 56,00 m), aus [99] (b) Höhenlinienplan der gesamten Kuppel, aus [98]

Erste photogrammetrische Aufnahmen, welche die Geometrie der Kuppelinnenseite als dreidimensionale Fläche zur Verfügung stellten, wurden durch GÜRKAN [35] vorgenommen. Ergebnisse dieser Messungen wurden jedoch nur begrenzt veröffentlicht.

SATO/HIDAKA [98, 99] führten in den 90er Jahren eine detaillierte, alle geometrischen Irregularitäten umfassende photogrammetrische Vermessung der Kuppelinnenseite durch und stellten ihre Ergebnisse in Form von Höhenlinienplänen dar. Im Rahmen des japanischen Forschungsprojektes erfolgte im Jahre 1990 die Erfassung des oberen Kuppelbereiches, vom Kuppelscheitel bei H = 56,00 m nach unten bis zur Höhenlinie H = 47,00 m (Abb. 4.30-a), knapp oberhalb der Kuppelfenster. Die Vervollständigung der Planunterlagen und Ergänzung durch den unteren Kuppelbereich und die Fensterpfeiler erfolgte im Jahre 1997 (Abb. 4.30-b).

- ***Die Erstellung verformungstreuer Kuppelschnitte***

Grundlage der graphischen[19] Aufbereitung der inneren Kuppelkontur bilden die Höhenlinienpläne im Maßstab 1:50[20] aus dem Jahre 1990 [99]. Die vervollständigten Pläne aus dem Jahre 1997 liegen lediglich im Maßstab 1:250 vor [98], erlauben jedoch durch entsprechende Kalibrierung eine sehr exakte Zusammenfügung beider Planunterlagen bei Höhenlinie H = 47,00 m.

Die Schnittführung durch die Photogrammetrie erfolgte auf den Mittelachsen von Rippen und Feldern (Abb. 4.31). Dies gewährleistet, dass sich die gewählten Schnittlinien und die tatsächlichen, vor Ort definierten Messstrecken weitestgehend entsprechen.

Die exakte geometrische Erfassung der Oberflächenstruktur machte aufgrund der beschriebenen Deformationen zwei Korrekturmaßnahmen erforderlich:

- Da ein eindeutiger gemeinsamer Kuppelscheitel nicht genau zu erreichen war, erfolgte durch eine geometrische Annäherung die Festlegung eines kreisrunden „Scheitelbereiches", welcher durch die Mehrzahl der Rippenachsen geschnitten wird.
- Im Bereich der Rippen 7/8 und 39/40 war es dennoch nicht möglich, die Rippenachsen auf den Kuppelscheitel zu zentrieren. Sowohl das als Messraster angebrachte Schnurnetz als auch die Schnittlinienführung in den photogrammetrischen Plänen musste daher angepasst werden und weist entsprechende Knickpunkte auf.

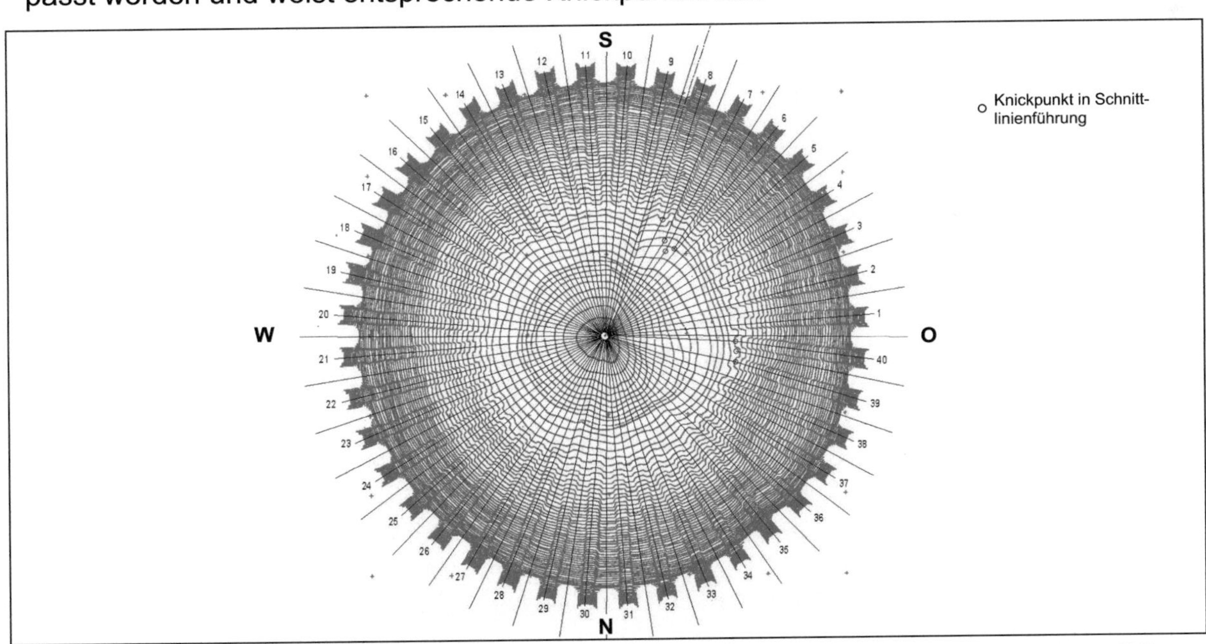

Abb. 4.31: Schnittlinienführung in der Photogrammetrie bzw. Hauptachsenlage der Radarmessung (Untersicht), aus [98]

19 Die den Höhenlinienplänen zugrundeliegenden elektronischen Datensätze standen nicht zur Verfügung.

20 Diese wurden freundlicherweise vom 'Central Laboratory for Restoration and Conservation' des türkischen Kulturministeriums in Originalgröße zur Verfügung gestellt.

Der nachfolgenden Darstellung der verformungstreuen Kuppelquerschnitte liegen folgende Daten zugrunde:

- Die Innenkontur der Kuppel ergibt sich aus dem programmtechnischen Abgreifen der Höhenlinien im entsprechenden Schnitt. Einheitlicher Hochpunkt aller Schnittlinien ist der Mittelpunkt des definierten Scheitelbereiches, er liegt bei $H = 56{,}00$ m über Fußbodenniveau.
- Zum Abgleich sowie der Kontrolle der photogrammetrischen Vermessung wurden an besonders deformierten Rippen Handaufmaße erstellt. Hierzu wurde eine Schnur zwischen definierten Start- und Endpunkten gespannt und deren Neigungswinkel ermittelt. Das alle 10 cm genommene Aufmaß des orthogonalen Abstandes zwischen Schnur und Kuppelinnenseite wurde zum Verlauf der Kuppelinnenseite gefügt. Es zeigte sich eine nahezu exakte Übereinstimmung zwischen Photogrammetrie und Handaufmaß (vgl. Abb. 4.34, 4.36).
- Ein den Diagrammen angefügter idealer Kreisbogen dient der graphischen Orientierung, um die qualitative Abweichung der Kuppelform von diesem abzuschätzen. Als Radius dieses Kreisbogens wurde ein einheitlicher, auch den idealisierten Querschnitten zugrundeliegender Innenradius von $R_i = 16{,}65$ m gewählt.
- Die Ergänzung der Schichtgrenzen erfolgte durch Transformation der in Abschnitt 4.3.1 auf eine ebene Messoberfläche bezogenen Radardaten auf die tatsächliche, der Kuppelinnenseite entsprechende Messoberfläche.

Auf die Ergänzung durch die Fensterpfeiler wurde in den nachfolgenden Darstellungen verzichtet, hierzu sei auf die idealisierten Querschnitte verwiesen.

- ***Die tatsächlichen Kuppelquerschnitte der Bauteile des 6. Jahrhunderts***

Abbildung 4.32 zeigt exemplarisch den verformungstreuen Gesamtquerschnitt der dem 6. Jahrhundert entstammenden Rippe 10. Die Innenkontur beschreibt einen einheitlichen, stetigen Verlauf. Dieser stellt sich gegenüber dem idealen Kreisbogen geringfügig flacher dar. Als Grund hierfür gilt die Tatsache, dass *Isidoros d. J.* nach dem Einsturz der ersten Kuppel auf den nach Norden und Süden um je 50 cm ausgebogenen Wänden eine im Grundriss leicht elliptische Kuppel mit der 1 m längeren Achse in Nord-Süd-Richtung erstellte (siehe hierzu Abschnitt 4.3.3.3).

Die Daten der Radarmessung sind entsprechend Abschnitt 4.3.1.4 aufgetragen, sehr deutlich zeichnet sich die Querschnittsänderung zwischen $x_i = 9{,}50$ m und $x_i = 11{,}00$ m ab.

Abbildung 4.33 zeigt die Querschnitte aller auf der Südseite befindlichen Rippen des 6. Jahrhunderts (Rippen 9–14). Es ist eine erstaunliche Formtreue und Einheitlichkeit festzustellen. Einzig die an spätere Bauphasen grenzenden Randrippen 9 und 14 (vgl. hierzu Abschnitt 4.3.4) zeigen geometrische Auffälligkeiten:

- Rippe 9, welche vollständig der Bauphase des 6. Jahrhunderts zuzuordnen ist, scheint sich aufgrund des Bauzustandes nach dem Teileinsturz der angrenzenden Bauteile oder aufgrund einer Belastung durch die im 14. Jahrhundert ergänzten Bauteile etwas abgesenkt zu haben.
- Rippe 14 zeigt im Abstand $x_{14} \sim 8{,}30$ m vom Kuppelscheitel einen Knick, welcher ein deutlicher Hinweis für die dort verlaufende Bruchkante ist. Damit lässt sich der obere Bereich der Rippe 14 der Bauphase des 10. Jahrhunderts zuordnen. Die Formtreue der Rippe 14 im unteren Bereich kann als Hinweis darauf gesehen werden, dass die Bauteile des 10. Jahrhunderts stumpf, d. h. ohne Mauerwerksverzahnung, angebaut wurden und damit keine wesentliche Lasten auf die Bauteile des 6. Jahrhunderts absetzen.

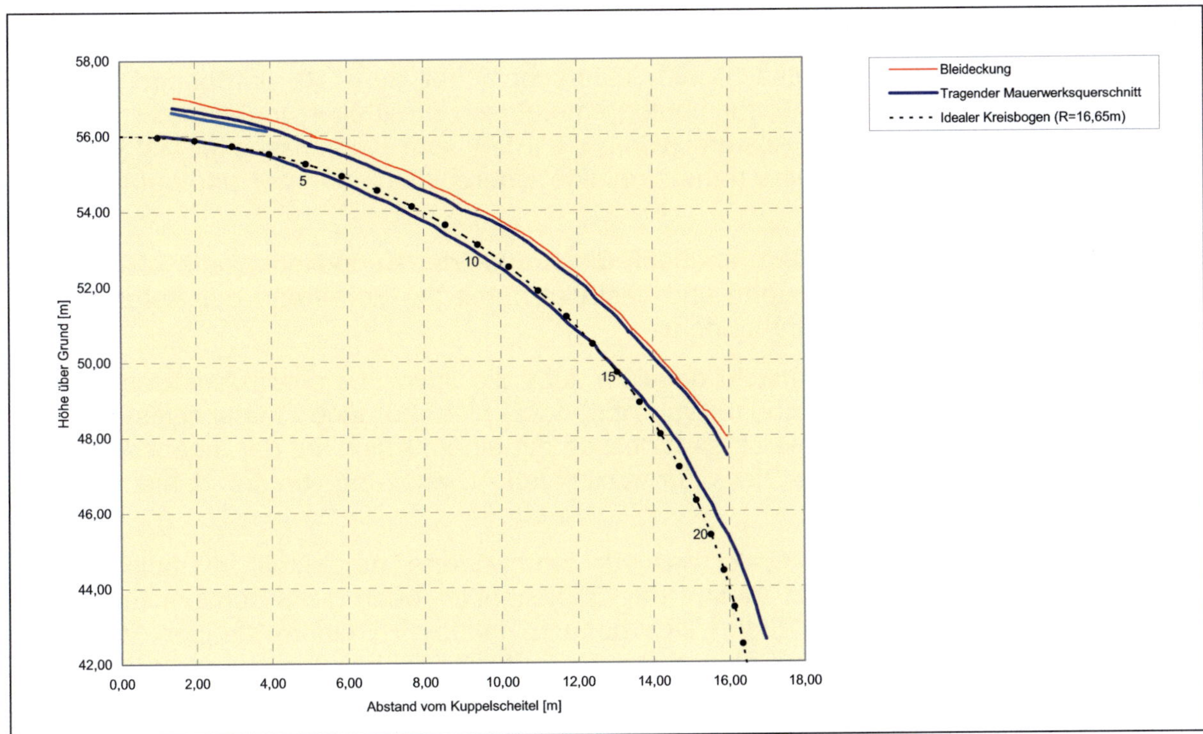

Abb. 4.32: Verformungstreuer Querschnitt der Rippe 10 (6. Jahrhundert)

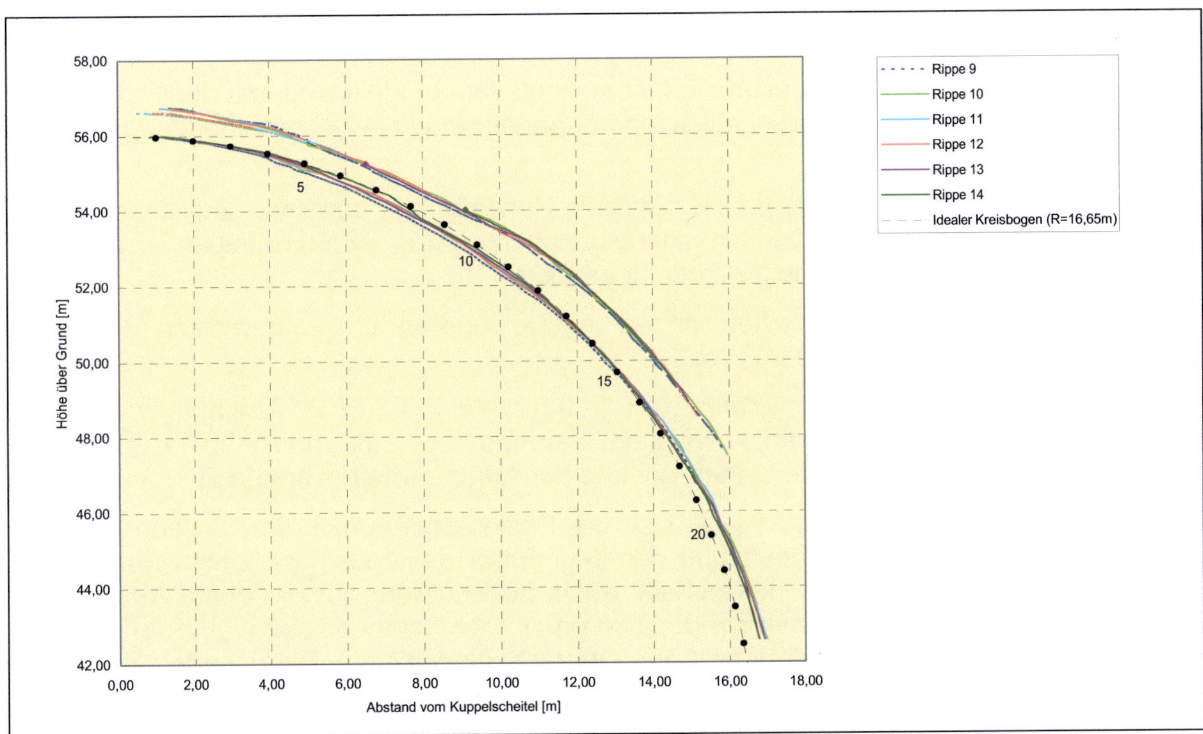

Abb. 4.33: Verformungstreue Querschnitte der Rippen 9–14 (6. Jahrhundert)

- ***Die tatsächlichen Kuppelquerschnitte der Bauteile des 10. Jahrhunderts***

Abbildung 4.34 zeigt den tatsächlichen Querschnitt der dem 10. Jahrhundert entstammenden Rippe 16. Ergänzend zur photogrammetrisch ermittelten Innenkontur wurde ein Handaufmaß, beginnend im Abstand von x_{16} = 10 m vom Kuppelscheitel bis x_{16} = 19 m, durchgeführt. Es zeigt sich eine nahezu exakte Übereinstimmung zur photogrammetrisch ermittelten Innenkontur.

Gegenüber dem 6. Jahrhundert erscheint die Kontur der Kuppelinnenseite etwas steiler. Sie folgt annähernd der Kreisform und bestätigt damit die Formtreue der Aufbauarbeiten nach dem Einsturz des 10. Jahrhunderts.

Der Verlauf der Innenkontur macht deutlich, dass die zuvor als charakteristisch beschriebene Einbauchung bei x_i = 12,50 m (vgl. Abb. 4.25) nicht auf eine Querschnittsverjüngung an der Kuppelaußenseite hinweist, statt dessen mit einem Knick auf der Innenseite zusammenhängt, der gleichzeitig die Stelle der maximalen Abweichung von der idealen Kreisform beschreibt.

Die Auswertung der Rippen 15–21 des 10. Jahrhunderts, dargestellt in Abbildung 4.35, ergibt einen sehr einheitlichen Verlauf der Querschnitte. Auch die ergänzten Einzelmesswerte im Kalligraphiebereich fügen sich nahezu nahtlos zu einem stetigen Verlauf der Mauerwerksrückseite. Auf ein Einfügen des Verlaufs der Bleideckung wurde aus Gründen der Übersichtlichkeit an dieser Stelle verzichtet.

Bei allen Rippen zeigt sich der charakteristische „Knick“ im Abstand von $x_i \sim$ 12,50 m vom Kuppelscheitel. Es scheint, dass die Baumeister sehr bemüht waren einem idealen Kreisbogen zu folgen, in diesem Bestreben jedoch abrupte Richtungsänderungen in Kauf nahmen.

- ***Die tatsächlichen Kuppelquerschnitte der Bauteile des 14. Jahrhunderts***

Abbildung 4.36 zeigt die Querschnittskontur der im 14. Jahrhundert erstellten Rippe 1.

Der durch das Handaufmaß bestätigte Querschnittsverlauf stellt sich, mit deutlichen Abweichungen von der Kreisform, wesentlich inhomogener ein als in den vorangegangenen Bauphasen.

Als besonders auffällig erweisen sich der steile Kuppelanlauf, ein sehr deutlicher Knick bei $x_1 \sim$ 11,00 m und der, einer Querschnittseinbauchung bei $x_1 \sim$ 6,50 m folgende, nach oben hin nahezu gerade verlaufende Kalligraphiebereich.

Alle in Abbildung 4.37 dargestellten Rippen des 14. Jahrhunderts zeigen diese Merkmale in mehr oder minder ausgeprägter Form.

Die deutliche Einbauchung zwischen x_i = 5,00 m und x_i = 8,00 m Abstand vom Kuppelscheitel könnte der Bereich sein, in welchem während der Aufbauphase im 14. Jahrhundert die von AHUNBAY [3] berichtete Unterbrechung der Aufbauarbeiten stattfand.

Als geometrisch bemerkenswert stellt sich der Kalligraphiebereich dar, dessen Unterseite nahezu ohne Krümmung verläuft und der gegenüber der zuvor erwähnten Einbauchung eine größere Dicke aufweist. Hier scheint auch die Erklärung für die durch AHUNBAY von der Außenseite nicht wahrzunehmende Differenz in der Schalendicke (vgl. Fußnote 18) zu liegen: Die im 14. Jahrhundert größere Querschnittsdicke im Bereich der Kalligraphie zeichnet sich auf der Kuppelinnenseite ab.

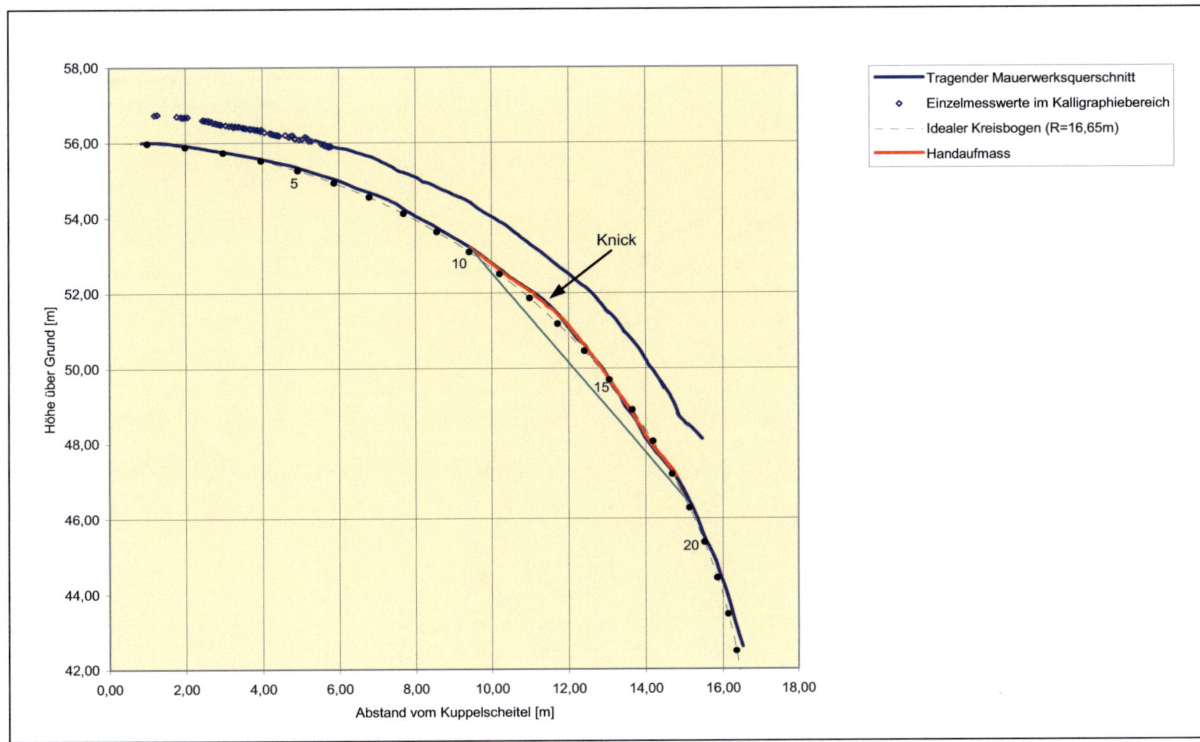

Abb. 4.34: Verformungstreuer Querschnitt der Rippe 16 (10. Jahrhundert)

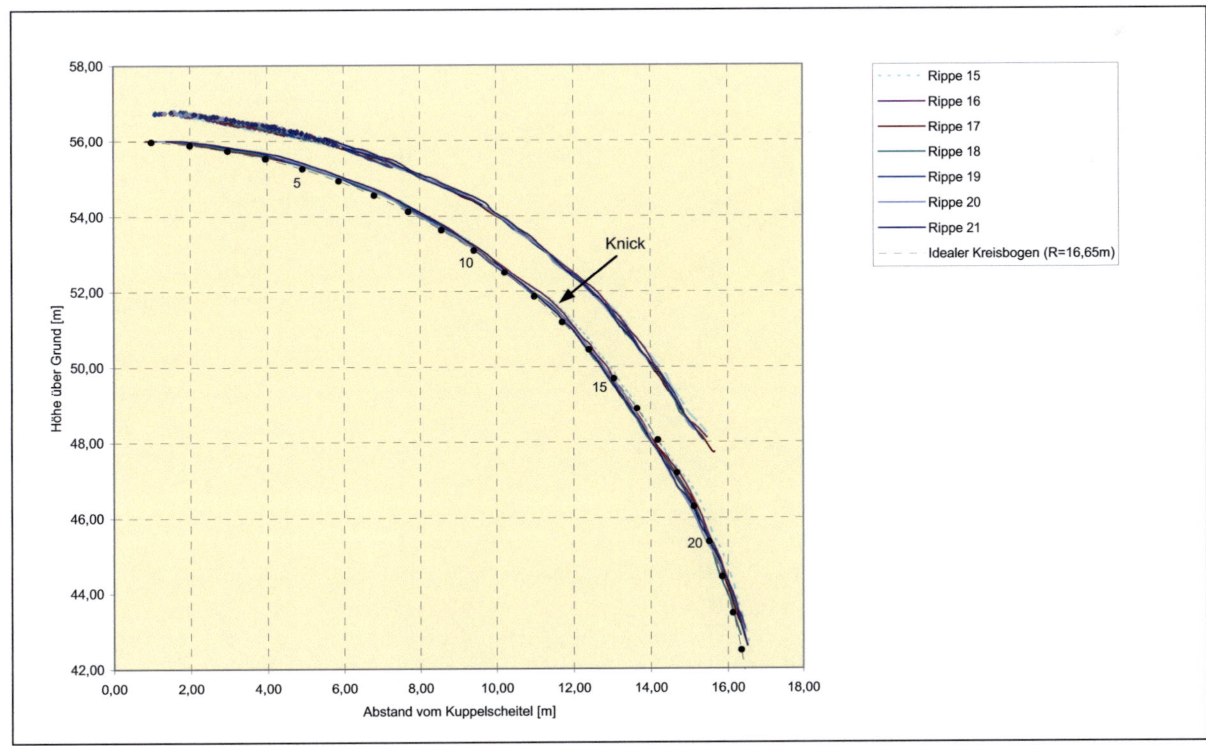

Abb. 4.35: Verformungstreue Querschnitte der Rippen 15–21 (10. Jahrhundert)

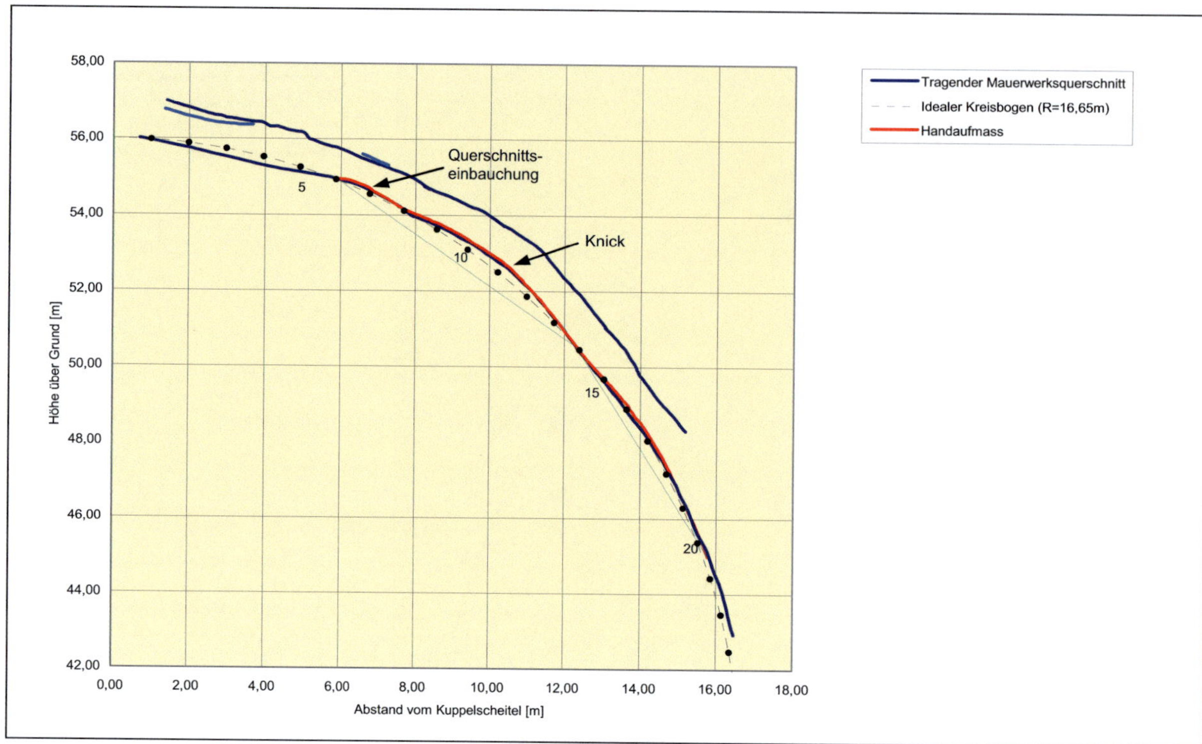

Abb. 4.36: Verformungstreuer Querschnitt der Rippe 1 (14. Jahrhundert)

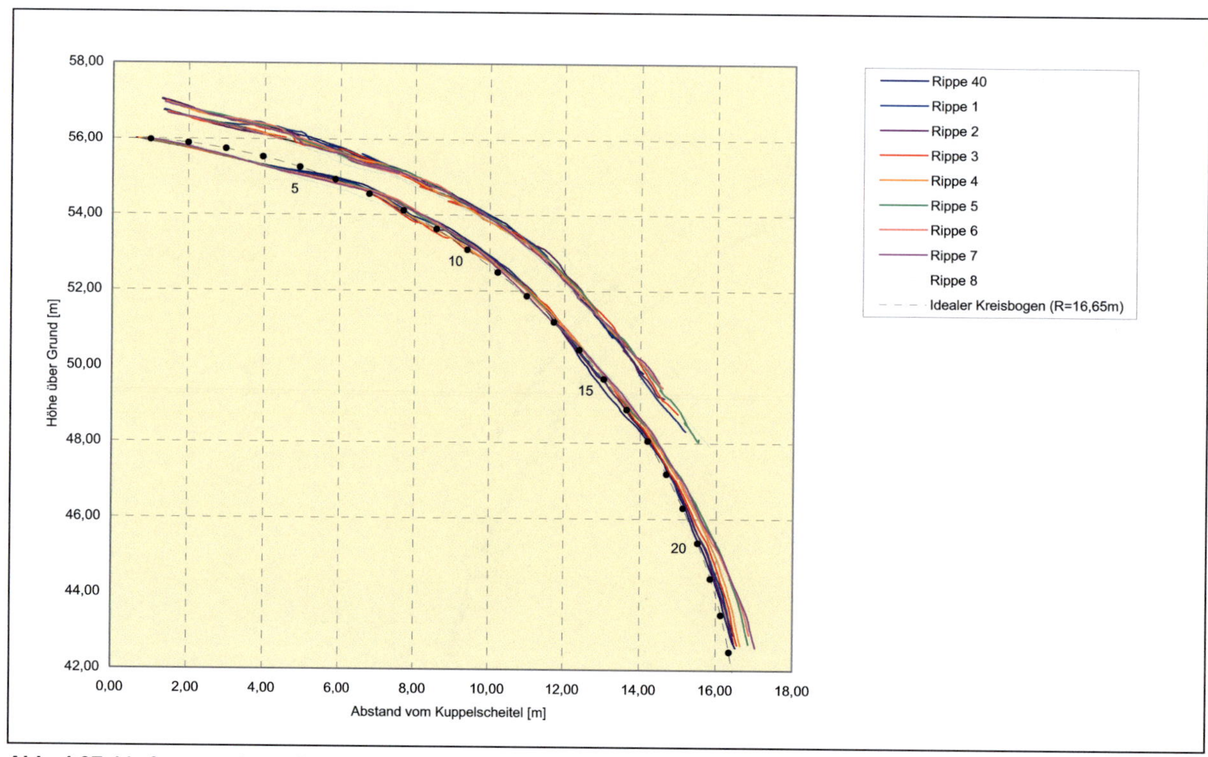

Abb. 4.37: Verformungstreue Querschnitte der Rippen 40–8 (14. Jahrhundert)

• ***Die Gesamtkuppel als verformungstreues Modell***

Alle ebenen Schnitte wurden in Abbildung 4.38 zu einem dreidimensionalen Modell der Gesamtkuppel gefügt. Die Ermittlung der Kuppeldicken für die nicht vollflächig erfassten Nordost- und Nordwest-Quadranten fußt hierbei auf den im Südwest- und Südost-Quadranten erkundeten bauphasenspezifischen Mittelwerten.

Dieses Modell bildet erstmals ein vollständiges und verformungstreues geometrisches Abbild der Hauptkuppel der Hagia Sophia und dient als Grundlage für die sich weiter hinten anschließende statische Beurteilung.

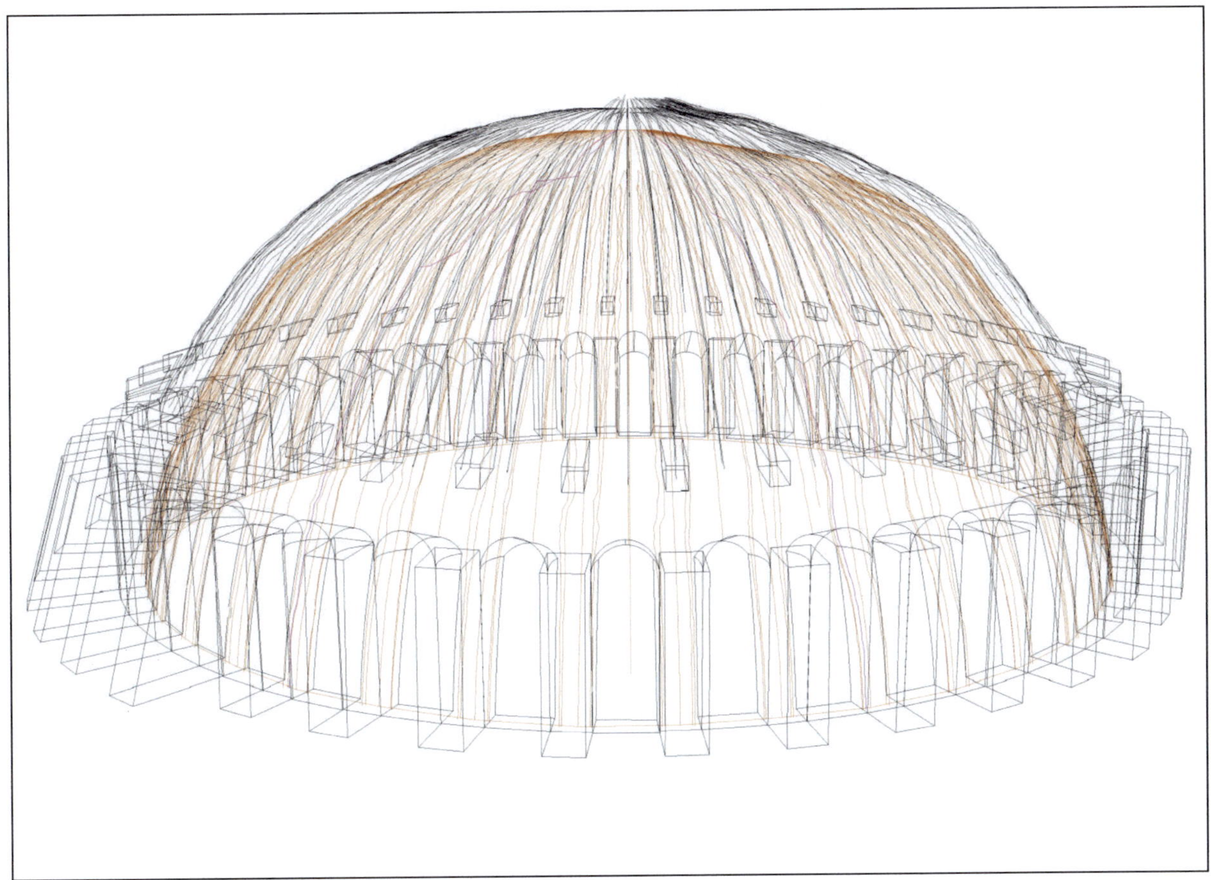

Abb. 4.38 : Die Kuppel der Hagia Sophia als verformungstreues Gesamtmodell

4.3.3.3 Zum Grundriss der Hauptkuppel

Die in lokalen Bereichen deutlich von der Kreisform abweichende Grundrissgeometrie der Hauptkuppel war nicht Gegenstand eigener Erkundungen oder Vermessungen. Neben einer optischen Beurteilung bilden insbesondere die Ergebnisse der Bauaufnahmen von EMERSON/VAN NICE [22] und SATO/HIDAKA [98] hinreichende Grundlage zur Beschreibung der Grundrisssituation.

Als optisch hervortretende Irregularität (vgl. Abb. 3.3) zeichnet sich im Westen die Grundrisskontur als „linienförmiger“ Bereich ab, im Bereich des nordöstlichen Pendentifs ist eine deutliche Einbauchung zu erkennen. Beide Erscheinungen seien an späterer Stelle erläutert.

Der lichte Durchmesser zwischen den gegenüber den Kuppelrippen vorspringenden Kuppelgesimsen beträgt nach [22] in Nord-Süd-Richtung D = 31,90 m. In West-Ost-Richtung wurde dieses Maß zu D = 30,87 m ermittelt und erweist sich damit rund einen Meter geringer (Abb. 4.39).

In den Bereichen der Bauteile des 6. Jahrhunderts zeichnet sich auf der Oberseite des Kuppelgesimses eine eingemeißelte Nut ab, welche entlang den Innenkanten der Rippen verläuft und damit zweifellos die durch *Isidoros d. J.* gewählte Setzlinie der „zweiten“ Kuppel darstellt. Das Ergebnis des geometrischen Aufmaßes dieser Linie durch EMERSON/VAN NICE und SATO/HIDAKA ist in Abbildung 4.39 dargestellt. Beide Vermessungen ergeben, dass die Nut die Form einer Ellipse mit einem Abstand der Brennpunkte von 2,55 m bzw. 2,588 m beschreibt. Die Existenz und geometrische Exaktheit der Setzlinie[21] belegt, dass die durch *Isidoros d. J.* entworfene Kuppel im Grundriss bereits eine elliptische Form hatte. Die in Nord-Süd-Richtung verlaufende längere Achse dieser Ellipse stellt dabei den lichten Abstand der Kuppelrippen und damit den tatsächlichen Kuppeldurchmesser dar. Dieser ergibt sich zu $D_{K,NS}$ = 33,97 m bzw. $D_{K,NS}$ = 33,82 m.

Die im Rahmen des Wiederaufbaus eingestürzter Bauteile errichteten Rippen im Westen (10. Jahrhundert) bzw. Osten (14. Jahrhundert) scheinen dagegen keiner exakten Setzlinie zu folgen. Eine nahezu konstante Gesimsbreite vorausgesetzt, lässt sich auf einen lichten Abstand der Kuppelrippen in West-Ost-Richtung zu $D_{K,WO}$ ~ 33,00 m schließen.

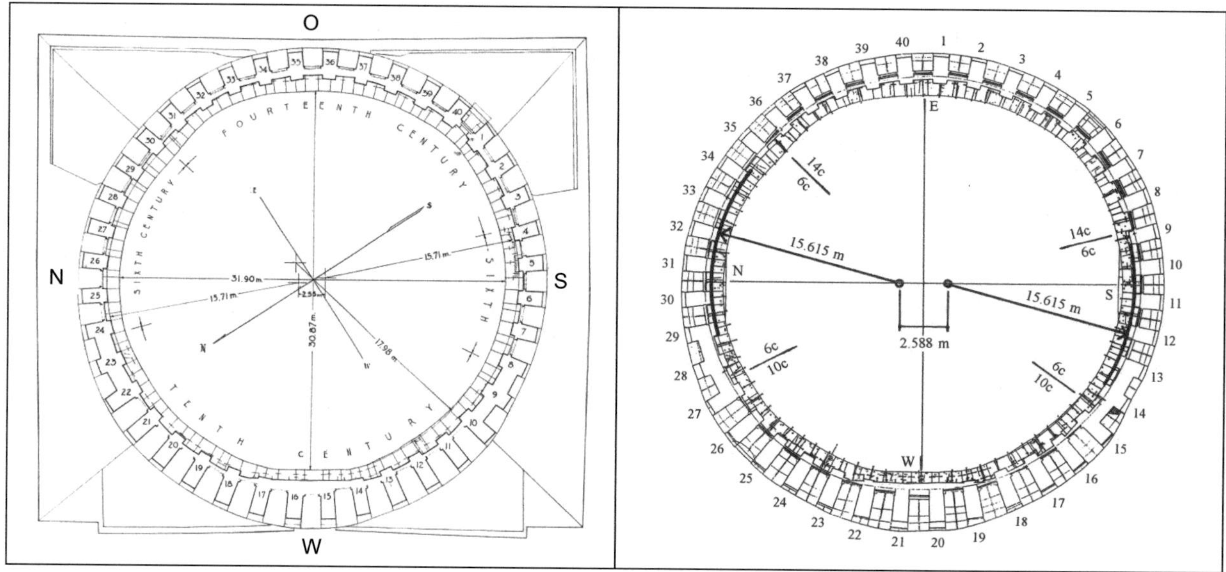

Abb. 4.39: (a) Kuppelgrundriss nach EMERSON/VAN NICE [22] (b) Kuppelgrundriss nach SATO/HIDAKA [98]

21 Dies könnte auch als Indiz für eine im Bauzustand vorhandene Hilfskonstruktion im Kuppelzentrum als Ausgangspunkt eines Schnurgerüstes gewertet werden.

4.3.4 Die Bruchkanten

Die als Bruchkanten definierten Nahtstellen zwischen den Bauphasen des 6., 10. und 14. Jahrhunderts separieren die Kuppel in Bauteile unterschiedlicher geometrischer und struktureller Ausbildung.

Die Bedeutung genauerer Kenntnisse zu Lage, Verlauf und Beschaffenheit der Bruchkanten liegt damit einerseits in ihrer baugeschichtlichen Aussage, andererseits sind dies elementare Parameter zu einer wirklichkeitsnahen Bewertung des Tragverhaltens der heute mehrteiligen Kuppel.

4.3.4.1 Die Lage der Bruchkanten

- ***Bisheriger Kenntnisstand***

Die Lage der Bruchkanten zwischen den Bauteilen der im 6. Jahrhundert erstellten „zweiten" Kuppel und den nach den Teileinstürzen in den Jahren 989 und 1346 an West- bzw. Ostseite wieder aufgebauten Kuppelsegmenten zeichnen sich in Teilbereichen als geometrische Irregularitäten in der Kuppelschale deutlich ab (Abb. 4.40-a).

Abb. 4.40: (a) Bruchkante zwischen den Bauteilen des 14. und 6. Jahrhunderts (b) Bruchkante zwischen den Bauteilen des 10. und 6. Jahrhunderts

Versuche, den exakten Verlauf der Nahtstellen – über die optisch hervortretenden Bereiche hinaus – zu bestimmen, erfolgten erstmals durch EMERSON/VAN NICE [22, 24]. Hierbei wurde insbesondere aus der baukonstruktiven Ausbildung des Kuppelgesimses auf die Bauphasen der angrenzenden Kuppelrippen geschlossen. Ergebnis dieser Betrachtung war die bauphasenspezifische Zuordnung der einzelnen Kuppelrippen[22].

MAINSTONE´s [67] weiterführende Erkundungen charakteristischer baulicher Besonderheiten, sichtbarer Inhomogenitäten an der Kuppelschale (z. B. Mosaikausbildung) oder geometrischer Irregularitäten führten zu einer angenäherten Bestimmung des Bruchkantenverlaufs im Bereich der Hauptkuppel sowie der angrenzenden Bauteile (Abb. 4.41-a). Eine gesicherte und geometrisch exakte Aussage wird jedoch, insbesondere nahe dem Kuppelscheitel, nicht getroffen.

Die in Abschnitt 4.3.3.2 beschriebenen photogrammetrischen Aufnahmen der inneren Kuppelschale durch SATO/HIDAKA [98] ermöglichten anhand der Ermittlung von bauphasenspezifischen Verläufen der Innenkontur und weiterer geometrischen Irregularitäten auf den Bruchkantenverlauf zu schließen und diesen zu konkretisieren (Abb. 4.41-b).

[22] Hierbei sei angemerkt, dass zunächst [22] von einer anderen Zuordnung ausgegangen wurde, dies wurde in [24] korrigiert.

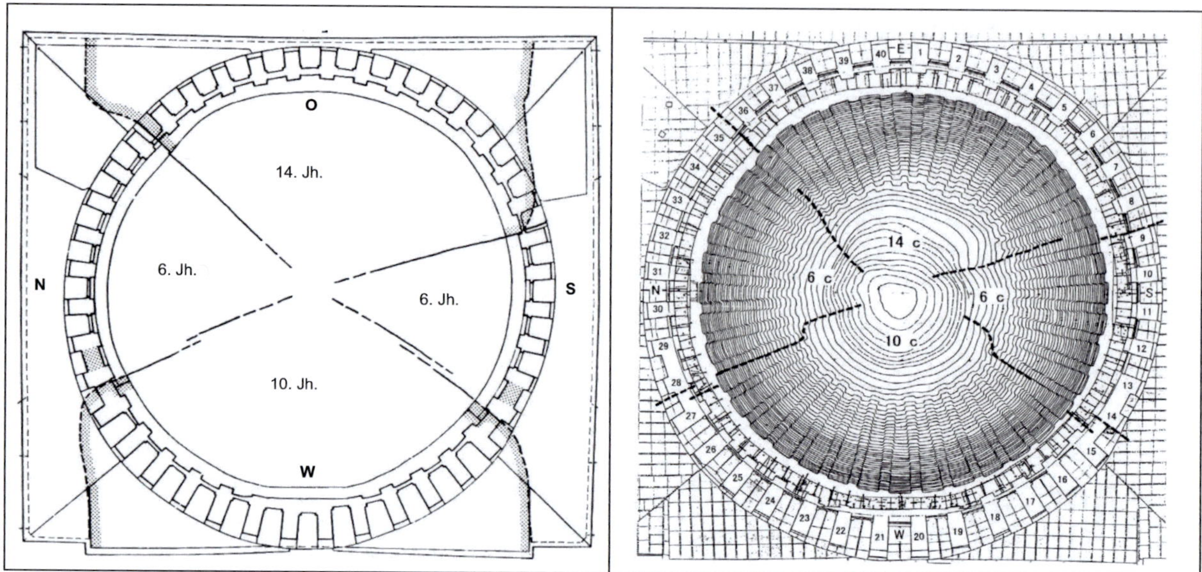

Abb. 4.41: (a) Bruchkantenverlauf nach MAINSTONE [67] (b) Bruchkantenverlauf nach SATO/HIDAKA [98]

Einen weiteren Hinweis auf die Lage der Bruchkanten geben die Kuppelmosaiken bzw. -putzflächen. OZIL [88] datierte im Rahmen der in jüngster Zeit durchgeführten Restaurierungs- und Sicherungsmaßnahmen die Kuppeloberflächen gemäß ihrer Entstehungszeit (Abb. 4.42).

Dass die Nahtstelle unterschiedlicher Oberflächeneigenschaften jedoch nicht zwangsläufig die Nahtstelle zwischen den Bauphasen bedeuten muss, verdeutlicht folgendes Beispiel: Während Rippe 14 im unteren Bereich nach SATO/HIDAKA der Bauphase des 6. Jahrhundert zugeordnet wird, weist diese die Oberflächeneigenschaften des 10. Jahrhunderts auf.

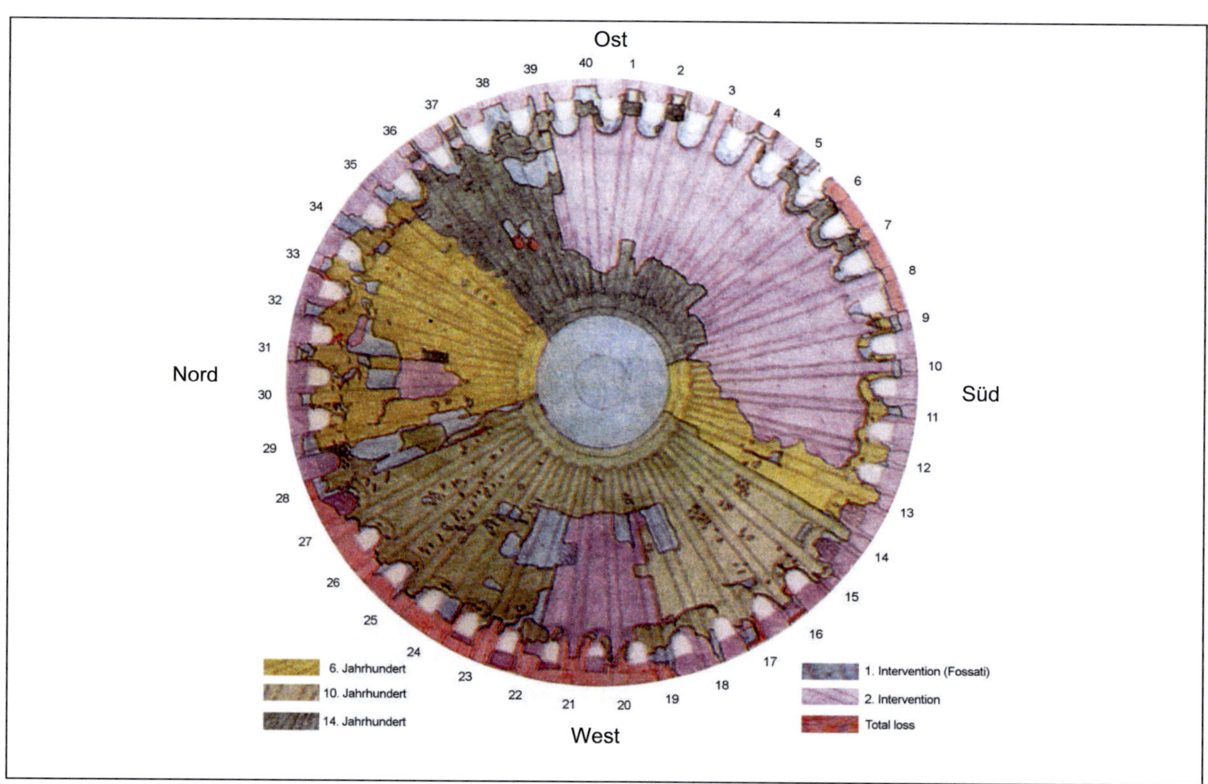

Abb. 4.42: Die Oberflächeneigenschaften nach OZIL [88]

• *Ortung der Bruchkante durch Radarmessung*

Im Rahmen der Erkundung der Kuppelgeometrie konnte gezeigt werden, dass zwischen den Bauphasen charakteristische geometrische und strukturelle Unterschiede bestehen, die durch radartechnische Untersuchungen eindeutig zu differenzieren sind.

Die Lage der überwiegend in Meridianrichtung verlaufenden Bruchkanten wird insbesondere durch die dazu orthogonal geführten, in Ringrichtung verlaufenden Messstrecken (Messreihe $C_{MK2/MK3}$ und D_{MK3}, vgl. Abb. 4.3) erfasst und durch einen abrupten strukturellen Wechsel im Radargramm graphisch dargestellt.

Exemplarisch zeigt Abbildung 4.43 zwei mit konstantem Abstand vom Kuppelscheitel in Ringrichtung gemessene Radargramme. In der von Rippe 4 (Südost-Quadrant) bis zur Rippe 18 (Südwest-Quadrant) geführten Messstrecke zeichnen sich die charakteristischen Merkmale des 6. Jahrhunderts (Doppelreflektor, geringe Signalabsorption) gegenüber dem 14. bzw. 10. Jahrhundert mit erhöhter Signalabsorption deutlich ab. Die Lage der Bruchkante lässt sich in diesem Fall im Feld 8/9 (14./6. Jh.) bzw. unmittelbar vor Rippe 14 (6./10. Jh.) orten.

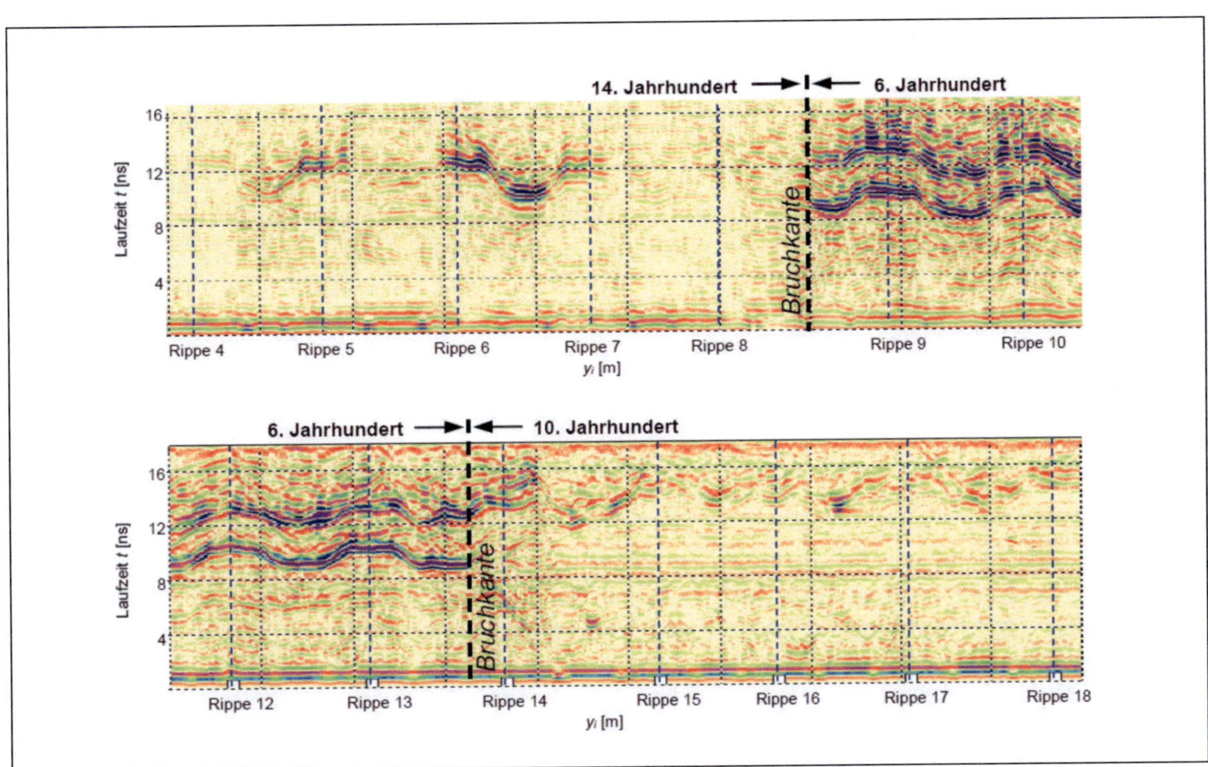

Abb. 4.43: Radargramm in Ringrichtung (Messreihe $C_{MK3/MK2}$) bei x_i = 9,50 m

Durch die Ermittlung der Bereichsgrenzen in allen gemessenen Horizontalprofilen und einer angenäherten linearen Interpolation in den Zwischenbereichen ließ sich der Bruchkantenverlauf sehr exakt bestimmen. In Abbildung 4.44-a ist exemplarisch der Verlauf der Bruchkante im Südwest-Quadranten zwischen der Bauphase des 6. und des 10. Jahrhunderts dargestellt.

Neben dieser händischen Auswertung der Radargramme erfolgte auf gleicher Datenbasis die Errechnung von Zeitscheiben. Abbildung 4.44-b zeigt die Zeitscheibenberechnung für eine Laufzeit von t = 8–10,5 ns, was einer ungefähren Tiefe von d = 60–80 cm entspricht. Starke Differenzen in der Reflexionsamplitude verdeutlichen die strukturellen Unterschiede, welche die beiden Bauphasen eindeutig gegeneinander abgrenzen.

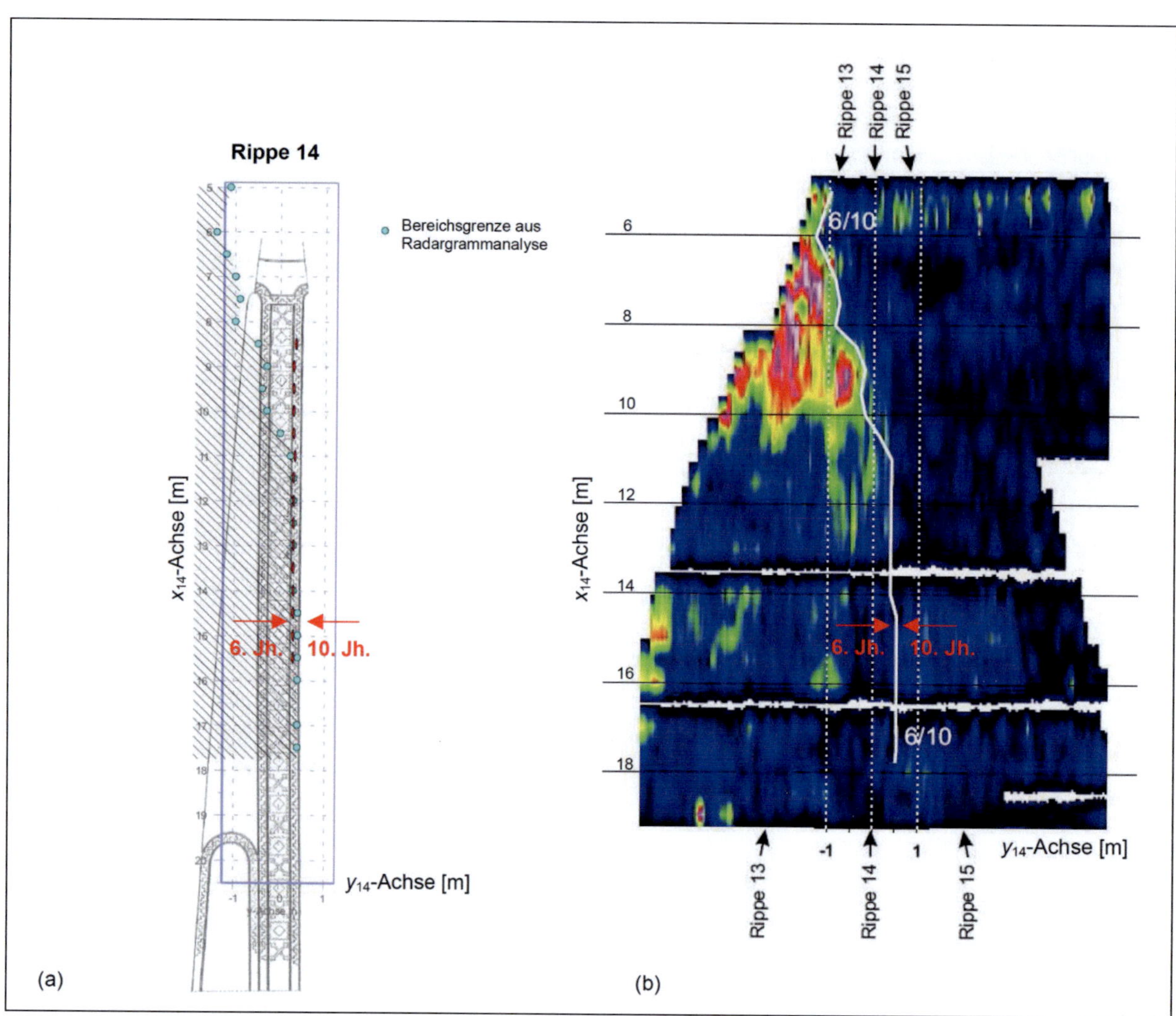

Abb. 4.44: Radartechnische Lokalisierung der Bruchkante im Südwest-Quadranten zwischen dem 6. und 10. Jahrhundert: (a) Bereichsgrenzen aus Radargrammanalyse (b) Zeitscheibe (Messreihe C_{MK2}, Laufzeitintervall t = 8–10,5 ns)

Der auf Grundlage der Radarmessungen in Ringrichtung (Messreihe C/D) ermittelte Bruchkantenverlauf sei vergleichend den vollflächigen Messungen in Meridianrichtung (Messreihe A/B) gegenübergestellt. Abbildung 4.45 zeigt eine den Südwest- und Südost-Quadranten umfassende Zeitscheibenberechnung der Messreihen A, ergänzt durch die Messreihe E im Kalligraphiebereich des Südwest-Quadranten. Die dargestellte Reflexionsamplitude entstammt dem Laufzeitintervall t = 8–17 ns. Dies entspricht einer Querschnittstiefe von d ~ 60 cm und darüber.

Die Bereiche des 6. Jahrhunderts, charakterisiert durch eine hohe Signalamplitude infolge der hohen Rückseitenreflexion, heben sich gegenüber den benachbarten Bereichen der Bauphase des 14. bzw. 10. Jahrhunderts deutlich ab und stehen hinsichtlich des Verlaufs der Bruchkante in guter Übereinstimmung mit den Ergebnissen der horizontal geführten Radarmessungen.

Angemerkt sei, dass die hohe Reflexionsamplitude im Kalligraphiebereich des Südwest-Quadranten nicht auf Bauteile des 6. Jahrhunderts, sondern auf die Blattgoldauflagen und sonstige metallische Einlagerungen wie Nägel etc. hindeutet.

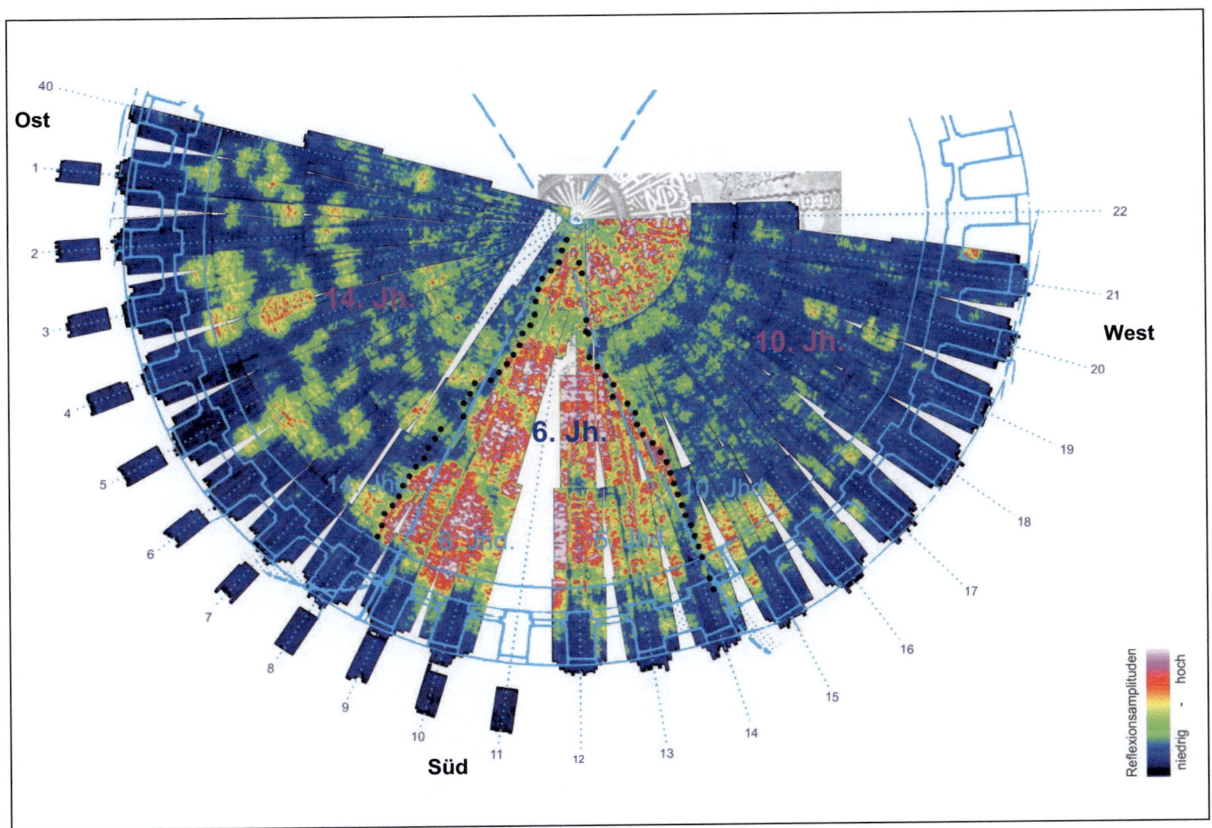

Abb. 4.45: Zeitscheibenberechnung für Laufzeiten t = 8–17 ns (ab ca. 60 cm Tiefe), Messreihe $A_{MK2/MK3}$, gepunktet dargestellt: Bruchkantenverlauf als Ergebnis der horizontalen Radarmessungen

Zusammenfassend ist festzustellen, dass die Lage der Bruchkante durch radartechnische Messungen im Südwest- und Südost-Quadranten eindeutig festzustellen war. Es ergibt sich eine gute Übereinstimmung mit dem durch SATO/HIDAKA [98] ermittelten Bruchkantenverlauf. Dieser konnte in Teilbereichen konkretisiert und auch für den Bereich der Kalligraphien erweitert werden.

Auf der Südseite sind die Rippen 9–14 der ursprünglichen Bauphase des 6. Jahrhunderts zugehörig. Rippe 9 kann als Randrippe zur Bauphase des 14. Jahrhunderts vollständig dem 6. Jahrhundert zugeordnet werden, Rippe 14 entstammt dagegen aus zwei Bauphasen: Während ihr unterer Bereich nach dem Einsturz im 10. Jahrhundert erhalten blieb, wurde der obere Teil im Rahmen der Aufbaumaßnahmen ergänzt. Bemerkenswert ist, dass der Bruch zwischen x_{14} = 10,00 m und x_{14} = 11,00 m und damit exakt im Bereich der Querschnittsverjüngung (vgl. Abb. 4.24) erfolgte.

Im Kalligraphiebereich ist der Bruchkantenverlauf – trotz Blattgoldauflagen und immenser Störsignale – bis ca. 1,00 m vom Kuppelscheitel nachweisbar und nimmt hierbei eine eindeutige Tendenz in Richtung des Kuppelscheitels ein. Ob die Segmente der Bauphasen im Kuppelscheitel jedoch spitz zulaufen oder ob ein – eher zu vermutender – durchgehender Restquerschnitt des 6. Jahrhunderts existiert, konnte mit letztendlicher Sicherheit nicht geklärt werden.

Als Ergebnis der Untersuchungen zur Lage der Bruchkante zeigt Abbildung 4.46 eine Visualisierung der heute bestehenden Kuppelstruktur mit den Segmenten der unterschiedlichen Bauphasen und den jeweiligen Schalen- und Rippenstärken.

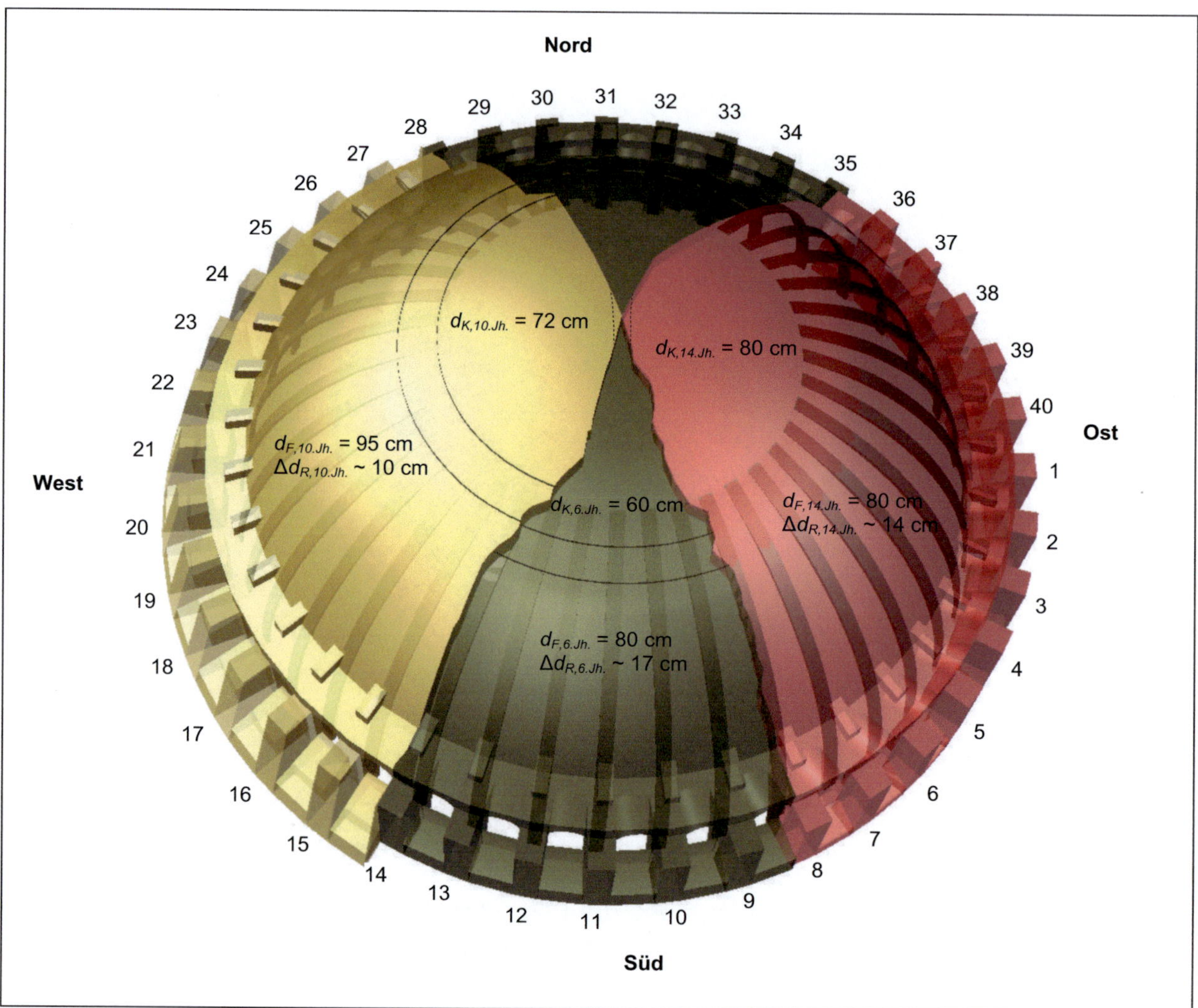

Abb. 4.46: Die Kuppel der Hagia Sophia mit Bruchkantenverlauf, Schalen- und Rippendicken der Bauteile des 6., 10. und 14. Jahrhunderts

4.3.4.2 Die Beschaffenheit der Bruchkanten

Eine Beurteilung der noch weithin unbekannten Bruchkantenbeschaffenheit – d. h. eventuelle Verzahnungen, Breitenverlauf, Verbindungselemente oder Hohlräume – wären insbesondere wünschenswert, um eine Aussage zur Rauhigkeit der Bruchkante (Mauerwerksverzahnung oder Stumpfnaht) zu treffen und um daraus Einflüsse auf den Lastfluss in der Kuppel herzuleiten.

• ***Bisheriger Kenntnisstand***

Aus der vorhandenen Literatur lassen sich nur wenige Hinweise zur Ausbildung der Bruchkante entnehmen.

MAINSTONE [67] berichtet, dass nach dem Einsturz im 10. Jahrhundert die Bruchkanten im Nord- und Südwesten anscheinend zurückgebaut und die neuen Bauteile stumpf gegen die entstandenen vertikalen Stirnflächen gemauert wurden (Abb. 4.40-b). Im Zuge der Aufbauarbeiten nach dem Einsturz des 14. Jahrhundert scheint dagegen kein Rückbau der Abbruchkante erfolgt zu sein: Die Bruchkanten im Süd- und Nordosten weisen einen sehr unregelmäßigen Verlauf auf (Abb. 4.40-a) und geben mit hoher Wahrscheinlichkeit den exakten Verlauf der Einsturzkante wieder.

Die Triester Firma *Ser.Co.Tec.* führte im Jahre 1995 [4, 104] im Nordost-Quadranten der Hauptkuppel an vier Punkten, u. a. im Bereich der Bruchkante, endoskopische Erkundungen durch. Detaillierte Rückschlüsse auf die Fugenbeschaffenheit lassen sich hieraus jedoch nicht ziehen.

- ***Optische Erkundung***

  Die eigenen optischen Erkundungen bestätigen die Eindrücke *Mainstones*. Während die Bruchkanten zwischen dem 6. und 10. Jahrhundert überwiegend in Meridianrichtung verlaufen, weist die Bruchkante zwischen den Bauteilen des 6. und 14. Jahrhunderts einen sehr inhomogenen Verlauf auf. Damit ist bei letzterer auf eine gewisse, keinesfalls jedoch planmäßige Verzahnung zu schließen, während bei der Bruchkante zwischen 6. und 10. Jahrhundert von einer Stumpfnaht ohne maßgebliche Mauerwerksverzahnung auszugehen ist. Diese Annahme wird durch das verformungstreue Kuppelaufmaß gestützt (Abb. 4.33): Während die Randrippe zum 10. Jahrhundert (Rippe 14) eine hohe Formtreue besitzt, weist die Randrippe zum 14. Jahrhundert (Rippe 9) eine deutliche Absenkung – ggf. als Folge zusätzlicher vertikaler Lasten – auf.

- ***Radartechnische Erkundung***

  Aufgrund der Tatsache, dass die Bruchkante normal zur Messoberfläche verläuft, ergeben sich aus der Radarmessung wenig gesicherte Erkenntnisse. Der im Rahmen der Erkundung zur Lage der Bruchkante geschilderte Strukturwechsel erfolgt jedoch – einzelne diffuse Bereiche ausgenommen – als klarer Schnitt und gibt keine Hinweise auf eine planmäßige Mauerwerksverzahnung.

Zusammenfassend ist festzustellen, dass die für eine spätere Nachrechnung entscheidende Frage, inwieweit die Bruchkante in der Lage ist, Kräfte zu übertragen, an dieser Stelle nur pauschal zu beantworten ist. In Ringrichtung ist der Kraftschluss zur Übertragung von Druckkräften gegeben. Die Aufnahme von Zugkräften in den Fugen ist dagegen weitestgehend auszuschließen. Die Rauhigkeit zwischen den Bauteilen, als entscheidender Faktor zur Aufnahme von Schubkräften, kann in weiten Grenzen streuen, Werte dafür können nicht angegeben werden.

4.3.5 Das Mauerwerksgefüge

Nachdem die Geometrie der tragenden Mauerwerksschale mit hoher Genauigkeit ermittelt wurde, sei im folgenden Abschnitt der innere strukturelle Aufbau des Kuppelquerschnitts betrachtet.

Neben einer optischen Begutachtung soll, aufbauend auf den Ergebnissen der zerstörungsfreien Untersuchungen, das Mauerwerksgefüge beurteilt, Rückschlüsse auf das Ziegel- und Fugenmaß, den Mauerwerksverband und eventuell vorhandene Mehrschaligkeiten gezogen und dem vorhandenen Wissen ergänzend bzw. vergleichend gegenübergestellt werden.

4.3.5.1 Bisheriger Kenntnisstand

Bezeichnend für die byzantinische Architektur, insbesondere in der Region Konstantinopel, ist die Bauweise aus Ziegeln und Bruchsteinen. Oft wird diese Bauweise daher auch als „konstantinopolitanisch" bezeichnet [73].

Ziegel aus gebranntem Ton bilden das Grundmaterial und dienen gleichzeitig als Maßeinheit[23]. Die in Konstantinopel verwendeten Ziegel sind quadratisch, mit einer Seitenlänge b_{st} von ca. 35–38 cm. Eine zwei Ziegel dicke Mauer misst damit – incl. einer Mörtelfuge – ca. 75–80 cm. Neben den flachen (h_{st} = 4–6 cm), großflächigen Ziegeln kann die ungewohnt dicke Lagerfuge als besondere Kennzeichnung des byzantinischen Mauerwerks genannt werden. Das Verhältnis der Dicken von Ziegel und Mörtelfuge liegt im 4. Jahrhundert bei ca. 1:1, erhöht sich jedoch in späterer Zeit – vermutlich aufgrund des Bestrebens, Ziegel zu sparen – auf annähernd 2:3.

Diese charakteristische Bauweise bleibt über die ganze byzantinische Periode, zumindest bis zum 14. Jahrhundert, erhalten. Aufgrund vielfältiger, selbst am gleichen Gebäude erkennbaren Mauerwerksvarianten, lässt sich eine exakte Datierung der Arbeiten kaum vornehmen.

Abb. 4.47: (a) Mauerwerk im Bereich des Aufgangs zur Galerieebene (b) Marmoreinlage eines Fensterpfeilers des 10. Jahrhunderts, aus [67]

Wie kaum ein anderes Bauwerk verkörpert die Hagia Sophia die oströmische oder byzantinische Bautradition des 6. Jahrhunderts, die charakteristische Mauerwerksstruktur ist daher an ihren unverkleideten, rötlich schimmernden Oberflächen unschwer abzulesen (Abb. 4.47-a).

[23] MANGO [73] berichtet, dass die Ziegelherstellung offenbar kontrolliert wurde. Zwischen dem 4. und 6. Jahrhundert wurden die Ziegel auch oft gestempelt, wobei die Bedeutung dieser Stempel unklar ist. Auch EMERSON/VAN NICE [22] berichten hiervon. In der Hagia Sophia wurde jedoch nur ein einziger gestempelter Ziegel gefunden.

EMERSON/VAN NICE [22] veröffentlichten bereits 1943 eine sehr exakte Erkundung des Mauerwerksgefüges und fast statistische Auswertung der angetroffenen Ziegel- und Fugenabmessungen. Diese detaillierte Mauerwerksaufnahme wurde jedoch nicht an der Kuppel, sondern in wesentlich tiefer liegenden Bereichen durchgeführt, die dem 6. Jahrhundert zuzuordnen sind. Danach kann für das ursprüngliche Ziegelmauerwerk von folgenden, in engen Grenzen streuenden und als Rastermaß für die Bauteilgeometrie dienenden Mittelwerten ausgegangen werden: Ziegelbreite b_{st} = 37,5 cm, Ziegelhöhe h_{st} = 4,5 cm, Höhe der Lagerfuge h_{Fu} = 5 cm. Die Breiten b_{Fu} der Stoßfugen weisen Maße von 0,5 cm bis 10 cm auf, was auf die große Anzahl von Arbeitern verschiedenster Regionen zurückgeführt wird. Bereiche stark variierender Ziegelabmessungen (b_{st} = 29–56 cm, h_{st} = 3,5–6,5 cm) werden ebenfalls beschrieben, jedoch einer späteren Bau- oder Reparaturphase zugeordnet.

Neueste Berichte [88] als Dokumentation der aktuell durchgeführten Restaurierungsarbeiten an den Mosaiken bestätigen die Ziegelmaße auch für die Hauptkuppel: Danach weisen die Ziegel des 6. und 10. Jahrhunderts mit einer Kantenlänge von b_{st} = 35 cm und einer Dicke von h_{st} = 5–6 cm ein weitestgehend einheitliches Ziegelformat auf. Im 14. Jahrhundert werden die Ziegel bei unveränderter Kantenlänge und einer mittleren Dicke von h_{st} = 3,5 cm etwas dünner. Für alle Bauphasen lässt sich ein Verhältnis Ziegeldicke zu Mörtelfuge von ca. 1:1 feststellen.

Gemäß den Beobachtungen von MAINSTONE [67] waren innerhalb des Ziegelmauerwerks – besonders im unteren Bereich der Fensterpfeiler – auch einzelne Marmorschichten (Abb. 4.47-b) zu erkennen. Über diese Konstruktionsform berichtet auch DEICHMANN [16].

4.3.5.2 Optische Erkundung

Die Möglichkeit einer unmittelbaren visuellen Begutachtung und Erkundung der Mauerwerksstruktur war auf einen minimalen, von Mosaiken und Putz befreiten Bereich beschränkt. Dieser befindet sich unmittelbar über dem Kuppelgesims am Ansatz der Rippen 6–9 sowie in den dazwischen liegenden Nischen unterhalb der Fenster. Entsprechend den ermittelten Bruchkantenverläufen ist der überwiegende Teil dieses Mauerwerks der Aufbauphase des 14. Jahrhunderts zuzuordnen. Lediglich Rippe 9 repräsentiert das Mauerwerksgefüge des 6. Jahrhunderts.

Es zeigen sich die beschriebenen, im gesamten Bauwerk verwendeten flachen, großflächigen Ziegel und eine horizontale Mörtelfuge, welche in etwa der Ziegelhöhe entspricht.

Abbildung 4.48 zeigt die Mauerwerksstruktur der Rippen 6 und 7. Trotz einheitlicher Zugehörigkeit zur Bauphase des 14. Jahrhunderts weisen die benachbarten Rippen strukturelle Unterschiede auf: Während Rippe 7 (und Rippe 8, nicht dargestellt) ein relativ einheitliches und regelmäßiges Mauerwerksbild aufzeigt, ist Rippe 6 bezüglich der verwendeten Ziegelmaße sowie des Mauerwerksverbands inhomogener.

Für Rippe 7, 8 und die angrenzenden Zwischenfelder ist eine Ziegelbreite b_{st} von 32–36,5 cm bei einer Ziegelhöhe h_{st} von 3,5–4,5 cm ermittelt worden. Der Einsatz von halben Ziegeln ergab eine Ziegelbreite b_{st} von 17–19,5 cm. Die Fugenhöhe h_{Fu} beträgt ca. 3–4,5 cm und entspricht damit in etwa der Ziegelhöhe h_{st}. Die Rippenbreite (Rippe 7: b_R = 75 cm, Rippe 8: b_R = 70,5 cm) wird durch die regelmäßige Vermauerung von zwei ganzen bzw. einem ganzen und zwei seitlich liegenden halben Ziegeln gebildet.

Rippe 6 weist – trotz der gleichen Bauphase und einer vergleichbaren Rippenbreite von $b_R \sim 70$ cm – deutlich unterschiedliche Ziegellängen auf: Beginnend bei Ziegelfragmenten von lediglich 8 cm Breite, sind Ziegelbreiten von bis zu 50 cm erkennbar.

Abb. 4.48: (a) Mauerwerk des 14. Jahrhunderts (Rippe 6) (b) Mauerwerk des 14. Jahrhunderts (Rippe 7)

Die sichtbare Mauerwerksstruktur der dem 6. Jahrhundert entstammenden Rippe 9 ist beschränkt auf wenige Steinlagen an der Rippenseite (Abb. 4.49-a). Die wenigen sichtbaren Ziegel weisen tendenziell eine größere Höhe gegenüber denen des 14. Jahrhunderts auf. Anhand eines Ziegels lässt sich das Format 37/6/16 cm als „halber" Ziegel, bei einer Fugenhöhe von h_{Fu} = 3–4 cm erkennen.

Ein vom Putz befreiter Mauerwerksbereich des 10. Jahrhunderts war am Fensterpfeiler der Rippe 23 sichtbar. Da die unmittelbare Zugänglichkeit nicht gegeben war, konnte eine optische Beurteilung lediglich aus der Ferne erfolgen. Die Lagerfugen verlaufen normal zur inneren Kuppelkontur, es zeichnet sich ein Mauerwerksverband ab.

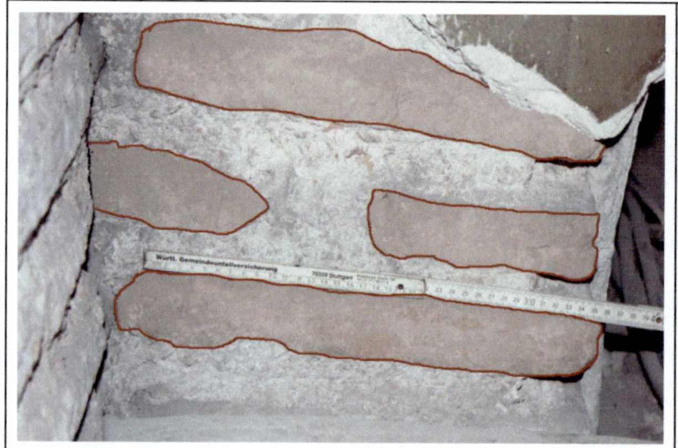

Abb. 4.49: (a) Mauerwerk des 6. Jahrhunderts (Rippe 9) (b) Mauerwerk des 10. Jahrhunderts (Rippe 23)

Die visuelle Erkundung bestätigt die aus der Literatur bekannten Ziegel- und Fugenabmessungen weitestgehend. Die selbst in der gleichen Bauphase auftretenden strukturellen Unterschiede bezüglich Ziegelabmessungen und Stoßfugenstärken zeigen einerseits die unterschiedliche handwerkliche Ausführungsqualität, andererseits können die verschiedenen Ziegelmaße auch auf die Wiederverwendung von bereits an anderer Stelle eingebauten oder auch gebrochenen Ziegeln hindeuten.

4.3.5.3 Radartechnische Erkundung

- ***Ermittlung der Einbindetiefe aus Radargrammen***

Die radartechnische Bestimmung von Ziegelabmessungen bzw. deren Einbindetiefe in die Kuppelschale setzt die gesicherte Ortung der Stoßfugen zwischen den Mauerziegeln voraus. Die Mörtelfugen weisen gegenüber den Ziegeln andere Materialeigenschaften auf, wobei die geringen Dicken bei unbekanntem Vermörtelungsgrad und der unregelmäßige, dem Mauerwerksverband folgende Verlauf jedoch mess- und auswertungstechnische Schwierigkeiten darstellen.

Der Einsatz der derzeit höchstauflösenden Radarantenne (1500 MHz) bietet eine sehr präzise Datenqualität und erlaubt eine differenzierte Auswertung. Trotz der erschwerten Randbedingungen sind in den Radargrammen in vielen Bereichen Hinweise zum strukturellen Aufbau der Kuppelschale erkennbar.

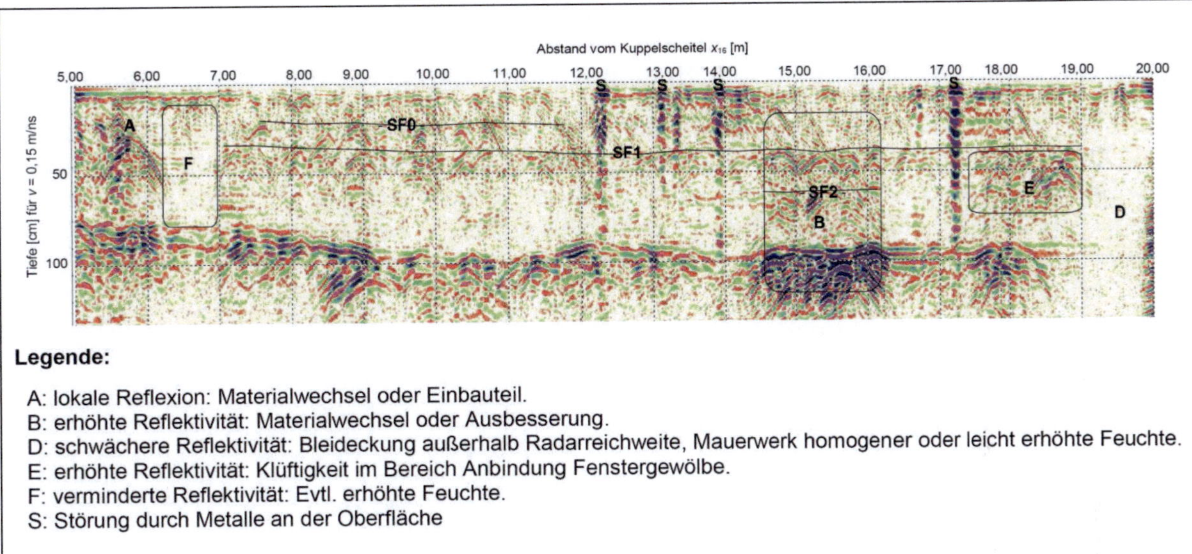

Abb. 4.50: Radargramm der 1500-MHz-Antenne, Feld 15/16, y_{16} = -60 cm, Messreihe A_{MK2}

Abbildung 4.50 zeigt exemplarisch ein Radargramm der 1500-MHz-Antenne im Feld zwischen Rippe 15 und 16 (Messreihe A_{MK2}). Radartechnische Auffälligkeiten (A–F) sind markiert und, ohne an dieser Stelle näher darauf einzugehen, stichwortartig beschrieben. Mit SF0 und SF1 sind Aneinanderreihungen schwacher lokaler Reflexionen in jeweils gleichbleibenden Tiefen bezeichnet. Diese Auffälligkeiten sind in nahezu allen untersuchten Kuppelbauteilen in mehr oder minder intensiver Ausprägung erkennbar. Sie zeichnen sich in einer Tiefenlage zwischen d = 20–25 cm bzw. d = 35–42 cm ab. Abzüglich einer Putzdicke von ca. 4 cm korrespondiert das Maß sehr gut mit dem überwiegend verwendeten, halben bzw. vollen Ziegelmaß. Es kann damit mit hoher Wahrscheinlichkeit davon ausgegangen werden, dass die Reflexionsbänder die Stoßfugen zwischen zwei Ziegellagen repräsentieren.

Somit lassen sich aus den Radarmessungen folgende Schlüsse ziehen:

- Die Verwendung der aus der Literatur bekannten Ziegelmaße kann auch in der Kuppelschale radartechnisch nachgewiesen werden.
- Die Existenz mehrerer Stoßfugen zeigt, dass ein mehrschaliger Aufbau mit einer durchlaufenden Fuge auszuschließen ist. Es scheint ein dem Ziegelmaß folgender Mauerwerksverband vorzuliegen.

- Die schwache Amplitude der Reflexionsbänder deutet auf eine dichte Vermörtelung der Fuge hin.
- Die Verwendung von doppelt großen Mauerziegeln („Bipedales") in der Kuppelschale ist nach den angestellten Untersuchungen als eher unwahrscheinlich zu erachten.

- ***Ermittlung der Ziegelhöhe durch Radarzeitscheibenberechnung***

Die Höhe h_{st} der verwendeten Ziegellagen ist aus der Literatur und den vorangegangenen Erläuterungen hinlänglich bekannt und wird nicht in Zweifel gestellt. Ergänzend sei an dieser Stelle jedoch die Möglichkeit der Ermittlung der Ziegelhöhe unter Verwendung einer Zeitscheibenberechnung dargestellt.

Durch Wahl eines entsprechend kleinen Laufzeitintervalls lassen sich die Tiefenbereiche sehr exakt eingrenzen und erlauben durch diese Feinauflösung Rückschlüsse auf den Fugenverlauf senkrecht zur Messoberfläche.

Abbildung 4.51 zeigt die Zeitscheibenberechnung der Rippe 16 (10. Jahrhundert, Messreihe A_{MK2}) für ein Laufzeitintervall von t = 1,1–2,1 ns, welches einer damit zugeordneten Tiefe von d = 8–14 cm (für $v_{10.Jh.}$ = 0,15 m/ns) unterhalb der Messoberfläche entspricht.

Sehr deutlich zeichnet sich eine horizontal gerichtete Struktur unterschiedlicher Reflexionsamplituden ab, was auf alternierend wechselnde Materialbeschaffenheiten und damit auf die Ziegel- bzw. Fugenlagen des Ziegelmauerwerks hindeutet. In Teilbereichen (vgl. Detailvergrößerung) lässt sich die Höhe der Ziegellagen abschätzen. Hier zeigt sich eine gute Übereinstimmung mit der im gesamten Bauwerk anzutreffenden Ziegelstärke von h_{st} ~ 4,0 cm.

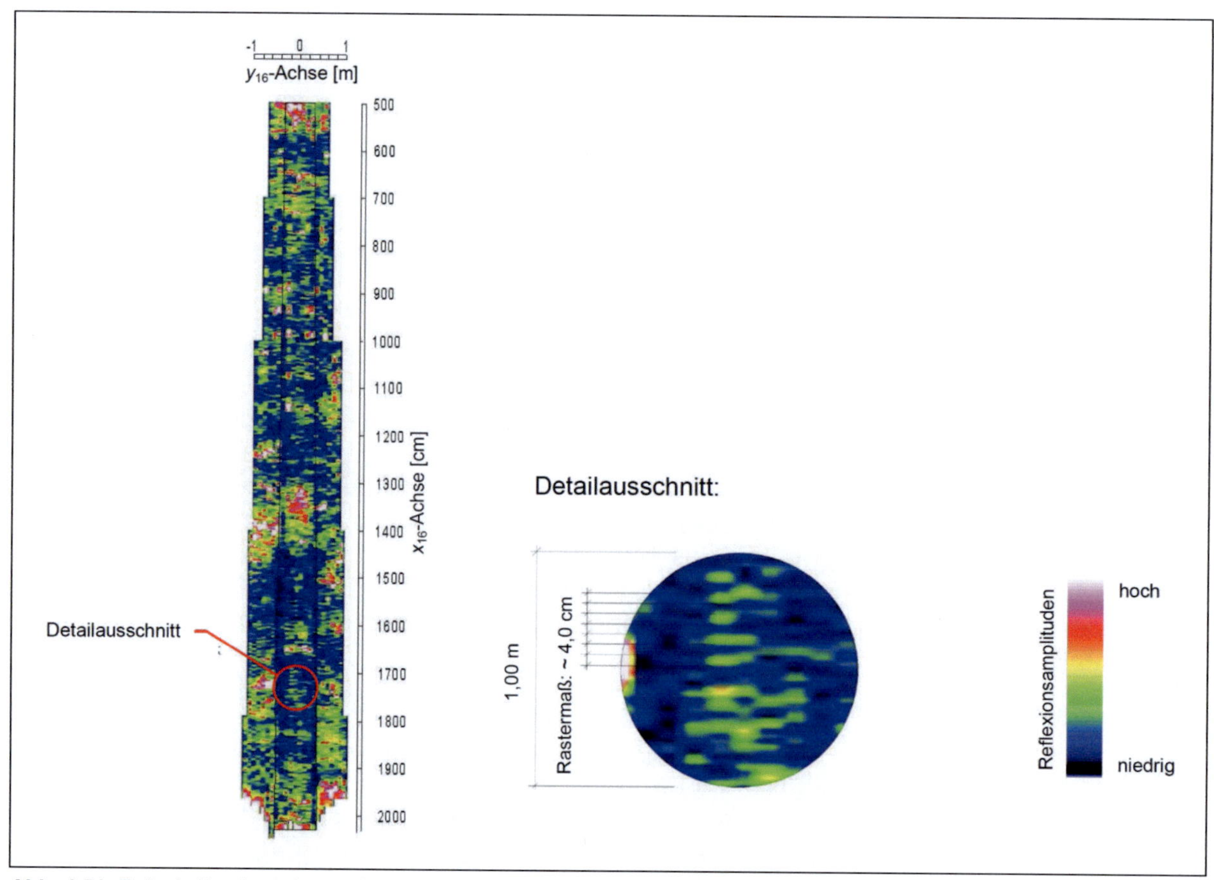

Abb. 4.51: Zeitscheibenberechnung für Rippe 16, Laufzeit t = 1,1–2,1 ns (d = 8–14 cm)

4.3.5.4 Überlegungen zum Mauerwerksverband

Wie eingangs erwähnt, dienten die Ziegel in byzantinischer Zeit als Maßeinheit. Eine konsequente Anwendung einheitlicher Ziegellängen bei einheitlichem Mauerwerksverband und gleichbleibender vertikaler Fugendicke würde bedeuten, dass alle Bauwerksabmessungen einem exakten Rastermaß folgen.

Diese Annahme wird – wie die Untersuchungen zeigten – nicht überall erfüllt. Es existieren deutliche Unterschiede in den Ziegel- und den Fugenbreiten. Auch wurden in Teilbereichen recht willkürliche Mauerwerksverbände angetroffen.

Dennoch werden in nachfolgender Tabelle 4.1 die per Handaufmaß oder radartechnisch ermittelten Bauteilabmessungen in Beziehung zur dominierenden Ziegelbreite b_{st} von ca. 32–36 cm gesetzt und auf die daraus resultierenden Ziegelanzahlen gefolgert.

	6. Jahrhundert		**10. Jahrhundert**		**14. Jahrhundert**	
	vorhandene Bauteilabmessung	Ziegel-anzahl	vorhandene Bauteilabmessung	Ziegel-anzahl	vorhandene Bauteilabmessung	Ziegel-anzahl
Breite b_{Fp} der Fensterpfeiler (incl. Putz)	107–112 cm	3	~ 110 cm (VAN NICE [113])	3	106–112 cm ohne Putz: ~ 104 cm	3 [1)]
Breite b_R der Rippen im Bereich der Fensterpfeiler	56–64 cm (bei x_i = 20 m)	1,5	65–76 cm (bei x_i = 20 m)	2	ohne Putz: 70–74 cm	2 [2)]
Breite b_R der Rippen	53–65 cm (bei x_i = 10, 13, 16 m)	1,5	56–67 cm (bei x_i = 10, 13, 16 m)	1,5 [3)]	65 cm, 72–77 cm, 81 cm (bei x_i = 13 m)	2
Schalendicke d_F	~ 80 cm ~ 60 cm	2 1,5	~ 95 cm ~ 72 cm	2,5 2	~ 80 cm	2
Rippendicke d_R	~ 97 cm	2,5	~ 105 cm	3	~ 94 cm	2,5

[1)] Bei Rippe 7 und 8 nachweisbar, Ziegellängen b_{st} = 25–37 cm

[2)] Bei Rippe 7 nachweisbar, Ziegellängen b_{st} = 32–36 cm

[3)] Nach [67, Abb. 87] für Rippe 19 erkennbar

Tab. 4.1: Maßgebende Bauteilabmessungen und korrespondierende Ziegelanzahl

Abbildung 4.52 zeigt die sich aus diesen Überlegungen ergebenden und in Teilbereichen durch die radartechnischen Erkundung bestätigten Mauerwerksverbände der Kuppelquerschnitte des 6., 10. und 14. Jahrhunderts.

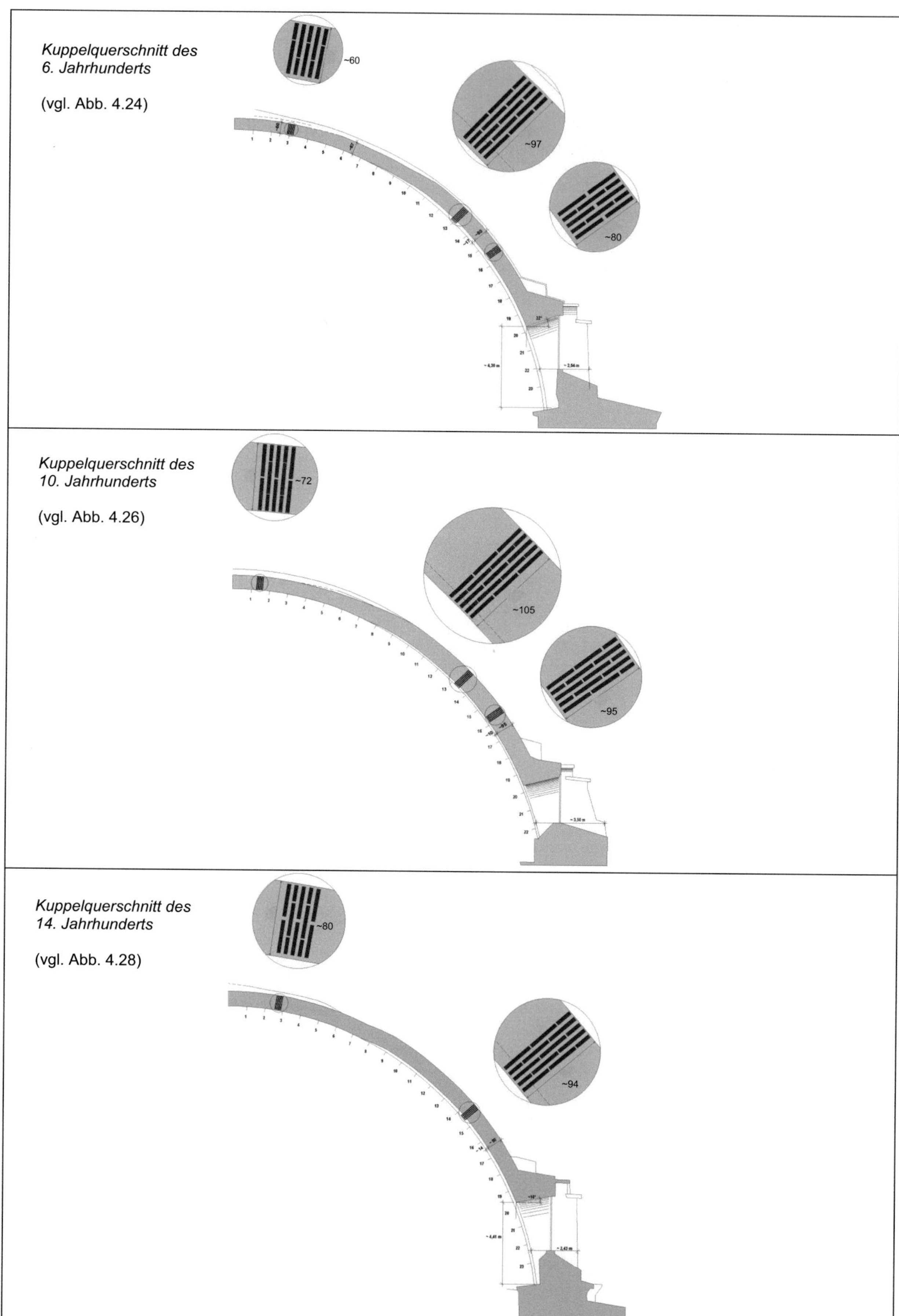

Abb. 4.52: Anzunehmende Mauerwerksverbände in der Kuppelschale des 6., 10. und 14. Jahrhunderts

4.3.6 Die Materialeigenschaften

Zu den entscheidenden Parametern in Tragmodellen bzw. Festigkeitsbeziehungen zählen neben geometrischen Kennwerten insbesondere die Festigkeits- und Verformungskennwerte der verwendeten Baustoffe, im Falle der Hagia Sophia der Mauerwerkskomponenten Ziegel und Mörtel.

Da bei den Untersuchungen auf jegliche Art von zerstörenden Prüfungen, d. h. auch auf die Entnahme von Materialproben verzichtet werden musste, erfolgten die eigenen Erkundungen hinsichtlich der Materialeigenschaften und des Feuchte- bzw. Salzgehalts im Mauerwerk auf Grundlage physikalischer Messwerte, welche mit den gesuchten Parametern zu korrelieren sind.

Den eigenen Untersuchungen vorangestellt sei eine zusammenfassende Darstellung des bisherigen Kenntnisstandes.

4.3.6.1 Die Baustoffe

- ***Die Mauerziegel***

Die charakteristischen großformatigen Abmessungen der gebrannten byzantinischen Mauerziegel wurden im Rahmen der Erkundung des Mauerwerksgefüges diskutiert.

Die Herkunft der Tonerde zur Erstellung dieser Ziegel ist nicht eindeutig geklärt. MAINSTONE [67] verweist auf mineralogische Untersuchungen, welche die Verwendung örtlicher Lehme als unwahrscheinlich erachten lässt. Die oftmals erwähnte Insel Rhodos [u. a. 50], konnte als Herkunftsort jedoch auch nicht zweifelsfrei bestätigt werden [14, 82]. Die mineralogische, chemische oder mikrostrukturelle Zusammensetzung der Mauerziegel wurde im Rahmen des Projektes nicht näher erkundet, hierzu sei insbesondere auf die an der *Technischen Universität Athen* durchgeführten Untersuchungen [14] verwiesen.

- ***Der Mörtel***

Schon anhand der Fugenhöhe, welche nahezu der Höhe der Mauerziegel entspricht (Abb. 4.53), wird deutlich, dass die Eigenschaften des Mörtels das Tragverhalten von byzantinischem Mauerwerk entscheidend beeinflussen.

Während der sichtbare Fugenabschluss der unverputzten Mauerwerksflächen (Abb. 4.47-a) mit einem sehr feinen Mörtel ausgeführt ist, steht der eigentliche Fugenmörtel erst nach ca. 1–3 cm [22] an.

Die maßgeblichen Bestandteile des an der Hagia Sophia verwendeten Fugenmörtels sind Seesand, Kalk und zerstoßene Ziegel[24] [67]. Dieses Ziegelmehl gibt dem Mörtel einerseits seine typische blassrosa Farbe, andererseits verleiht es ihm hydraulische Eigenschaften[25], ähnlich denen, welche das Puzzolan um Rom und Neapel erzeugt. Aufgrund der ungleichmäßigen Handmischung sowie der unterschiedlichen Korngrößenverteilung des Ziegelmehls (beginnend bei Feinstkorn bis hin zu Kleinteilen von ca. 20 mm Durchmesser, Abb. 4.53), schwanken die Mischungsverhältnisse jedoch selbst innerhalb ein und derselben Wand erheblich.

THODE [110] bestätigt in seiner Arbeit diese Angaben zur Mörtelzusammensetzung: Nach seiner chemischen Analyse wurde Kalk in Form von Calciumoxid festgestellt. Die Mörtelzusammensetzung entspricht damit in etwa dem Charakter eines hydraulischen Kalkes

---

24 Byzantinischer Mörtel soll oftmals mit Gerstenwasser angemacht und mit zerstoßenen Muscheln und Ulmenrinde gemischt worden sein [z. B. 43]. Bisweilen soll er auch Haare, Baumwolle oder Leinöl enthalten haben [64].

25 Im Gegensatz zu einem reinen Kalkmörtel, der seine Festigkeitseigenschaften infolge Karbonatisierung des Kalkes unter Luftzufuhr entwickelt, benötigt ein hydraulischer Mörtel während seines Abbindeprozesses keine Luft.

oder eines Kalkzementmörtels. Das verwendete Ziegelmehl ist hierbei maßgeblich für die hydraulische Bindung des Mörtels verantwortlich.

An kleinen Mörtelproben wurden in jüngerer Zeit weitere Untersuchungen der chemischen Zusammensetzung durchgeführt. Zu Herkunft und Größe der Proben und die Ergebnisse der Untersuchungen sei auf die Arbeiten von LIVINGSTONE [65], ALMESBERGER et al. [2, 4, 104] und MOROPOULOU et al. [5, 14, 82, 83, 84, 85] verwiesen. Hinsichtlich der Festigkeitsentwicklung und der Festigkeitseigenschaften kommen sie zu dem Schluss, dass der puzzolane Mörtel einen sehr langen Abbindeprozess durchläuft (nach [65] bis zu einem Jahr). Die dann erreichte Zugfestigkeit erweist sich jedoch um ein Vielfaches höher als bei normalen Kalkmörteln. Weiterhin wird auf ein „geleeartiges" Verhalten des Mörtels gefolgert, welches bei dynamischen Belastungen eine dämpfende Wirkung besitze.

4.3.6.2 Das spezifische Gewicht

Um die Wichte γ des Mauerwerks bzw. der Mauerziegel der Hagia Sophia ranken sich vielfältige Gerüchte. So wurde oftmals von der Verwendung außergewöhnlich leichter Ziegel berichtet.

HOFFMANN [43] erwähnt 1845 eine besonders leichte Infusorienerde als Ausgangsmaterial für die Herstellung der Mauerziegel. JANDL [50] notiert im Jahre 1913: *„Die Ziegel für die Kuppel sollen aus besonders leichtem rhodesischen Tone hergestellt worden sein, deren zwölf erst das Gewicht eines gewöhnlichen Ziegels hatten."*

Neuere Literatur oder die wenigen durchgeführten Beprobungen geben jedoch keinerlei Hinweise für die Verwendung eines derart leichten Materials.

THODE [110] konnte im Rahmen seiner Untersuchungen auf einen Ziegelstein der östlichen Außenwand des südöstlichen Hauptpfeilers – und damit aller Wahrscheinlichkeit nach dem 6. Jahrhundert entstammend – zurückgreifen. Die Beprobung ergab ein spezifisches Gewicht von γ_{st} = 17,0 kN/m³. Unter Ansatz eines geringen Zuschlages legte er seinen weiteren Betrachtungen am Kuppelmauerwerk ein Eigengewicht von g = 18,0 kN/m³ zugrunde.

MARK/ÇAKMAK [78] stand eine Mauerwerksprobe aus der Hauptkuppel zur Verfügung, welche entsprechend den Angaben der Autoren dem 6. Jahrhundert zuzuordnen ist (Abb. 4.53). Die Dichtemessung der Probe ergab für den Ziegel ein spezifisches Gewicht von γ_{st} = 15,4 kN/m³, der Mörtel weist einen etwas geringeren Wert von $\gamma_{mö}$ = 14,3 kN/m³ auf.

Abb. 4.53: Der Hauptkuppel entstammenden Mauerwerksprobe, aus [78]

ÇAKMAK/MOROPOULOU/MULLEN [14] ermittelten die Rohdichten von wenigen, kleinteiligen Ziegel- bzw. Mörtelproben. Für die Ziegelprobe des 6. Jahrhunderts ergibt sich eine Dichte von ρ_{st} = 1670 kg/m³, eine Mörtelprobe der Bauphase des 10. Jahrhunderts weist einen Wert von $\rho_{mö}$ = 1590 kg/m³ auf und eine Probe der im Mörtel enthaltenen zerstoßenen Ziegel besitzt eine Rohdichte von $\rho_{mö}$ = 1870 kg/m³.

Die geringe Anzahl der durchgeführten Beprobungen bietet sicherlich keine ausreichende Grundlage einer differenzierten Bestimmung der Materialwichte. Der Wertebereich der Ziegel γ_{st} = 15,4–17 kN/m³ bzw. des Mörtels $\gamma_{mö}$ = 14,3–18,7 kN/m³ lässt jedoch auf ein für Ziegelmauerwerk durchaus „übliches" Niveau schlussfolgern. Vor dem Hintergrund des Verhältnisses Ziegel zu Fuge von nahezu 1:1 lässt sich aus den Messwerten zwar einen Mittelwert von γ_{mw} = 16,3 kN/m³ bilden. Den weiteren Überlegungen sei jedoch – den höheren Messwerten Rechnung tragend – eine mittlere Wichte für das Ziegelmauerwerk der Hagia Sophia von γ_{mw} = 18,0 kN/m³ zugrunde gelegt.

4.3.6.3 Mechanische Materialeigenschaften – der Elastizitätsmodul

Der Elastizitätsmodul einer Mauerwerkskonstruktion ist der maßgebliche Parameter zur Beurteilung ihrer Verformungseigenschaften.

Für modernes Ziegelmauerwerk werden in der derzeit noch gültigen DIN 1053-1 (11.96) Rechenwerte des Elastizitätsmodul E in Abhängigkeit von der Steinfestigkeitsklasse und der Mörtelgruppe angegeben. Entsprechend groß gestaltet sich die Bandbreite. DIN 18554-1 (12.85) regelt die Ermittlung des Elastizitätsmoduls E als Sekantenmodul bei einem Drittel der Bruchfestigkeit auf Grundlage von zerstörenden Mauerwerksprüfungen.

Beide Normen erweisen sich für die Beurteilung von bestehendem historischen Mauerwerk als nicht anwendbar, da kein Vergleich der vorhandenen Materialeigenschaften mit denen von modernem Mauerwerk mit hinreichender Genauigkeit geführt werden kann, und auf Methoden, die einen Substanzverlust verursachen, im Allgemeinen verzichtet werden muss.

Die bisherigen Untersuchungen und Abschätzungen zum Elastizitätsmodul des Ziegelmauerwerks der Hagia Sophia vorangestellt, sei nachfolgend die Ermittlung des dynamischen Elastizitätsmoduls E_{dyn} auf Grundlage der zerstörungsfrei durchgeführten mikroseismischen Messungen zur Bestimmung der mechanischen Wellengeschwindigkeit v_p dargelegt.

- ***Bisherige Untersuchungen und Abschätzungen zum Elastizitätsmodul des Ziegelmauerwerks***

Von den bislang einzigen dokumentierten In-situ-Untersuchungen wird in ÇAKMAK et al. [14] und DURUKAL et al. [18] berichtet. Danach wurden an einer Kuppelrippe sowie am westlichen und nördlichen Hauptbogen nicht näher spezifizierte Ultraschallmessungen durchgeführt. Als Ergebnis dieser Untersuchungen wird der dynamische Elastizitätsmodul für die Mauerziegel ($E_{dyn,st}$ = 3100 N/mm²), den Mörtel ($E_{dyn,mö}$ = 660 N/mm²) sowie das Ziegelmauerwerk ($E_{dyn,mw}$ = 1830 N/mm²) angegeben.

Alle weiteren Abschätzungen zum Elastizitätsmodul basieren auf dem Versuch, das Mauerwerk der Hagia Sophia mit modernem Mauerwerk zu vergleichen, Werte von Vergleichsbauwerken heranzuziehen oder mit Hilfe vereinfachter Rechenmodelle bei bekannten Verformungen oder Eigenfrequenzen den Elastizitätsmodul rechnerisch zu bestimmen.

THODE [110] schlussfolgert aus seinen Untersuchungen, dass das Mauerwerk der Hagia Sophia mit einem Ziegelmauerwerk Mz150/Mörtelgruppe II nach DIN 1053 (Ausgabe November 1962) zu vergleichen ist. Davon ausgehend legt er seinen Stabilitätsuntersuchungen an der Kuppel einen Elastizitätsmodul von E = 5000 N/mm² zugrunde. In Anbetracht der für Ziegelmauerwerk großen Schwankungsbereiche und der immensen Fugenhöhe des byzantinischen Mauerwerks reduziert *Thode* für die Abschätzung der elastischen Verformungen diesen Wert auf E = 1000 N/mm².

KATO et al. [58] gehen in ihren Berechnungen von einem für das Mauerwerk der Hagia Sophia anzusetzenden Elastizitätsmodul von E = 10000 N/mm² aus. Dieser Wert liegt auch den Berechnungen von MARK et al. [76] und ERDIK et al. [25] zugrunde und basiert auf Materialkennwerten, welche am Dom ´Santa Maria del Fiore´ in Florenz[26] ermittelt wurden.

SWAN/ÇAKMAK [107] ziehen in ihren Berechnungen als Vergleichsmauerwerk das der „Rotunda of Thessaloniki" heran. Für das Mauerwerk des um 306 n. Chr. errichteten Bauwerks ermittelte PENELIS [92] einen Elastizitätsmodul von E = 3100 N/mm².

Eine iterative Ermittlung der Steifigkeitswerte des Ziegelmauerwerks wird in ÇAKMAK et al. [13] beschrieben (vgl. auch Abschnitt 9.4.2.4): Durch Variation der Materialparameter wurde hierbei eine rechnerische Abbildung der messtechnisch ermittelten, dynamischen Eigenschaften des Gebäudes angestrebt. Eine gute Näherung ergab sich für einen Mauerwerks-E-Modul von E = 5000 N/mm². Dieser Wert liegt auch den Berechnungen von OZKUL/KURIBAYASHI [89, 90] zugrunde.

SAHIN/MUNGAN [96] verweisen auf unveröffentlichte Quellen und nennen für das Ziegelmauerwerk einen Elastizitätsmodul von E = 3000 N/mm² (bzw. E = 4000 N/mm² für den westlichen und östlichen Hauptbogen).

Zusammenfassend zeigt sich, dass aus den auf verschiedenste Weisen durchgeführten Versuchen zur Bestimmung des Elastizitätsmoduls eine große Bandbreite an Werten resultiert. Eine zuverlässige Angabe als weitere Berechnungsgrundlage oder gar eine Differenzierung entsprechend den verschiedenen Bauphasen wurde und konnte bisher nicht vorgenommen werden.

- ***Die mechanische Wellengeschwindigkeit in Rippenquerrichtung***

Der Bestimmung der mechanischen Wellengeschwindigkeit v_p in Rippenquerrichtung liegen die im Rahmen der mikroseismischen Transmissionsmessungen an den Rippen 6 und 7 (14. Jh.) sowie an den Rippen 9 und 10 (6. Jh.) ermittelten Wellenlaufzeiten zugrunde.

Abbildung 4.54 zeigt exemplarisch für Fensterpfeiler 7 die sich aus Bauteilbreite b_{Fp} und gemessener Laufzeit t ergebenden Wellengeschwindigkeiten v_p.

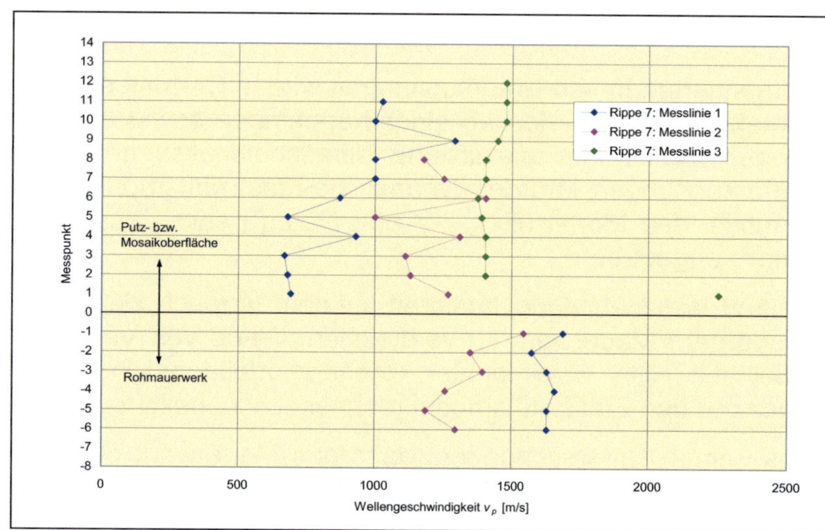

Abb. 4.54: (a) Wellengeschwindigkeiten v_p in Querrichtung der Rippe 7 (b) Lage der Messlinien 1–3 und Oberflächeneigenschaften

[26] Die Fertigstellung der Kuppel durch *Brunelleschi* erfolgte 1434, über 900 Jahre nach Grundsteinlegung der Hagia Sophia.

Es wird deutlich, dass die Wellengeschwindigkeiten in hohem Maße von den unterschiedlichen Oberflächenbeschaffenheiten beeinflusst werden. Während sich die im Bereich des Rohmauerwerks ermittelten Wellengeschwindigkeiten bei mäßigen Schwankungen um einen Mittelwert von v_p ~ 1500 m/s bewegen, bewirken die Putz- oder Mosaikverkleidungen einen deutlichen Abfall der Werte. Aufgrund lokaler Änderungen der Oberflächenbeschaffenheit (Putz bzw. Mosaik, unterschiedliche Schichtdicke, lokale Ablösung vom Mauerwerk etc.) streut der Wertebereich hier in weiten Grenzen.

Einzig die unmittelbar hinten am Fenster verlaufende Messlinie 3 weist konstante und auf „Rohmauerwerkniveau" befindliche Wellengeschwindigkeiten auf. Hier kann davon ausgegangen werden, dass einheitliche Oberflächenbeschaffenheiten vorliegen und die Putzfläche kraftschlüssig am Mauerwerk anliegt.

Als auffällig erweist sich ein einzelner Messwert (Messpunkt 1 mit v_p ~ 2250 m/s) mit einer wesentlich höheren Wellengeschwindigkeit: Dies könnte ein Indiz für die von MAINSTONE [67] erwähnten Marmordurchschüsse (vgl. Abb. 4.47-b) in den Fensterpfeilern sein.

Aufgrund der starken, durch unterschiedliche Oberflächeneigenschaften hervorgerufenen Schwankungen im Wertebereich sei die Auswertung auf die am Rohmauerwerk der Rippe 6 und 7 ermittelten Werte beschränkt. Tabelle 4.2 gibt Auskunft über die in den „ungestörten" Bereichen vorliegenden Wellengeschwindigkeiten.

	Rippe 6				**Rippe 7**			
	Messwerte (Stk.)	$v_{p,min}$ [m/s]	$v_{p,max}$ [m/s]	Mittelwert [m/s]	Messwerte (Stk.)	$v_{p,min}$ [m/s]	$v_{p,max}$ [m/s]	Mittelwert [m/s]
Messreihe 1	4	2188	2303	2230	6	1573	1690	1635
Messreihe 2	9	1387	1729	1581	6	1184	1544	1336
Gesamt	13			**1781**	12			**1486**

Tab. 4.2: Wellengeschwindigkeit v_p in Rippenquerrichtung

Bei beiden Rippen ist ein Abfall der ermittelten Wellengeschwindigkeit zwischen dem raumseitigen schmalen Rippenbereich (Messreihe 1) und der vollen Pfeilerbreite (Messreihe 2) festzustellen.

Es wird als unwahrscheinlich erachtet, dass wesentliche Unterschiede in den Materialeigenschaften zwischen den genannten Bereichen bestehen. Eher spielt der mit der größeren Breite verbundene, höhere Anteil vertikaler Stoßfugen eine Rolle.

Dies scheint auch eine Erklärung für die höhere mittlere Wellengeschwindigkeiten in Rippe 6 gegenüber Rippe 7 zu sein: Die mit Ziegel von bis zu 55 cm Kantenlänge ausgeführte Rippe 6 (vgl. Abb. 4.48) weist tendenziell einen geringeren Fugenanteil gegenüber Rippe 7 auf.

- ***Die mechanische Wellengeschwindigkeit in Rippenlängsrichtung***

Grundlage der Ermittlung der mechanischen Wellengeschwindigkeit v_p in Rippenlängsrichtung bildeten die an Rippen 6 und 7 (14. Jahrhundert) sowie 9 und 10 (6. Jahrhundert) durchgeführten mikroseismischen Refraktionsmessungen.

Die gewählte Messanordnung bietet gegenüber den zuvor geschilderten, in Querrichtung derselben Rippen durchgeführten Transmissionsmessungen folgende Vorteile:

- Die Messung der Wellengeschwindigkeit erfolgt in Längsrichtung der Kuppelrippen und erlaubt damit eine Abschätzung des dynamischen Elastizitätsmoduls E_{dyn} in Hauptbelastungsrichtung.

- Aufgrund einer Auslagelänge über eine Strecke von 11 m (vgl. Abb. 4.7-a) werden lokale Einflüsse auf die Wellengeschwindigkeit (z. B. Gefügestörungen) eliminiert, die Mittelwertbildung erfolgt über den gesamten Rippenabschnitt.
- Die Absorption der Welle, das heißt das Maß der Abschwächung der Welle zwischen Anregungspunkt und Geophon, wird aufgezeichnet und ermöglicht damit eine Aussage zur Homogenität des angetroffenen Materials.
- Durch die Impulsanregung an allen 12 Messpunkten und die jeweilige Aufnahme durch 11 Geophone stehen pro Rippe 132 Einzelmessungen zur Verfügung, welche eine refraktionstomographische Analyse ermöglichen.

Abbildung 4.55 zeigt exemplarisch ein Rohseismogramm einer Einzelmessung an Rippe 7. Die Signalanregung erfolgte an Messstelle 0, deutlich zeichnet sich der zeitverzögerte Ersteinsatz der Welle an den Messpunkten 1–11 ab.

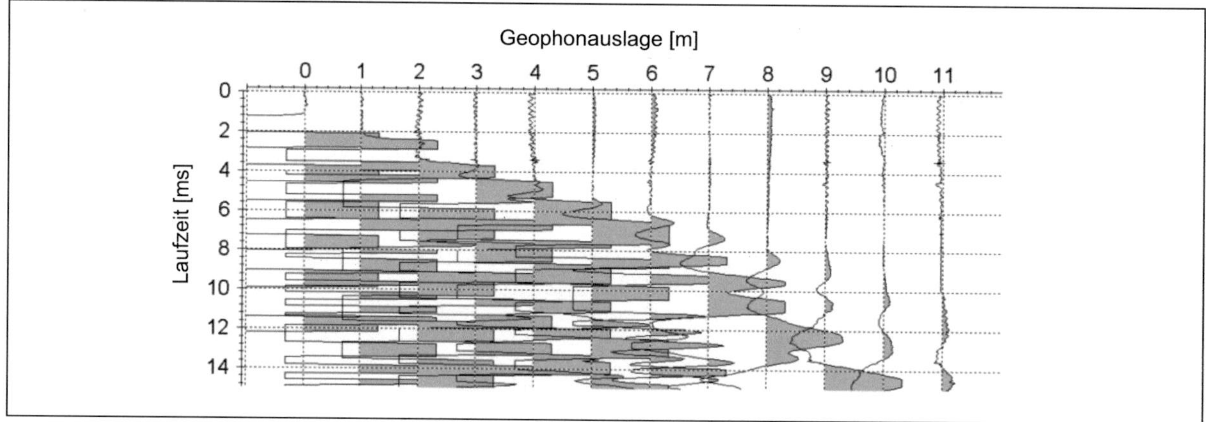

Abb. 4.55: Rohseismogramm (Rippe 7)

Als Ergebnis der refraktionstomographischen Analyse ist in Abbildung 4.56 Größenordnung und Verteilung der Wellengeschwindigkeit v_p über die gesamte Messstrecke dargestellt.

Zwischen den verschiedenen Bauphasen zugehörigen Rippen lassen sich deutliche Unterschiede ablesen.

Die dem 14. Jahrhundert entstammenden Rippen 6 und 7 zeigen innerhalb des Messabschnittes eine weitestgehend gleichförmige Geschwindigkeitsverteilung. Bei einer Variation der Messungen von geringen 10% lässt sich eine mittlere Wellengeschwindigkeit von $v_{p,14.Jh.}$ = 1650 m/s ermitteln. Dieser Wert zeigt eine gute Übereinstimmung zu der in Rippenquerrichtung ermittelten Wellengeschwindigkeit. Die Signalabsorption erweist sich als gering, was auf eine homogene Materialstruktur schließen lässt.

Die Geschwindigkeitsverteilung der dem 6. Jahrhundert entstammenden Rippen 9 und 10 stellt sich wesentlich inhomogener dar. Der Mittelwert lässt sich zu $v_{p,6.Jh.}$ = 1100 m/s errechnen, wobei eine Bandbreite von $v_{p,6.Jh.}$ ~ 800 m/s bis $v_{p,6.Jh.}$ ~ 1350 m/s vorliegt. Die starken Schwankungen und eine ausgeprägte Signalabsorption weisen gegenüber den Bauteilen des 14. Jahrhunderts auf eine inhomogenere Mauerwerksstruktur hin. Insbesondere die lokal sehr niedrig ermittelten Wellengeschwindigkeiten bei Rippe 10 lassen auf eine vorhandenen Rissbildung bzw. Zerrüttung schlussfolgern.

Generell ist festzustellen, dass die Größenordnung der ermittelten Wellengeschwindigkeit in einem für Ziegelmauerwerk durchaus plausiblen Rahmen liegt. PATITZ [91] nennt in ihrer Arbeit als qualitative Beurteilung des Zustandes von Ziegelmauerwerk Wellengeschwindigkeiten von v_p < 1000 m/s für geschädigtes bzw. v_p > 2000 m/s für neues, ungeschädigtes Mauerwerk.

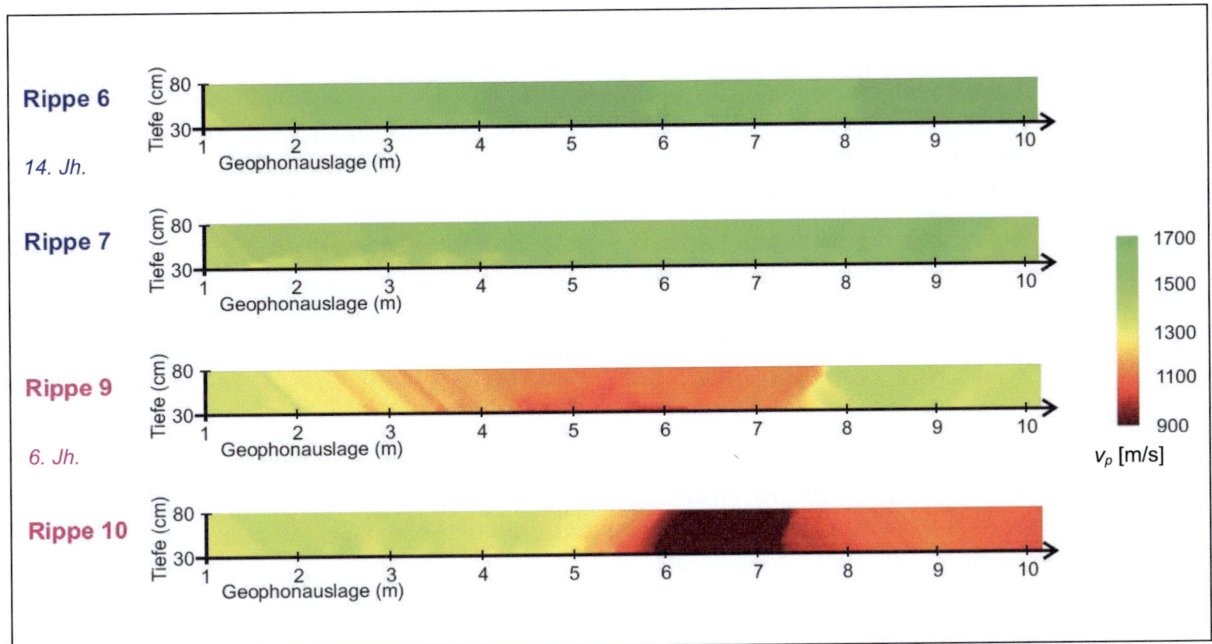

Abb. 4.56: Refraktionstomographische Analyse der mechanischen Wellengeschwindigkeit v_p in Längsrichtung der Rippen

- ***Der dynamische Elastizitätsmodul***

Entsprechend den Erläuterungen in Abschnitt 2.2 lässt sich auf Grundlage der Kompressionswellengeschwindigkeit v_p eine Bestimmung des dynamischen Elastizitätsmoduls E_{dyn} vornehmen. Nach Umformung von Gl. (2.6) ergibt sich:

$$E_{dyn} = v_p^2 \cdot \rho \cdot \frac{(1+\mu)\cdot(1-2\mu)}{(1-\mu)} \tag{4.3}$$

Im Falle schlanker Stäbe, d. h. wenn die Querdimension des untersuchten Bauteils kleiner ist als die Wellenlänge, wird die Querdehnung immer weniger behindert. Grenzbetrachtend ergibt sich für $\mu = 0$ bzw. aus Gl. (2.7):

$$E_{dyn} = v_p^2 \cdot \rho \tag{4.4}$$

Die Errechnung des dynamischen Elastizitätsmoduls E_{dyn} gemäß Gl. (4.4) scheint gerechtfertigt, da die Wellenlänge des Signals zu $\lambda \sim 1{,}70$ m ermittelt[27] wurde und sich damit wesentlich größer als die Rippenbreite gestaltet.

Ausgehend von einer für das Ziegelmauerwerk der Hagia Sophia anzusetzenden Dichte von $\rho = 1{,}8$ kg/dm³ ergeben sich aus den ermittelten mittleren Wellengeschwindigkeiten von $v_{6.Jh.} = 1100$ m/s bzw. $v_{14.Jh.} = 1650$ m/s folgende mittlere dynamische Elastizitätsmoduln:

Ziegelmauerwerk des 6. Jahrhunderts: $E_{dyn,6.Jh.} = 1100^2 \cdot 1{,}8 \cdot 10^{-3} = 2200$ N/mm²

Ziegelmauerwerk des 14. Jahrhunderts: $E_{dyn,14.Jh.} = 1650^2 \cdot 1{,}8 \cdot 10^{-3} = 4900$ N/mm²

Diese Abschätzung befindet sich wohl am oberen Ende eines denkbaren Wertebereichs. Der Ansatz einer geringeren Materialdichte oder einer Querdehnungsbehinderung in einem plausiblen Rahmen würde jedoch nur zu einer geringfügigen Abminderung dieser Werte führen.

[27] Die Wellenlänge λ ergibt sich als Quotient der Wellengeschwindigkeit v_p und der im Mittel bei ca. 800 Hz gemessenen Dominanzfrequenz f des Kompressionswelleneinsatzes.

4.3.6.4 Die Festigkeitseigenschaften

Die Festigkeitseigenschaften von Ziegelmauerwerk werden maßgeblich durch die Druckfestigkeiten der Komponenten Ziegel und Mörtel bestimmt. Aber auch deren Zugfestigkeiten, die Haftscherfestigkeit zwischen Ziegel und Mörtel sowie die Dicke der Lagerfuge sind neben den Ziegelabmessungen und der Art des Verbandes wichtige Einflussgrößen.

In zahlreichen Forschungsarbeiten [vgl. 8] wurde diesen Parametern nachgegangen, das Ziel verfolgend, ein allgemeingültiges Bild vom Tragverhalten des Mauerwerks und seiner maßgebenden Einflussparameter zu erlangen und damit eine rechnerische Ermittlung der Mauerwerksfestigkeit zu ermöglichen. Je nach gewähltem Rechenansatz ergaben sich daraus in der Tendenz zwar ähnliche, aber in weiten Grenzen streuende Festigkeitswerte [102].

Zur konventionellen experimentellen Bestimmung der Tragfähigkeit von Mauerwerk stehen neben einer direkten Beprobung herausgebrochener Mauerteile die indirekte Methode, welche aus einer getrennten Bestimmung der Druckfestigkeiten Ziegel $\beta_{D,st}$ und Mörtel $\beta_{D,mö}$ auf die Mauerwerkdruckfestigkeit $\beta_{D,mw}$ schließt[28] zur Verfügung.

Beide Verfahren sind mit zerstörenden Eingriffen in die bestehende Substanz verbunden und aus Gründen der Denkmalverträglichkeit am Ziegelmauerwerk der Hagia Sophia nicht anwendbar.

Zur Einschätzung der Festigkeitseigenschaften seien daher zunächst die Ergebnisse der wenigen vorhandenen Untersuchungen und Beprobungen sowie die an Vergleichsobjekten bzw. Laborversuchen ermittelten Werte dargelegt. Die anschließenden eigenen Überlegungen zu den Mauerwerksdruckfestigkeiten erfolgen auf Basis der gemessenen mechanischen Wellengeschwindigkeit bzw. des ermittelten dynamischen Elastizitätsmoduls.

- ***Bisherige Untersuchungen zu den Druckfestigkeiten des Ziegelmauerwerks***

THODE [110] führte im Rahmen seiner Untersuchungen vor Ort zerstörungsfreie Schlaghärteprüfungen unter Einsatz des Schmidtschen Rückprallhammers durch, ergänzend wurde die Druckfestigkeit eines Originalziegels ermittelt. Die Auswertung seiner stark streuenden Ergebnisse der Schlaghärteprüfung[29] in Kombination mit der Bruchfestigkeit einer einzelnen Ziegelprobe[30] veranlasste *Thode*, das Mauerwerk der Hagia Sophia in ein Ziegelmauerwerk Mz 150/Mörtelgruppe II (gem. DIN 1053, Ausgabe November 1962) einzuordnen und seinen Berechnungen eine damit korrespondierende zulässige Mauerwerksdruckspannung von σ_0 = 1,2 N/mm² zugrunde zu legen.

Das bereits im Zusammenhang mit der Ermittlung der Elastizitätsmoduln genannte, dem der Hagia Sophia gleichende Mauerwerk der „Rotunda of Thessaloniki“ wurde durch PENELIS [92] auch hinsichtlich seiner Festigkeiten untersucht. Unter Anwendung nicht näher spezifizierter empirischer Formeln wurde auf Grundlage der Festigkeitswerte der Komponenten Ziegel und Mörtel auf die Mauerwerksfestigkeit geschlossen. Hierbei ergaben sich Mauerwerksdruckfestigkeiten von $\beta_{D,mw}$ = 2,5 N/mm².

Der systematischen Erkundung byzantinischen Mauerwerks widmete sich ein durch das *´Politecnico di Milano´* und der *Universität Stuttgart* durchgeführtes Forschungsprojekt. Hierbei wurde das Verhalten des Ziegelmauerwerks mit seinen charakteristischen, dicken Fugen anhand von nachgestellten Mauerwerkspfeilern unter Laborbedingungen beprobt [10, 28].

---

28 Diese Abschätzung basiert i. Allg. auf der empirischen Beziehung $\beta_{D,mw} = a \cdot \beta_{D,st}^{b} \cdot \beta_{D,mö}^{c}$ mit a, b, c in Abhängigkeit von der Mauerstein-Mörtel-Kombination [u. a. 102].

29 vgl. hierzu auch Untersuchungen von EGERMANN [20].

30 Die Ziegelfestigkeit ermittelte *Thode* an einem Zylinder mit 50 mm Durchmesser und der Berücksichtigung eines Korrekturfaktors zu β_D = 18 N/mm².

Geometrische und materialtechnische Grundlagen der erstellten Versuchskörper bildeten die Verhältnisse der frühchristlichen Basilika San Vitale in Ravenna. Neben der Erbauungszeit (527–548 n. Chr.) entsprechen die Ziegelabmessungen (51/31/4 cm) und die Mörtelzusammensetzung (puzzolaner Kalkmörtel) annähernd den Verhältnissen an der Hagia Sophia.

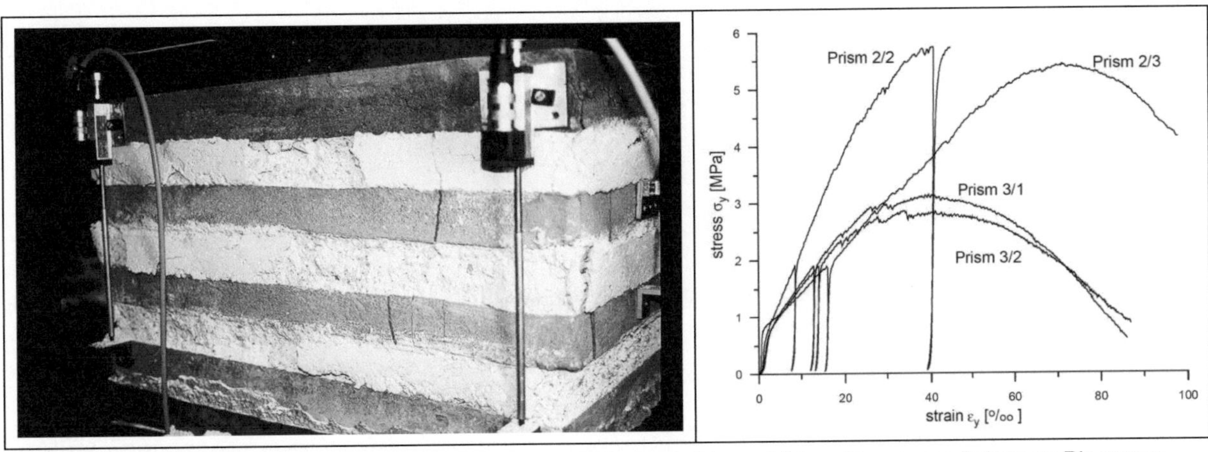

Abb. 4.57: (a) Versuchskörper 2/2 nach FALTER/REINHARDT [28] (b) zugehöriges Spannungs-Dehnungs-Diagramm

Abbildung 4.57 zeigt einen Versuchskörper sowie das Ergebnis der Beprobung nach einer Aushärtezeit von einem Jahr.

Für die Probekörper mit einer dem Fugenmaß der Hagia Sophia entsprechenden Mörtelfuge von 4 cm Dicke (Prism 2/2 und 2/3) ergaben sich Bruchspannungen von $\beta_{D,mw} \sim 5{,}4$ N/mm². Mit zunehmender Fugendicke konnte eine Abnahme der Bruchspannungen festgestellt werden, was sich bei dem Probekörper mit einer Fugendicke von 6 cm (Prism 3/1 und 3/2) in einer Reduzierung der Bruchspannungen auf $\beta_{D,mw} \sim 2{,}8$ N/mm² zeigte.

- ***Bisherige Untersuchungen zu den Zug- bzw. Biegezugfestigkeiten des Ziegelmauerwerks***

Neben den Druckspannungen sind es insbesondere die – im Allgemeinen geringen – Zug- bzw. Biegezugfestigkeiten, welche maßgeblichen Einfluss auf die Tragfähigkeit einer Mauerwerkskuppel bewirken.

MARK/ÇAKMAK [78] führten an einer Originalprobe des Ziegelmauerwerks (vgl. Abb. 4.53) eine zerstörende Materialprüfung zur Bestimmung der Zugfestigkeit des Mauerwerks der Hagia Sophia durch. Im Rahmen der Versuchsreihe wurden drei Probekörper (eine Ziegel- und zwei Mörtelproben) gewonnen und einem 3-Punkt-Biegeversuch unterzogen. Prüfkörperabmessungen und Ergebnisse dieser Beprobung sind Tabelle 4.3 zu entnehmen.

	Probenlänge	Querschnittswerte			Bruchlast	Bruchmoment	Biegefestigkeit
	l [mm]	b [mm]	h [mm]	W [mm³]	F [N]	M [Nmm]	β_Z [N/mm²]
Ziegel	82,5	16,3	15,5	652,7	95,3	1965,6	**3,01**
Mörtel 1	76,2	22,9	23,4	2089,9	47,2	899,2	**0,43**
Mörtel 2	76,2	22,9	22,9	2001,5	57,1	1087,8	**0,54**

Tab. 4.3: Prüfung von Originalproben zur Bestimmung der Biegefestigkeit nach [78]

Als bemerkenswert erweist sich hier die hohe Biegezugfestigkeit des puzzolanen Kalkmörtels. Diese liegt in der Größenordnung moderner Kalkmörtel und ist nach ÇAKMAK et al. [14] um ein Vielfaches höher als bei mittelalterlichen Kalkmörteln. Ergänzend durchgeführte Versuche ergaben Zugfestigkeiten von $\beta_{Z,mö}$ = 0,5 N/mm² bis $\beta_{Z,mö}$ = 1,2 N/mm², im Bereich des südwestlichen Treppenhauses entnommene Mörtelproben wiesen Zugfestigkeiten von $\beta_{Z,mö}$ = 0,7 N/mm² bzw. $\beta_{Z,mö}$ = 1,0 N/mm² auf.

Hinzufügend sei erwähnt, dass LIVINGSTONE [65] Zugfestigkeiten des vollständig erhärteten puzzolanen Kalkmörtels von bis zu $\beta_{Z,mö}$ = 3,5 N/mm² für denkbar hält. Eine derartige Größenordnung, auf welche auch in ÇAKMAK et al. [13] Bezug genommen ist, wird durch die durchgeführten Versuche jedoch keinesfalls wiedergegeben.

- ***Eigene Abschätzungen und Überlegungen zu den Festigkeitseigenschaften des Ziegelmauerwerks***

Eigene Abschätzungen zu den Festigkeitseigenschaften des Ziegelmauerwerks lassen sich nur sehr beschränkt vornehmen und basieren einzig auf den Kenntnissen der mechanischen Wellengeschwindigkeiten v_p bzw. des daraus errechneten dynamischen Elastizitätsmoduls E_{dyn}.

Die Studien von PATITZ [91] zeigen, dass auf Basis ermittelter Wellengeschwindigkeiten v_p die zu erwartende Druckfestigkeit β_D durchaus zu charakterisieren, ein direkter Zusammenhang beider Parameter jedoch nicht abzuleiten ist. Eine zuverlässige quantitative Bestimmung von Festigkeitswerten könnte hierbei lediglich auf Grundlage einer gezielten Entnahme und ausreichenden Anzahl von Materialproben erfolgen, deren labortechnisch ermittelten Festigkeitswerte mit den zuvor großflächig gemessenen Wellengeschwindigkeiten zu kalibrieren wären. Im Falle der Hagia Sophia scheint es überflüssig zu erwähnen, dass derartige Maßnahmen nicht zur Disposition stehen.

Zieht man die ermittelten Elastizitätsmoduln E_{dyn} heran, so lassen sich der Literatur durchaus Hinweise auf die zu erwartenden Mauerwerksdruckfestigkeiten entnehmen. Wobei sich jedoch ein in weiten Grenzen streuender Wertebereich abzeichnet.

Nach EGERMANN [21] besteht im Allgemeinen ein linearer Zusammenhang zwischen Elastizitätsmodul und Mauerwerksdruckfestigkeit. Anhand seiner an Kleinpfeilern ermittelten Versuchsergebnisse schließt er auf die lineare Beziehung $E_D = 565\ \beta_D$.

SCHUBERT [102] beziffert das mittlere Verhältnis von Mauerwerksdruckfestigkeit und Elastizitätsmoduln zu $E_D = 1000\ \beta_D$. Wobei sich je nach Stein-Mörtel-Kombination E_D-Werte im Bereich von etwa 500 β_D bis 1500 β_D ergeben.

Diese Zusammenhänge und die Annahme $E_D \sim E_{dyn}$ zugrunde legend, lässt sich für die zu erwartenden Festigkeiten des Mauerwerks der Hagia Sophia folgender Wertebereich angeben:

Ziegelmauerwerk des 6. Jahrhunderts: $\beta_{D,mw,6.Jh.}$ = 1,46 . . . 4,40 N/mm²

Ziegelmauerwerk des 14. Jahrhunderts: $\beta_{D,mw,14.Jh.}$ = 3,27 . . . 9,80 N/mm²

Im Vorgriff auf die späteren Nachrechnungen (vgl. Abschnitt 10) sei an dieser Stelle erwähnt, dass sich die maximalen Meridianspannungen in der Kuppelschale in einer Größenordnung um σ_φ = 0,35 N/mm² bewegen. Vor diesem Hintergrund sei die Frage der Mauerwerksfestigkeit nicht vertiefend behandelt und mit der Erkenntnis geschlossen, dass hinsichtlich der Mauerwerksdruckfestigkeit in der Kuppelschale ein globaler Sicherheitsfaktor von zumindest γ = 4,0 – vermutlich noch deutlich höher – angegeben werden kann.

4.3.6.5 Feuchte und Salzgehalt im Mauerwerk

Feuchte und Salze haben zunächst keinen unmittelbaren Einfluss auf die Mauerwerksfestigkeit oder -steifigkeit. Sie führen jedoch zu veränderten bauphysikalischen Verhältnissen (z. B. zu erhöhtem Wärmeverlust und erhöhter Raumfeuchte) und sind Ursache von Materialabsprengungen, Gefügelockerungen, Ausblühungen oder Verfärbungen [115].

Im Falle der Hagia Sophia sind deutliche Schädigungen oder auch die in der Vergangenheit erfolgten Verluste großer Flächen wertvoller Originalmosaiken mit hoher Wahrscheinlichkeit auf die negativen Einflüsse von Feuchte und Salzen zurückzuführen. Die während der Durchführung von Messkampagne 3 noch unsanierten Flächen des Südost-Quadranten wiesen in den unteren, fensternahen Bereichen deutliche Spuren eines Feuchtebefalls und damit verbunden eine Schädigung der Oberflächen auf (Abb. 4.58-a). Ein Feuchtehorizont war oberhalb der Fenster (Abb. 4.58-b) zu erkennen.

Abb. 4.58: (a) Feuchteschäden im Bereich der Rippe 5 (b) Feuchtehorizont bei Rippe 7

Die folgende Betrachtung zum Feuchtegehalt im Kuppelmauerwerk hat nicht den Anspruch und das Ziel einer quantitativen Feuchtebestimmung, welche letztendlich nur durch Probenentnahme und gravimetrische Feuchtemessung möglich wäre. Sie dient jedoch der qualitativen Einschätzung der Feuchtekonzentration, einer lokalen Eingrenzung der von Feuchte befallenen Bereiche sowie der Nennung möglicher Ursachen.

Grundlage dieser Beurteilung bilden die Abhängigkeiten der elektrischen Materialeigenschaften ´relative Dielektrizitätszahl´ und ´spezifischer elektrischer Widerstand´ vom Feuchtegehalt sowie der Konzentration gelöster Salze im Baustoff.

• ***Die relative Dielektrizitätszahl ε_r***

Die Dielektrizitätszahl ε_r gibt die Durchlässigkeit von Materie für elektrische Felder an. Sie wird maßgeblich durch die chemische Zusammensetzung und Porenstruktur sowie den Wassergehalt bestimmt. Sie steht in direkter Abhängigkeit von der elektromagnetischen Wellengeschwindigkeit v und kann, nach Umformung von Gleichung (2.2), gemäß Beziehung (4.5) ermittelt werden.

$$\varepsilon_r = \frac{c^2}{v^2} \tag{4.5}$$

mit $c = 3 \cdot 10^8$ m/s : Lichtgeschwindigkeit im Vakuum

KAHLE [56] betrachtete in seiner Arbeit die unterschiedlichen Einflussparameter auf die Dielektrizitätszahl und bewertete diese im Hinblick auf die Beurteilung historischen Mauerwerks.

Während die Parameter ′Konzentration gelöster Salze′, ′Temperatur′, ′mechanischer Spannungszustand′ und ′Messfrequenz′ die Dielektrizität im Allgemeinen nur geringfügig beeinflussen, bildet die Materialfeuchte aufgrund der hohen Dielektrizitätszahl von Wasser ($\varepsilon_r \sim 80$) den maßgeblichen Einflussparameter. Ausgehend von einer Dielektrizitätszahl von $\varepsilon_r \sim 4$ (und einer damit korrespondierenden elektromagnetischen Wellengeschwindigkeit von $v = 0{,}15$ m/ns) für *trockene* Mauermaterialien konnte mit zunehmender Materialfeuchte eine nahezu lineare Beziehung zwischen der gemessenen Dielektrizitätszahl ε_r und dem Feuchtegehalt u festgestellt werden (Abb. 4.59-a).

Eine Abschätzung des Feuchtegehalts ergibt sich gemäß Gleichung (4.6):

$$u\,[vol\%] \approx \frac{\varepsilon_r - \varepsilon_{r,trocken}}{0{,}4} \qquad (4.6)$$

mit $\varepsilon_{r,trocken}$: Dielektrizitätszahl des trockenen Materials

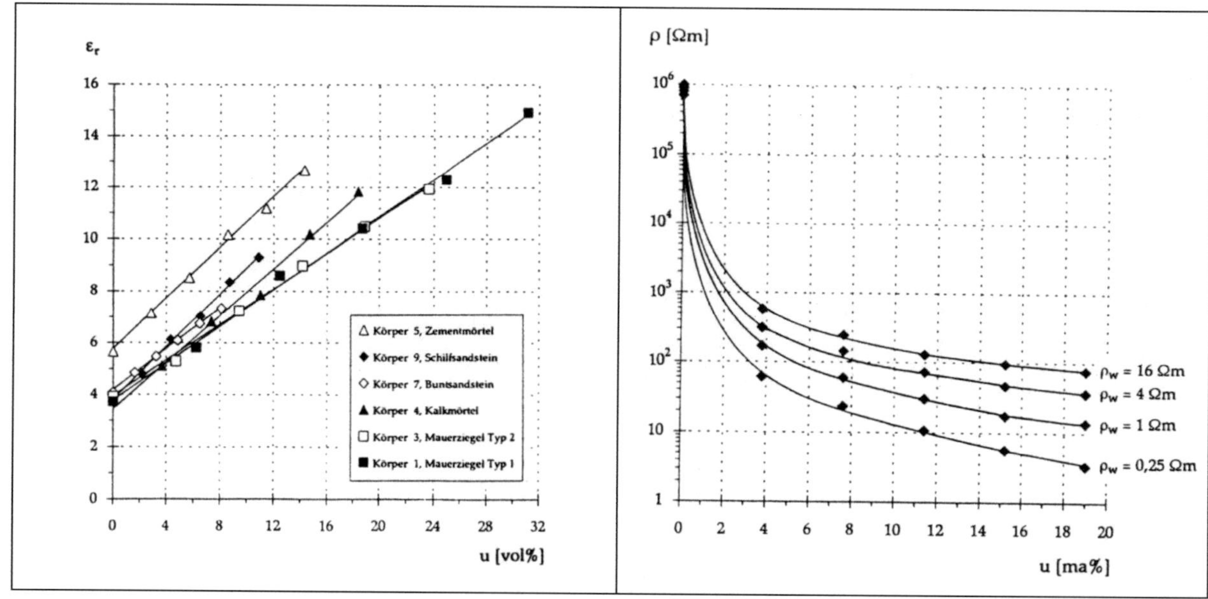

Abb. 4.59: (a) Die relative Dielektrizitätszahl ε_r in Abhängigkeit vom volumenbezogenen Feuchtegehalt u, aus KAHLE [56] (b) Der spezifische elektrische Materialwiderstand ρ eines Mauerziegels in Abhängigkeit vom massebezogenen Feuchtegehalt u nach Tränkung mit einer Salzlösung mit dem spezifischen elektrischen Widerstand ρ_W, aus KAHLE [56]

- ***Der spezifische elektrische Materialwiderstand ρ***

Der spezifische elektrische Materialwiderstand ρ bzw. die elektrische Leitfähigkeit σ als dessen Reziprokwert wird außer vom Feuchtegehalt auch von der Konzentration gelöster Salze beeinflusst.

Während trockene Gesteine sehr hohe spezifische Widerstände ρ von mehr als 10^6 Ωm aufweisen (Abb. 4.59-b), führen beide in der Porenstruktur des Baustoffs enthaltenen Parameter Feuchte und Salz zu einem Anwachsen der elektrischen Leitfähigkeit und damit zu einer sehr raschen Abnahme des elektrischen Materialwiderstandes.

Geoelektrische Messungen ermöglichen die Bestimmung absoluter Werte des elektrischen Materialwiderstandes ρ im Medium. Da die Materialien in historischem Mauerwerk jedoch selten salzfrei sind, lässt sich aus dem spezifischen Widerstand der Feuchtegehalt daher nicht unmittelbar ableiten.

Auch aus dem Absorptionsverhalten der elektromagnetischen Welle – je elektrisch leitfähiger ein Medium, desto größer die Absorption – ergeben sich aus Radarmessungen qualitative Hinweise auf Feuchte und die Konzentration gelöster Salze, ohne diese unmittelbar zu quantifizieren. Hierbei sei jedoch angefügt, dass eine Signalschwächung z. B. auch durch Streuung infolge Materialirregularitäten hervorgerufen werden kann und somit nicht zwangsläufig auf einen erhöhten Feuchtegehalt hinweisen muss.

Entsprechend den dargelegten Ausprägungen der elektrischen Materialeigenschaften ε_r und ρ erfolgt die qualitative Beurteilung der Feuchte- und Salzkonzentration im Kuppelmauerwerk der Hagia Sophia gemäß folgender Annahmen:

- Eine hohe Wellengeschwindigkeit ($v \geq 0{,}15$ m/ns) bzw. niedrige Dielektrizitätszahl ($\varepsilon_r < 4$) bei geringer Absorption der elektromagnetischen Welle (d. h. hohem Materialwiderstand) deutet auf einen trockenen Baustoff hin.
- Eine verminderte Wellengeschwindigkeit ($v < 0{,}14$ m/ns) bzw. höhere Dielektrizitätszahl ($\varepsilon_r > 5$) bei erhöhter Absorption (geringem Materialwiderstand) weist auf Feuchte, bei hoher Absorption auch in Kombination mit einer hohen Salzkonzentration hin.
- Eine hohe Wellengeschwindigkeit v bei gleichzeitig hoher Absorption charakterisiert dagegen einen trockenen Baustoff und eine Schwächung des Signals infolge Streuung (z. B. aufgrund von Materialinhomogenitäten).

- ***Bestimmung des Feuchtegehalts anhand der relativen Dielektrizitätszahl***

Die Errechnung der relativen Dielektrizitätszahl ε_r erfolgte mit den ermittelten elektromagnetischen Wellengeschwindigkeiten v (Abschnitt 4.3.1.2) gemäß Gleichung (4.5).

Abbildung 4.60 zeigt die im jeweiligen Abstand vom Kuppelscheitel aufgetragenen Werte.

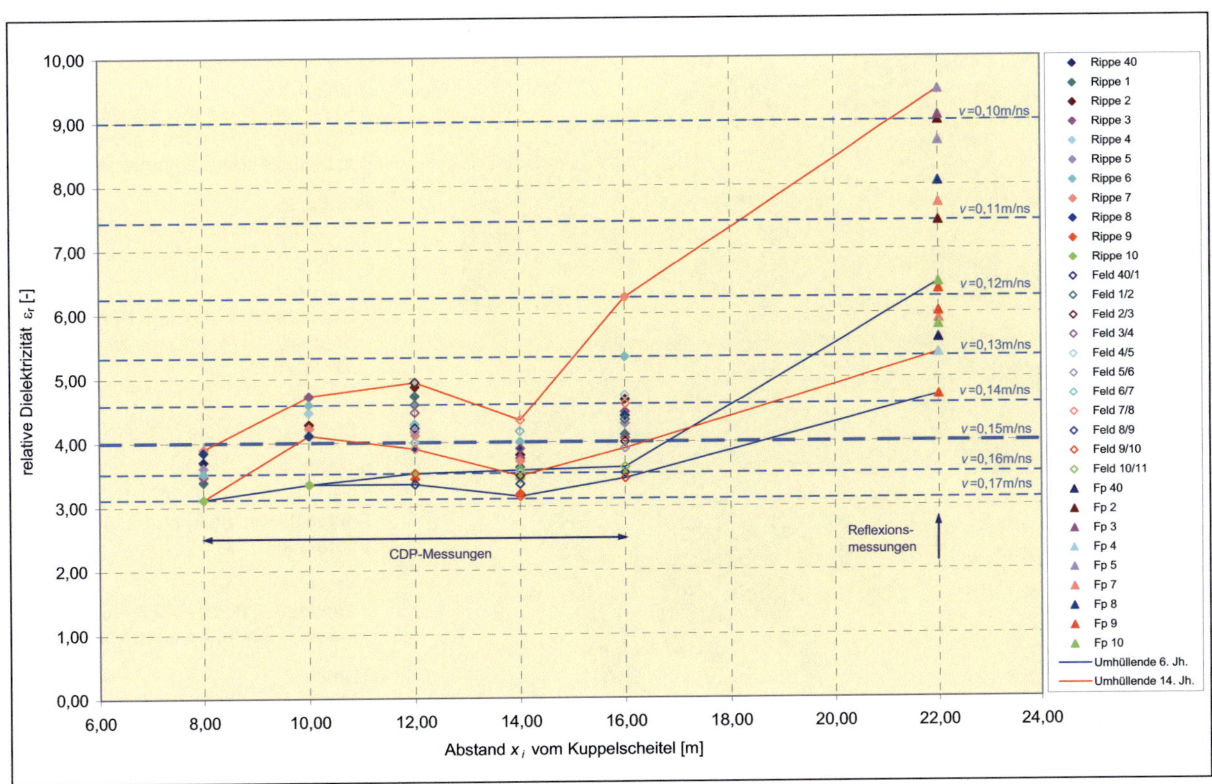

Abb. 4.60: Die relative Dielektrizitätszahl ε_r im SO-Quadranten der Hauptkuppel

Im Bereich der Kuppelschale (CDP-Messungen, x_i = 8 . . . 16 m vom Kuppelscheitel) sind zwischen den Bauphasen des 6. und 14. Jahrhunderts unterschiedliche Materialcharakteristiken zu erkennen, was sich in den jeweiligen Mittelwerten der Dielektrizitätszahl von $\varepsilon_{r,6.Jh.}$ = 3,4 bzw. $\varepsilon_{r,14.Jh.}$ = 4,2 widerspiegelt. Größenordnung und insbesondere die geringen Schwankungen zeigen, dass es sich hierbei um die mittlere relative Dielektrizitätszahl des *trockenen* Mauerwerks handeln muss, zumal augenscheinlich keine erhöhte Feuchte erkennbar ist. Lediglich in Teilbereichen des 14. Jahrhunderts (Rippen 4, 6 und 7) deuten erhöhte Dielektrizitätszahlen ab x_i = 16 m auf eine beginnende Feuchtebelastung hin.

Die Reflexionsmessungen im Bereich der Fensterpfeiler bei $x_i \sim$ 22 m ergaben wesentlich höhere Dielektrizitätszahlen, was als eindeutiger Hinweis auf einen erhöhten Feuchtegehalt in den Fensterpfeilern zu werten ist. Als Konsequenz dieser Messung ist zwischen x_i = 16 m und x_i = 22 m ein Feuchtehorizont zu erwarten. Die große Bandbreite der Messwerte deutet auf lokale Feuchteschwankungen hin, wobei sich die Werte des 6. Jahrhunderts auf niedrigerem Niveau bewegen.

Gemäß Gleichung (4.6) und den oben genannten Dielektrizitätszahlen des trockenen Mauerwerks kann der Feuchtegehalt in den Fensterpfeilern abgeschätzt werden:

6. Jahrhundert: $\varepsilon_{r,6.Jh.}$ = 4,72 . . . 6,48 $\rightarrow$ u = 1,3 . . . 7,7 Vol.-%

14. Jahrhundert: $\varepsilon_{r,14.Jh.}$ = 5,37 . . . 9,49 $\rightarrow$ u = 2,9 . . . 13,2 Vol.-%

- ***Abschätzung der Feuchte- und Salzbelastung anhand des spezifischen elektrischen Materialwiderstandes – Betrachtung der Absorptionsverhältnisse***

Die Betrachtung der Absorptionsverhältnisse im Kuppelmauerwerk erfolgt auf Grundlage einer flächigen Zeitscheibenberechnung des Südost-Quadranten (Abb. 4.61). Die Darstellung erfolgt für ein Laufzeitintervall von t = 0–2 ns, welches den Oberflächenbereich bis ca. 10 cm Tiefe umfasst.

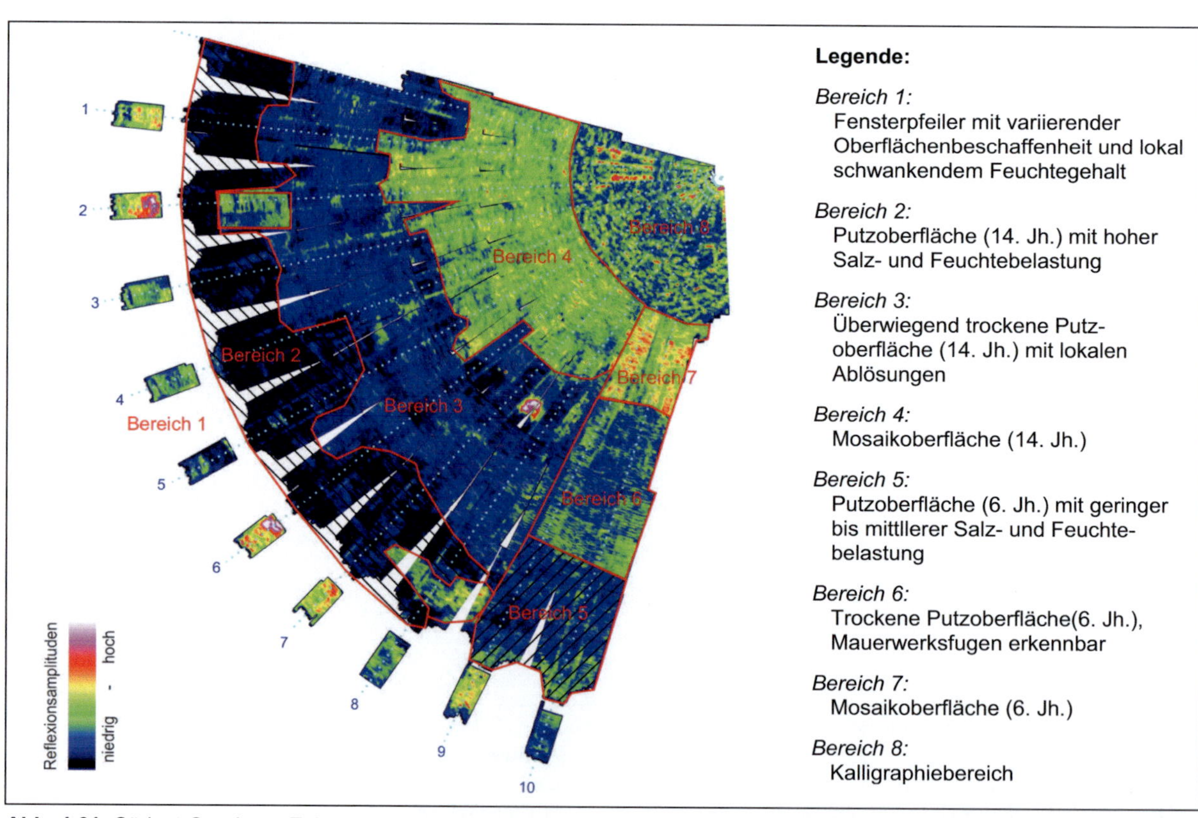

Abb. 4.61: Südost-Quadrant: Zeitscheibenberechnung (t = 0–2 ns) für die Oberflächenzone bis ca. 10 cm Tiefe

Aufgrund deutlicher Unterschiede in der Signalamplitude (bzw. des Absorptionsverhaltens) lassen sich Bereiche unterschiedlicher Oberflächen bzw. oberflächennaher Materialeigenschaften lokalisieren.

Während gewisse Abgrenzungen auf die bauphasenspezifisch unterschiedlichen Materialeigenschaften hindeuten (vertikale Abgrenzung von Bereich 5, 6 und 7 bei Rippe 9 entspricht dem Bruchkantenverlauf) oder sich auf unterschiedliche Oberflächeneigenschaften (z. B. Bereich 4: Mosaiken, Bereich 3: Putzoberfläche) zurückführen lassen, weist die Grenzkante zwischen Bereich 2 und 3 auf die Lage des vermuteten Feuchtehorizonts hin. Die durch eine starke Absorption hervorgerufene Signalschwächung in Bereich 2 lässt sich zweifelsfrei auf den erhöhten Feuchtegehalt zurückführen. Der Feuchtehorizont stellt sich im Abstand von ca. $x_i = 17{,}00$ m vom Kuppelscheitel ein, und bestätigt damit die anhand Abbildung 4.60 geäußerte Vermutung.

- ***Abschätzung der Feuchte- und Salzbelastung anhand des spezifischen elektrischen Materialwiderstandes***

Ergänzend zu den Betrachtungen der Absorptionsverhältnisse seien die geoelektrischen Messungen zur Ermittlung des spezifischen elektrischen Materialwiderstandes ρ_s dargelegt.

Abbildung 4.62 zeigt die ca. 1 m oberhalb des Umganges ermittelten Messwerte

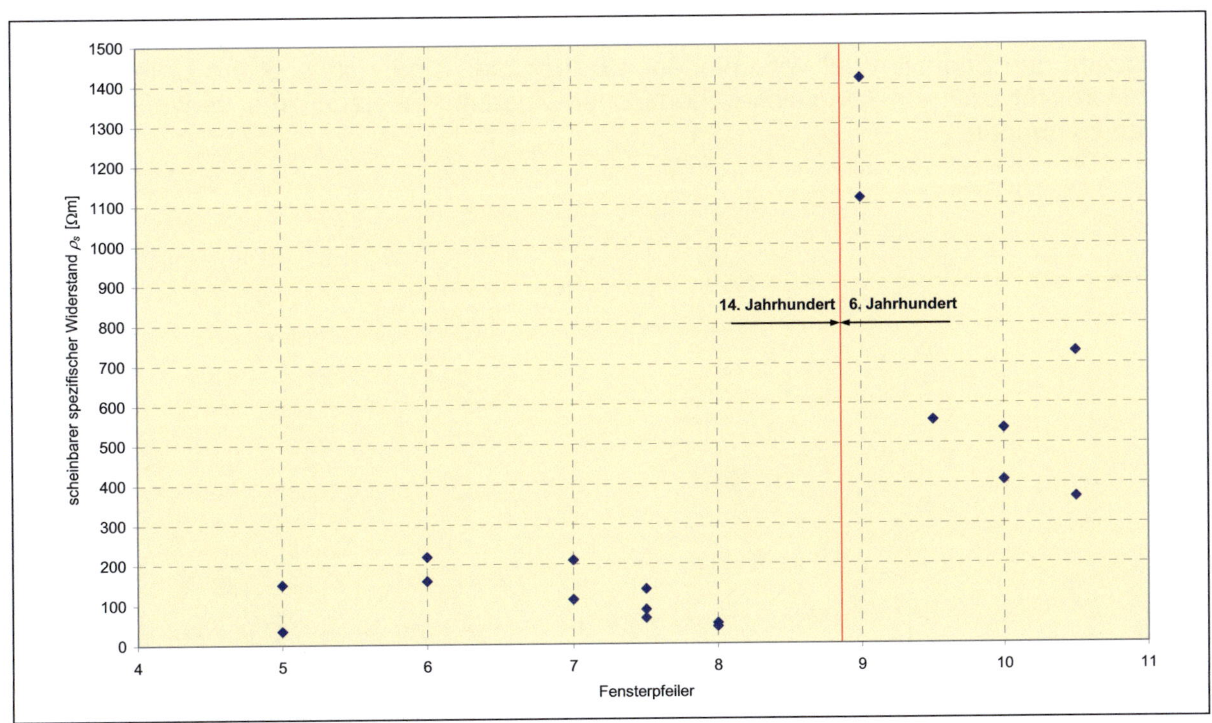

Abb. 4.62: Ergebnisse der Geoelektrikmessung

Auffälligstes Merkmal dieser Messungen bilden die deutlichen Unterschiede zwischen den Bauphasen des 6. und des 14. Jahrhunderts. Eine Quantifizierung des Feuchtegehalts ist mit Hilfe der geoelektrischen Messung nicht möglich. Dennoch deuten die auf niedrigem bis sehr niedrigem Niveau befindlichen Werte des 14. Jahrhunderts auf einen höheren Feuchte- und Salzgehalt gegenüber dem Mauerwerk des 6. Jahrhunderts hin. Sehr hohe, für trockenes Mauerwerk charakteristische Werte wurden an keiner Stelle erreicht.

Damit steht dieses Ergebnis im Einklang sowohl mit den Betrachtungen der Dielektrizitätszahlen als auch des Absorptionsverhaltens, wonach alle Fensterpfeiler von Feuchte befallen sind, die des 14. Jahrhunderts jedoch in höherer Konzentration.

- ***Folgerungen aus der Feuchtebetrachtung***

Im Rahmen der Untersuchungen konnte gezeigt werden, dass Fensterpfeiler und Kuppelansatz einen erhöhten, in Verbindung mit gelösten, durch Seesand eingebrachten Salzen zu sehenden Feuchtegehalt aufweisen.

Da sich dieser Befund über den gesamten Untersuchungsbereich erstreckt, scheinen lokale Undichtigkeiten in der Bleideckung als Ursache hierfür eher auszuscheiden. Auch eine Kondenswasserbildung – welche zwar nicht generell auszuschließen ist – konnte in keiner der vier Messkampagnen (in den Monaten Januar, April, Mai und November) beobachtet werden.

Als mögliche Ursachen des Feuchtebefalls, deren Ergründung jedoch nicht Ziel der Arbeit sein soll, wird als eher wahrscheinlich erachtet

- ein abdichtungstechnischer Schwachpunkt an der Kuppelbasis, welcher zum Eindringen von Wasser und einem kapillaren Feuchtetransport in den Pfeilern führt oder
- ein starker Feuchtebefall der Fensterpfeiler aus der Zeit, als diese noch keine Bleiverkleidung aufwiesen, und welcher bis heute nachwirkt.

Die Auswirkungen einer – gleichmäßigen – Feuchtebelastung zeigen sich in den Bauteilen der verschiedenen Bauphasen in unterschiedlicher Ausprägung und spiegeln damit die bereits für das trockene Mauerwerk erkannte, unterschiedliche Materialcharakteristik auch im feuchten Mauerwerk wieder. Als Gründe für den differierenden Grad des Feuchtegehalts zwischen den Bauteilen der verschiedenen Bauphasen sind insbesondere Unterschiede in der Porosität bzw. eine ungleiche chemischen Zusammensetzung der verwendeten Baustoffe zu nennen.

4.3.7 Eiseneinlagen in der Kuppelkonstruktion – Ringanker

Kleinteilige Eisenteile wie Nägel oder Klammern sind an der Kuppelinnenseite in vielfältiger Form erkennbar (Abb. 4.63-a). Im Rahmen der Bauaufnahme wurde deren Lage und Ausbildung dokumentiert.

Auch innerhalb des Ziegelmauerwerks sind metallische Einlagerungen durch die Radarmessungen gut zu orten. Punktuelle oder linienförmige Objekte zeichnen sich im Radargramm aufgrund ihres Reflexionskoeffizienten $r = 1$ in Form von Diffraktionshyperbeln deutlich ab.

Die oberflächennah erkennbaren Nägel und Klammern wurden gemäß [109] überwiegend im Zuge vergangener Sanierungsmaßnahmen angebracht und dienen der Sicherung der Mosaik- bzw. Putzoberflächen in den flach geneigten, scheitelnahen Bereichen. Vereinzelt sind auch Nägel im Bereich der Bruchkante erkennbar. Die Betrachtung der im Rahmen der Restaurierungsarbeiten dem Kalligraphiebereich vereinzelt entnommenen Nägel bestätigt diese Vermutung: Die geringen Abmessungen machen deutlich, dass ihnen keinerlei statische Funktion zugewiesen werden kann (Abb. 4.63-b).

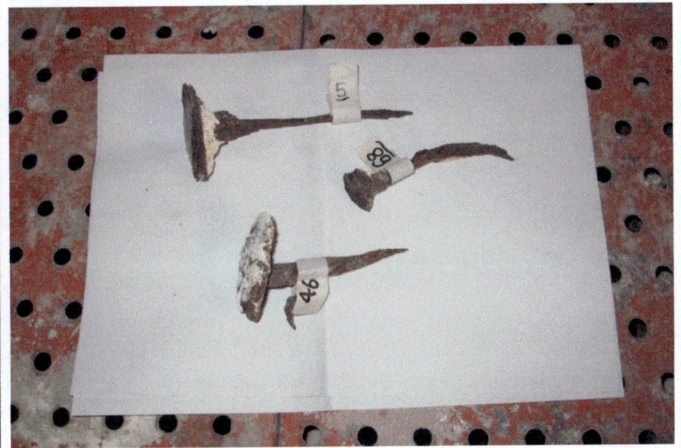

Abb. 4.63: (a) Klammern und Nägel zur Mosaiksicherung (b) Dem Kalligraphiebereich entnommene Nägel

Für die Standsicherheit der Kuppel dagegen durchaus entscheidend wäre die Existenz und Ausbildung eines umlaufenden Ringankers.

Die Durchdringungen der Fensterpfeiler eines ehemals vorhandenen hölzernen Ringankers zeichnen sich noch deutlich ab (Abb. 4.64). EMERSON/VAN NICE [24] berichten, dass ein hölzerner Zugring bereits im 6. Jahrhundert vorhanden gewesen sei, welcher auch nach dem Einsturz im 10. Jahrhundert wieder ergänzt wurde. Die Schädigung des als Weißeiche eingestuften Holzes ist angeblich auf einen Pilzbefall zurückzuführen.

Über die Existenz stählerner Zugglieder wird vielfach gemutmaßt. BLASI [11] berichtet, dass bereits *Sinan* im Jahre 1573 umlaufende Reifen anbrachte. Darüber hinaus besagt die Literatur [u. a. 70, 101], dass um das Jahr 1848 im Zuge der Sanierungsmaßnahmen durch die Gebrüder *Fossati* Ringanker um die Kuppelbasis gelegt wurden. Und selbst aus dem Jahre 1926 wird von weiteren Ergänzungen von Ringankern berichtet. Weder die Lage und Beschaffenheit noch der Zustand etwaiger Zugglieder ist jedoch hinreichend dokumentiert.

Auch die Auswertung aller im Kuppelbereich durchgeführten eigenen Radarmessungen – sie erfolgten insbesondere auch im Hinblick auf die Detektierung umlaufender Ringanker – erbrachte keine Hinweise auf deren Existenz.

Hierbei sei angefügt, dass ein auf der Außenseite des Mauerwerks aufliegender und damit quasi in einer Lage mit der Bleideckung befindlicher Ringanker radartechnisch äußerst schwer zu detektieren wäre. Vor dem Hintergrund der hohen, durch zwei verschiedene

Sensoren erzielten Datenqualität erscheint es jedoch wahrscheinlich, dass das Fehlen einer entsprechenden Reflexion auch den tatsächlichen Zustand – d. h. das Nichtvorhandensein von Ringankern – widerspiegelt.

Der Bereich der Kuppelbasis konnte nicht näher erkundet werden, hier lässt sich die Existenz eines umlaufenden Zuggliedes nicht ausschließen. Fragwürdig erscheint jedoch, ob das nachträgliche Anbringen eines Ringankers (vor dem Hintergrund der unterschiedlichen Abmessungen der Fensterpfeiler) kraftschlüssig – und damit statisch wirksam – hätte erfolgen können.

Abb. 4.64: (a) Fensterpfeiler mit den Durchdringungen eines ehemaligen hölzernen Ringankers (b) Detailaufnahme der Durchdringung

4.3.8 Mosaikablösungen

Vor dem Hintergrund der Restaurierungs- und Sicherungsarbeiten an den bedeutungsvollen Mosaikoberflächen war insbesondere die Frage von Interesse, in welchen Abschnitten sich die Putzschichten mit den Mosaiken bzw. Malereien von der Mauerwerksschale gelöst hatten.

Zur Lokalisierung derartiger Hohlstellen wurden – in Ergänzung und zum Vergleich mit der von den Restauratoren praktizierten, herkömmlichen „Klopfmethode" – die Ergebnisse der Radarmessungen herangezogen.

Die in Abbildung 4.61 dargestellte Zeitscheibenberechnung für den Oberflächenbereich wurde bereits zur Detektierung von Feuchtebereichen benutzt und erlaubt auch eine Aussage zu den Oberflächenbeschaffenheiten.

Neben den erläuterten, großflächigen Bereichen unterschiedlicher Oberflächeneigenschaften sind diverse lokale Erscheinungen erkennbar, welche teilweise in Verbindung mit Putzablösungen stehen. Exemplarisch sei hier die Auffälligkeit im Feld 7/8 genannt, deren starke Amplitude durch einen Hohlraum zwischen der Putzoberfläche und dem Kuppelmauerwerk hervorgerufen wird.

Eine detaillierte Auswertung der Oberflächeneigenschaften und einen Überblick über die Putzablösungen erfolgt in [118]. Hierbei ließ sich eine gute Übereinstimmung zwischen den Erkenntnissen der „Klopfmethode" und den Ergebnissen der Radarmessungen feststellen.

5 Die Erkundung der Pendentifs und der Hauptbögen

5.1 Bauteilbeschreibung und Begriffsdefinition

Das durch *Pendentifs* und *Hauptbögen* realisierte „Wölbgestell“ (Abb. 5.1-a) bildet das geometrische Bindeglied zwischen Hauptkuppel und Hauptpfeilern und damit die klassische Übergangskonstruktion von quadratischem Unterbau zu kreisrunder Kuppelbasis[31]. Die Geometrie der Pendentifs, oft auch Gewölbezwickel genannt, ergibt sich hierbei durch den Verschnitt einer Hemisphäre mit einem Kubus zu konkaven, sphärischen Dreiecken [u. a. 17, 36].

Von PROKOP [57] wird die in der Hagia Sophia verwirklichte Pendentifform (Abb. 5.1-b) folgendermaßen beschrieben: *„Indem die Verbindung der vier Bögen im Quadrat gehalten ist, wird das Bauwerk zwischen denselben durch vier Dreieckszwickel geschlossen. Und indem der Fußpunkt des Dreiecks, das der Zusammenführung eines Bogenpaares entspricht, einen spitzen Winkel bildet, geht es weiter nach oben, im Zwischenraum sich verbreiternd, ins Rund über, mit dem es aufhört, so die noch zum Kreise fehlende Strecke liefernd.“*

Abb. 5.1: (a) Prinzipskizze der Pendentifform (b) Kuppeluntersicht mit Pendentifs und Hauptbögen, aus [108]

Den halbkreisförmigen oberen Abschluss der vier Seitenflächen des Kuppelquadrats bilden mächtige Mauerwerksbögen. Diese als Hauptbögen definierten Bauteile (vgl. Abb. 4.1) überspannen an Ost- und Westseite das gesamte Kirchenschiff und gehen mit ihrer Unterkante in die unmittelbar anschließenden Halb- oder Apsidenkuppeln über.

An der Nord- und Südseite stehen unter den – an dieser Stelle auch als *Schildbögen* zu bezeichnenden – Hauptbögen die raumabschließenden Schildwände und geben der Kirche ihren basilikalen Langhaus-Charakter. Eine baukonstruktive Besonderheit bildet hierbei die Existenz von jeweils zwei in ihren Scheiteln übereinanderliegenden Bögen. Während der *obere* Hauptbogen sich im Kircheninnern abzeichnet, ist der *untere Bogen*, aufgrund seiner bündig mit der Schildwand liegenden Seitenfläche, optisch nicht wahrnehmbar.

Gemäß der dargelegten Baugeschichte können die nördlichen und südlichen Schildwände und die zugehörigen „Doppelbögen“ der ursprünglichen Erbauungszeit des 6. Jahrhunderts zugeordnet werden. Die Hauptbögen an West- und Ostseite entstammen dagegen den Aufbauphasen des 10. bzw. 14. Jahrhunderts.

[31] Siehe hierzu auch FINK [29]

5.2 Die Messungen – Verfahren, Ziele und Durchführung

Die Einrüstung des Südwest- und Südost-Quadranten ermöglichte im Rahmen der Messkampagnen 2 und 4 die Zugänglichkeit und messtechnische Erfassung der entsprechenden Pendentifs und der angegliederten Abschnitte der Hauptbögen. Neben visuellen Beobachtungen und händischen Bauaufnahmen erfolgte eine vollflächige Erkundung der genannten Bauteile unter Einsatz des Radarverfahrens.

5.2.1 Die Radarmessungen

Die Radar-Reflexionsmessungen dienten der Untersuchung des Aufbaus und der inneren Gefügestruktur der Pendentifs. In Analogie zu den Messungen an der Kuppelschale galt es, charakteristische geometrische und strukturelle Konstruktionsmerkmale zu erkennen, diese den jeweiligen Bauphasen zuzuordnen und eine Aussage zur Lage und Beschaffenheit der – offensichtlich in den Pendentifs ihren Fortsatz findenden – Bruchkanten zu treffen.

5.2.1.1 Koordinatensysteme und Messreihen

Der radartechnischen Erfassung der Südwest- bzw. Südost-Pendentifflächen wurden die kartesischen Koordinatensysteme $x_{P\text{-}SW}/y_{P\text{-}SW}$ bzw. $x_{P\text{-}SO}/y_{P\text{-}SO}$ zugrunde gelegt. Hierbei bildet der Schnittpunkt des Kuppelgesimses mit den Mittelachsen der jeweiligen Pendentifs den Koordinatenursprung, die *x*-Achse folgt der Ring-, die *y*-Achse der nach unten gerichteten Meridianrichtung (Abb. 5.2).

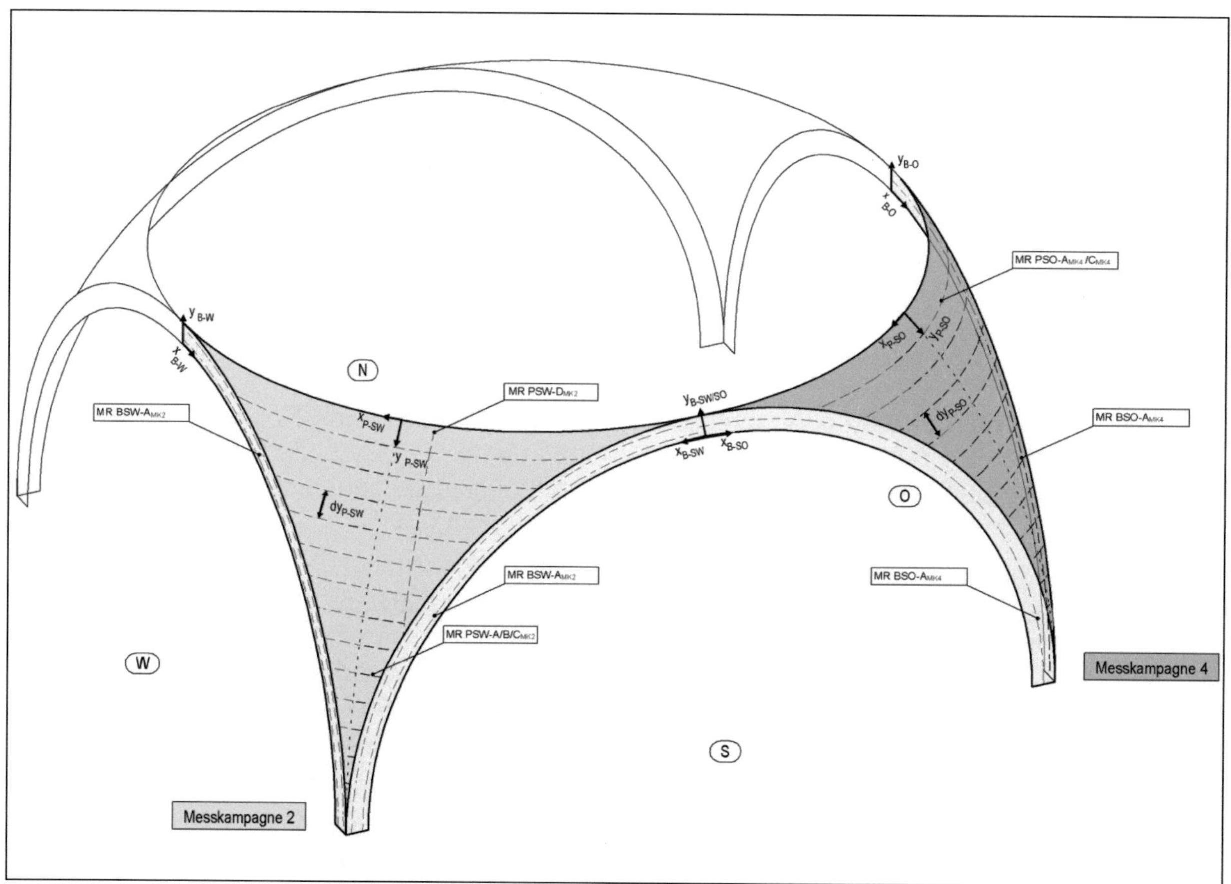

Abb. 5.2: Systemskizze der Pendentifs und Hauptbögen mit den definierten Koordinatensystemen und zugehörigen Messreihen

Die Messungen an den Hauptbögen basieren auf den Koordinatensystemen x_B/y_B. Die Unterkante des Hauptbogenscheitels bildete deren Ursprung, die x-Achse entspricht der Bogenunterkante, die darauf orthogonal stehende y-Achse nimmt nach oben ihren positiven Wert an.

Unter Bezug auf die definierten Koordinatensysteme wurden nachfolgende Messreihen durchgeführt:

Messreihen am Südwest-Pendentif:

- *Messreihe PSW-A$_{MK2}$ (1500-MHz-Antenne):*
  Horizontale Messstrecken im Rasterabstand von $dy_{P\text{-}SW}$ = 25 cm, $y_{P\text{-}SW}$ = -25 cm bis $y_{P\text{-}SW}$ = -1350 cm
- *Messreihe PSW-B$_{MK2}$ (900-MHz-Antenne):*
  Horizontale Messstrecken im Rasterabstand von $dy_{P\text{-}SW}$ = 100 cm, $y_{P\text{-}SW}$ = -100 cm bis $y_{P\text{-}SW}$ = -300 cm
- *Messreihe PSW-C$_{MK2}$ (400-MHz-Antenne):*
  Horizontale Messstrecken bei $y_{P\text{-}SW}$ = -25 cm, -100 cm und -300 cm
- *Messreihe PSW-D$_{MK2}$ (400-MHz-Antenne):*
  Vertikale Messstrecken $x_{P\text{-}SW}$ = -80 cm, $y_{P\text{-}SW}$ = 0 bis $y_{P\text{-}SW}$ = -400 cm

Messreihen an den dem Südwest-Pendentif angegliederten Hauptbögen:

- *Messreihe BSW-A$_{MK2}$ (1500-MHz-Antenne):*
  Je Bogen zwei parallele Messlinien im Abstand von 40 cm entlang Bogenachse

Messreihen am Südost-Pendentif:

- *Messreihe PSO-A$_{MK4}$ (1500-MHz-Antenne):*
  Horizontale Messstrecken im Rasterabstand von $dy_{P\text{-}SO}$ = 50 cm, $y_{P\text{-}SO}$ = -50 cm bis $y_{P\text{-}SO}$ = -900 cm. Aufgrund der Restaurierungsarbeiten an den Mosaiken konnten diese Messungen nicht weiter nach unten geführt werden.
- *Messreihe PSO-C$_{MK4}$ (400-MHz-Antenne):*
  Horizontale Messstrecken bei $y_{P\text{-}SO}$ = -100, -200, -400, -600, -800 cm

Messreihen an den dem Südost-Pendentif angegliederten Hauptbögen:

- *Messreihe BSO-A$_{MK4}$ (400-MHz-Antenne):*
  Je Bogen eine Messlinie entlang Bogenachse

5.2.1.2 Messbedingungen und Durchführung

Die definierten Koordinatensysteme wurden vor Ort mit Hilfe eines Schnurnetzes eingemessen. Zusätzliche Klebemarkierungen dienten dabei der exakten Messstreckenbestimmung im jeweiligen Untersuchungsbereich.

Die Erkundungen am Südwest-Pendentif sowie an den angegliederten Hauptbögen erfolgten nach Abschluss der Restaurierungsmaßnahmen der Oberflächen. Diese stellten sich als homogene Putzoberflächen dar (Abb. 5.4-a). Die Radarantenne wurde direkt auf der Oberfläche geführt, eine Gefahr der Beschädigung war nicht gegeben.

Die Oberfläche des Südost-Pendentifs besteht im östlichen Bereich aus Mosaiken, in Richtung Süden schloss sich eine zum Zeitpunkt der Messungen noch unsanierte Putzfläche an (Abb. 5.6-a). Zum Schutz der Mosaiken wurde bei den Messungen zwischen Radarantenne und Bauteiloberfläche eine flexible Plexiglasscheibe angebracht.

5.3 Die Konstruktion der Bauteile – Erkundungsergebnisse

5.3.1 Die Pendentifs

5.3.1.1 Bisheriger Kenntnisstand

Ausgehend von idealen geometrischen Verhältnissen entspricht die innere Kontur der Pendentifflächen einem sphärischen Dreieck mit einem Kugelradius von $R_i \sim 22$ m[32]. Horizontale Ausweichungen der Hauptpfeiler und die beschriebenen Teileinstürze führten jedoch auch in den Pendentifs zu sichtbaren Verformungen und Irregularitäten. Die exakte Form der dem Kirchenraum zugewandten Pendentifflächen wurde in den photogrammetrischen Vermessungen durch SATO/HIDAKA [99] dokumentiert (Abb. 5.3-a).

In der von außen sichtbaren Gebäudeform (Abb. 1.1, 4.1) zeichnen sich die Pendentifs nicht ab. Der quadratische Grundriss des Kirchenraums wurde bis zur Kuppelbasis hochgeführt, seine Wände verschließen die hinter den Pendentifs entstehenden Zwickel (Abb. 5.3-b). Die Zugänglichkeit zur Rückseite der Pendentifschale ist damit verwehrt und keine unmittelbare Aussage zu deren Dicke und Beschaffenheit möglich.

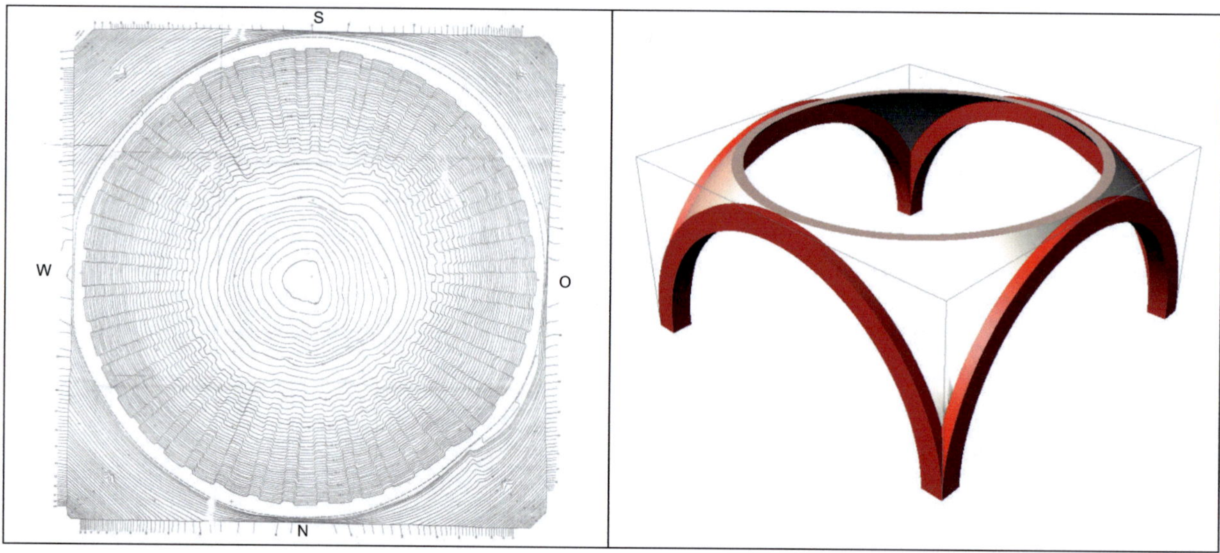

Abb. 5.3: (a) Photogrammetrische Kuppel- und Pendentifvermessung, aus [99] (b) Pendentifform mit Hauptbögen und rückwärtigen Zwickel

MAINSTONE [67] und MARK/ÇAKMAK/ERDIK [76] bemängeln, dass über Aufbau und Funktionsweise der in byzantinischem Ziegelmauerwerk ausgeführten Pendentifs äußerst wenig bekannt ist. Man könne sich lediglich vorstellen, dass die beiden westlichen Pendentifs – in Anlehnung an alle im 10. Jahrhundert ergänzten Bauteile – etwas dicker ausgeführt seien.

Auch zur geometrischen und konstruktiven Ausbildung des hinter den Pendentifs liegenden Baukörpers existieren kaum gesicherte Kenntnisse[33]. Es wird vermutet, dass der Baukörper weit weniger massiv oder durchgängig konstruiert ist wie dies der äußere Anschein vermuten lässt. Eine durchgemauerte Konstruktion wird lediglich bis auf Höhe der halben Pendentiffläche für wahrscheinlich erachtet, zumal in den oberen Eckbereichen die Konstruktion durch ehemalige Treppenhäuser und Durchdringungen massiv gestört ist. Dies wird in den Plänen von VAN NICE [113] dokumentiert und konnte durch eigene Erkundungen bestätigt werden.

[32] Dieses Maß entspricht sehr genau dem Kuppelradius des Pantheons in Rom und lässt u. a. MARK [75, 79] eine enge Verwandtschaft der Bauwerke interpretieren.

[33] WARTH [114] und JANDL [50] berichten von der Hinterfüllung als weißliches Sintermaterial mit Pflanzenabdrücken.

5.3.1.2 Eigene Erkundungen

Die eigenen Untersuchungen verfolgten insbesondere das Ziel, die Schalendicken der Pendentifs sowie die Lage und Beschaffenheit der Bruchkanten in ihnen zu erkunden. Hinsichtlich der inneren Gefügestruktur sowie der Materialeigenschaften des Pendentifmauerwerks wurden keine ergänzenden Erkundungen durchgeführt. Es wird davon ausgegangen, dass dieses dem in der Hauptkuppel für die jeweilige Bauphase angetroffenen Mauerwerk entspricht.

- ***Das Südwest-Pendentif***

Das Pendentif im Südwesten verbindet die im 6. Jahrhundert erstellte südliche Schildwand mit dem im 10. Jahrhundert wieder aufgebauten westlichen Hauptbogen. Zum Zeitpunkt der Untersuchungen war die Pendentiffläche vollständig verputzt, Hinweise zu Existenz und Verlauf der Bruchkante waren daher nicht erkennbar. Lediglich die Kenntnis über deren Lage im Kuppelbereich – westlich der Rippe 14 – ließen ihren weiteren Verlauf erahnen (Abb. 5.4-a).

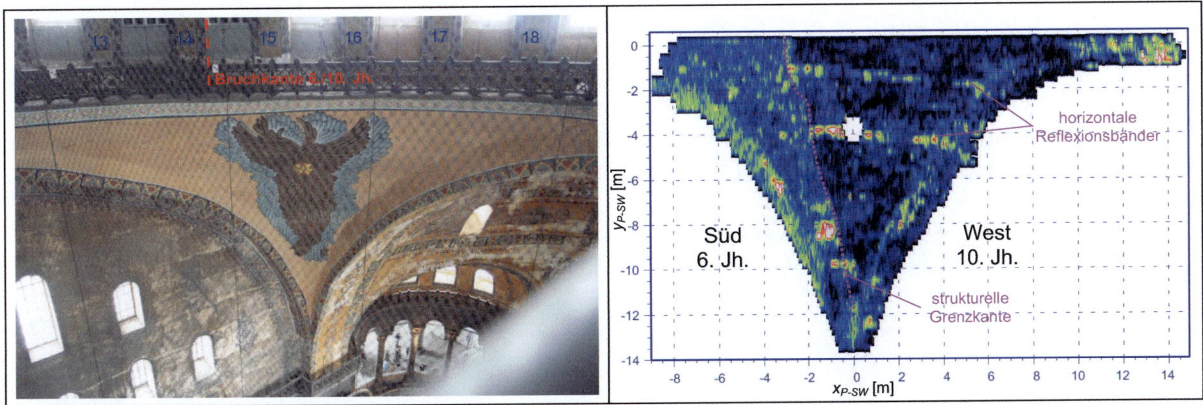

Abb. 5.4: (a) Das Südwest-Pendentif (nach Sanierung) (b) Zeitscheibenberechnung (Messreihe PSW-A_{MK2}), Tiefenzone 15–35 cm

Abbildung 5.4-b zeigt die Auswertung der Radarmessungen (Messreihe PSW-A_{MK2}) in Form einer Zeitscheibenberechnung. Südlich der vertikal verlaufenden Mittelachse ($x_{P\text{-}SW} = 0$) zeichnet sich eine strukturelle Grenzkante ab. Hier findet eine Änderung der Reflexionsstärke des Radarsignals infolge unterschiedlicher Materialeigenschaften statt. Dies kann als eindeutiger Hinweis auf den Verlauf der Bruchkante zwischen den Bauteilen des 6. und des 10. Jahrhunderts gewertet werden. Die für den Kuppelbereich ermittelte Bruchkantenlage findet damit im Pendentif ihren stetigen Fortsatz.

In zwei Höhenlagen sind leicht geneigte horizontale Bänder starker Reflexionen in einer Tiefenlage von $d = 10–100$ cm zu erkennen. Diese enden an der beschriebenen Grenzkante und weisen auf einen lokalen, später als Marmoreinschub identifizierten Materialwechsel im Pendentifbereich des 10. Jahrhunderts hin.

Punktuelle Reflexionen sind in unterschiedlicher Tiefe ($d = 30–90$ cm) auszumachen: Hierbei handelt es sich um lokale Einlagerungen, mit hoher Wahrscheinlichkeit um Metallobjekte. Diese Vermutung wird gestützt durch die Aussage der Restauratoren, die von der Existenz von Ankern und Nägeln berichteten.

Hinsichtlich des Erkundungsziels ´Pendentifdicke´ erbrachten die Radarmessungen nicht die gewünschten Erkenntnisse. Trotz des Einsatzes von Radarantennen mit maximalen Reichweiten (400 MHz, Messreihe PSW-C, PSW-D) konnte Lage und Verlauf der Pendentifrückseite nicht hinreichend dargestellt werden.

Die Schalendicke d_P der Pendentifs sei daher anhand geometrischer Randbedingungen abgeschätzt. Der obere Pendentifabschluss formt die Kuppelbasis und bildet damit Aufstandsfläche für die Fensterpfeiler, die seitlichen Pendentifränder schließen unmittelbar an die Hauptbögen an. Es erscheint damit plausibel, dass die Dicke d_P der Pendentifs einerseits die Tiefe der Fensterpfeiler (vgl. Abb. 4.21) nicht unterschreitet, die Breite der Hauptbögen (vgl. Abb. 5.10, 5.11) andererseits dagegen nicht überschreitet. Vor dem Hintergrund dieser Überlegung lässt sich für die Mindestdicke der Pendentifs des 6. Jahrhunderts eine Dicke von $d_P \sim 2{,}50$ m ableiten. Das Mauerwerk des überwiegend dem 10. Jahrhundert entstammenden Südwest-Pendentifs könnte – in Anlehnung an die Geometrie der Fensterpfeiler – eine Dicke von bis zu $d_P \sim 3{,}50$ m aufweisen.

Diese Abmessung würde auch erklären, dass die Pendentifschale schon bei geringstem Feuchteeinfluss radartechnisch nicht mehr zu durchdringen war.

- ***Verifizierung der Messergebnisse am Südwest-Pendentif***

Nach erfolgter radartechnischer Erkundung des Südwest-Pendentifs wurden seitens des *´Central Laboratory for Restoration and Conservation´* diverse Fotos und eine Bauaufnahme dieses Bauteils zur Verfügung gestellt (Abb. 5.5).

Diese Dokumente entstammen der Restaurierungsphase, in dessen Rahmen die schadhafte Putzfläche nahezu vollständig ersetzt wurde. Sie zeigen das Südwest-Pendentif im Rohzustand und erlauben neben einer optischen Beurteilung der Mauerwerksfläche eine nachträgliche Verifzierung der durchgeführten Radarmessungen.

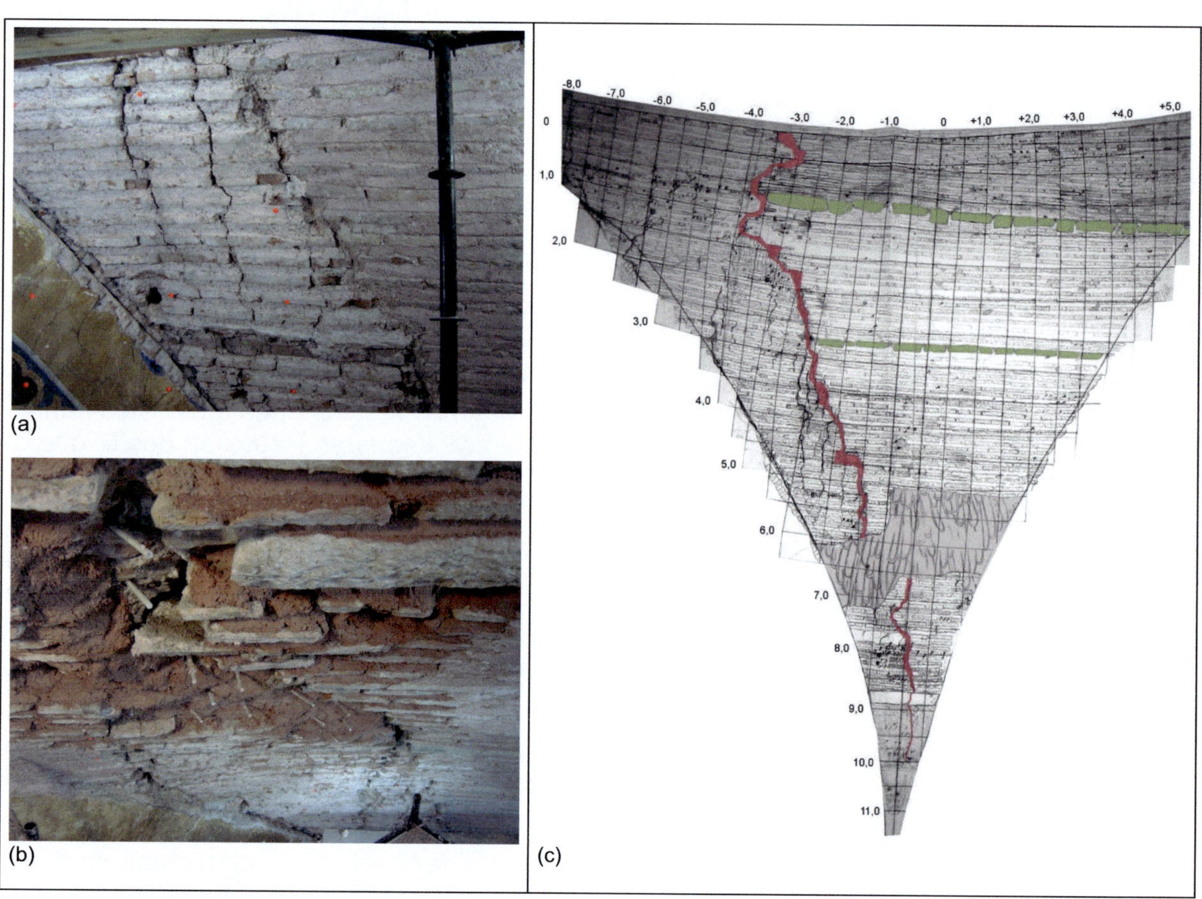

Abb. 5.5: Das Südwest-Pendentif während der Sanierung
(a) Bruchkante zwischen den Bauteilen des 6. und 10. Jahrhunderts
(b) Ausgewaschene Mauerwerksfugen
(c) Bauaufnahme des Südwest-Pendentifs mit Bruchkante (rot) und Marmoreinschübe (grün)
[Quelle: *Central Laboratory for Restoration and Conservation, Istanbul*]

- ***Materialien und Mauerwerksstruktur***

Erwartungsgemäß wurden die Pendentifs aus dem bereits für die Kuppel beschriebenen, charakteristischen byzantinischen Mauerwerk mit flachen Ziegeln und hohen Lagerfugen ausgeführt. Die Vermauerung erfolgte im Verband, die Ziegellagen weisen eine auf die Pendentiffläche orthogonal stehende Neigung auf (Abb. 5.5-a).

Die im Rahmen der Radarmessungen erkannten horizontalen Bänder erhöhter Reflexionen konnten als Marmoreinlagen identifiziert werden (Abb. 5.5-c). Diese Bauweise – Ziegelmauerwerk, in gewissen Abständen durch eine horizontale Steinlage unterbrochen – war für byzantinische Bauwerke durchaus üblich [73]. Nach MAINSTONE [67] wurden derartige Steinlagen auch in anderen Bereichen der Hagia Sophia angetroffen (vgl. Abb. 4.47-b).

Bezüglich der Materialeigenschaften wurden keine eigenen Untersuchungen durchgeführt. Die optische Beurteilung lässt es jedoch als unwahrscheinlich erachten, dass sich die an den Pendentifs verwendeten Materialien wesentlich von denen der Kuppelbauteile der entsprechenden Bauphasen unterscheiden.

Abbildung 5.5-b zeigt eine Detailaufnahme des Mauerwerks vor den Restaurierungsmaßnahmen. Dieses ist lokal stark zerrüttet, die Fugen scheinen infolge früheren Feuchtebefalls stark ausgewaschen.

- ***Der Verlauf und die Beschaffenheit der Bruchkante***

Der radartechnisch ermittelte Verlauf der Bruchkante zwischen den Bauteilen des 6. und 10. Jahrhunderts wurde durch die Bauaufnahme zweifelsfrei bestätigt: Die Bauphasen weisen deutliche Unterschiede in Farbe, Ziegelausbildung, Vermörtelung und Fugenbild auf (Abb. 5.5-a). Das dem 10. Jahrhundert entstammende Mauerwerk erweist sich hierbei als deutlich homogener. Die Bruchkante hat ihren Ausgangspunkt westlich von Rippe 14 und verläuft – leicht diagonal – bis in den spitz zulaufenden, unteren Pendentifabschluss, d. h. bis in den Kämpferbereich der Hauptbögen (Abb. 5.5-c).

Vor den Restaurierungsmaßnahmen wies die Bruchkante eine Breite von mehreren Zentimetern auf. Eine Verzahnung zwischen den Bauteilen ist nicht vorhanden, diese wurden stumpf aneinandergefügt.

Als Hinweis auf eine ehemals starke Ringzugbelastung der Pendentifflächen können die in den Bauteilen des 6. Jahrhunderts zu erkennenden, deutlich ausgeprägten Meridianrisse gewertet werden. Deren vertikal durchgehender Verlauf deutet auf gute Verbundeigenschaften zwischen Mörtel und Ziegel hin.

- ***Das Südost-Pendentif***

Das Südost-Pendentif verbindet den südlichen, dem 6. Jahrhundert entstammenden Schildbogen mit dem im 14. Jahrhundert erstellten östlichen Hauptbogen. Der überwiegende Teil der Pendentiffläche ist durch Mosaiken bedeckt, lediglich im südlichen Bereich existieren heute Putzflächen (Abb. 5.6-a).

Aus der im Kuppelbereich ermittelten Lage der Bruchkante – östlich von Rippe 9 – ist zu schließen, dass nahezu die gesamte Pendentiffläche der Bauphase des 14. Jahrhunderts zuzuordnen ist. Maßgebende Verformungen oder Irregularitäten, welche einen anderen Schluss zulassen, sind im äußeren Erscheinungsbild nicht erkennbar. In Fortsetzung des Bruchkantenverlaufes in der Kuppel zeichnet sich nahe des südlichen Hauptbogenscheitels ein Putzriss ab (Abb. 5.6-b), welcher als ergänzender Hinweis für den Verlauf der Bruchkante zu werten ist.

Abb. 5.6: (a) Das Südost-Pendentif (b) Sanierter Putzriss im Bereich der Bruchkante zwischen dem 14. und 6. Jahrhundert

Aus den Resultaten der flächigen Radarmessungen (Messreihe PSO-A_{MK4}) wurden Zeitscheiben berechnet (Abb. 5.7). Diese stellen sich – aufgrund des größeren Abstandes der einzelnen Messstrecken – gegenüber dem Südwest-Pendentif in etwas gröberem Raster dar.

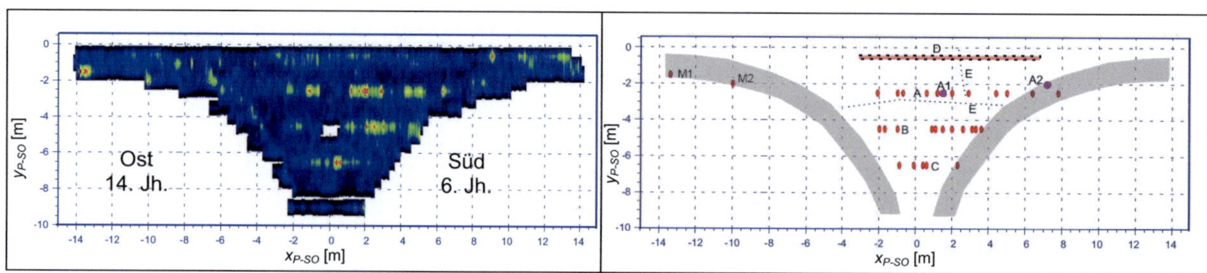

Abb. 5.7: Zeitscheibenberechnung (Messreihe PSO-A_{MK4}),Tiefenzone 15–40 cm

Ein struktureller Bruch, welcher auf einen Materialwechsel bzw. die Existenz einer Bruchkante hinweist, ist nicht erkennbar und bestätigt damit die Annahme, dass annähernd das gesamte Pendentif dem 14. Jahrhundert entstammt. Lediglich unmittelbar unter der Messoberfläche sind Bereiche unterschiedlicher Reflexionsstärken zu differenzieren, welche jedoch auf die wechselnden Oberflächenbeschaffenheiten (Mosaiken bzw. Putzflächen) zurückzuführen sind. Ähnlich dem Südwest-Pendentif zeichnen sich horizontale Bänder lokaler Reflektoren (A–D) mit einer Überdeckung von d = 35–60 cm, lokal auch d = 70–100 cm, ab. In Analogie zum Südwest-Pendentif handelt es sich hierbei mit großer Wahrscheinlichkeit um Marmoreinschübe im Ziegelmauerwerk.

- ***Das Nordost- und Nordwest-Pendentif***

Die beiden Pendentifs im Nordosten (Abb. 5.8-a) und Nordwesten (Abb. 5.9-a) waren im Rahmen des Forschungsprojektes nicht bzw. nur beschränkt zugänglich und konnten daher nicht näher untersucht werden. Die Analyse muss sich daher auf bekannte Fakten bzw. qualitative Überlegungen zum Verlauf der Bruchkanten beschränken.

Das sich zwischen nördlichem Schildbogen und östlichem Hauptbogen aufspannende Nordost-Pendentif ist im äußeren Erscheinungsbild geprägt durch einen deutlichen, im Bereich der Mittelachse nahezu vertikal verlaufenden Grat (Abb. 5.9-b). Diese auch in der photogrammetrischen Vermessung (Abb. 5.3-a) hervortretende geometrische Irregularität kennzeichnet den Verlauf der Bruchkante zwischen den Bauteilen des 6. und des 14. Jahrhunderts.

Abb. 5.8: (a) Das Nordost-Pendentif (b) Grat im Bereich der Bruchkante zwischen dem 6. und 14. Jahrhundert

Das die nördliche Schildwand (6. Jahrhundert) und den westlichen Hauptbogen (10. Jahrhundert) verbindende Nordwest-Pendentif lässt sich – entsprechend dem Bruchkantenverlauf in der Kuppel – nahezu vollständig der Aufbauphase des 10. Jahrhunderts zuordnen. Diese Annahme wird anhand einer Photographie (Abb. 5.9-b) der Bruchkante zweifelsfrei belegt.

Abb. 5.9: (a) Das Nordwest-Pendentif (b) Bruchkante zwischen dem 10. und 14. Jahrhundert, aus [46]

Hinsichtlich des strukturellen Aufbaues und der Materialeigenschaften sind gegenüber den näher untersuchten Pendentifs keine Differenzen anzunehmen.

5.3.2 Die Hauptbögen

Die vier mächtigen Hauptbögen säumen den zentralen, quadratischen Gebäudegrundriss und überspannen diesen mit einem lichten Maß von $D \sim 31{,}00$ m.

Sie bestehen ebenfalls aus dem an Hauptkuppel und Pendentifs verwendeten charakteristischen Ziegelmauerwerk. Im Gegensatz hierzu weisen die in den Hauptbögen verwendeten Ziegel jedoch – ähnlich den römischen „Bipedales“ – Seitenlängen von bis zu $b_{st} = 70$ cm auf [u. a. 110], welche radial vermauert wurden.

5.3.2.1 Die südlichen und nördlichen Hauptbögen

- ***Die äußeren Abmessungen***

Aufgrund der identischen Erbauungszeit ist davon auszugehen, dass sich die konstruktiven und geometrischen Ausführungen der nördlichen und südlichen „Doppelbögen“ weitestgehend entsprechen (vgl. Abb. 4.1, 5.10-a).

In Übereinstimmung mit den Plänen von VAN NICE [113] nennt MAINSTONE [67] für den *unteren* dieser Bögen einen Querschnitt von b_B/h_B = 4,50/1,60 m. Die Querschnittshöhe ergibt sich dabei aus zwei Bogenringen von jeweils 80 cm. Die dem Gebäudeinnern zugewandte Seitenfläche wurde bündig mit der Innenseite der Schildwand angeordnet, die Breitenentwicklung des Bogens erfolgt auf der Außenseite des Gebäudes und entspricht in etwa der vorhandenen Breite der Hauptpfeiler.

Die beiden *oberen* Hauptbögen zeichnen sich im Gebäudeinnern durch einen deutlichen Überstand (ca. 1,35 m) gegenüber der Schildwand ab (Abb. 5.10-b). Die Bogenhöhe konnte durch eigene Messungen zu h_B = 1,95 m ermittelt werden. Die Oberkante des Bogenscheitels bildet gleichzeitig die Oberkante des umlaufenden Kuppelgesimses und korrespondiert hinsichtlich der Höhenlage in etwa[34] mit der West- und Ostseite. Die Breite b_B des oberen Bogenquerschnitts ist nicht hinreichend bekannt; sie bewegt sich zwischen dem sich aus der Summe von Gesimsbreite und Aufstandsfläche der Fensterpfeiler ergebenden Minimalmaß von ca. 3,00 m und dem den äußeren Gebäudeabmessungen entsprechenden Maximalmaß von knapp 6,00 m[35].

- ***Radartechnische Erkundung***

Die radartechnische Erkundung von Geometrie und innerer Struktur des oberen südlichen Hauptbogens erfolgte im Rahmen von Messkampagne 2 (Messreihe BSW-A_{MK2}) und Mess-

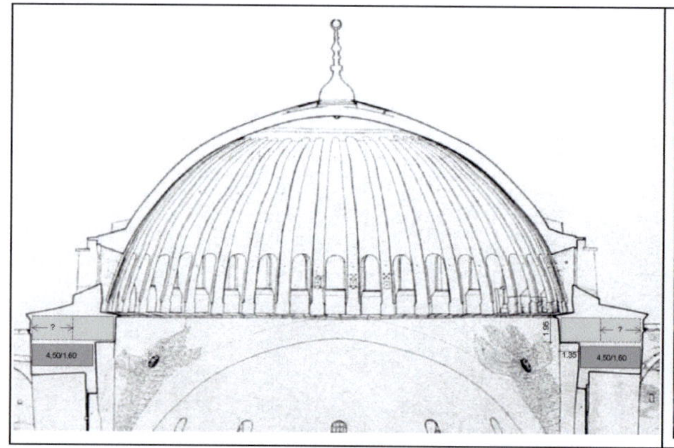

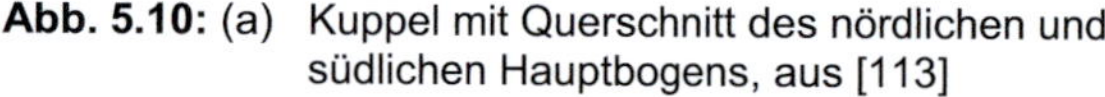

Abb. 5.10: (a) Kuppel mit Querschnitt des nördlichen und südlichen Hauptbogens, aus [113] (b) Nördliche Schildwand mit oberem Hauptbogen, gestrichelt angedeutet: die Unterkante des unteren Hauptbogens

[34] Geringe Differenzen hinsichtlich der Höhenlage des Gesimses sind in [113] dokumentiert.

[35] LETHABY/SWAINSON [64] berichten, dass die ursprünglichen Schildbögen nicht die heutige Breite hatten und erst später ergänzt wurden.

kampagne 4 (Messreihe BSO-A_{MK4}). Aufgrund großer Bauteilabmessungen und einem zu vermutenden Feuchtegehalt ist die radartechnische Analyse nur begrenzt aussagekräftig. Die Erkenntnisse lassen sich zusammenfassend wie folgt darstellen:

- Trotz einer hohen Eindringtiefe des Radarsignals und Reflexionen in einer Bauteiltiefe von bis zu d = 3,50 m ist die Außenkante des Bogens radartechnisch nicht nachzuweisen. Diese Tatsache stützt die o. g. Vermutung einer hohen, im Maximalfall bis zu b_B = 6,00 m betragenden und möglicherweise mehrteiligen Bogenbreite.
- Aufgrund schwacher Reflektoren im Querschnittsinnern sind zumindest in Tiefen von ca. 40 cm, 170 cm und 240 cm Stoßfugen zu erahnen, was durchaus als Hinweis einer späteren Verbreiterung der ursprünglichen Bogenform zu werten ist.
- Vereinzelt sind lokale Reflektoren in Tiefen von 50 cm bis 3,50 m zu erkennen. Ob es sich hierbei um metallische Objekte oder auf einen Materialwechsel innerhalb der Mauerwerksstruktur (ähnlich den Marmoreinlagen in den Pendentifs) handelt, ist mit letztendlicher Gewissheit nicht zu klären.
- Eine deutliche Abnahme der Reflexionsstärke ist etwa in der Mitte des westlichen Abschnitt ($x_{B\text{-}SW}$ = 15,50 m)zu erkennen. Da ein Materialwechsel vor dem Hintergrund der ermittelten Bruchkantenlage als unwahrscheinlich erachtet wird, ist hierbei von einer zunehmenden Feuchtebelastung auszugehen. Die sich an den Oberflächen abzeichnenden Feuchteeinflüsse bestätigen diese Schlussfolgerung zweifelsfrei.

Hinsichtlich der Materialeigenschaften wurden keine differenzierten Untersuchungen durchgeführt. Es ist jedoch nicht davon auszugehen, dass diese sich maßgeblich von den an der Hauptkuppel angetroffenen Verhältnissen unterscheiden.

5.3.2.2 Der westliche Hauptbogen

- ***Die äußeren Abmessungen***

Der westliche Hauptbogen (Abb. 5.11) wurde nach dem Teileinsturz im 10. Jahrhundert neu errichtet. Bereits im äußeren Erscheinungsbild wird deutlich, dass dieser – wie alle im 10. Jahrhundert erstellten Bauteile – gegenüber den vergleichbaren Bauteilen der anderen Bauphasen eine mächtigere Ausführung aufweist.

Gemäß den Angaben von MAINSTONE [67] bzw. den Plänen von VAN NICE [113] besitzt der Bogen einen Querschnitt von b_B/h_B = 4,00/2,80 m. Die große Höhe bewirkt einerseits, dass die Unterkante des Bogens wenige Zentimeter unter die Unterkante der anschließenden westlichen Halbkuppel reicht, andererseits ragt der Bogen deutlich über das Kuppelgesims

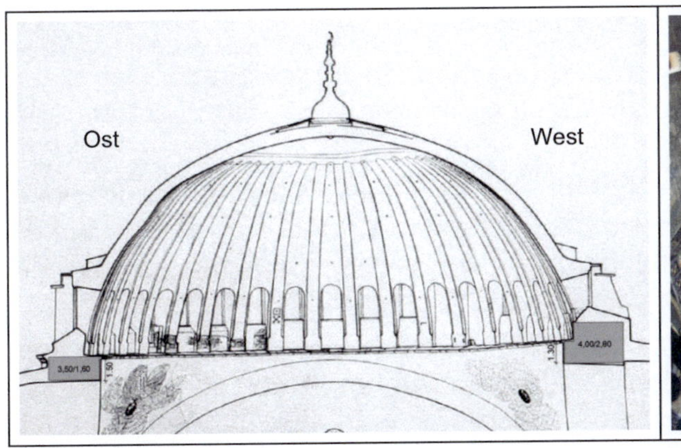

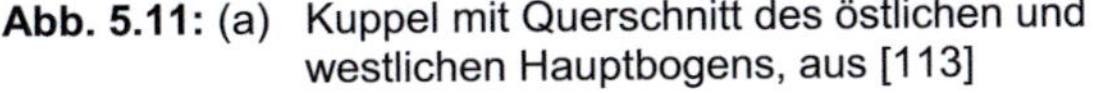

Abb. 5.11: (a) Kuppel mit Querschnitt des östlichen und westlichen Hauptbogens, aus [113] (b) Der westliche Hauptbogen

Abb. 5.12: (a) Scheitel des westlichen Hauptbogens, aus [67] (b) Gebäudeansicht aus westlicher Richtung, aus [67]

hinweg (Abb. 5.12-a). Zur Realisierung des Umganges musste der Bogen im Bereich des Gesimses in seiner Höhe auf h_B = 1,30 m reduziert werden. Entsprechend wurden die Rippen 20 und 21 unmittelbar auf dem Bogenscheitel aufgesetzt.

Das größere Breitenmaß zeichnet sich im Gebäudeinnern durch den „geraden" Abschnitt im Bereich des Scheitels ab (Abb. 3.3 und 10.36-a) und tritt auch am Gebäudeäußern in Form eines Versatzes der westlichen Gebäudeflucht (Abb. 5.12-b) optisch zutage.

In Anlehnung an den im Südwest-Pendentif ermittelten Bruchkantenverlauf lässt sich der westliche Hauptbogen vollständig, d. h. bis in seinen Kämpferbereich, der Bauphase des 10. Jahrhunderts zuordnen. Durch die Restauratoren wird von der Existenz eines nicht näher zu definierenden, jedoch unmittelbar über dem Kämpferbereich befindlichen metallischen Ankers berichtet. Dieser könnte als Hinweis auf die exakte Lage des wieder aufgebauten Bogens gewertet werden.

- ***Radartechnische Erkundung***

Die radartechnische Erkundung des westlichen Hauptbogens galt, da die äußeren Abmessungen weitestgehend bekannt und dokumentiert sind, einerseits der inneren Mauerwerksstruktur, andererseits sollte eine Antwort auf die oftmals diskutierte Frage gefunden werden, ob Hauptbogen und Halbkuppel eine kraftschlüssige Verzahnung aufweisen oder lediglich stumpf aneinandergefügt sind.

Als Ergebnisse der im Rahmen von Messkampagne 2 (Messreihe BW-A_{MK2}) durchgeführten Untersuchungen sind folgende Punkte zu nennen:

- Die Auswertung der Radargramme zeigt keine durchgehenden Reflexionsbänder, welche auf Schichtgrenzen oder Stoßfugen hindeuten. Es ist daher von einer sehr dichten Fugenvermörtelung auszugehen.
- Aufgrund der großen Bauteilbreite kann mittels Radar keine Aussage zur Fugenbeschaffenheit zwischen Hauptbogen und Halbkuppel getroffen werden. Der unterseitig vorhandene Höhenversatz lässt eine kraftschlüssige Verzahnung bzw. das Vorhandensein eines Mauerwerksverbandes jedoch als eher unwahrscheinlich erachten.
- Etwa zu Hälfte der Messstrecke ($x_{B\text{-}W}$ = 15,50 m) zeigte sich eine Grenze unterschiedlicher Reflektivität. In Analogie zu den Ergebnissen am südlichen Hauptbogen und den daraus gezogenen Schlussfolgerungen ist auch hier von zunehmender Feuchte auszugehen. Spuren davon bzw. daraus resultierende Schäden sind an der Unterseite des westlichen Hauptbogens (vgl. Abb. 5.11-b) ablesbar.
- Unmittelbar im Bereich des Bogenkämpfers zeichnen sich lokale Reflexionen ab, welche in Zusammenhang mit dem von den Restauratoren erwähnten Anker stehen und Hinweis auf den Ausgangspunkt des im 10. Jahrhundert erstellten Bogens geben können.

5.3.2.3 Der östliche Hauptbogen

• ***Die äußeren Abmessungen***

Die Errichtung des östlichen Hauptbogens in seiner heutigen Struktur (Abb. 5.11-a, 5.13) erfolgte im Rahmen der Aufbauarbeiten nach dem Teileinsturz des 14. Jahrhunderts. Entsprechend den ermittelten Bruchkantenverläufen erscheint es wahrscheinlich, dass der Bogen vollständig, d. h. bis zum Kämpferbereich, dieser Bauphase entstammt.

Abb. 5.13: Der östliche Hauptbogen

Gegenüber dem Hauptbogen auf der Westseite besitzt der östliche Bogen deutlich geringere Bauteildimensionen, die Abmessungen betragen gemäß den Angaben von MAINSTONE [67] bzw. VAN NICE [113] b_B/h_B = 3,50/1,60 m.

Die Unterkante des Hauptbogens schließt damit bündig an die angegliederte östliche Halbkuppel an, die Bogenoberkante entspricht der Oberkante des umlaufenden Kuppelgesimses.

• ***Radartechnische Erkundung***

Die radartechnische Analyse des östlichen Hauptbogens basiert auf den Auswertungen der Messreihe B-A_{MK4}. Hinsichtlich der inneren Struktur ergaben sich folgende Erkenntnisse:

- Schwache Reflexionshorizonte in einer Tiefe von $d \sim 1{,}00$ m und $d \sim 1{,}60$ m deuten auf Stoßfugen im Mauerwerk hin. Diese scheinen, gegenüber dem westlichen Hauptbogen, weniger dicht vermörtelt.
- Analog zum westlichen Hauptbogen gelang auch auf der Ostseite keine radartechnische Darstellung und damit auch keine gesicherte Aussage zur Fuge zwischen Hauptbogen und anschließender Halbkuppel.
- Nach dem ersten Drittel der Messstrecke ($x_{B\text{-}O} \sim 6{,}00$ m) ist eine Grenze unterschiedlicher Reflektivität erkennbar. Entsprechend den Ausführungen am südlichen und westlichen Hauptbogen deutet dies auf einen sich auch an der Bogenunterseite optisch abzeichnenden Feuchtehorizont hin.

6 Die Erkundung der Hauptpfeiler

6.1 Bauteilbeschreibung und Begriffsdefinition

Die Hauptpfeiler bilden, gemeinsam mit den im Norden und Süden angegliederten Strebepfeilern und den am östlichen und westlichen Ende des Kirchenschiffs gelegenen Nebenpfeilern (Abb. 4.1, 6.1-b), die maßgeblichen Tragglieder zur Aufnahme von Vertikal- und Horizontallasten und – aufgrund ihrer Dimensionen – die optisch dominierenden Bauteile im Gebäudeinnern (Abb. 6.1-a). Sie erstrecken sich über die Grund- und Galerieebene nach oben bis zu den Auflagerpunkten der Hauptbögen bei einer Höhe H von ca. 23 m und weisen im Grundriss eine Querschnittsfläche A von nahezu 55 m² auf.

Bereits der Geschichtsschreiber *Kaiser Justinians*, *Procopios von Caesarea*, zeigt sich von den gewaltigen Abmessungen dieser Pfeiler beeindruckt und notiert [101]: *„In der Mitte des Tempels sind aber vier künstliche Steinmassen – Pfeiler nennt man sie – aufgeführt, zwei gen Nord und zwei gen Süd, genau einander gegenüber, und zwischen sich je vier Säulen. Die Pfeiler sind aus ansehnlichen Quadern zusammengesetzt, die sorgfältig ausgewählt und von den Steinmetzen verständig miteinander verbunden sind. Sie erheben sich zu großer Höhe, man könnte sie ganz gut mit steilen Gebirgsfelsen vergleichen."*

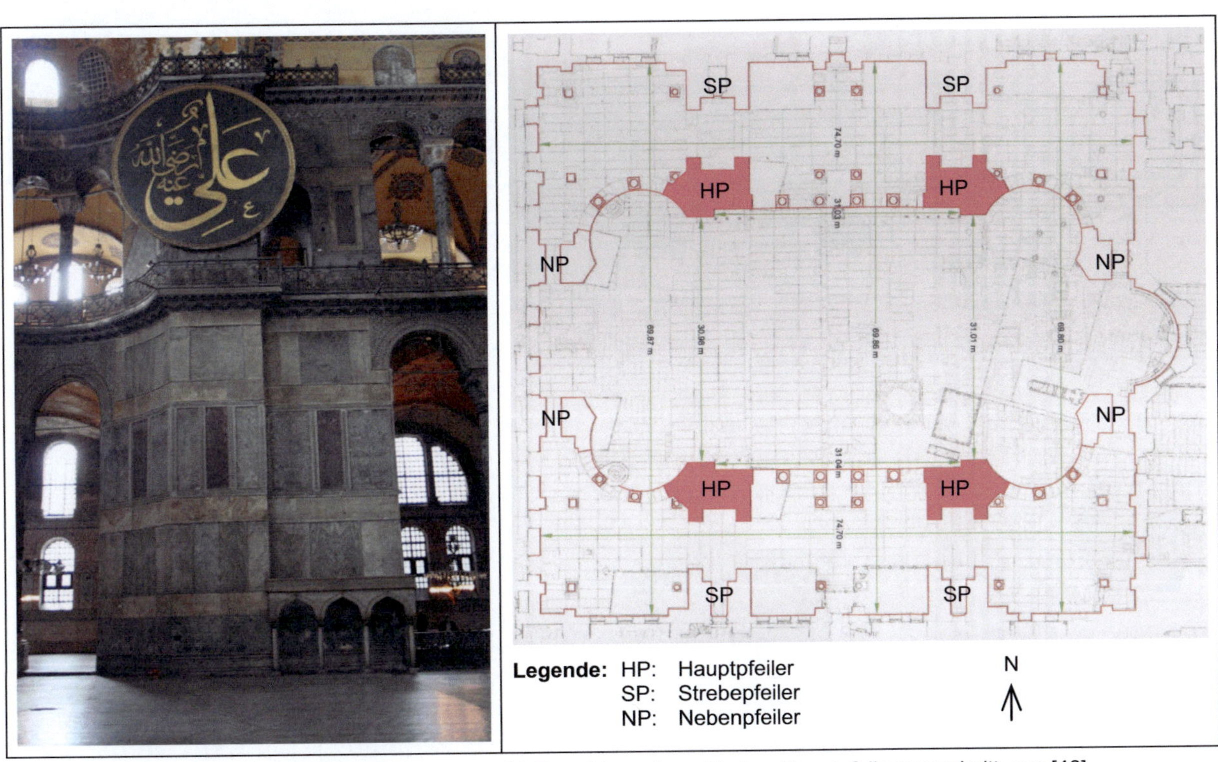

Abb. 6.1: (a) Nordwestlicher Hauptpfeiler (b) Grundriss mit markiertem Hauptpfeilerquerschnitt, aus [46]

Die nahezu vollflächig mit Marmorplatten verschiedener farblicher Schattierungen verkleideten Hauptpfeiler wurden aus großformatigen Natursteinquadern erstellt und bilden damit einen baukonstruktiven Kontrast zum üblicherweise verwendeten byzantinischen Ziegelmauerwerk.

Trotz sichtbarer horizontaler Verformungen, die angeblich [57, 76] schon während des Baufortschrittes beobachtet wurden und insbesondere auf das Kriechverhalten des jungen Mörtels zurückzuführen sind, waren die Hauptpfeiler nie von einem Einsturz betroffen. Sie entstammen damit der Erbauungsphase des 6. Jahrhunderts und entsprechen noch heute ihrer ursprünglichen, von *Anthemius von Tralles* und *Isidoros von Milet* gewählten Form.

Lediglich im Galeriegeschoss erfuhren die Pfeilerquerschnitte im Rahmen von Restaurierungs- bzw. Verstärkungsmaßnahmen die folgenden Veränderungen bzw. Ergänzungen:

- Die den Nordwest-Pfeiler dort in Nord-Süd-Richtung durchdringende Öffnung (in Abb. 6.1-a durch Schild zum Teil verdeckt, in Abb. 6.2-a mit Rundbogen) gab es ursprünglich auch an den anderen Hauptpfeilern, wurden später aber geschlossen. MAINSTONE [67] datiert diese Schließung aufgrund der angetroffenen, sich in der Form der verwendeten Steinquader gegenüber dem Pfeilermauerwerk deutlich abhebenden Mauerwerksstruktur [23], in die ottomanische Zeit.
- Die ursprüngliche Form aller Pfeiler erfuhr eine Erweiterung des Querschnitts in Richtung Exedra (Abb. 6.2-b). Dies führte dazu, dass ehemals frei stehende Marmorstützen in den Pfeilerquerschnitt integriert wurden. Diese Ergänzung fand möglicherweise in mehreren Schritten statt, MAINSTONE [67] schreibt die letztendliche heutige Form der Sanierungsphase der Gebrüder *Fossati* zu.

Abb. 6.2: (a) Nordwestlicher Hauptpfeiler in der Galerieebene mit Öffnung (b) Nordwestlicher Hauptpfeiler in der Galerieebene: Erweiterung in Richtung Exedra

6.2 Die Messungen – Verfahren, Ziele und Durchführung

Die Erkundung der Hauptpfeiler in Grund- und Galerieebene erfolgte im Rahmen von Messkampagne 4 unter Einsatz von radartechnischen und mikroseismischen Verfahren. Ergänzend wurden Handaufmasse genommen und eine optische Beurteilung durchgeführt.

6.2.1 Die Radar-Reflexionsmessungen

Ziel der Radar-Reflexionsmessungen war die Erkundung der inneren Struktur der Natursteinpfeiler. Hierbei sollte insbesondere der Frage nachgegangen werden, ob sich der Aufbau ihrer Querschnitte als homogene Einheit darstellt oder ob Anzeichen auf Mehrschaligkeiten, Materialwechsel und einen – wie oftmals vermutet [7] – Kern verminderter Festigkeit bestehen. Darüber hinaus bildete, neben der Gewinnung von Kenntnissen über den Mauerwerksverband und eventuelle Störbereiche oder Metallteile im Querschnittsinnern, auch eine Aussage zum Feuchte- bzw. Salzgehalt ein zentrales Erkundungsziel.

Die Zugänglichkeit war für alle Pfeiler – mit geringen Einschränkungen infolge des Kuppelgerüstes am Südostpfeiler – gegeben. Die erreichbare Höhe über Fußbodenniveau betrug in der Grundebene, unter Einsatz eines fahrbaren Gerüstes, ca. 6 m. Im Galeriegeschoss wurden die erreichbaren Flächen bis zu einer Höhe von ca. 2 m über Fußbodenniveau untersucht.

(a)

(b)

Abb. 6.3: Horizontale (a) und vertikale (b) Radarmessungen an den Hauptpfeilern in Grund- (b) und Gallerieebene (a)

Aufgrund der mächtigen Bauteilabmessungen und des Ziels einer vollständigen Durchdringung des Pfeilerquerschnitts erfolgten die radartechnische Erkundung der Hauptpfeiler ausschließlich unter Einsatz der mit einer hohen Tiefenreichweite ausgestatteten 400-MHz-Antenne. Es lag folgendes Messprogramm zugrunde:

- Umlaufende horizontale Messungen in zwei Ebenen (ca. 1,00 m und 2,00 m über Fußbodenniveau) an allen Pfeilern in Grund- und Galerieebene (Abb. 6.3-a). Aufgrund der punktsymmetrischen Anordnung der Pfeiler wurden zum besseren Vergleich der Ergebnisradargramme die Messungen am Nordwest- und Südost-Pfeiler gegen den Uhrzeigersinn, am Nordost- und Südwest-Pfeiler im Uhrzeigersinn durchgeführt.
- 13 vertikale Radarmessungen am Nordwest- und zwölf am Nordost-Pfeiler in der Grundebene, beginnend auf Fußbodenniveau bis auf Gerüsthöhe bei ca. 6,00 m (Abb. 6.3-b).

6.2.2 Die tomographischen Radar-Transmissionsmessungen

Unmittelbar über Fußbodenniveau erfolgte eine Untersuchung des nordwestlichen Hauptpfeilers mittels Radar-Transmissionsmessungen in tomographischer Anordnung.

Ziel dieser Untersuchung war die Strukturanalyse des Hauptpfeilers mittels der ´elektromagnetischen Wellengeschwindigkeit v´ (bzw. ´Dielektrizität ε´) sowie deren Verteilung über den Pfeilerquerschnitt.

Der Versuchsaufbau bestand aus 45 Messpunkten, deren Lage gleichmäßig über den Pfeilerumfang gewählt und geometrisch exakt erfasst wurde (Abb. 6.4). Unter Einsatz von Hochleistungssensoren mit Dominanzfrequenzen von 180 MHz erfolgten Transmissionsmessungen mit einer Sender-Empfänger-Anordnung aller möglichen Messpunktkombinationen. Dies ergab eine Summe von 990 Einzelmessungen und damit eine hochgradige Überdeckung des Pfeilerquerschnitts mit einzelnen Strahlwegen.

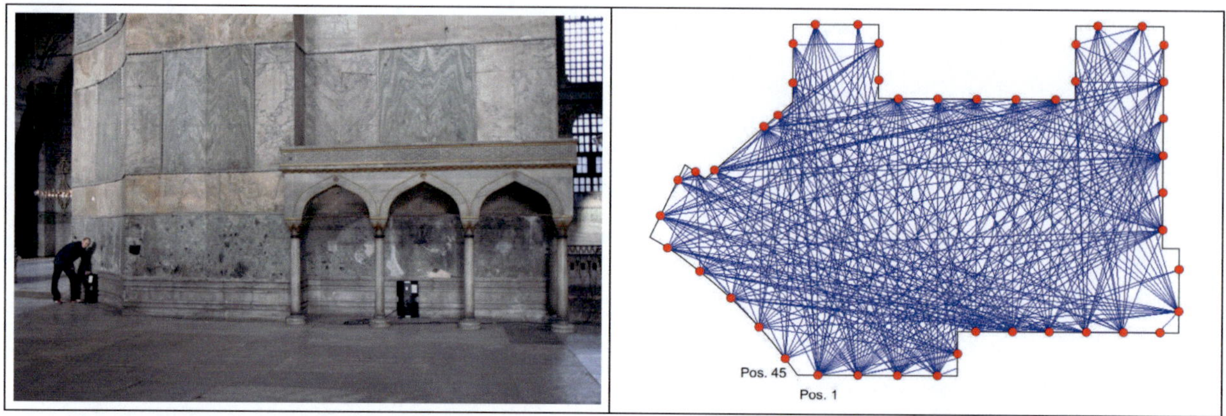

Abb. 6.4: (a) Radartomographie am Nordwest-Hauptpfeiler (b) Messpunkte und Strahlennetz der Messstrecken

6.2.3 Die tomographischen Mikroseismikmessungen

Ergänzend durchgeführte Mikroseismikmessungen dienten der Bestimmung von mechanischen Materialeigenschaften und einer Abschätzung der Festigkeits- und Steifigkeitseigenschaften des Pfeilermauerwerks. Um die Verteilung dieser Eigenschaften über den gesamten Pfeilerquerschnitt zu erlangen und damit auch eine Aussage hinsichtlich der Existenz eines Kerns verminderter Festigkeit im Querschnittsinnern treffen zu können, wurde – in Analogie zu den zuvor beschriebenen Radar-Transmissionsmessungen – eine tomographische Messanordnung gewählt.

Als problematisch erwies sich zunächst der Umstand, dass die Marmorverkleidung überwiegend keine unmittelbare Verbindung zum Pfeilermauerwerk, sondern deutliche, von elastischen Wellen nicht zu überbrückende Hohllagen aufweist. Eine kontinuierliche kraftschlüssige Verbindung schien lediglich im Sockelbereich gegeben, weshalb für die Geophonauslage (Abb. 6.5-a) auf die bereits für die Radartomographie definierten Messpunkte (Abb. 6.4-b) am Nordwest-Pfeiler zurückgegriffen wurde.

Eine Befestigung und kraftschlüssige Verbindung der Hochfrequenzgeophone mit dem Mauerwerk wurde durch Heißkleber bewerkstelligt.

Die mittels eines Impulshammers (Schließ-Trigger) durchgeführte Signalanregung erfolgte unmittelbar neben den einzelnen Geophonen (Abb. 6.5-b). Der Datenaufnahme diente eine hochauflösende 24-Kanal-Seismikapparatur *„Geometrics Strataview“*.

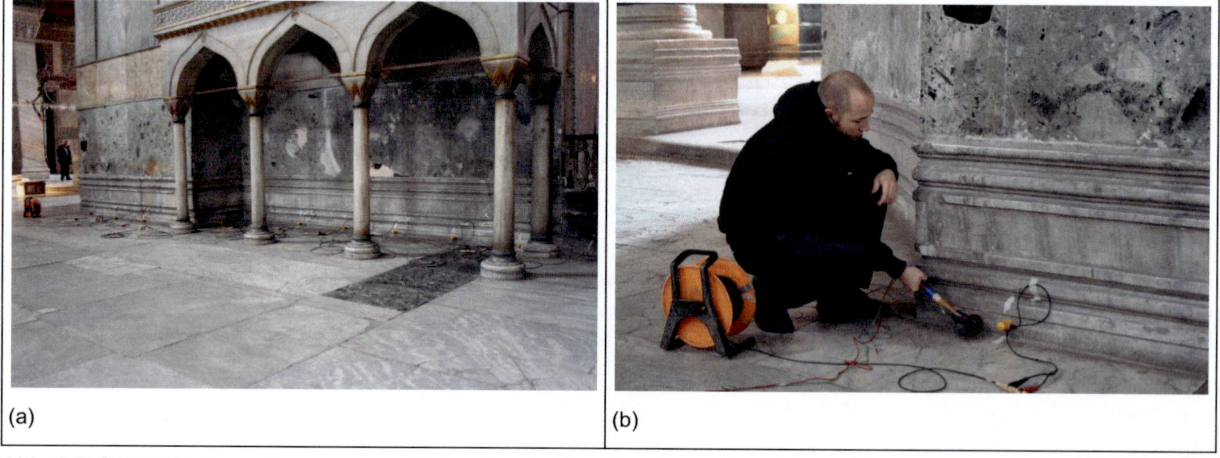

(a) (b)

Abb. 6.5: Seismiktomographie am nordwestlichen Hauptpfeiler: Geophonauslage (a) und Signalanregung (b)

6.3 Die Konstruktion der Hauptpfeiler – Erkundungsergebnisse

6.3.1 Die äußere Geometrie, Marmorverkleidung

Die vier zum Mittelpunkt der Kirche punktsymmetrisch angeordneten Hauptpfeiler weisen gemäß den Plänen von VAN NICE [113] identische, äußere Grundrissabmessungen auf. Ein an allen Pfeilern in Grund- und Gallerieebene vergleichend durchgeführtes Handaufmaß belegt, dass sich die Maßdifferenzen vergleichbarer Pfeilerseiten im niedrigen Zentimeterbereich bewegen und durch lokale Irregularitäten der Marmorverkleidung zu erklären sind.

Abbildung 6.6-a zeigt exemplarisch die Querschnittsabmessungen des Nordwest-Pfeilers in der Grundebene. Dieser weist bei einem Umfangsmaß von U = 36,87 m eine Querschnittsfläche von A = 54,6 m² auf.

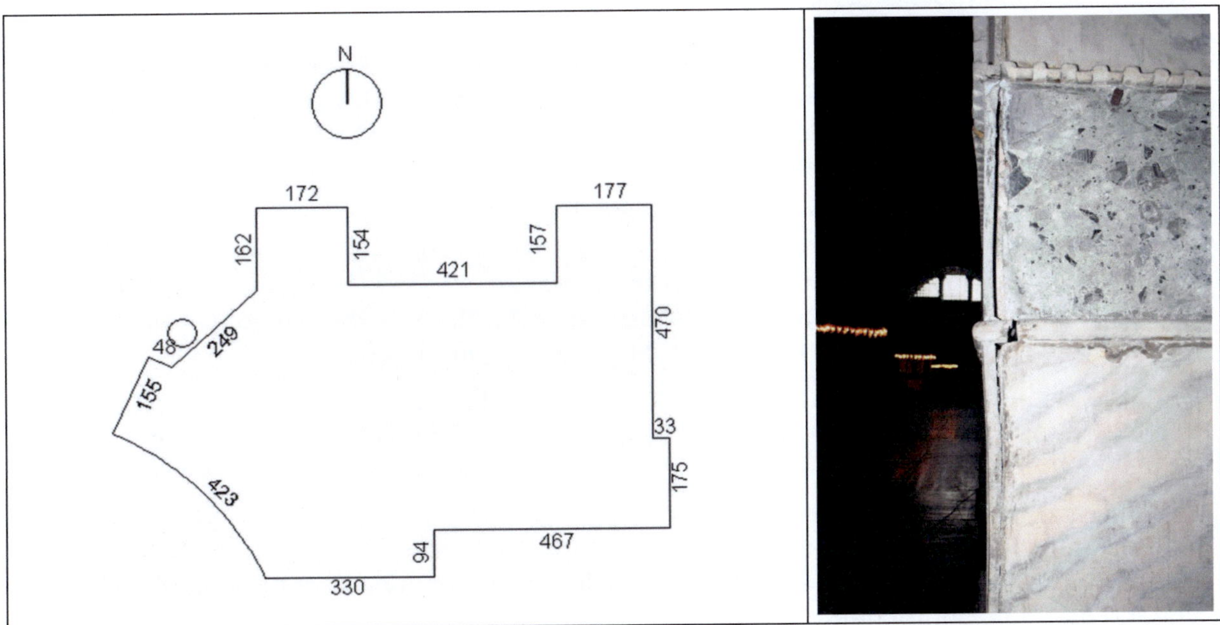

Abb. 6.6: (a) Grundrissabmessungen [cm] des nordwestlichen Hauptpfeilers in der Grundebene (b) Ablösung der Marmorplatten

Im Aufriss lassen die Hauptpfeiler infolge des Kuppel- bzw. Bogenschubes deutliche Verformungen erkennen. Die mittleren horizontalen Ausweichungen auf Kämpferhöhe der Hauptbögen betragen nach EMERSON/VAN NICE [22] in nördliche bzw. südliche Richtung $f_{h,S,N}$ = 45 cm, in westliche bzw. östliche Richtung $f_{h,W,O}$ =15 cm.

Entsprechend den bereits erwähnten, zeitgenössischen Berichten und den Kommentaren [76, 93] sollen bereits während der Bauzeit – noch vor Fertigstellung der Hauptbögen – erste deutliche Verformungen aufgetreten sein. MAINSTONE [67] schätzt die frühen, während der Bauzeit und in den Jahren bis zum Einsturz der ersten Kuppel erfolgten Verformungen zu 60% der heutigen Deformationen ein und führt dies insbesondere auf das Kriechverhalten des jungen Mörtels zurück.

Bei Betrachtung des leicht elliptischen Grundrisses der durch *Isidoros d. J.* erstellten, heutigen Kuppel mit einem in Nord-Süd-Richtung ca. 1,00 m größeren Durchmesser (vgl. Abschnitt 4.3.3.3) ist es sogar als äußerst wahrscheinlich zu erachten, dass die Pfeilerneigung fast vollständig auf plastische Formänderung zurückzuführen ist, welche bei Erstellung der zweiten Kuppel bereits abgeklungen war und seither lediglich einen geringfügigen Zuwachs infolge einer nachfolgenden elastischen Pfeilerverformung erhielt.

Die Oberflächen der Hauptpfeiler sind nahezu vollflächig mit 20–30 mm dicken Marmorplatten verkleidet, lediglich in der Galerieebene wurden diese vereinzelt durch Putzflächen ersetzt. Die Halterung der Marmorplatten erfolgt durch Eisenanker, welche in unregelmäßigen Abständen in das Quadermauerwerk einbinden. Klopfproben zeigten jedoch, dass die Platten großflächige Hohllagen aufweisen, lokal sind deutliche Ablösungen vom Pfeilermauerwerk zu erkennen (Abb. 6.6-b). Das Ausbiegen und Ausknicken lässt sich mit hoher Wahrscheinlichkeit auf Lastumlagerungen aus der Stauchung und Verkürzung des Pfeilermauerwerks zurückführen.

6.3.2 Das Mauerwerksgefüge

• ***Bisherige Kenntnisse***

Neben der Marmorverkleidung, welche eine unmittelbare Betrachtung des Quadermauerwerks verwehrt, bilden die enormen Abmessungen der Pfeiler die maßgebliche Ursache, dass nur wenige gesicherte Erkenntnisse zum Mauerwerksgefüge und der inneren Pfeilerstruktur vorliegen. Der bisherige Kenntnisstand basiert daher hauptsächlich auf visuellen Erkundungen der Steinoberflächen in lokal begrenzten oder temporär von Marmorplatten befreiten Bereichen.

Zur Erstellung der Hauptpfeiler wurden Kalkstein und „Greenstone“, ein regionaler, grünlich angewitterter Granit vermauert. MAINSTONE [67] berichtet, dass die beiden Natursteinsorten – scheinbar wahllos – zusammen verwendet wurden. Soweit erkennbar, sind die Steinquader eng aneinandergefügt, sie variieren in ihrer Dicke um ein mittleres Maß von d_{st} = 45 cm und weisen Breitenmaße von bis zu b_{st} = 1,00 m auf.

Über die dünnen Lagerfugen berichtet PROKOP [93], dass diese mit Blei ausgefüllt wären. EMERSON/VAN NICE [23] konnten dies für sehr wenige Teilbereiche bestätigen, überwiegend kam jedoch Kalkmörtel zum Einsatz.

Mit Hilfe endoskopischer Untersuchungen wurde im Jahre 1995 durch die italienische Firma *Ser.Co.Tec.* der Versuch unternommen, weitere Erkenntnisse zur inneren Struktur der Hauptpfeiler zu erlangen [2, 4, 104]. Hinsichtlich des Mauerwerksgefüges bestätigten die anhand von fünf Bohrungen mit einer maximalen Tiefe von 100 cm durchgeführten Erkundungen das im Wesentlichen Bekannte: Es wurde Naturstein mit hoher Festigkeit und unterschiedlichen, bis zu d_{st} = 90 cm betragenden Einbindetiefen angetroffen. Die Mauerwerksfugen erwiesen sich als dicht verfüllt und mit einem Kalkmörtel versehen.

• ***Eigene Erkundungen zum Mauerwerksgefüge***

Die eigenen Erkundungen zum Mauerwerksgefüge basieren hauptsächlich auf den horizontalen Radarmessungen in Reflexionsanordnung.

Im Bereich der nördlichen Pfeilervorlagen war es möglich, die Bauteildicke radartechnisch zu durchdringen und die Rückseite als klaren Reflektor darzustellen. Dies bot die Möglichkeit einer direkten Ermittlung der elektromagnetischen Wellengeschwindigkeit v als Grundlage zur korrekten Transformierung der Laufzeiten t in eine Wegstrecke s.

In der Grundebene (Abb. 6.7-a) ergab sich eine mittlere Wellengeschwindigkeit von v = 0,12 m/ns. Gemäß den Erläuterungen für den Kuppelbereich und dem Vergleich mit Erfahrungswerten von trockenem Material ist anhand dieses Wertes auf einen erhöhten Feuchtegehalt zu schließen (vgl. hierzu auch Abschnitt 6.3.3.4). Deutlich höhere Wellengeschwindigkeiten um einen Mittelwert von v = 0,135 m/ns konnten in der Galerieebene (Abb. 6.7-b) ermittelt werden. Das Mauerwerk erscheint hier weitestgehend trocken.

Die auf Grundlage der ermittelten Wellengeschwindigkeiten ausgewerteten Radargramme der horizontalen Messstrecken weisen in der Grundebene maßgebende Reflektoren bis in eine Tiefe von $d \sim 1{,}50$ m auf. Ein tieferes Eindringen und damit Hinweise auf Strukturen im Pfeilerkern wurde durch den erhöhten Feuchtegehalt verwehrt.

Im Galeriegeschoss konnte die Erkundungstiefe lokal bis auf $d = 2{,}50$ m gesteigert werden. Dies ermöglichte eine nahezu vollständige radartechnische Durchdringung des durch die Öffnung aufgelösten Pfeilerquerschnitts.

Als Ergebnis der radartechnischen Analyse sind Lage und Intensität der maßgebenden Reflektoren exemplarisch für den nordöstlichen Hauptpfeiler in Abbildung 6.7-a dargestellt. Die Reflektoren kennzeichnen die Stoßfugen des Quadermauerwerks der ersten, teilweise auch zweiten Schale. Es zeichnen sich Einbindetiefen zwischen $d_{st} = 40$ cm und $d_{st} = 90$ cm ab. Jede Messebene weist unterschiedliche Einbindetiefen der Quader auf, ein vorhandener Mauerwerksverband findet damit seine messtechnische Bestätigung.

Eine Besonderheit bildet der Anschlussbereich der nördlichen Pfeilervorlagen. Die Horizontal- und Vertikalradargramme zeigen eine durchgehende Reflexion infolge eines Materialwechsels evtl. in Verbindung mit einem Spalt. Die Pfeilervorlagen weisen damit keinen Verbund zum Pfeilerquerschnitt auf. Dieser stumpfe Anschluss könnte ggf. auf eine spätere[36] Ergänzung im Rahmen einer Verstärkungsmaßnahme hindeuten.

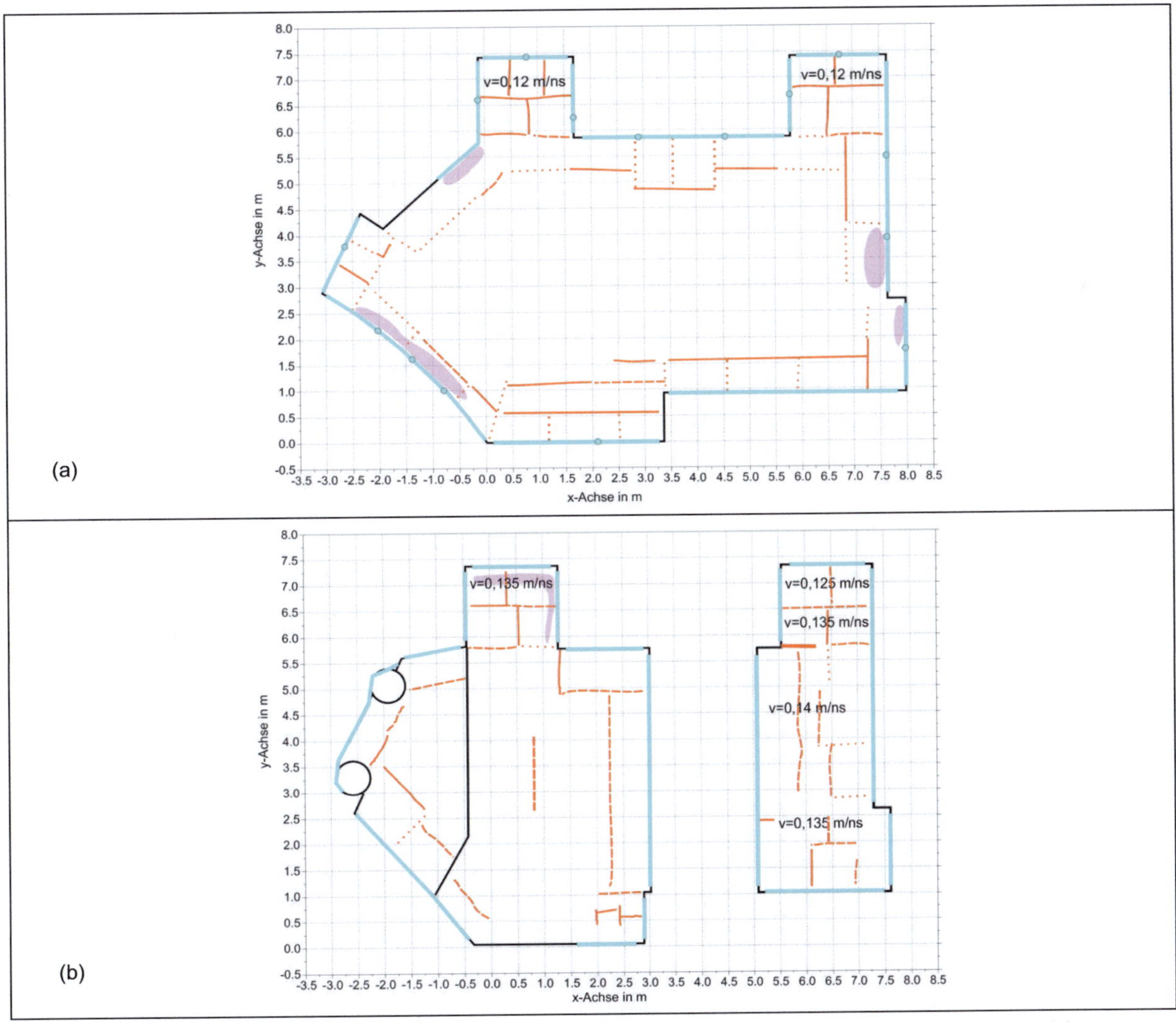

Abb. 6.7: Hauptpfeiler Nordwest, Querschnitt ca. 1,00 m über Fußbodenebene in Grund- (a) und Gallerieebene (b)

36 Diese Maßnahme könnte auch bereits während des Bauablaufes als Folge der bereits mehrfach beschriebenen frühen Deformationen der Hauptpfeiler erfolgt sein (vgl. Abb. 10.37-b).

6.3.3 Die Materialeigenschaften

Über die erwähnten endoskopischen Erkundungen [104] hinaus, sind von früher her keine in situ durchgeführten Untersuchungen an den Hauptpfeilern dokumentiert. Entsprechend basieren die bisherigen Aussagen hinsichtlich der Materialeigenschaften auf optischen Begutachtungen und abschätzenden Vergleichen mit den Kennwerten ähnlicher Materialien. Dieser lückenhafte Kenntnisstand sei im Folgenden den eigenen Untersuchungen vorangestellt und insbesondere um eine Aussage zu den Steifigkeits- und Festigkeitseigenschaften sowie den im Bauteil herrschenden Feuchteverhältnissen erweitert.

6.3.3.1 Die Baustoffe

Wie bereits erwähnt, handelt es sich bei dem für die Hauptpfeiler verwendeten Naturstein um Granit und Kalkstein. Bezüglich deren mineralogischer Zusammensetzung sei auf die chemische Analyse des im Rahmen der endoskopischen Erkundungen der Firma *Ser.Co.Tec.* [104] angefallenen Bohrmehls verwiesen.

Die Rohdichte für Kalkstein geben Tabellenwerke mit ρ = 2,6–2,9 kg/dm³, die des Granits mit ρ = 2,6–2,8 kg/dm³ an. Anhand dieser Werte lässt sich für das Pfeilermauerwerk – bei vernachlässigtem Anteil der dünnen Fugen – eine mittlere Rohdichte von ρ = 2,7 kg/dm³ abschätzen.

Hinsichtlich des verwendeten Fugenmörtels besteht kein Anlass zur Vermutung, dass dieser sich grundsätzlich vom Mörtel des Ziegelmauerwerks unterscheidet. Einzig das wesentlich geringere Fugenmaß verlangte eine Begrenzung des Größtkorns der dem Mörtel beigemengten zerstoßenen Ziegel.

6.3.3.2 Mechanische Materialeigenschaften – der Elastizitätsmodul

- ***Bisherige Abschätzungen zum Elastizitätsmodul des Natursteinmauerwerks***

Laboruntersuchungen [102] belegen, dass sich der Wertebereich der Elastizitätsmoduln von Natursteinen in weiten Grenzen bewegt. So wurden für Kalkstein und Granit Druck-E-Moduln zwischen E_D = 40000 N/mm² und E_D = 90000 N/mm² ermittelt. Je nach Herkunft und Charakteristik der Natursteine sind darüber hinaus Unter- oder Überschreitungen dieser Werte denkbar.

Ausgehend von den Moduln des Natursteins wurden in der Vergangenheit verschiedentlich Steifigkeitswerte für das Pfeilermauerwerk der Hagia Sophia abgeschätzt, welche – trotz erheblicher Schwankungen – Grundlage von Berechnungen bildeten.

THODE [110] ging in seinen Berechnungen von einem Elastizitätsmodul für Quadermauerwerk von E = 30000 N/mm² aus. Diese Abschätzung basiert auf dem vergleichenden Heranziehen weniger dokumentierter Laborversuche an Natursteinen.

Auf einem Elastizitätsmodul für das Pfeilermauerwerk von E = 10000 N/mm² basieren die Betrachtungen von ÇAKMAK/DAVIDSON/MULLEN/ERDIK [13], MARK/ÇAKMAK/HILL/DAVIDSON [77] oder OZKUL/KURIBAYASHI [89, 90]. Dieser Wert resultiert aus einer iterativen Rückrechnung, das Ziel verfolgend, durch entsprechende Wahl der Materialparameter eine maximale Übereinstimmung der Berechnungsergebnisse mit tatsächlichen Phänomenen zu erreichen (vgl. hierzu Abschnitt 9.4.2.4). Derselbe Wert liegt – ohne Angaben zu dessen Herkunft – den Überlegungen von KATO et al. [58] zugrunde.

BARTOLI [7] unterstellt das Vorhandensein einer Auffüllung im Querschnittskern und nimmt als mittleren Elastizitätsmodul des Hauptpfeilers einen Wert von E = 5000 N/mm² an.

- ***Eigene Erkundungen zum Elastizitätsmodul***

Die eigenen Erkundungen zum Steifigkeitsverhalten der Hauptpfeiler erfolgten auf Grundlage der mikroseismischen Ermittlung mechanischer Wellengeschwindigkeiten v_p im Pfeilermauerwerk und einer daraus resultierenden Abschätzung des dynamischen Elastizitätsmoduls E_{dyn}.

Aufgrund der tomographischen Messanordnung am nordwestlichen Pfeiler stand eine erhebliche Anzahl direkter Strahlwege zur Verfügung. Diese ermöglichten die Errechnung von Kompressionswellengeschwindigkeiten gemäß der in Abbildung 6.8-a dargestellten Häufigkeitsverteilung. Bei geringer Bandbereite zeigt sich ein ausgeprägte Maximum bei v_p = 2500 m/s.

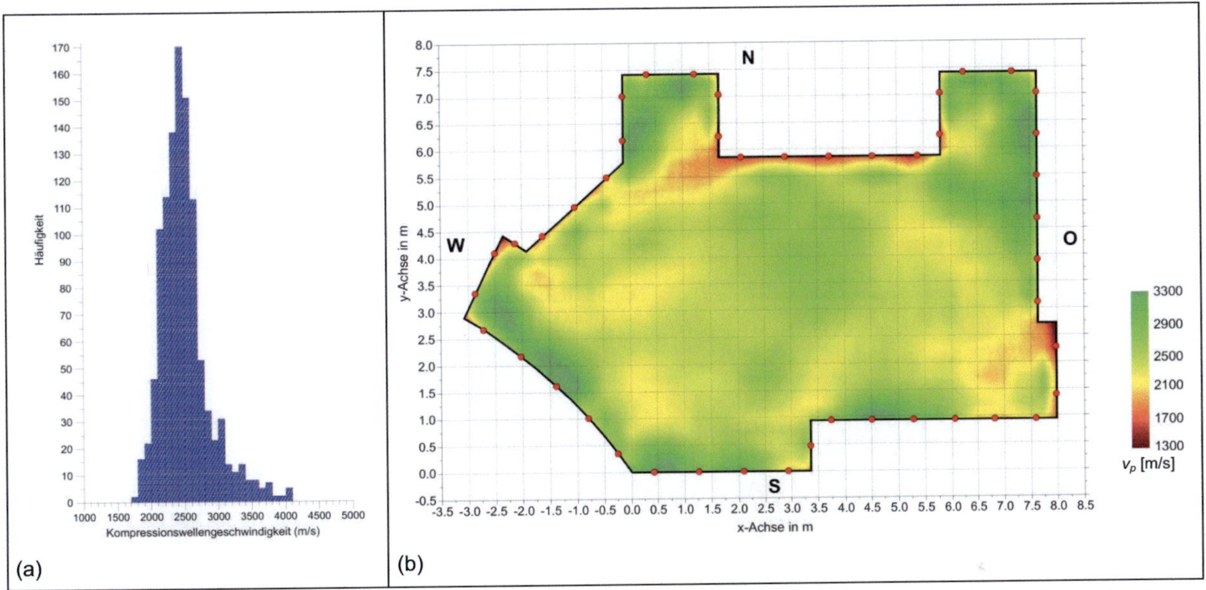

Abb. 6.8: Häufigkeitsverteilung (a) und Verteilung (b) der Kompressionswellengeschwindigkeit v_p im Nordwest-Hauptpfeiler

Die Verteilung der Wellengeschwindigkeiten v_p über den Pfeilerquerschnitt als Ergebnis der tomographischen Analyse erweist sich als homogen auf relativ konstantem Niveau. Dieses Resultat belegt zweifelsfrei, dass die Hauptpfeiler nicht, wie verschiedentlich vermutet, Struktur- oder Gesteinswechsel aufweisen, sondern solide durchgemauert sind.

Als auffällig erweist sich lediglich die Tendenz leicht steigender Werte zum Pfeilerrand hin. Ob dies seine Ursache in der lokalen Verwendung eines festeren Materials hat, auf dünnere Mörtelfugen im Randbereich hinweist oder auf einen Einfluss der am Pfeilermauerwerk anliegenden Marmorplatten schließen lässt, konnte nicht mit letztendlicher Gewissheit geklärt werden. Die in den nördlichen und östlichen Randbereichen abfallenden Wellengeschwindigkeiten sind dagegen auf ein lokales Ablösen der Marmorplatten zurückzuführen.

Die erhöhten Wellengeschwindigkeiten in den nördlichen Pfeilervorlagen in Verbindung mit einem lokalen Abfall der Werte im Anschlussbereich zum Pfeilerquerschnitt kann – in Ergänzung zu den Erkenntnissen aus den Radarmessungen – als weiteres Indiz für geringfügige Materialunterschiede der Pfeilervorlagen und das Vorhandensein eines stumpfen Mauerwerksanschlusses gewertet werden.

Es sei angefügt, dass im Rahmen von Messkampagne 1 mikroseismische Testmessungen am Nordost- und Südost-Pfeiler durchgeführt wurden. Die Auswertung der einzelnen Strahlwege ergab eine mittlere mechanische Wellengeschwindigkeit von v_p = 2300 m/s und liegt damit in der Größenordnung der tomographischen Messungen am Nordwest-Pfeiler. Eine Übertragbarkeit der Ergebnisse des nordwestlichen auf die übrigen drei Pfeiler scheint somit gegeben.

Für die Berechnung des dynamischen Elastizitätsmoduls aus der Kompressionswellengeschwindigkeit gilt die bereits als Gl. (4.3) erwähnte Beziehung:

$$E_{dyn} = v_p^{\,2} \cdot \rho \cdot \frac{(1+\mu)\cdot(1-2\mu)}{(1-\mu)}$$

Auf Grundlage einer mittleren mechanischen Wellengeschwindigkeit von $v_p = 2500$ m/s, einer Materialdichte von ρ = 2,7 kg/dm³ sowie einer Poissonzahl von $\mu = 0{,}2$ lässt sich der mittlere dynamische Elastizitätsmodul für das Quadermauerwerk der Hagia Sophia abschätzen zu:

$$E_{dyn} = 2500^2 \cdot 2{,}7 \cdot 0{,}9 \cdot 10^{-3} = 15200 \text{ N/mm}^2$$

Hierbei sei betont, dass es sich um den dynamischen Elastizitätsmodul in Messebene der Tomographie und somit quer zur Hauptbelastungsrichtung der Pfeiler handelt. Ein lokaler Einfluss schlecht vermörtelter Stoßfugen auf Wellengeschwindigkeit bzw. Elastizitätsmodul scheint durch die tomographische Messanordnung und die hochgradige Anzahl von Messstrecken zwar gering, ist jedoch größer einzuschätzen als in Richtung der dicht vermörtelten Lagerfugen. Insofern bildet der ermittelte Wert eine untere Abschätzung des in Belastungsrichtung zu erwartenden Elastizitätsmoduls.

6.3.3.3 Die Festigkeitseigenschaften

Grundsätzlich ist festzustellen, dass die an den Hauptpfeilern verwendeten Gesteinsarten hohe bis sehr hohe Festigkeitseigenschaften aufweisen. Befragt man Tabellenwerke [u. a. 102] so werden für Kalksteine – je nach Charakteristik – Druckfestigkeiten in einer Bandbreite von β_D = 20–180 N/mm², für Granit von β_D = 160–240 N/mm² angegeben.

Entsprechend nennt DIN 1053 als „Erfahrungswerte für die Mindestdruckfestigkeiten" für Kalkstein β_D = 20 N/mm², für dichten (festen) Kalkstein β_D = 50 N/mm² und für Granit β_D = 120 N/mm².

Durch eine Zuordnung des Mauerwerks in Güteklasse N4 (Quadermauerwerk) und einer Steinfestigkeit von $\beta_{st} \geq 50$ N/mm² lässt sich nach DIN 1053 – je nach Mörtelgruppe – einen Grundwert der zulässigen Druckspannung von σ_0 = 2,0–5,0 MN/m² ableiten. Die für den Bereich des Ziegelmauerwerks erkannten guten Festigkeitseigenschaften des verwendeten Mörtels lassen auch für die Hauptpfeiler die entsprechenden Eigenschaften und damit sicherlich eine Einstufung nach Mörtelgruppe II bzw. ein damit korrespondierender Grundwert der zulässigen Druckspannung von σ_0 = 3,5 MN/m² unterstellen.

Im Vorgriff auf die Ergebnisse der eigenen Berechnungen (vgl. Abschnitt 10) sei an dieser Stelle erwähnt, dass die vorhandenen Spannungen in den Hauptpfeilern einen Wert von σ_D = 1,80 MN/m² lediglich als lokale Spitze überschreiten. Insofern erscheint an dieser Stelle die Aussage sinnvoll und ausreichend, dass die Druckfestigkeit der Hauptpfeiler mit ausreichender Sicherheit über den vorhandenen Spannungen liegt.

Was die Herleitung der tatsächlichen Druckfestigkeit aus dem ermittelten dynamischen Elastizitätsmoduls E_{dyn} angeht, gilt das unter Abschnitt 4.3.6.4 *´Eigene Abschätzungen und Überlegungen zu den Festigkeitseigenschaften des Ziegelmauerwerks´* Gesagte hier sinngemäß: Aufgrund einer erheblichen Streuung des Wertebereichs sind tatsächliche Festigkeiten mit einer hinreichenden Zuverlässigkeit nicht zu ermitteln. Die Möglichkeit, Steinproben zu entnehmen und daraus entsprechende Referenzwerte zu gewinnen stand nicht zur Verfügung.

6.3.3.4 Feuchte- und Salzgehalt

Eine Aussage zum Feuchtegehalt in den Hauptpfeilern dient nicht nur einer Abschätzung und örtlichen Eingrenzung gefährdeter Bereiche für Materialabsprengungen, Ausblühungen etc., sondern kann auch eine Bedeutung als Indikator für die Feuchteverhältnisse im Gründungsbereich der Pfeiler haben.

Gemäß vorangegangener Ausführungen ist die Materialeigenschaft Dielektrizität ε_r bzw. die elektromagnetische Wellengeschwindigkeit v eine Kenngröße sowohl für den trockenen Baustoff als auch den Feuchtegehalt im betrachteten Bauteil. Die in der Grundebene des nordwestlichen Hauptpfeilers durchgeführten Radar-Transmissionsmessungen in tomographischer Anordnung dienten der Ermittlung der Wellengeschwindigkeiten v und deren Verteilung im betrachteten Querschnitt, um damit auch eine entsprechende Beurteilung der herrschenden Feuchteverhältnisse vorzunehmen.

Der Auswertung standen ca. 500 aussagekräftige Strahlwege zur Verfügung (Abb. 6.4-b). Die ermittelten Wellengeschwindigkeiten schwanken gemäß der in Abbildung 6.9-a dargestellten Häufigkeitsverteilung zwischen einem Minimalwert von $v = 0{,}08$ m/ns und einem Maximalwert von $v = 0{,}16$ m/ns.

Eine vergleichende Gegenüberstellung der ermittelten Werte v mit einem für trockenes Material üblicherweise geltenden Referenzwert von $v = 0{,}15$ m/ns bzw. dem im Galeriegeschoss ermittelten Wert von $v = 0{,}135$ m/ns zeigt, dass eine überwiegende Mehrheit der ermittelten Wellengeschwindigkeiten diese Werte unterschreitet. In der Grundebene des nordwestlichen Hauptpfeilers ist damit ein erheblicher Feuchtegehalt erkennbar.

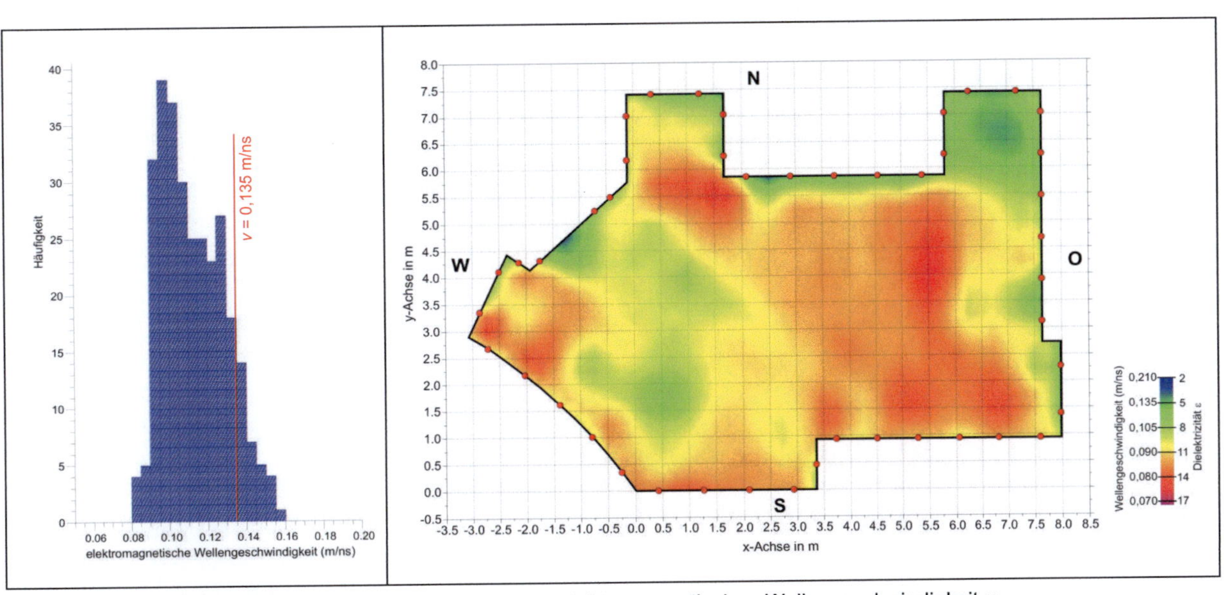

Abb. 6.9: (a) Häufigkeitsverteilung (b) Verteilung der elektromagnetischen Wellengeschwindigkeit v

Die Betrachtung der über den Pfeilerquerschnitt dargestellten Verteilung der Wellengeschwindigkeit bzw. der Dielektrizität ε_r (Abb. 6.9-b) macht Folgendes deutlich:

- Nahezu der gesamte Pfeilerquerschnitt weist einen erhöhten Feuchtegehalt auf. Es ist hierbei zu vermuten, dass es sich um aufsteigende Feuchte aus dem Baugrund handelt, zumal Emerson/Van Nice [22] in einer – ehemals als Brunnen dienenden – Öffnung den Grundwasserstand bereits ca. 1,40 m unterhalb des Fußbodenniveaus angetroffen haben.
- Einzig die beiden nördlichen Pfeilervorlagen weisen höhere Wellengeschwindigkeiten auf. Dies lässt auf unterschiedliche Materialeigenschaften oder ein höher liegendes Gründungsniveau schließen und stützt damit die oben geäußerte Vermutung einer späteren Zufügung dieser Bauteile.

Aus dem erkannten erheblichen Feuchtegehalt in der Grundebene und den im Galeriegeschoss herrschenden trockenen Verhältnissen ergibt sich – vergleichbare Materialeigenschaften vorausgesetzt – schlussfolgernd, dass zwischen den beiden Messebenen ein Feuchtehorizont existieren muss.

Der Nachweis von dessen Existenz und die Erkundung der Lage war das Ziel der in vertikaler Richtung durchgeführten Radarmessungen am nordwestlichen und nordöstlichen Hauptpfeiler.

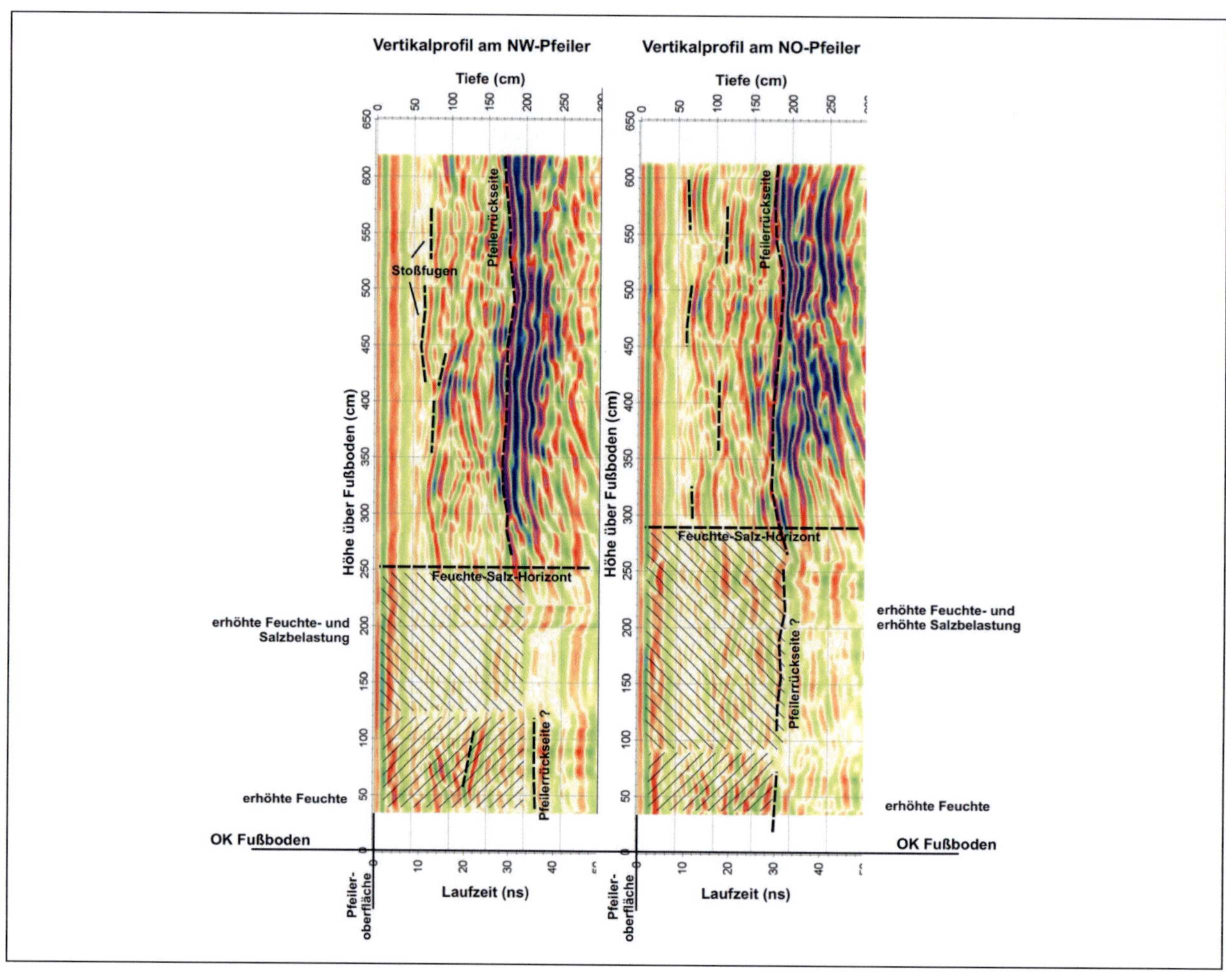

Abb. 6.10: Vertikalradargramme am Nordwest- und Nordost Pfeiler

Abbildung 6.10 zeigt Radargramme zweier Messstrecken. In beiden Pfeilern sind eindeutige Feuchte- bzw. Salzhorizonte in Form eines abrupten Absorptionswechsels zu erkennen. Diese liegen bei den betrachteten Pfeilern zwischen 2,50 m und 3,00 m über Fußbodenniveau.

Die Radargrammstruktur erweist sich als charakteristisch für den Nachweis aufsteigender Feuchte, es zeichnen sich drei Bereiche ab. Der unterste Bereich deutet bei mittlerer Absorption auf einen erhöhten Feuchtegehalt mit Salztransport hin. Der sich nach oben anschließende zweite Bereich ist aufgrund angereicherter Salze geprägt durch eine starke Signalabsorption. Der Feuchtehorizont wird gekennzeichnet durch die Grenzkante zu Bereich drei: Hier wird die Absorption abrupt sehr gering, der Rückseitenreflektor tritt sehr stark hervor. Es kann davon ausgegangen werden, dass ab dieser Höhe das Mauerwerk weitestgehend trocken ist.

7 Der Baugrund

Die Baugrundverhältnisse bzw. die Gründungssituation der Hauptpfeiler der Hagia Sophia ist eine vielfach diskutierte, jedoch nie restlos geklärte Thematik.

Hierbei geht es im Besonderen um die Beantwortung der Frage, ob die Fundamentierung der Hauptpfeiler bis auf den – als Tonschiefer beschriebenen [110] – tragfähigen Grund herunter reicht oder ob diese auf einer Zwischenschicht gegründet sind.

Anlass zu letztgenannter Befürchtung bietet zunächst der enorm kurze Zeitraum zwischen der Zerstörung des Vorgängerbaues und dem Baubeginn der heutigen Hagia Sophia. SCHNEIDER [101] berichtet, dass die riesigen Schuttmassen nicht weggeschafft, sondern – um Zeit zu sparen – eingeebnet wurden.

Eigene Untersuchungen zu den Gründungsverhältnissen konnten nicht durchgeführt werden. Aufgrund des nicht unwesentlichen Einflusses der Gründungssituation auf das Tragverhalten des Bauwerks sollen anhand der folgenden Auflistung Ergebnisse und Schlussfolgerungen vorhandener Untersuchungen dargelegt und der aktuelle Kenntnisstand – ohne Anspruch auf Vollständigkeit – zusammenfassend aufgezeigt werden.

- EMERSON/VAN NICE [22] stellten das Niveau des gewachsenen Grundes im Bereich einer – ehemals als Brunnen dienenden – Öffnung (ca. 10,50 m südlich des Nordwest-Pfeilers) bereits 2,38 m unter Fußbodenniveau fest. Dieser unmittelbar anstehende Felshorizont und die gleichförmigen, punktsymmetrischen Verformungen der Hauptpfeiler (vgl. hierzu Abschnitt 6.3.1) nehmen EMERSON/VAN NICE als Anlass ihrer Schlussfolgerung, dass alle Hauptpfeiler auf gewachsenem Fels gegründet sind. Die Existenz eines unter der Hagia Sophia oftmals vermuteten Zisternensystems wird als unwahrscheinlich erachtet, zumal dieses dann aus dem gewachsenen Gestein hätte gehauen werden müssen.
- THODE [110] beurteilt die Baugrundeigenschaften anhand einer Rückrechnung auf die vorhandenen Pfeilerverformungen. Danach ermittelt er einen Steifemodul des anstehenden Baugrundes von E_s = 133 MN/m². Dieser Wert deckt sich mit den Angaben eines örtlichen Experten, Prof. Peynircioğlu, der für den anstehenden Tonschiefer einen Wertebereich von E_S = 100–400 MN/m² nennt.
- GERSTENECKER [33] führte Untersuchungen des Untergrundes der Hagia Sophia mit Hilfe gravimetrischer Beobachtungen durch. Seine Erkundungsergebnisse bestätigen die Einschätzungen von EMERSON/VAN NICE [22], nach denen die Hagia Sophia auf einem anstehenden Gesteinsrücken, bestehend aus devonischen Formationen, gegründet ist. Größere Hohlräume, welche auf Zisternen schließen lassen, sind unter dem Hauptschiff auszuschließen.
- Die seismische Erkundung des Untergrundes der Hagia Sophia ist u. a. in [14, 26] beschrieben. Abbildung 7.1 zeigt die sich aus den Messungen der Kompressionswellengeschwindigkeiten ergebende topographische Darstellung des Felsuntergrundes. Danach steht das gewachsene Grundgestein im nördlichen Bereich des Gebäudes bereits ca. 1,00 m unter Fußbodenniveau an. Der Felshorizont fällt in südliche Richtung ab und steht unterhalb des südwestlichen und südöstlichen Hauptpfeilers erst nach ca. 3,00 m unter Fußbodenniveau an.
- SWAN/ÇAKMAK [107] beschreiben – vermutlich auf derselben Datenbasis – für eine Tiefe von 8 m unter Fußbodenebene deutliche Differenzen in der Verteilung der Wellengeschwindigkeiten. Während im Bereich des Südwest-Pfeilers Wellengeschwindigkeiten um v_p = 1,4 km/s vorherrschen, befinden sich diese in den übrigen Bereichen auf höherem Niveau bei v_p = 2,5 km/s.

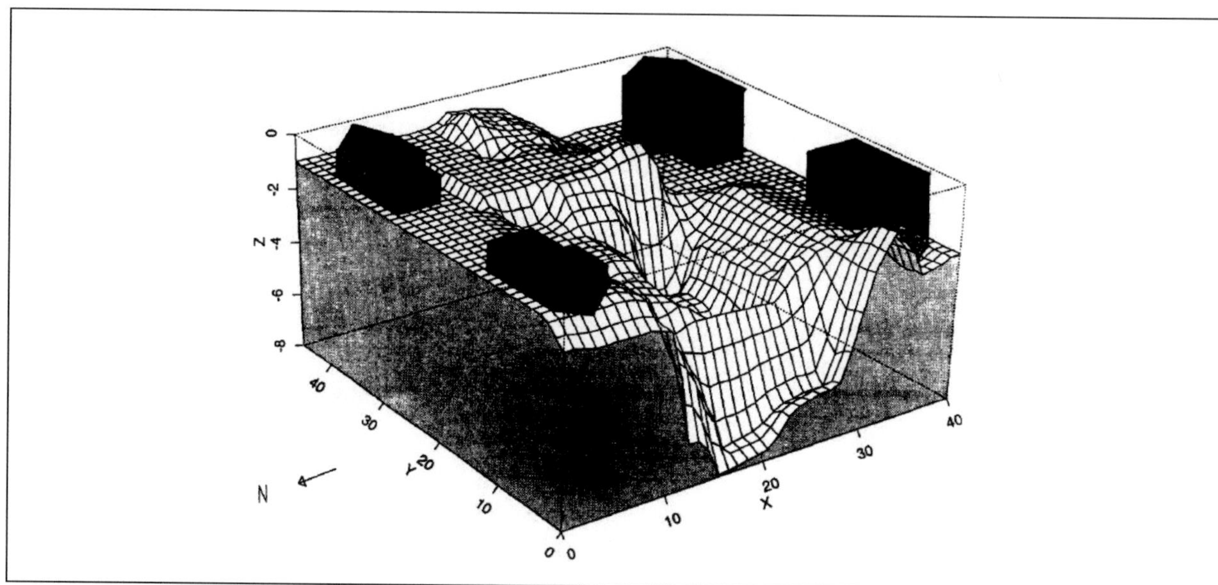

Abb. 7.1: Topographie des Felsuntergrundes, aus [14]

Mit der Wiedergabe der bisherigen Überlegungen zum Baugrund schließt der erste Teil der Arbeit. Er befasste sich mit dem Konstruktionsgefüge der tragenden Elemente Hauptkuppel, Pendentifs und Hauptbögen sowie den Hauptpfeilern.

Der nunmehr folgende zweite Teil behandelt das Tragverhalten der Hagia Sophia. Ausgehend von grundsätzlichen Überlegungen zum Tragverhalten von Pendentifkuppeln werden die erarbeiteten neuen Kenntnisse über die Bauwerksstruktur in ihrer Bedeutung bewertet, den bisherigen Berechnungsgrundlagen vergleichend gegenübergestellt und im Rahmen eigener Studien zum Lastfluss und Tragverhalten eingesetzt.

8 Zum Tragsystem der Hagia Sophia – Grundstruktur und Einflussparameter

8.1 Das System der Pendentifkuppel im Allgemeinen

8.1.1 Die Entwicklung zur Pendentifkuppel

Angefangen bei hölzernen Kuppelschirmen der Steinzeit oder „unechten", aus sich überkragenden Steinschichten mit horizontaler Fuge erstellten Kuppeln in Mesopotamien (um 4000 v. Chr.) und Griechenland (z. B. Schatzhaus des Atreus in Mykene um 1325 v. Chr., Abb. 8.1-a) sind kuppelähnliche Bedachungen schon in frühester Menschheitsgeschichte nachzuweisen [38].

In römischer Zeit entwickelte sich die Kuppel zum eigentlichen architektonischen Strukturelement [94]. So lassen sich aus dem 1. bis 3. Jahrhundert n. Chr. in und um Rom eine Vielzahl von – durch Kuppeln „gekrönte" – Tempel, Thermen und Paläste finden. Die römische Kuppelbauweise [95] und deren Übertragung in beachtliche Dimensionen stand technisch im Zusammenhang mit der Entdeckung der hydraulischen Eigenschaften der Puzzolanerde und der Entwicklung des *opus caementitiums* – dem sogenannten „römischen Beton". Höhepunkt dieser Bauweise bildet zweifellos die Erstellung des Pantheons um 125 n. Chr., dessen Kuppel eine Spannweite von 43,30 m aufweist (Abb. 8.1-b).

Abb. 8.1: (a) Schatzhaus des Atreus [Quelle: *W. Lübke, M. Semrau: Grundriss der Kunstgeschichte, Esslingen 1908*] (b) Pantheon, aus [38]

Im Gegensatz zu den römischen Kuppeln, welche über kreisförmigem oder polygonalem Grundriss erstellt wurden, entwickelte sich in der byzantinischen Baukunst die Kuppel über dem quadratischen Grundriss.

Die als Vorformen der Pendentifkuppel geltenden „Kuppeln über viereckigem Grundriss" [29] lassen sich – entsprechend ihres geometrischen Übergangs zwischen Quadrat und Kreisform – auf zwei Grundtypen zurückführen: Kuppeln über viereckigem Grundriss auf polygonalen Basiskonstruktionen (Abb. 8.2-a, -b) und Kuppeln über viereckigem Grundriss als polygonale Verschneidungsform (Abb. 8.2-c, -d).

Im Falle der Kuppeln auf polygonaler Basiskonstruktion werden die entstehenden Zwickel durch kleine Hilfsgewölbe, den Trompen, überspannt. Beispiele für diese Konstruktionsform sind in FINK [29] oder TRAUTZ [111] genannt.

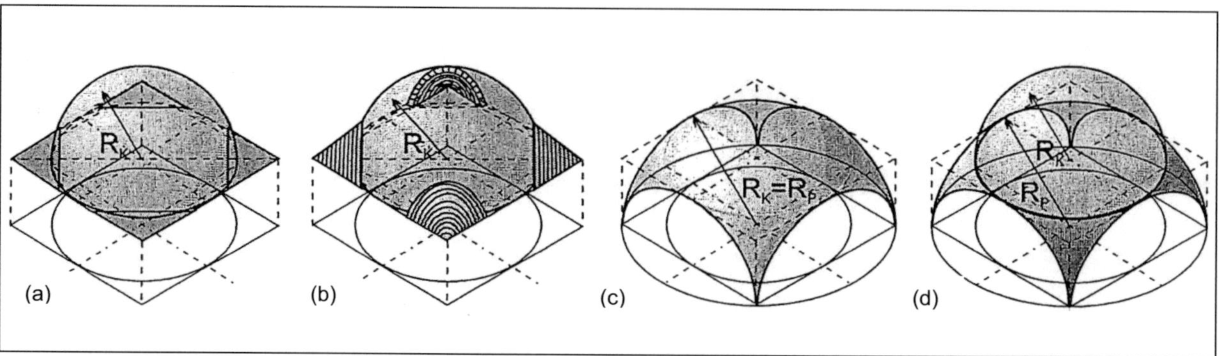

Abb. 8.2: Konstruktive Lösungen zum Problem der Kuppel über dem Viereck, aus [111]

Die Stutz- oder Hängekuppel (Abb. 8.2-c) ist den Kuppeln über viereckigem Grundriss als polygonale Verschneidungsform zuzuordnen. Die oftmals anzutreffende Bezeichnung „Außenkreiskuppel" bezeichnet den Umstand, dass das Grundquadrat vom Fußkreis der Kuppel umschrieben wird und der gesamte Wölbungsbereich dessen Radius einnimmt.

Mit hoher Wahrscheinlichkeit war die „erste" Kuppel der Hagia Sophia als Stutzkuppel ausgebildet (vgl. Überlegungen zur geometrischen Ausbildung in Abschnitt 1.2) und wäre damit die unmittelbare – an ein und demselben Gebäude praktizierte – Vorform der „zweiten", bis heute bestehenden Pendentifkuppel (Abb. 8.2-d). Diese stellt sowohl als Architekturform als auch als Tragkonstruktion einen Höhepunkt der Wölbkunst dar und bildet – als vollkommene technische und formale Lösung für die Verbindung von Kuppel und Raumkubus – über Jahrhunderte hinweg Vorbild vieler weiterer Kuppelbauwerke.

Dennoch wird vielfach von einer „zufällig" entstandenen geometrischen Form gesprochen, welche sich aus der besonderen Art des Wiederaufbaus der eingestürzten ersten Kuppel ergab [38]. *Isidoros d. J.* legte die Kuppel von den Ecken des Grundquadrates auf die Bogenmitten und schuf damit die gegenüber den Pendentifs mit kleinerem Radius ausgestattete „Innenkreiskuppel".

Auch FINK [29] misst dem Einfluss der baugeschichtlichen Ereignisse auf die Formfindung der Pendentifkuppel entscheidende Bedeutung zu und bemerkt hinsichtlich des „Eckproblems": *„Es ist unzweifelhaft, dass der Eckschluss zur neuen Kuppelform schon vorhanden war, noch ehe über ihn nachgedacht zu werden brauchte."* Nachweisbare Pendentifkonstruktionen in Vorgängerbauten[37] blieben *„ . . . Tastversuche und können nicht die anspruchsvolle Urheberrolle für die bedeutende Entwicklung übernehmen, die das Pendentif der Hagia Sophia inauguriert."*

[37] Wenige Beispiele sind in [29] und [111] angeführt.

8.1.2 Zum Tragverhalten von Pendentifkuppeln

Während als Architekturform das System der Pendentifkuppel eine in sich geschlossene Einheit bildet, handelt es sich aus Sicht der Statik um ein mehrteiliges System, dessen statische Wirkungsweise dennoch im unmittelbaren Zusammenwirken ihrer Bauteile begründet ist. Die relativen Steifigkeiten von Kuppel, Pendentifs und Hauptbögen, die druckbeanspruchte kreisförmige Verschneidungskehle der Pendentifs mit der Kuppel oder die Stützung in vertikaler und horizontaler Richtung sind hierbei – um die wichtigsten zu nennen – Parameter, die das statische Zusammenspiel ganz entscheidend beeinflussen. Entsprechend ist die realistische Einschätzung des Tragverhaltens einer Pendentifkuppel von der korrekten Erfassung dieser Parameter abhängig.

Anhand zweier Studien sei das Tragverhalten von Pendentifkuppeln qualitativ beschrieben, aber auch aufgezeigt, dass unterschiedliche Randbedingungen grundsätzliche Änderungen im Lastfluss bewirken können.

8.1.2.1 Studien nach Heinle und Schlaich

HEINLE/SCHLAICH [38] untersuchten das Tragverhalten von Pendentifkuppeln mit einer nicht näher spezifizierten FE-Berechnung. Als Ergebnis ihrer Betrachtungen beschreiben sie den Lastfluss wie folgt:

Die Umlenkung der steil ankommenden Kuppellasten in die flacheren Pendentifs führt zu einer Ringdruckbelastung der kreisrunden, aus oberem Pendentifabschluss und Hauptbogenscheitel gebildeten Kuppelbasis. Diese erfährt eine Verringerung ihres Kreisumfanges und sackt gegenüber den Bogenscheiteln etwas ab. Entsprechend der Nachgiebigkeit der Kuppelbasis gegen Ringdruck erfolgt damit auch eine Lastverlagerung hin zu den „steiferen“ Bogenscheiteln (Abb. 8.3-a). Gleichzeitig wirkt der entstehende Ringdruck dem im unteren Kuppelbereich vorherrschenden Ringzug entgegen und kann gegebenenfalls eine Erhöhung der Kuppeltragfähigkeit zur Folge haben.

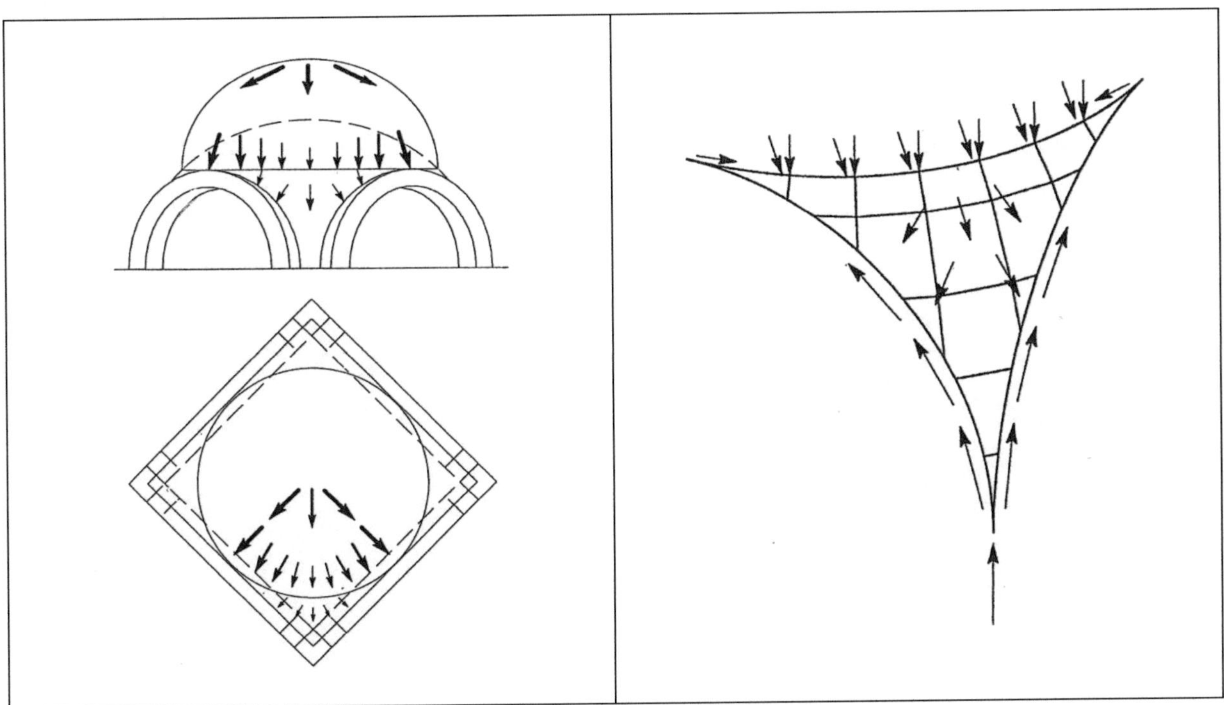

Abb. 8.3: (a) Kraftfluss in einer Pendentifkuppel und (b) Kraftfluss in einem Pendentif nach HEINLE/SCHLAICH [38]

Hinsichtlich des Lastflusses in dem durch Pendentifs und Hauptbögen gebildeten „Wölbgestell" wird eine unmittelbare Wechselwirkung zwischen den Bauteilen beschrieben. Der über die Pendentifs abfließende Lastanteil wird hierbei in Querrichtung zu den Bögen verteilt (Abb. 8.3-b). Aufgrund des entstehenden Querzuges sind die Pendentifflächen hierbei der Gefahr eines vertikalen Aufreißens ausgesetzt, was zu einer weiteren Reduzierung der Pendentifsteifigkeit führen und eine zusätzliche Lastumlagerung hin zu den Bogenscheiteln bewirken würde. Die Hauptbögen, denen entsprechend den vorgenannten Überlegungen die Hauptlasten zugewiesen werden, besitzen ihrerseits ebenfalls eine gewisse Nachgiebigkeit, erfahren jedoch gleichzeitig eine stabilisierende Wirkung durch die unmittelbar anschließenden Pendentifs.

Vor dem Hintergrund dieses unmittelbaren Zusammenwirkens der am Lastabtrag beteiligten Bauteile schließen die Verfasser ihre Studien mit den Worten: *„. . . es muss sich alles ganz schön zurechtrücken und -drücken, bis sich schließlich ein verträgliches Gleichgewicht einstellt!"*

8.1.2.2 Studien nach Trautz

TRAUTZ [111] führte vergleichende Studien zum Tragverhalten von byzantinischen und osmanischen Pendentifkuppeln ebenfalls mit Hilfe der Finite-Elemente-Methode durch. Die zusammenfassende Darstellung seiner Ergebnisse sei an dieser Stelle auf die byzantinische Variante beschränkt.

In einer ersten Betrachtung wurden die grundsätzlichen Merkmale des Tragverhaltens einer Hänge- bzw. Pendentifkuppel unter Verwendung eines linear-elastischen Materialgesetzes und einer durch Schalenelemente angenäherten Kuppelgeometrie herausgearbeitet.

Es zeigte sich, dass das Tragverhalten einer Pendentifkuppel sehr stark von deren Auflagerung und Stützung beeinflusst wird. Insbesondere der horizontalen Stützung der Bogenscheitel kommt hinsichtlich des vertikalen Lastabtrages entscheidende Bedeutung zu. Im Falle einer frei stehenden, lediglich an ihren Fußpunkten gehaltenen Pendentifkuppel verformen sich die Bogenscheitel stark nach außen und bedingen dadurch eine Umleitung der Last über die Diagonalrichtung. Es stellt sich ein zu den Auflagern hin gerichteter Lastabtrag über die Pendentifs ein (Abb. 8.4-a). Die Steifigkeit der Randbögen spielt in diesem Fall eine untergeordnete Rolle. Eine horizontale Stützung bzw. die Behinderung einer Horizontalbewegung der Bogenscheitel führt zu einem wesentlich gleichmäßigeren Lastabtrag in der Kalotte. Gegenüber dem zuvor beschriebenen Fall fließt jetzt ein wesentlicher Anteil der Last über die Hauptbögen ab (Abb. 8.4-b).

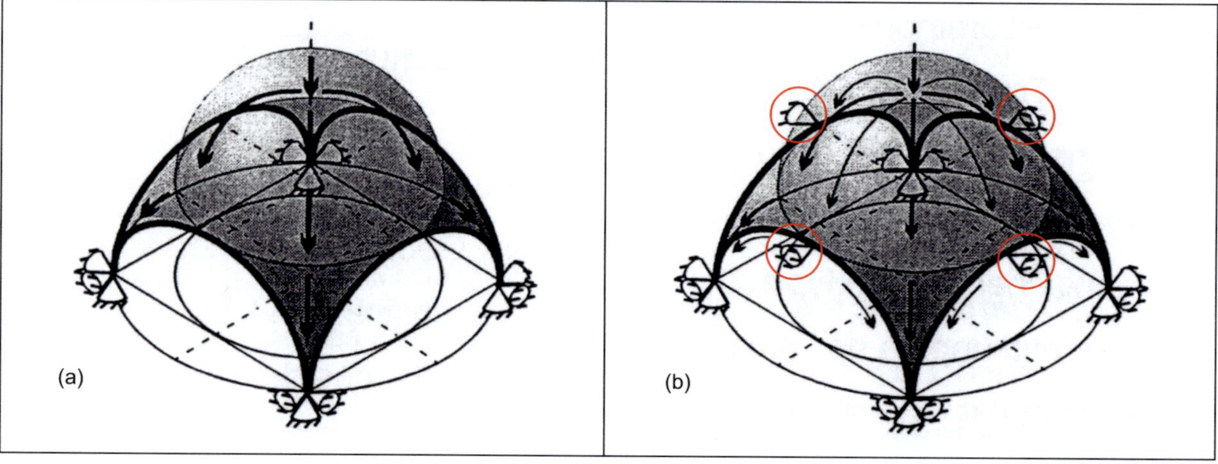

Abb. 8.4: Kraftfluss in einer Pendentifkuppel nach TRAUTZ [111]: (a) ohne und (b) mit horizontaler Stützung im Scheitel der Hauptbögen

In einer ergänzenden Betrachtung wurde das Lastabtragungsverhalten einer Pendentifkuppel infolge Rissbildung mit einer materiell-nichtlinearen Simulation analysiert. Diese Untersuchung beschränkte sich jedoch auf die freistehende, d. h. in horizontaler Richtung ungestützte Pendentifkuppel. Unter sukzessiver Laststeigerung werden charakteristische Stufen der Rissbildung mit einhergehender Verlagerung der Lastpfade beschrieben.

Ausgangspunkt der Betrachtung bildet der ungerissene Zustand mit dem bereits für den linear-elastischen Fall geschilderten Hauptlastpfad in Diagonalrichtung über die Pendentifs (Abb. 8.5-a). Das horizontale Ausweichen der Hauptbögen führt zu einem Aufreißen ihrer Scheitel und einer beginnenden vertikalen Rissbildung in den Pendentifflächen. Mit deren vollständigem Durchriss ändert sich das Lastabtragungsverhalten deutlich, der diagonal verlaufende Lastpfad teilt sich (Abb. 8.5-b). Mit weiter zunehmender Belastung trennen sich die Bögen von den Pendentifs, die Vertikalrisse der Pendentifs pflanzen sich in der Kuppel fort und führen hier zu Durchrissen. Damit geht die zweidimensionale Schalentragwirkung verloren, die einzelnen Kuppelsegmente stützen sich nur noch gegenseitig ab (Abb. 8.5-c). Im vollständig gerissenen Zustand zeichnet sich ein bogenförmiger Lastpfad der Hauptspannungen durch den Kuppelansatz ab.

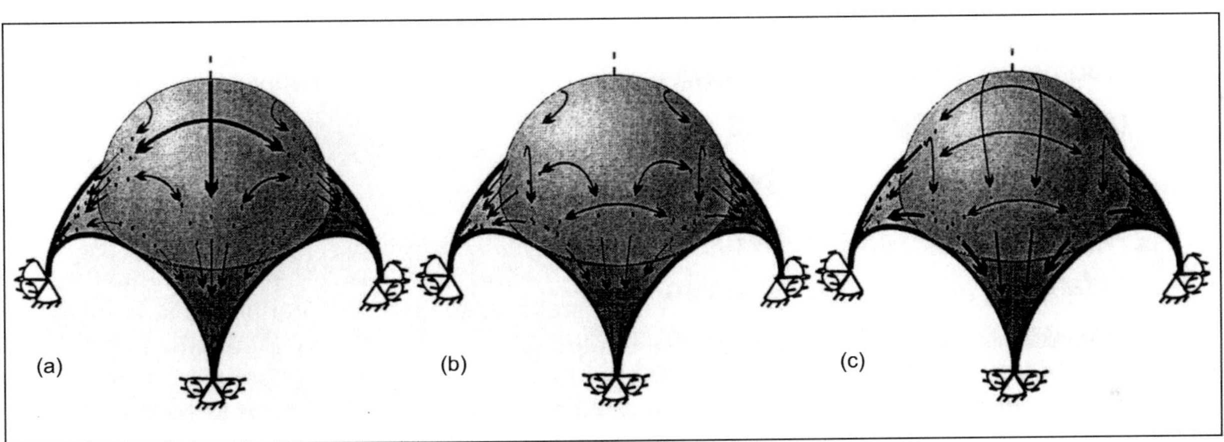

Abb. 8.5: Verlagerung der Lastpfade infolge Rissbildung bei der frei stehenden Pendentifkuppel nach TRAUTZ [111]: (a) ungerissener Zustand (b) Pendentifdurchriss (c) Kuppeleinriss und Pendentifdurchriss

8.1.2.3 Diskussion der Studien

Die dargelegten Studien betrachten das Tragverhalten der homogenen und geometrisch „idealen“ Pendentifkuppel. Dennoch ergeben sich hinsichtlich der Beurteilung des Lastflusses grundsätzliche Unterschiede: Während HEINLE/SCHLAICH [38] die Scheitel der Hauptbögen als steifes Punktlager beschreiben, ermittelt TRAUTZ [111] – unter anderen Randbedingungen – die Diagonalrichtung über die Pendentifs als Hauptlastpfad.

Die unterschiedlichen Einschätzungen als Ergebnis der beiden Grenzbetrachtungen verdeutlichen, dass hinsichtlich einer realistischen Bewertung des Tragverhaltens einer Pendentifkuppel der korrekten Erfassung vorhandener Randbedingungen entscheidende Bedeutung zukommt. Neben den Steifigkeiten der am Lastabtrag beteiligten Bauteile und deren statischem Zusammenwirken erweist sich insbesondere der Grad der horizontalen Stützung der Hauptbögen als entscheidender, sich auf die vertikalen Steifigkeiten des Kuppelunterbaues unmittelbar auswirkender Parameter.

8.2 Einflüsse auf das Tragverhalten der Hagia Sophia

Bedingt durch die Teileinstürze im 10. und 14. Jahrhundert und die sich anschließenden Aufbauphasen kam es im Laufe der Jahrhunderte an der ehemals homogenen Gebäudestruktur der Hagia Sophia zu relevanten, geometrischen und strukturellen Veränderungen. Die durch die Bauwerkserkundung erlangten Erkenntnisse zeigen, dass insbesondere die Kuppel in ihrem heutigen, mehrteiligen Aufbau, aber auch die Pendentifs und die Hauptbögen von den unterschiedlichen Ausführungsmerkmalen und -qualitäten der drei Bauphasen geprägt sind. Das dargelegte, von diversen Parametern abhängige Tragverhalten einer „idealen" Pendentifkuppel wird daher im Falle der Hagia Sophia durch weitere Faktoren ergänzend beeinflusst und bestimmt.

Im Rahmen der nachfolgenden Betrachtung werden die Einflüsse

- der mehrteiligen Kuppelschale,
- der geometrischen Irregularitäten und Diskontinuitäten,
- der materialtechnischen Inhomogenitäten und
- der asymmetrischen Steifigkeitsverhältnisse des Kuppelunterbaus mit möglicherweise ungleichen Gründungsverhältnissen

den geometrisch und strukturell „idealen" Verhältnissen gegenübergestellt und bezüglich ihres Einflusses auf das Tragverhalten qualitativ erläutert.

8.2.1 Die Mehrteiligkeit der Kuppel

Die Kuppel der Hagia Sophia setzt sich in ihrer heutigen Struktur aus vier zeitlich unabhängig erstellten Segmenten zusammen (Abb. 8.6). Einer einteiligen und kontinuierlich erstellten Pendentifkuppel ist daher die mehrteilige, in drei eigenständigen Bauphasen entstandene Kuppelkonstruktion der Hagia Sophia gegenüberzustellen. Die Einschätzung ihres Tragverhaltens verlangt einerseits die Betrachtung des statischen Zusammenwirkens der vier Kuppelsegmente, andererseits ist – im Rahmen einer Analyse ihrer statisch-konstruktiven Entwicklungsgeschichte – den Einflüssen der Teileinstürze und den damit verbundenen Zwischenzuständen des Lastflusses Rechnung zu tragen.

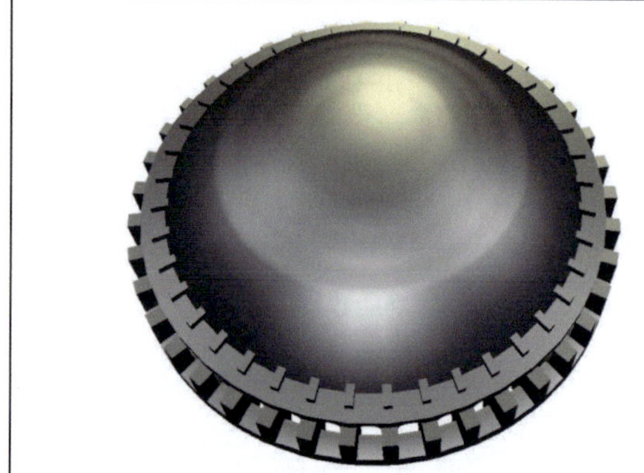

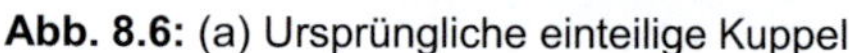

Abb. 8.6: (a) Ursprüngliche einteilige Kuppel (b) Heutige mehrteilige Kuppel

8.2.1.1 Das statische Zusammenwirken der vier Kuppelsegmente

Der Kraftfluss zwischen den vier Kuppelsegmenten und dessen Auswirkung auf das Tragverhalten der mehrteiligen Mauerwerksschale wird maßgeblich durch die Lage, den Verlauf sowie die Beschaffenheit der Bruchkanten zwischen den Bauteilen der unterschiedlichen Bauphasen bestimmt.

Im Rahmen der in Abschnitt 4.3.4 dargelegten Untersuchungen zur Bruchkante konnten die genannten Parameter mit hinreichender Genauigkeit ermittelt werden. Hinsichtlich des statischen Zusammenwirkens der vier Kuppelsegmente lassen sich aus den gewonnenen Kenntnissen die folgenden, in deutlicher Abweichung zu den idealen, einteiligen Verhältnissen stehenden, Schlussfolgerungen ziehen:

- Die überwiegend als Stumpfnaht bzw. nur mit leichter Verzahnung ausgeführte Bruchkante ist in der Lage, Druckkräfte in Ringrichtung und in geringem Maße auch Schubkräfte in Meridianrichtung zu übertragen. Eine Weiterleitung von Ringzugkräften, was das ungestörte byzantinische Mauerwerk bis zu einem gewissen Grad durchaus zu leisten vermag (vgl. Überlegungen zur Zugfestigkeit des Ziegelmauerwerks gem. Abschnitt 4.3.6.4), ist dagegen auszuschließen.
- Eine geschlossene Schalentragwirkung ist – auch aufgrund der Tatsache, dass ein umlaufender Ringanker nicht nachzuweisen ist – nicht (mehr) gegeben. Das statische Zusammenwirken der vier Segmente beschränkt sich auf eine gegenseitige Stützwirkung im Ringdruckbereich der Kuppel.

8.2.1.2. Die Bau- und Zwischenzustände

Der Kuppelaufbau in seiner heutigen Form ist Resultat einer über Jahrhunderte hinweg erfolgten „Entwicklung" und unterscheidet sich damit grundlegend von einer kontinuierlichen, im Rahmen eines einzigen Bauabschnittes erstellten Konstruktion. Jeder Teileinsturz und die jeweils folgenden Aufbauphasen führten zu einem anderen Gleichgewichtszustand und damit zu Lastumlagerungen und Änderungen im Tragverhalten der stehen gebliebenen Kuppelfragmente.

Insbesondere vor dem Hintergrund des nicht-linearen Materialverhaltens von Mauerwerk wirken die Einflüsse dieser Zwischenzustände über die jeweiligen Wiederaufbauten hinweg vermutlich bis in die heutige Zeit fort.

Ausgehend von der unter *Isidoros d. J.* wiedererstellten „zweiten" Kuppel lassen sich fünf relevante Bauzustände definieren (Abb. 8.7), die in chronologischer Abfolge hinsichtlich ihrer statischen Eigenschaften und Auswirkungen zu bewerten sind.

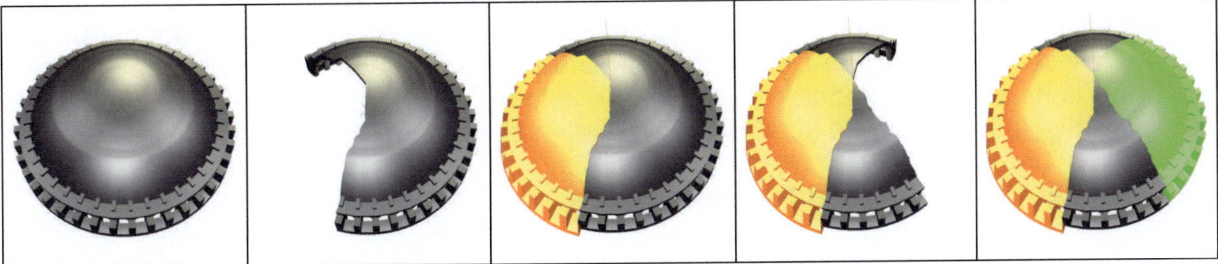

Abb. 8.7: Die Bauzustände 1–5 der Hauptkuppel

- *Bauzustand 1: Die Kuppel zwischen dem 6. und 10. Jahrhundert (563–989)*

  Die im Jahre 563 fertiggestellte Mauerwerkskuppel wies in Form und Struktur eine nahezu homogene Gestalt auf. Als Tragverhalten konnte sich in der rotationssymmetrischen Schale eine geschlossene Kuppeltragwirkung mit symmetrischem Lastabtrag einstellen.

- *Bauzustand 2: Der Teileinsturz im 10. Jahrhundert (989)*

  Der Einsturz des westlichen Hauptbogens sowie der angrenzenden Kuppelbereiche führte zum Verlust der Rippen 15–27 und damit zu einem verbleibenden, ca. 2/3 des Kreisumfanges einnehmenden Kuppelsegment. Die geschlossene Kuppeltragwirkung ging verloren, das statische Gleichgewicht musste sich durch eine Kombination aus Schalen- und Bogentragwirkung einstellen. Die mit dem Verlust der Symmetrie einhergehende Lastumlagerung führte in Teilbereichen zu erhöhten Schalenspannungen und einer Umverteilung der Auflagerkräfte.

- *Bauzustand 3: Die Kuppel zwischen dem 10. und 14. Jahrhundert (994–1346)*

  Mit dem im 10. Jahrhundert erneut aufgebauten westlichen Kuppelsegment erfuhr das Kuppelfragment des 6. Jahrhunderts wieder seine geometrische Vervollständigung zur kompletten Kuppel. Es interessiert, inwiefern der ursprüngliche Zustand auch in statischer Sicht wiederhergestellt werden konnte bzw. welcher Gleichgewichtszustand sich einstellte.

- *Bauzustand 4: Der Teileinsturz im 14. Jahrhundert (1346)*

  Nach dem Einsturz des östlichen Kuppelsegments im 14. Jahrhundert blieben von der ursprünglichen, dem 6. Jahrhundert entstammenden Kuppel lediglich zwei schmale Segmente von 8 Rippen (28–35) auf der Nord- sowie 6 Rippen (9–14) auf der Südseite erhalten. Ein statischer Gleichgewichtszustand – der sicherlich als kritisch zu erachten ist – musste sich über die Bogenwirkung der Bauteile des 6. Jahrhunderts in Nord-Süd-Richtung unter gleichzeitiger Horizontalbelastung dieses „Bogens“ durch das sich anlehnende Kuppelsegment des 10. Jahrhunderts einstellen. In dieser Phase ist von einer deutlichen Verformung des Systems in östliche Richtung auszugehen. Verbunden mit starken lokalen Spannungszunahmen sind Rissbildungen im Mauerwerk als wahrscheinlich zu erachten.

- *Bauzustand 5: Die heutige Kuppel (1354–heute)*

  Die im 14. Jahrhundert erfolgten Aufbauarbeiten gaben der Kuppel ihr heutiges Erscheinungsbild: ein der ursprünglichen „zweiten“ Kuppel entstammender „Bogen“ in Nord-Süd-Richtung, eingefasst von zwei Kuppelsegmenten des 10. bzw. 14. Jahrhunderts. Infolge der Segmentierung der Kuppel und dem unter 8.2.1.1 angedeuteten Tragverhalten ist gegenüber der ursprünglichen, homogenen und einteiligen Kuppel ein Verlust des rotationssymmetrischen Lastabtrages eingetreten und verblieben.

8.2.2 Die geometrischen Irregularitäten

Die Kuppel der Hagia Sophia ist geprägt von einer Vielzahl geometrischer Irregularitäten und Diskontinuitäten. Neben erheblichen, sich insbesondere an den Bruchkanten deutlich abzeichnenden Deformationen der Kuppelinnenseite konnten im Rahmen der Erkundungen ungleichmäßige Querschnittsdicken und Rippenverläufe erkannt bzw. nachgewiesen werden. Diese geometrischen Differenzen gegenüber einer Kuppelschale mit idealer Kugelform und konstanter Schalendicke werden nachfolgend bei der Ermittlung des Lastflusses berücksichtigt und ihr Einfluss auf das Tragverhalten bewertet.

8.2.2.1 Die Deformationen der Kuppelschale

Abweichungen von der idealen Kugelform sind sowohl im Grundriss als auch in den Kuppelschnitten erkennbar und wurden bei der Ermittlung der tatsächlichen Kuppelquerschnitte (Abschnitt 4.3.3.2) erfasst.

Während die leicht elliptische, bereits von *Isidorus d. J.* gewählte Setzlinie (vgl. Abschnitt 4.3.3.3) des Fußkreises sicherlich nur untergeordneten Einfluss auf das Tragverhalten ausübt und als vernachlässigbar einzustufen ist, erweisen sich die Deformationen in Meridianrichtung deutlich ausgeprägter und könnten durch ihre Abweichungen von der idealen Kreisform insbesondere das Stabilitätsverhalten der Kuppelschale stören.

Im Rahmen eigener Berechnungen wird das Stabilitätsverhalten der verformten Querschnitte beurteilt. Ergänzend wird untersucht, inwieweit die heutigen geometrischen Ausprägungen bereits den jeweiligen Erbauungsphasen entstammen oder ob die Ursache der Abweichungen von der Kreisform in übermäßigen Lasteinflüssen in Verbindung mit der Bildung von Gelenken im Kuppelgefüge zu suchen ist.

8.2.2.2 Die Dicken der Kuppelschale

Gemäß den Erkenntnissen aus Abschnitt 4.3.1 und 4.3.3 weisen die Kuppelsegmente der einzelnen Bauphasen deutliche Unterschiede ihrer Schalendicken und ihres Querschnittverlaufs auf.

Eine rotationssymmetrische Verteilung des Eigengewichtes, welche im Falle der idealen Kuppelform und einheitlicher Materialwichte auch einen rotationssymmetrischen Verlauf der Schalenspannungen und Verteilung der Auflagerkräfte bewirkt, ist damit nicht gegeben. Stattdessen führen die unterschiedlichen Segmentdicken zu Massenverschiebungen, rufen Differenzen in den Bauteilspannungen hervor und beeinflussen das Zusammenwirken der Segmente.

8.2.3 Die materialtechnischen Irregularitäten

Das Ziegelmauerwerk der Hagia Sophia weist entsprechend den in Abschnitt 4.3.6 dargelegten Erkenntnissen bauphasenspezifisch unterschiedliche Material- und damit Steifigkeitseigenschaften auf.

Die Steifigkeit des Kuppelmauerwerks bestimmt dessen Verformungsverhalten. Während einheitliche Steifigkeitsverhältnisse in einer homogenen Kuppel bei den Bauteilspannungen und dem Lastabtrage keine Bedeutung haben, können sich bei der mehrteiligen Kuppel Verformungsdifferenzen zwischen den Kuppelsegmenten erheblich auf den Kraftfluss in der Bruchfuge und damit auf das Zusammenwirken der Kuppelsegmente auswirken.

8.2.4 Die Steifigkeit des Kuppelunterbaus und die Gründung

Einen zentralen Punkt beim Lastabtrag einer Pendentifkuppel bildet die Frage der vertikalen und horizontalen Steifigkeiten des aus Hauptbögen, Pendentifs und Hauptpfeilern bestehenden Unterbaues und – damit in Abhängigkeit stehend – welche zusätzlichen horizontalen Stützungen letzterer durch daran angegliederte Bauteile erfährt.

Der von *Anthemius von Tralles* und *Isidoros von Milet* gewählte und bis heute unveränderte Grundriss weist aufgrund seiner Kombination aus Lang- und Zentralbau einen achssymmetrischen Aufbau auf. Während die Hauptbögen an der West- und Ostseite durch die sich anschließenden Halbkuppeln eine horizontale Stützung erfahren (Abb. 8.8-a), muss der horizontal gerichtete Kuppelschub an Nord- und Südseite durch die Hauptbögen „über Biegung“ auf die stützenden Haupt- bzw. Strebepfeiler übertragen werden (Abb. 8.8-b). Aufgrund der Existenz der beschriebenen „Doppelbögen“ steht hierfür im Norden und Süden ein mit deutlich mächtigeren Dimensionen ausgestatteter Mauerwerksquerschnitt zur Verfügung.

Abb. 8.8: (a) Gebäudelängsschnitt und (b) Gebäudequerschnitt, aus [67]

Diese richtungsabhängige Gebäudesteifigkeit setzt sich bei den Haupt- bzw. Strebepfeilern fort, welche als solche in Gebäudequerrichtung (Nord-Süd-Richtung) höhere Steifigkeitswerte aufweisen als in West-Ost-Richtung (vgl. Abb. 6.1-b).

Ergänzend beeinflusst werden die Steifigkeitsverhältnisse der heutigen Gebäudestruktur durch die im Lauf der Jahrhunderte erfolgten Teileinstürze, Wiederaufbauten und Ergänzungsmaßnahmen. Unterschiedliche Material- und Querschnittseigenschaften der Hauptbögen an West- und Ostseite, der Bruchkantenverlauf durch die Pendentifs und deren geometrische Ausbildung sowie die an den Außenseiten ergänzten mächtigen Strebepfeiler lassen erhebliche Abweichungen von den punktsymmetrischen Stützverhältnissen einer idealen Pendentifkuppel erahnen.

Der realistischen Einschätzung des Lastflusses im Traggefüge der Hagia Sophia sind damit die tatsächlichen Steifigkeiten aller am Lastabtrag beteiligten Bauteile, deren komplexes Zusammenspiel sowie die tatsächlichen Gründungsverhältnisse zugrunde zu legen und kann letztendlich nur mit Hilfe eines detaillierten numerischen Berechnungsmodells des gesamten Bauwerks gelingen.

8.3 Parameter für ein realistisches Rechenmodell

Die Ausführungen des vorangegangenen Abschnitts zusammenfassend, seien in nachfolgender Tabelle 8.1 die an der Hagia Sophia angetroffenen statisch-konstruktiven Verhältnisse denen einer „idealen" Pendentifkuppel gegenübergestellt. Das Ziel verfolgend, den Lastfluss und das Tragverhalten möglichst wirklichkeitsnah wiederzugeben, werden die sich aus den erlangten Erkenntnissen ergebenden „Anforderungen an ein realistisches Rechenmodell" angefügt und die Grundlagen für die spätere[38] Erstellung eines derartigen Modells genannt.

	„Ideale" Pendentifkuppel	**Pendentifkuppel der Hagia Sophia**	**Anforderung an ein realistisches Rechenmodell**	**Grundlagen**
Statisches System:	• einteilige Kuppelschale	• mehrteilige, aus Segmenten unterschiedlicher Bauphasen zusammengesetzte Kuppel	• Berücksichtigung von Lage und Beschaffenheit der Bruchkante	• Untersuchungen zur Bruchkante (Abschnitt 4.3.4)
	• kontinuierliche Erstellung ohne wesentliche Lastumlagerungen	• diskontinuierliche Erstellung gemäß den verschiedenen Bauzuständen in Verbindung mit wesentlichen Lastumlagerungen	• chronologischer Modellaufbau, Betrachtung der Auswirkungen von Zwischen- und Bauzuständen	• maßgebende Bauzustände (Abschnitt 8.2.1)
Kuppelgeometrie:	• konstanter Schalenquerschnitt	• unterschiedliche Querschnittsdicken zwischen den Bauphasen, Querschnittsversprünge innerhalb der Bauphasen	• Berücksichtigung der tatsächlichen Schalendicken und -verläufe	• Schichtdicken entsprechend den Radarmessungen (Abschnitt 4.3.3.1)
	• ideale Kugelform	• Deformationen, deutliche Abweichungen von der Kugelform	• verformungstreue Modellierung	• tatsächliche Kuppelquerschnitte (Abschnitt 4.3.3.2)
Materialeigenschaften:	• homogen	• unterschiedliche Materialeigenschaften der versch. Bauphasen	• Berücksichtigung der tatsächlichen Materialeigenschaften	• tatsächliche Materialeigenschaften (Abschnitt 4.3.6 bzw. 6.3.3)
Randbedingungen:	• punktsymmetrische Stützung in vertikale und horizontale Richtung	• unterschiedliche Steifigkeiten der Hauptbögen und Hauptpfeiler	• Gesamtmodell, um die tatsächlichen Steifigkeiten zu berücksichtigen	• Bauaufnahme nach VAN NICE [113]
	• einheitliche Gründung	• ungleichförmige Gründung vermutet	• Ansatz der tatsächlichen Gründungsverhältnisse	• gesicherte Kenntnisse liegen nicht vor (Abschnitt 7)

Tab. 8.1: Parameter für ein realistisches Rechenmodell

[38] Im Rahmen der vorliegenden Arbeit werden grundlegende Studien zum Tragverhalten der Hagia Sophia unter Ansatz der neuen Kenntnisse durchgeführt (vgl. hierzu Abschnitt 10) und einen Ausblick auf ein in Arbeit befindliches detailliertes numerisches Berechnungsmodell für dynamische Untersuchungen gegeben.

9 Bisherige Betrachtungen zum Tragverhalten der Hagia Sophia

Dass *Anthemius von Tralles* und *Isidoros von Milet*, aber auch die Baumeister späterer Aufbau- oder Ergänzungsmaßnahmen erhebliches Wissen zum Tragverhalten von Kuppelbauten besaßen, könnte durch das lange Bestehen der Hagia Sophia nicht besser belegt werden.

Während der Verlauf der Lasten und damit die Tragfähigkeit historischer Bauwerke neben der handwerklichen Qualität insbesondere in den individuellen Kenntnissen, Erfahrungen und sicherlich auch der Intuition der Baumeister begründet war, eröffnen heutige, moderne Berechnungsmethoden die Möglichkeit einer mathematischen Bestimmung des Lastflusses. Die Verfahren der Mechanik und numerische Analysen erlauben eine realitätsnahe Abbildung des Baustoff- und Bauteilverhaltens und bilden damit ein zentrales Hilfsmittel zur Beurteilung von Tragwerken aus Mauerwerk.

Die Berücksichtigung und korrekte Umsetzung aller relevanten Parameter in einem Rechenmodell ist für dessen Aussagekraft entscheidend und erweist sich durch die Vielzahl der Randbedingungen in Verbindung mit dem inhomogenen und anisotropen Verhalten des Verbundbaustoffs Mauerwerk als äußerst komplexe Aufgabe.

Nachfolgend, vor den eigenen rechnerischen Abschätzungen, werden bisherige Versuche, das Tragverhalten der Hagia Sophia rechnerisch zu erfassen und eine ingenieurmäßige Einschätzung des derzeitigen Sicherheitsniveaus vorzunehmen, geschildert und bewertet.

9.1 Qualitative Beurteilung nach Mainstone

Als einer der besten Kenner der Hagia Sophia betont MAINSTONE [69]: *„Of all the structures that have survived to the present, Hagia Sophia´s is possibly the most difficult to analyze“* und äußert damit auch seine Vorbehalte gegenüber den bisherigen, starken Vereinfachungen unterliegenden und mit Unsicherheiten behafteten Berechnungen (vgl. hierzu auch Abschnitt 9.6).

Ausgehend vom grundsätzlichen Tragverhalten von Bögen bzw. Kuppeln, beschränkt er seine eigene Beurteilungen des Tragverhaltens der Hagia Sophia daher auf wenige elementare Überlegungen und eine qualitativen Beschreibung des Kraftflusses [66, 67].

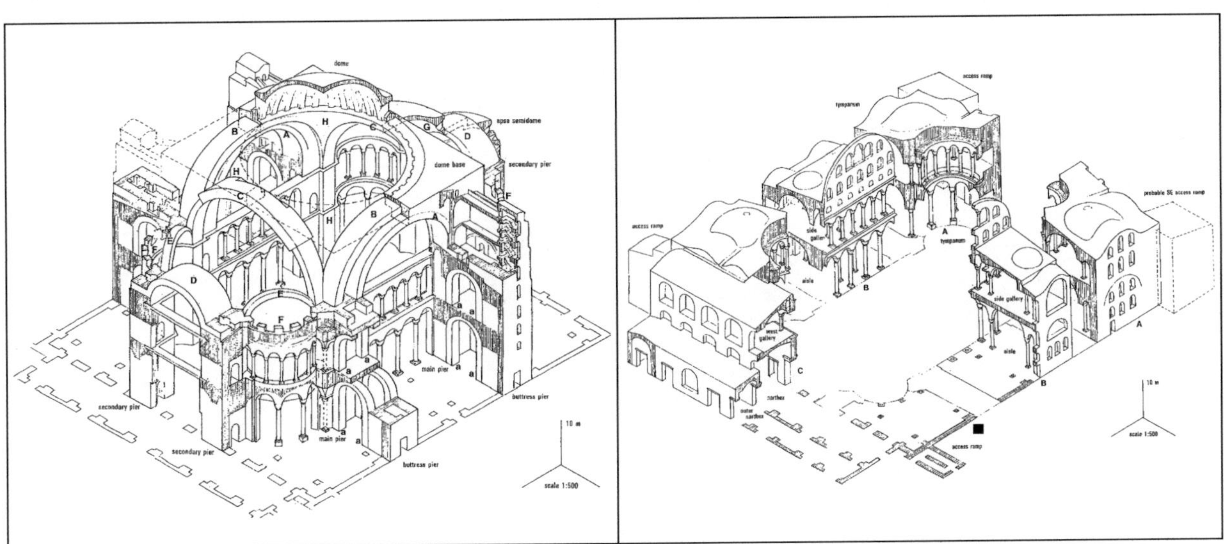

Abb. 9.1: (a) Primäres Tragsystem und (b) Sekundäres Tragsystem nach MAINSTONE [67]

Grundlage seiner – und auch folgender – Überlegungen bildet die Aufgliederung des Gebäudes und damit statische Differenzierung in ein „primäres“ und ein „sekundäres“ Tragsystem (Abb. 9.1). Während das primäre Tragsystem, bestehend aus Haupt- und Nebenpfeilern, Hauptbögen mit angegliederten Pendentifs sowie Haupt- und Nebenkuppeln, als eigenständig zu betrachtende Einheit die Hauptlasten abträgt, hat das angegliederte sekundäre System abstützende Funktion.

Abbildung 9.2 zeigt den Lastfluss im „primären“ Tragsystem gemäß den Überlegungen *Mainstones.*

Zur Erklärung des Tragverhaltens der Hauptkuppel wird das „klassische“ Verhalten einer Mauerwerkskuppel herangezogen, welches auf die im unteren Kuppelbereich sich entwickelnden Ringzugkräfte mit einer Rissbildung in vertikaler Richtung reagiert. Entsprechend stellt sich ein Lastabtrag über die aus dieser Rissbildung hervorgegangenen einzelnen Bögen ein, welche sich im oberen ungerissenen Ringdruckbereich der Kuppel gegeneinander abstützen. Eine Aufnahme der Ringzugkräfte bzw. der nach außen gerichteten Kuppelkraft durch einen umlaufenden Ringgurt würde bei einer geschätzten aufzunehmenden Ringankerkraft von $N_\vartheta \sim 1000$ kN einen schmiedeeisernen Quadratquerschnitt mit ca. 10–12 cm Seitenlänge erforderlich machen und wird daher als unwahrscheinlich erachtet.

Der damit durch die Unterkonstruktion aufzunehmende Horizontalschub der Kuppel führt in den Pendentifs zu einer vertikalen Rissbildung und einer nach außen gerichteten Horizontalverformung der – lediglich durch die Hauptpfeiler gestützten – Hauptbögen an der Nord- und Südseite. Die Hauptbögen an der West- und Ostseite erfahren dagegen durch die unmittelbar angegliederten, sich „anlehnenden“ Halbkuppeln eine nach innen gerichtete Horizontalverformung.

Die durch die Hauptbögen ausgeübte Horizontallast *H* wird auf 7–8 MN abgeschätzt. Diese muss durch die Hauptpfeiler bzw. die angegliederten Bauteile aufgenommen und in den Baugrund geleitet werden.

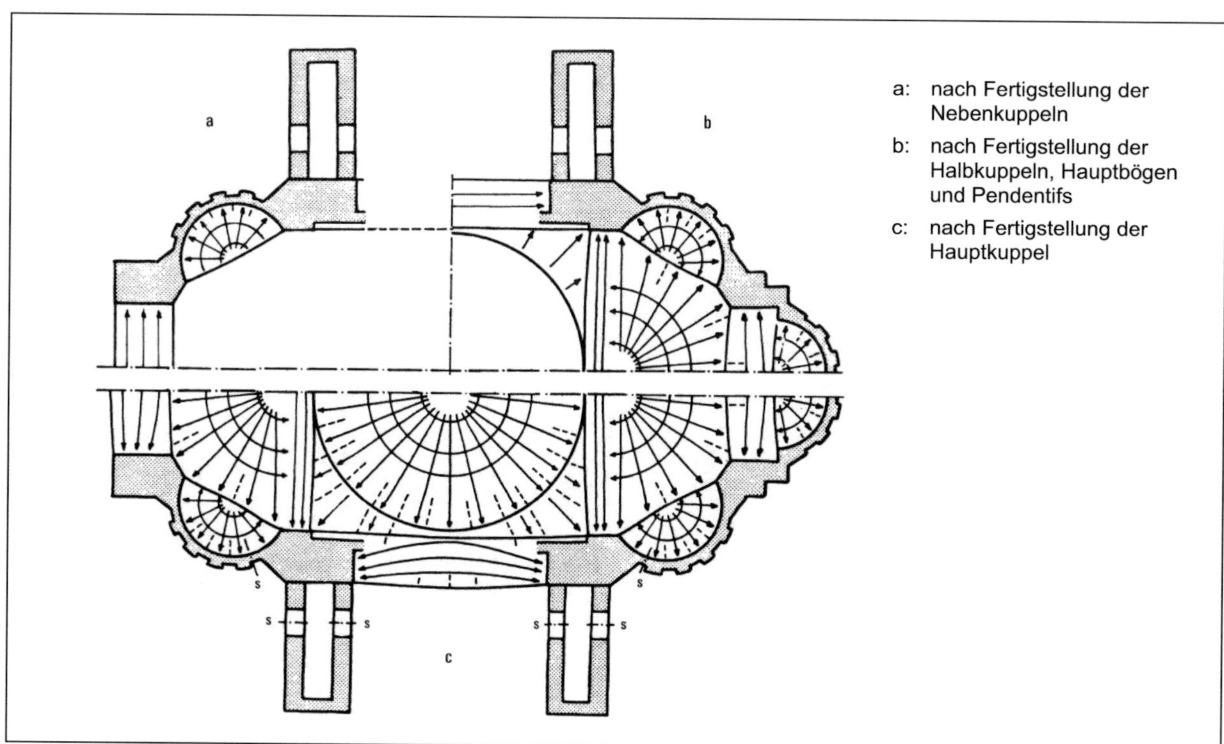

Abb. 9.2: Lastfluss und Rissbildung (gestrichelte Linien) im primären Tragsystem der Hagia Sophia nach MAINSTONE [67]

9.2 Analytische Berechnung nach Thode

9.2.1 Grundlagen

THODE [110] beschäftigt sich in seinem Buch „*Untersuchungen zur Lastabtragung in spätantiken Kuppelbauten*" in Bezug auf die Hagia Sophia mit beidem: dem Lastabtrag und Kraftfluss in Hauptkuppel, Hauptbögen und Hauptpfeilern, und den Beanspruchungen von Stein, Ziegeln, Mörtel und Baugrund. Er untersucht das Tragverhalten und die Baustoffeigenschaften mit Hilfe der baustatischen und prüftechnischen Methoden der 70er Jahre. Die hinsichtlich der Grundlagenermittlung und Methodik klar gegliederte Berechnung stellt erstmalig eine in sich geschlossene, quantitative Einschätzung der statisch-konstruktiven Verhältnisse des Haupttraggefüges der Hagia Sophia dar und sei im Folgenden zusammenfassend wiedergegeben und diskutiert.

9.2.2 Berechnung und Ergebnisse

9.2.2.1 Die Kuppel – Membrantheorie

In den Bereichen der Kuppelschale, wo sowohl in Meridian- als auch Ringrichtung Druckspannungen auftreten – d. h. oberhalb der Bruchfuge[39] – erfolgt die Ermittlung der Schnittgrößen auf Grundlage der Membrantheorie.

Die Betrachtungen beschränken sich auf den Lastfall Eigengewicht. Dieser setzt sich aus dem Schaleneigengewicht und einer im Bereich des Kuppelscheitels wirkenden Zusatzlast infolge des Kuppelknaufes und einer – von *Thode* angenommenen – Scheitelverstärkung zusammen.

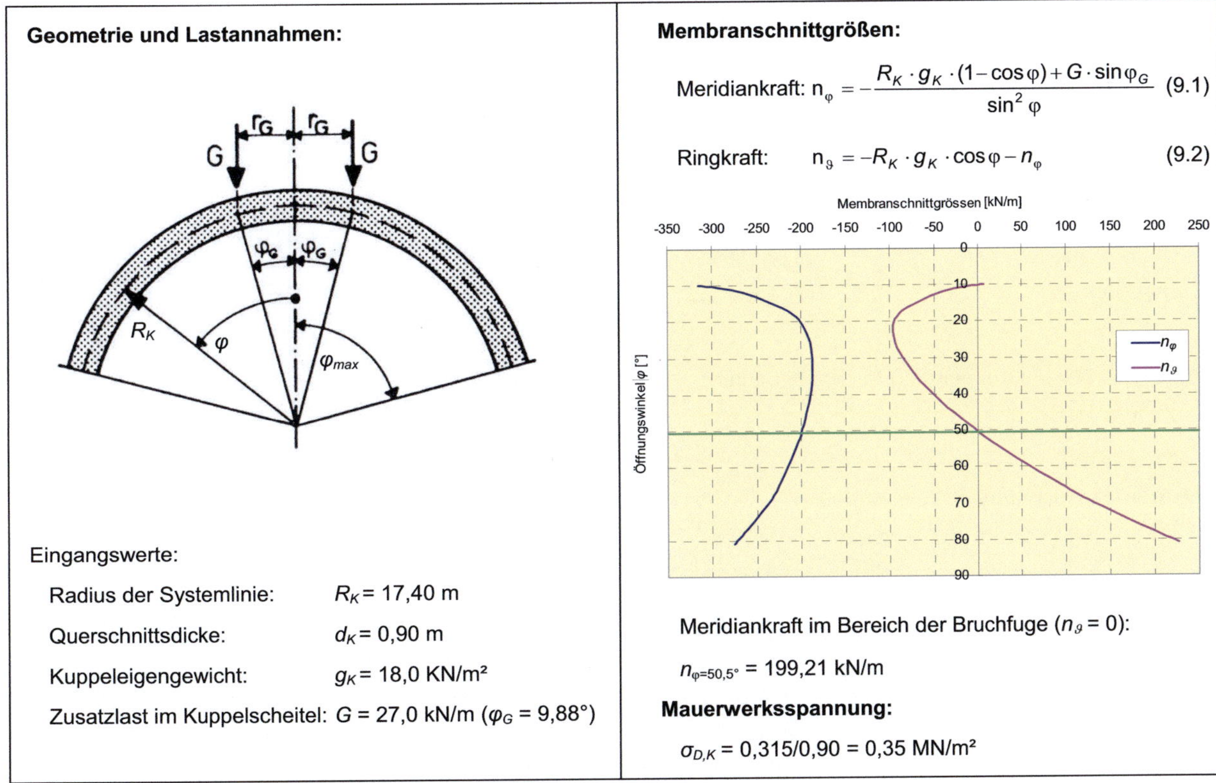

Abb. 9.3: Geometrie der Hauptkuppel und Schnittgrößenermittlung nach THODE [110]

[39] Die *Bruchfuge* bezeichnet die Stelle des Übergangs der Ringkräfte von Ringdruck in Ringzug. Nicht zu verwechseln mit dem Begriff der *Bruchkante*, welche als Grenzkante zwischen den Bauteilen unterschiedlicher Bauphasen definiert wurde.

Abbildung 9.3 gibt Auskunft über die Geometrie, die Lastannahmen und die Ermittlung der Schnittgrößen in der Hauptkuppel.

Die Anwendung geschlossener Formeln auf Grundlage der Membrantheorie als Kombination der Lastfälle Eigengewicht und Ringlast (z. B. nach [30, 80]) erforderte folgende idealisierte Annahmen:

- Die Kuppelkontur wird als ideale Kugelschale betrachtet, Deformationen und Abweichungen von der idealen Geometrie bleiben unberücksichtigt.
- Die (vermeintliche) Zusatzlast im Kuppelscheitel wird durch eine gleichmäßige Ringlast angenähert.
- Die Kuppelrippen werden durch eine proportionale Vergrößerung der Kuppeldicke berücksichtigt. Das Eigengewicht der Kuppelschale wird damit als gleichmäßig wirkend angesetzt.

9.2.2.2 Die Kuppel – Bruchtheorie

Thode weist dem Ziegelmauerwerk keine Zugfestigkeit zu und sieht auch einen gesicherten Nachweis für die Existenz eines umlaufenden Zugankers nicht gegeben. Entsprechend zieht er unterhalb der ermittelten Bruchfugenlage bei $\varphi = 50{,}5°$ keine Ringkräfte zum Kräftegleichgewicht heran. Stattdessen wird die im Bereich der Bruchfuge wirkende Meridiankraft N_φ durch Kuppellasten unterhalb der Bruchfuge sowie die Eigengewichte von Fenstergesimsen und Fensterpfeilern ergänzt und in Form einer Stützlinie abgetragen.

Abbildung 9.4 zeigt die geometrischen Grundlagen, Lastannahmen und den Verlauf der errechneten Stützlinie. Deren Resultierende R verläuft unter einem Winkel von ca. 14° gegen die Vertikale nahezu zentrisch in Querschnittsmitte des Fensterpfeilers.

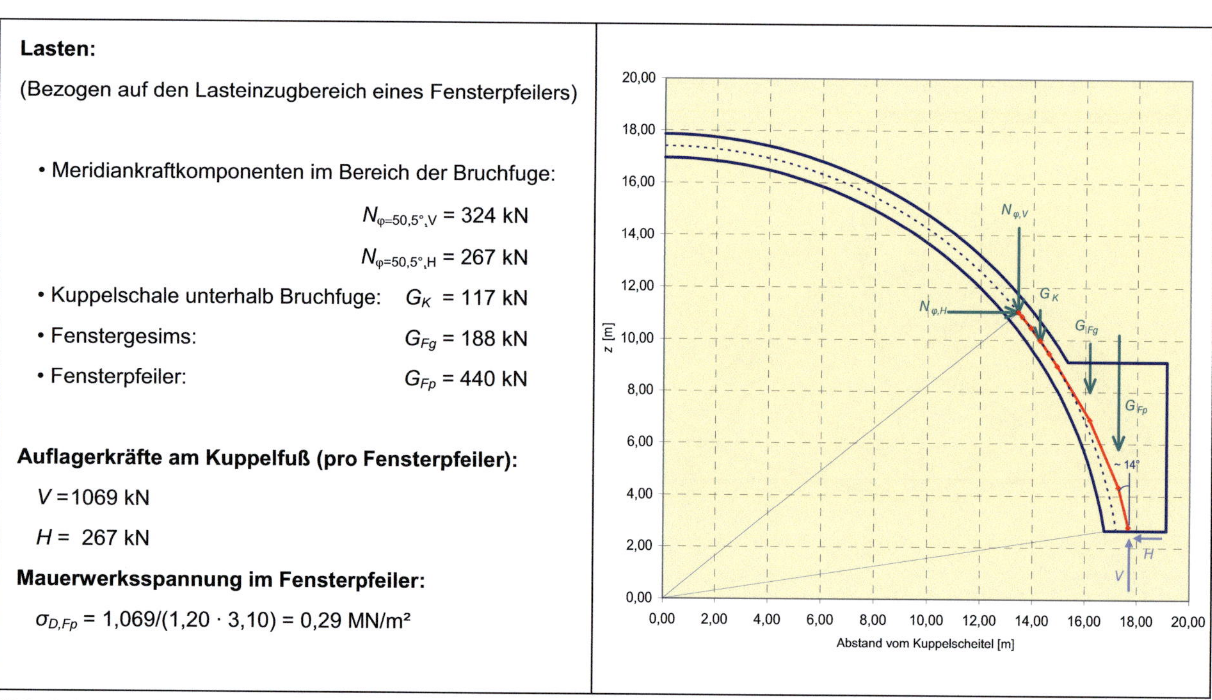

Abb. 9.4: Verlauf der Stützlinie unterhalb der Bruchfuge nach THODE [110]

Die ermittelten Mauerwerksspannungen von $\sigma_{D,K}$ = 0,35 MN/m² bzw. $\sigma_{D,Fp}$ = 0,29 MN/m² den zulässigen Spannungen σ_0 = 1,20 MN/m² (vgl. Abschnitt 4.3.6.4) gegenüberstellend, wird als Resultat dieser Berechnung – einen Sicherheitsbeiwert von 3,0 zwischen zulässiger Spannung und Bruchspannung zugrunde legend – eine mindestens 10-fache Sicherheit gegen Versagen auf Druck abgeleitet.

Die Ergänzung der Berechnung durch eine vereinfachte Beulbetrachtung, auf deren Grundlage auch die Gefahr eines Stabilitätsversagen der Kuppel ausgeschlossen wird, veranlasst den Verfasser zu der Schlussfolgerung, dass die vergangenen Einstürze der Kuppel nicht auf eine Überbeanspruchung des Mauerwerks, sondern auf ein Nachgeben der Unterkonstruktion zurückzuführen sind.

9.2.2.3 Hauptbögen und Vierungspfeiler

Als zweites Teilsystem definiert *Thode* das eigentliche Haupttragwerk, bestehend aus den Hauptbögen mit den Pendentifs sowie den Hauptpfeilern mit angegliederten Strebepfeilern.

Seine Berechnungen basieren auf der Ermittlung räumlicher Stützlinien und der Beurteilung ihrer Lage bezüglich der Kerngrenzen des betrachteten Querschnitts. Die Lösung dieses räumlichen Kraftsystems erfolgt mit Hilfe der Vektoralgebra und der programmtechnischen Möglichkeiten der frühen siebziger Jahre. Es liegen folgende Annahmen zugrunde:

- Im östlichen und westlichen Hauptbogen wird der Horizontalschub der Apsidenkuppel mit herangezogen, andernfalls konnte kein stabiles System gefunden werden.
- Für die Stützlinienberechnung wird ein steifes und unverschiebliches System vorausgesetzt.
- Es erfolgt keine Aufteilung in Einzelsysteme, die Berechnung beruht auf der Ermittlung räumlicher Stützlinien im gesamten Haupttragwerk. Die Hinterfüllung der Pendentifs wird massiv und voll wirkend angesetzt.
- Die Berechnung wird für den Südostquadranten durchgeführt, die Ergebnisse sinngemäß auf die übrigen Bereiche übertragen.

Die Ermittlung des räumlichen Spannungszustandes erfolgt näherungsweise an 24 Schnitten des Haupttragwerks. Unter Beachtung einer eventuell klaffenden Fuge wurden die maximalen Druckspannungen σ_D im Haupttragwerk gemäß Tabelle 9.1 ermittelt. Danach liegen die kritischen Schnitte bei den Hauptbögen zwischen Scheitel und Kämpfer, bei den Hauptpfeilern – erwartungsgemäß – auf Fußbodenhöhe.

Bauteil	**Mauerwerksart**	***max*** σ_D **[MN/m²]**	**Lage**
Östlicher Hauptbogen	Ziegelmauerwerk	1,35	Im Abstand x = 7,5 m vom Bogenscheitel
Südlicher Hauptbogen	Ziegelmauerwerk	0,52	Im Abstand y = 5,0 m vom Bogenscheitel
Südöstlicher Hauptpfeiler	Natursteinmauerwerk	2,03	Auf Fußbodenniveau (z = 0)

Tab. 9.1: Maximale Mauerwerksspannungen σ_D im Haupttragwerk nach THODE [110]

Die Ergebnisse der DIN 1053 (Ausgabe November 1962) gegenüberstellend, resümiert *Thode*, dass die im Mauerwerk der Hagia Sophia vorhandene Sicherheit sehr genau den Forderungen der heutigen technischen Baubestimmungen entspricht.

9.2.2.4 Überlegungen zur Pfeilerverformung

Die Hauptpfeiler der Hagia Sophia weisen deutliche horizontale Verformungen auf. Entsprechend den Ausführungen in Abschnitt 6.3.1 zur Pfeilergeometrie betragen die mittleren Lotabweichungen in Höhe der Hauptbogenkämpfer $f_{h,N,S}$ = 45 cm in Gebäudequerrichtung (Nord-Süd) und $f_{h,W,O}$ = 15 cm in Gebäudelängsrichtung (West-Ost).

Die Ursachen dieser Abweichungen von der beabsichtigten Form führt *Thode* auf elastische und insbesondere plastische Verformungen zurück. Sonstigen Ursachen wie beispielsweise

Bauungenauigkeiten, tektonische Verschiebungen oder Erdbeben wird ein zu vernachlässigender Beitrag zur Gesamtverformung zugewiesen.

Die *elastische* Pfeilerverformung wird mit Hilfe vereinfachter statischer Systeme und abgeschätzter Materialparameter ermittelt. Danach ergibt sich als Resultat der Parameter ´Horizontalschub der Hauptbögen´, ´Pfeilerverkrümmung aufgrund unterschiedlicher Dehnsteifigkeiten des Quader- bzw. Ziegelmauerwerks´ und ´elastische Querkraftverformung´ eine in Gebäudequerrichtung wirkende Lotabweichung von $f_{h,N,S}$ = 1,7 cm; diese leisten damit keinen ausschlaggebenden Beitrag zur Gesamtverformung.

Entsprechend sieht *Thode* den überwiegenden Teil der Pfeilerauslenkungen in den *plastischen* Verformungen begründet. Die Gesamtauslenkung lässt sich gemäß den nachfolgenden Überlegungen in etwa gleiche Teile auf die plastischen Verformungen des Baugrundes (Fundamentverdrehung) und auf die plastischen Verformungen des Mauerwerks (Kriechen und Schwinden des Mörtels) zurückführen.

• ***Fundamentverdrehung***

Grundlagen der Überlegungen zur Fundamentverdrehung bilden die Annahmen, dass Haupt- und Treppenhauspfeiler mit gleichbleibendem Querschnitt bis auf tragfähigen Grund geführt sind und dass die Schiefstellung der Hauptpfeiler von 1 cm/m einzig auf die Verdrehung des Fundamentes zurückzuführen ist. Entsprechend wird der Anteil der Pfeilerauslenkung bei H = 23,0 m als Folge plastischer Verformungen des Baugrundes zu f_h = 23 cm abgeschätzt.

Eine anhand der zugrunde gelegten Randbedingungen und Belastungen vorgenommene Rückrechnung auf die Kennwerte des Baugrundes lässt *Thode* auf einen Steifemodul von E_s = 133 MN/m² schließen.

• ***Plastische Verformung des Mauerwerks***

Die starke Tendenz des – insbesondere jungen – byzantinischen Mauerwerks zu plastischer Formänderung wird einerseits durch den langsamen Abbindeprozess von Kalkmörtel, andererseits durch die ungewöhnlich dicken Lagerfugen bestimmt.

Thode differenziert das Maß der Pfeilerauslenkung infolge plastischer Mauerwerksverformung wiederum in zwei Anteile:

- Die Schwindverkürzung der Strebepfeiler aus Ziegelmauerwerk gegenüber den aus Naturstein errichteten Hauptpfeilern. Diese hieraus resultierende horizontale Pfeilerauslenkung aus der Pfeilerverkrümmung wird zu geringen f_h = 1,0 cm abgeschätzt.
- Dem Kriecheinfluss auf die elastische Verformung wird die verbleibende Restauslenkung von Δf_h = 45 - 1,7 - 23 - 1 = 19,3 cm zugeordnet. Aus dieser Überlegung ergibt sich – je nach Rechenannahme – eine dem Mauerwerk zuzuordnende Kriechzahl zwischen φ = 0,87 und φ = 2,39.

9.2.3 Diskussion und Bewertung

Mit den durchgeführten Berechnungen und Studien war *Thode* der erste, der nicht nur qualitativ, sondern auch quantitativ, also mit konkreten Beanspruchungsdaten und Sicherheitsüberlegungen, eine in sich geschlossene Einschätzung der statisch-konstruktiven Verhältnisse des Haupttraggefüges der Hagia Sophia vorgenommen hat.

Die Ergebnisse seiner Arbeit sind umso höher einzuschätzen, als sie trotz einer Reihe von Restriktionen zustande kamen.

- Die Untersuchungen am Mauerwerk der Hauptkuppel und Hauptpfeiler mussten auf wenige Bereiche und Inspektionen beschränkt bleiben. Der größte Teil der hohen Hauptkuppel war, aufgrund fehlender Einrüstung, nicht erreichbar. Zudem verwehrten die flächig aufgetragenen Mosaiken die Erkundung von Bestand und Zustand des Ziegelmauerwerks der Kuppel. Bei den Hauptpfeilern versperrte die äußere Bekleidung aus großflächigen Marmorplatten den Zugang zum Mauerwerk.

- Was die Bestimmung der Materialeigenschaften angeht, konnten keine systematisch gezielten Probenentnahmen vorgenommen werden. Die baustofftechnischen Untersuchungen mussten sich auf die zerstörende Prüfung einer Ziegelprobe (vgl. Abschnitt 4.3.6.4) und weniger kleiner Proben von Fugenmörtel beschränken. Vor Ort vorgenommene, zerstörungsfreie Schlaghärteprüfungen an Mauerziegeln waren nur begrenzt aussagekräftig, Kennwerte der bei den Hauptpfeilern verwendeten Natursteine konnten nicht ermittelt werden.
- Bezüglich der Kuppelgeometrie musste mangels genauerer Vermessungsunterlagen von einer idealen Kugelform mit konstanter Schalenstärke ausgegangen werden. Optisch ablesbare geometrische Imperfektionen konnten erkannt, in Form und Ausmaß jedoch nicht quantifiziert werden.
- Dass die Hauptkuppel wegen früherer Einstürze bzw. Teileinstürze und Wiederaufbauten aus Teilen des 6., 10. und 14. Jahrhunderts zusammengesetzt ist, war *Thode* bekannt. Er hatte aber keine Möglichkeit zu untersuchen, ob und inwieweit in den verschiedenen Teilbereichen unterschiedliche Ziegel, Mörtel und Mauerwerksverbände zur Anwendung kamen und ob es Unterschiede in der handwerklichen Ausführungsqualität gibt.
- Die statischen Berechnungen mussten sich der baustatischen Berechnungsmethoden der 70er Jahre bedienen. Die – notwendigerweise – durchgeführte Reduzierung des Gesamttragwerks auf vereinfachte Teilsysteme konnte das Tragverhalten einer Pendentifkuppel und das komplexe Zusammenspiel der zugehörigen Bauteile mit ihren unterschiedlichen Steifigkeiten und Nachgiebigkeiten nicht hinreichend wiedergeben.

Zusammenfassend ist festzustellen, dass *Thode* alle ihm zur Verfügung stehenden geometrischen, strukturellen und materialspezifischen Informationen seiner Zeit verarbeitete. Seine Arbeit bezieht sich auf das System der idealen Pendentifkuppel. Obgleich die in Tabelle 8.1 geforderten Parameter an ein realistisches Berechnungsmodell keine hinreichende Berücksichtigung fanden, ist die schlüssige Berechnung in ihrer Struktur und Aussage jeder weiteren Berechnung vergleichend gegenüberzustellen.

9.3 Frühe numerische Berechnungen

• ***Grundlagen***

Mit der Entwicklung und Etablierung numerischer Berechnungsmethoden in der Baustatik erfolgten ab Ende der 80-er Jahre erste Versuche einer Analyse des Tragverhaltens der Hagia Sophia mit Hilfe der Finite-Elemente-Methode. Aufgrund einer nur begrenzt zur Verfügung stehenden Rechenkapazität musste die Anzahl der Elemente zunächst auf ein Mindestmaß beschränkt werden und erlaubte damit nur ein sehr grobes Abbild der betrachteten Bauteile.

Entsprechend folgen die nachstehend dargelegten Berechnungen von MARK/WESTAGARD [75] und KATO et al. [58] – und damit sei eine Bewertung vorweggenommen – starken geometrischen und materialspezifischen Idealisierungen und Abschätzungen. Ein Zugewinn differenzierter Randbedingungen oder Berechnungsparameter konnte gegenüber den oben dargelegten analytischen Studien und Berechnungen nicht verzeichnet werden.

• ***Mark/Westagard (1989)***

MARK/WESTAGARD [75] untersuchten einen Quadranten der „ersten" flachen Kuppel mit den zugehörigen Hauptbögen und Halbkuppel (Abb. 9.5-a) auf nachgiebigen Auflagern, welche die Hauptpfeiler simulieren. Die Berechnung geht von einem monolithischen Zusammenwirken der Bauteile aus. Die stark idealisierte Geometrie entspricht – so die Autoren – den Angaben von VAN NICE [113].

Das veröffentlichte Ergebnis dieser Analyse beschränkt sich auf die Aussage, dass – entgegen der allgemeinen Meinung – die auf die Hauptpfeiler einwirkenden Horizontalkräfte in Ost-West-Richtung höher sind (H = 5,4 MN) als in Nord-Süd-Richtung (H = 4,0 MN).

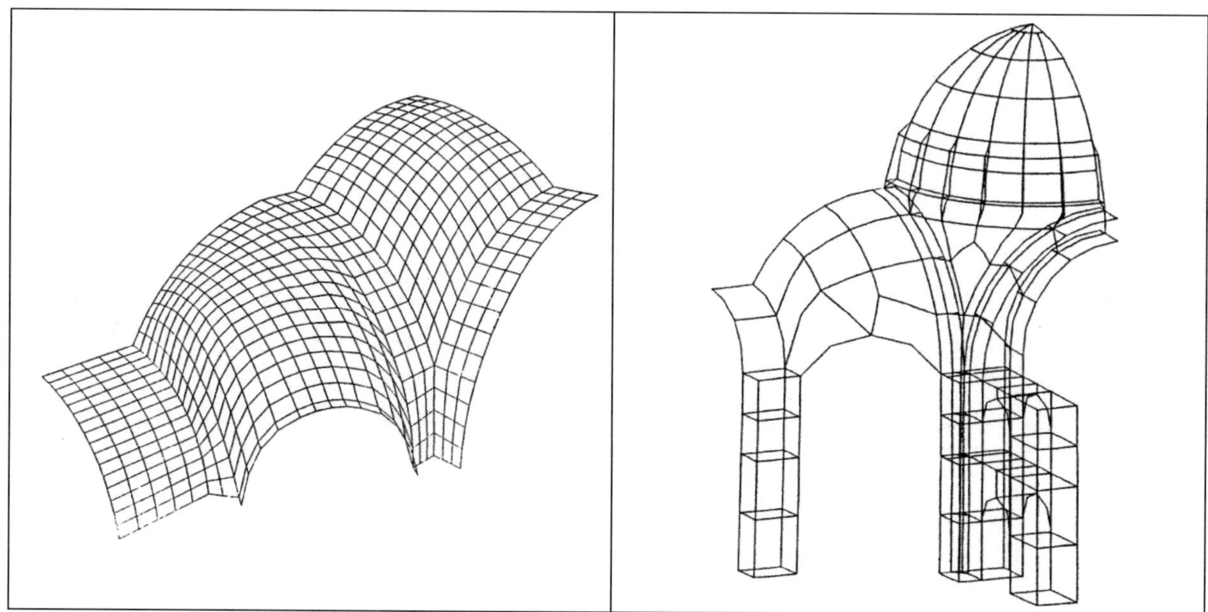

Abb. 9.5: (a) FE-Modell der „ersten" Kuppel mit Hauptbögen und Halbkuppel nach MARK/WESTAGARD [75] (b) FE-Modell „C" eines Quadranten des „primären" Tragsystems nach KATO et al. [58]

• ***Kato et al. (1992)***

KATO/AOKI/HIDAKA/NAKAMURA [58] analysierten das Tragverhalten des primären Tragsystems anhand eines auf einen Gebäudequadranten und 220 (Modell „C", Abb. 9.5-b) bzw. 479 (Modell „D") Elemente beschränkten numerischen Modells. Als Grundlage der Berechnungen dienten 9-knotige Schalenelemente und ein bilineares, ideal elastisch-plastisches Materialgesetz.

Wohl wissend um die grobe Modellierung, wird durch die Autoren betont, dass die Berechnung lediglich einen ersten Versuch darstelle, einen Beitrag zum besseren Verständnis des Bauwerks zu leisten. Ziel sei weder die Einschätzung des dynamischen Verhaltens des Gebäudes, noch werde das plastische Kriechverhalten berücksichtigt. Sie diene zunächst einer statischen Einschätzung und dem Vergleich der Resultate mit den Ergebnissen von *Mainstone* und *Thode*.

Als Ergebnis der Analyse wird ausschließlich das qualitative Verformungsverhalten angegeben.

- Danach nimmt – wie bereits durch MAINSTONE [67] (Abb. 9.2) bzw. VAN NICE [112] bestätigt – in allen untersuchten Fälle die Kuppelbasis eine elliptische Form an: Während sich die massiven doppelten Hauptbögen an Nord- und Südseite nach außen verformen, bewirken die Halbkuppeln an West- und Ostseite eine nach innen gerichtete Verformung der anschließenden Hauptbögen.
- Die errechnete, stärkere Verformung der Hauptpfeiler in Nord-Süd-Richtung führt zur Vermutung, dass sich die in entsprechende Richtung wirkende Horizontalkraft größer darstellt als in West-Ost-Richtung.

Ihre Studien zusammenfassend vertreten *Kato et al.* die Auffassung – und damit entsprechen sie den Erkenntnissen von *Thode* –, dass als Hauptfragestellung die Unterstützung der Kuppel angesehen werden kann.

9.4 Berechnungen nach Mark, Erdik und Çakmak

9.4.1 Grundlagen

Im Jahre 1989 wurde durch Zusammenarbeit der Princeton University (USA) mit der Boğazici University (Istanbul) ein sich über einen Zeitraum von zehn Jahren erstreckendes Projekt ins Leben gerufen, welches sich insbesondere mit der Erforschung des dynamischen Verhaltens der Hagia Sophia im Falle eines Erdbebens beschäftigte.

Maßgeblich geprägt wurde dieses Projekt durch den Bauingenieur *Robert Mark*[40] sowie die Erdbebenforscher *Ahmet Ş. Çakmak*[41] und *Mustafa Erdik*[42]. Im Rahmen ihrer ersten Veröffentlichungen [76, 77] wurden die dem Forschungsprojekt zugrunde liegenden Zielsetzungen folgendermaßen definiert:

(1) Erfassung von Daten der Gebäudestruktur.

Dieser Arbeitsschritt umfasst die Zusammenstellung aller verfügbaren Daten zur geometrischen und strukturellen Ausbildung des Gebäudes sowie zu dessen Baugeschichte. Neben der Erfassung aller Verformungen und Brüche – sei es infolge Eigengewicht oder eines Erdbebens – sollen die im Rahmen von Verstärkungs- und Sanierungsmaßnahmen erfolgten Veränderungen an der Gebäudestruktur aufgearbeitet und dokumentiert werden.

(2) Bestimmung der Materialeigenschaften.

Physikalische Tests und chemische Analysen sollen Auskunft zu den Materialeigenschaften geben, insbesondere auch zum Verhalten des jungen byzantinischen Mörtels.

(3) Messtechnische Erkundung des dynamischen Verhaltens der Hagia Sophia.

Die Installation eines Systems von Beschleunigungsaufnehmern dient dem Ziel, Erschütterungen infolge Wind, Verkehr, ggf. auch eines Erdbebens aufzuzeichnen und hinsichtlich des Schwingungsverhaltens des Gebäudes auszuwerten.

(4) Erstellung numerischer Berechnungsmodelle.

Mit Hilfe numerischer Berechnung sollen das kurz- und langfristige nichtlineare Verhalten des Mauerwerks, die Einflüsse von Rissbildungen, Verformungen und spätere strukturelle Ergänzungen erfasst und das Tragverhalten des Gebäudes unter Eigengewicht und dynamischen Lasten wiedergegeben werden.

---

40 *Robert Mark*, Professor of Architecture and Civil Engineering, Princeton University, USA

41 *Ahmet Ş. Çakmak*, Professor of Earthquake Engineering, Department of Civil Engineering and Operations Research, Princeton University, USA

42 *Mustafa Erdik*, Professor of Earthquake Engineering, Kandilli Observatory and Earthquake Research Institute, Department of Earthquake Engineering, Istanbul, Turkey

9.4.2 Ergebnisse der Untersuchungen

Über die im Rahmen des weitgespannten Forschungsprojektes durchgeführten Untersuchungen und deren Ergebnisse existiert eine Vielzahl von Veröffentlichungen der genannten und anderer Autoren und Co-Autoren. Die zusammenfassende Darlegung der Forschungsergebnisse beschränkt sich an dieser Stelle auf englischsprachige Quellen und erfolgt entsprechend den definierten Zielsetzungen.

Die dem Projekt entstammenden Erkenntnisse zur Gebäudestruktur und zu den Materialeigenschaften, wurden bereits im Zusammenhang mit den Ergebnissen aus der eigenen Erkundung des Konstruktionsgefüges erläutert, seien aber der Vollständigkeit halber im jetzigen Zusammenhang nochmals angeführt.

9.4.2.1 Erfassung von Daten der Gebäudestruktur

Hinsichtlich der geometrischen und strukturellen Ausbildung des Gebäudes wird überwiegend auf die bereits mehrfach erwähnten Arbeiten von VAN NICE [113] und MAINSTONE [67] zurückgegriffen. Diese bilden auch die Grundlage für die an späterer Stelle dargelegten numerischen Gebäudemodellierungen.

Im Rahmen des Projektes ergänzend durchgeführte und veröffentlichte Untersuchungen zur Bauwerksstruktur beschränkten sich auf die seismische Erkundung der Gründungssituation [14, 26, 107] (vgl. Abschnitt 7) sowie eine photogrammetrische Vermessung der Kuppelinnenseite [35] (vgl. Abschnitt 4.3.3.2).

9.4.2.2 Bestimmung der Materialeigenschaften

Neben den bereits erwähnten, in den folgenden Abschnitten näher erläuterten Berechnungen von Materialparametern auf Basis statischer Verformungen und des dynamischen Verhaltens des Gebäudes, erfolgten im Rahmen des Forschungsprojektes nur begrenzte Untersuchungen zu den Eigenschaften der verwendeten Baustoffe.

- Die zerstörende Untersuchung an einer einzelnen Materialprobe wird in [78] bzw. [14] beschrieben. Durchführung und Ergebnisse dieser Untersuchung sind in Abschnitt 4.3.6 dargelegt.
- In geringem Umfang durchgeführte zerstörungsfreie Ultraschallmessungen ergaben Hinweise zu Festigkeits- und Steifigkeitseigenschaften. Diese Erkundungen sind ebenfalls in Abschnitt 4.3.6 beschrieben.
- Die chemische und mikrostrukturelle Beschaffenheit des byzantinischen Mörtels war Thema diverser Berichte [5, 14, 82, 83, 84, 85]. Diese bescheinigen dem Mörtel in Verbindung mit den dicken Mörtelfugen ein „geleeartiges", bei dynamischen Beanspruchungen stark dämpfendes Verhalten.

9.4.2.3 Messtechnische Erkundung des dynamischen Verhaltens

Ein System von neun Beschleunigungsaufnehmern, welche von *Erdik* am Fußboden, an den Hauptpfeilern auf Höhe der Hauptbogenkämpfer sowie an den vier Hauptbogenscheiteln angeordnet wurden (Abb. 9.6), bildete ein „Strong motion network", mit dessen Hilfe das dynamische Verhalten der Hagia Sophia beurteilt wurde [13, 19, 25, 26].

Seit der Installation des Systems im August 1991 gelang es, die in Istanbul spürbaren Erdbebenereignisse der Jahre 1992 (Karacabey, 22. 3. 92, Magnitude 4.8) und insbesondere 1999 (Kocaeli, 17. 8. 99, Magnitude 7.4, und Düzce, 12.11.99, Magnitude 7.2) messtechnisch zu erfassen und aufzuzeichnen (Abb. 9.7).

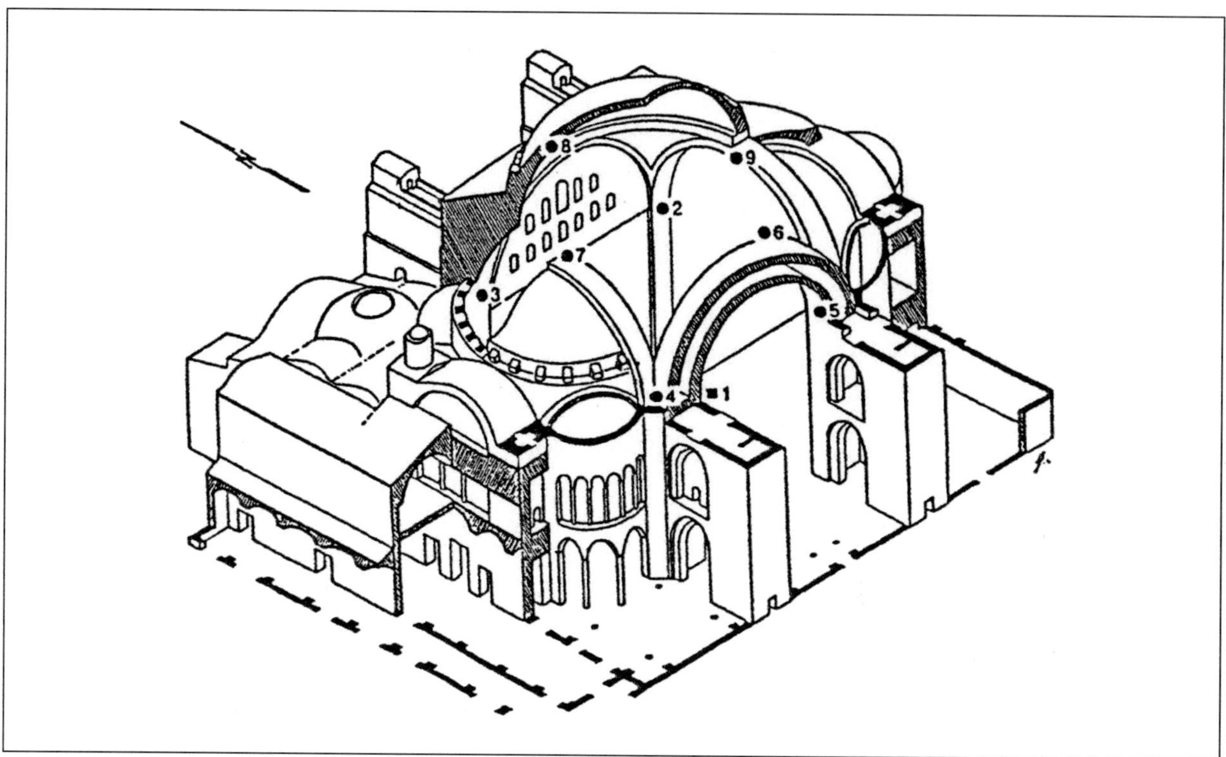

Abb. 9.6: Lage der Beschleunigungsaufnehmer im Bauwerk „Strong motion network", aus [13, 26]

Als besondere Auffälligkeit – in allen Messungen erkennbar – erweist sich die gegenüber den anderen Pfeilern stärkere Anregung des südwestlichen Hauptpfeilers (Station 4) sowie die erheblichen Vertikalbewegungen des Scheitels des westlichen (Station 7) und östlichen Hauptbogens (Station 9).

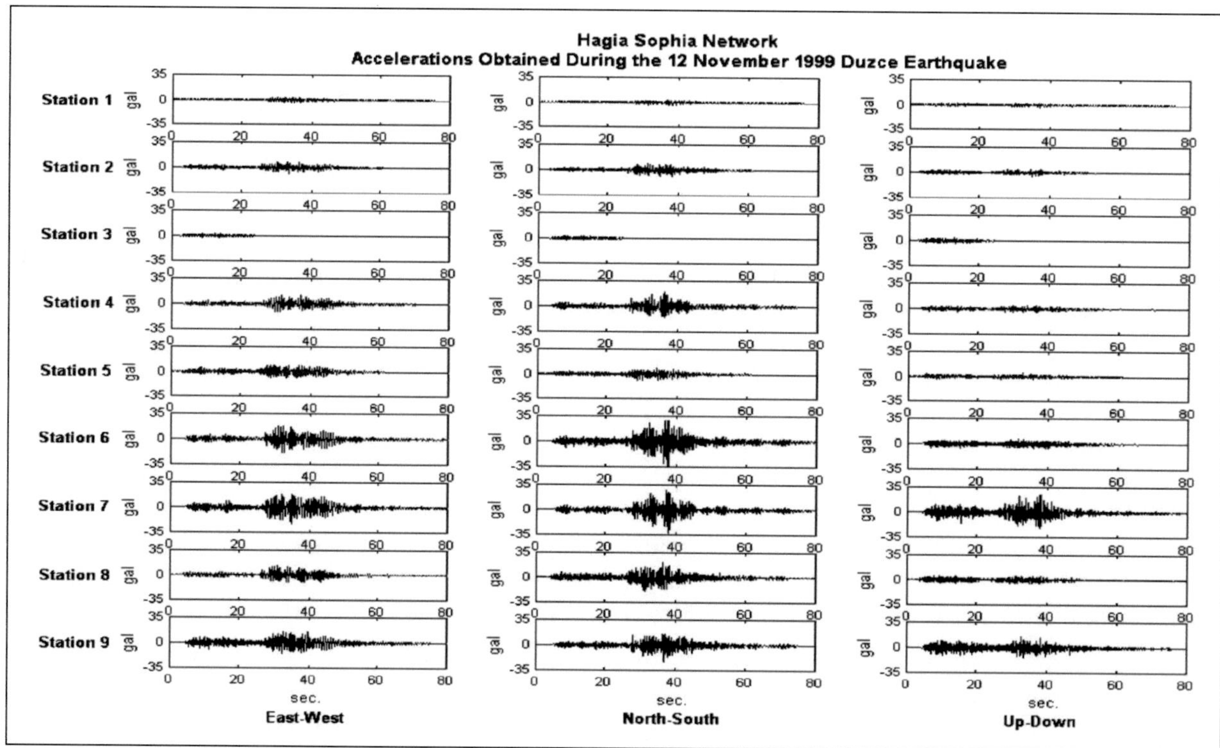

Abb. 9.7: Beschleunigungswerte infolge des Erdbebens in Duzce (12. November 1999, Magnitude 7.2), aus [19]

Als mögliche Gründe für die abweichende dynamische Charakteristik des Südwest-Pfeilers gegenüber den anderen Hauptpfeilern wird eine ungleiche Gründungssituation oder materialtechnische Differenzen, eventuell auch in Verbindung mit inneren Schäden, genannt.

Richtung und Frequenz der Eigenformen eines Erdbebens im Jahre 1999 sind in Abbildung 9.8 dargestellt. Während die erste Eigenform ihre dominierende Richtung in West-Ost-Richtung aufweist, handelt es sich bei der zweiten Eigenform um eine Translation in Nord-Süd-Richtung.

Die sich aus den Analysen der Messwerte ergebenden Eigenfrequenzen weisen gewisse Variationen auf. Gemäß [19] ergeben sich für die Erschütterungen des Jahres 1999 Frequenzen von $f = 1{,}38 \ldots 1{,}61$ Hz für die erste, und $f = 1{,}59 \ldots 1{,}79$ Hz für die zweite Eigenform. Die Eigenfrequenzen des Bebens des Jahres 1992 befinden sich auf vergleichbarem Niveau und wurden mit $f = 1{,}53$ Hz bzw. $f = 1{,}85$ Hz festgestellt [13].

Ein Abfall der Frequenzen ist hierbei mit wachsendem Beschleunigungslevel und wachsender Erschütterungsdauer zu verzeichnen und, so wird vermutet, auf das festgestellte „geleeartig" dämpfende Verhalten des Mauerwerks zurückzuführen.

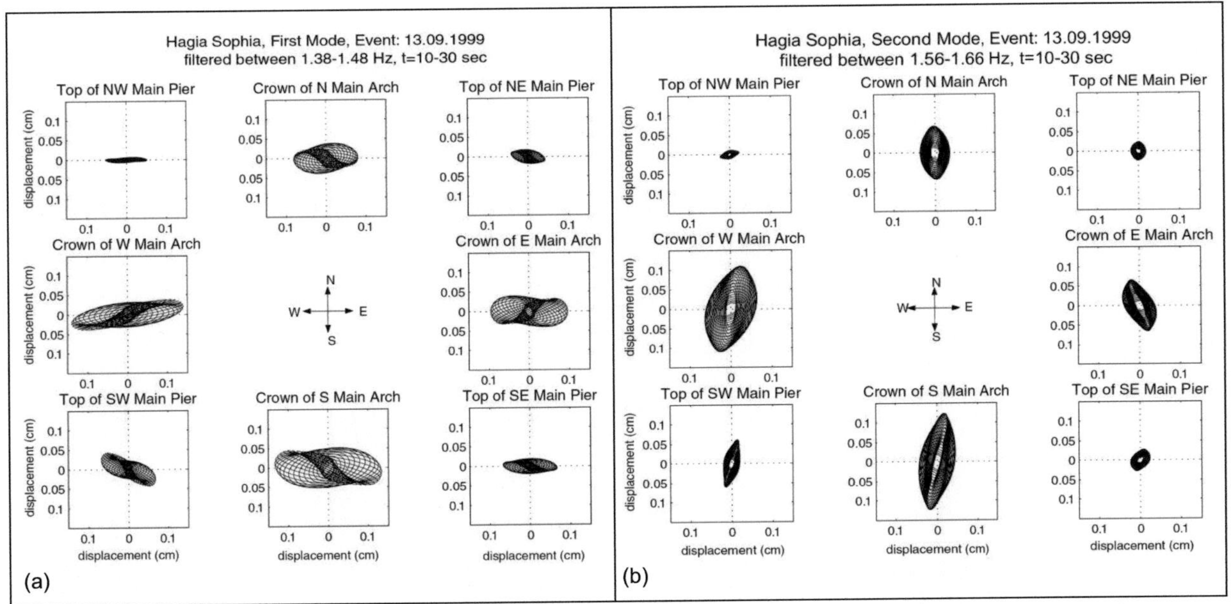

Abb. 9.8: Erste (a) und zweite (b) Eigenform infolge einer Erdbebenerschütterung am 13. September 1999, aus [19]

Neben der Aufzeichnung und Auswertung tatsächlicher Erdbebenereignisse erfolgte in den Jahren 1991 und 2000 im Rahmen von „ambient vibration testing" die Ermittlung der Tragwerksschwingung infolge ambienter Erregungen wie z. B. Wind oder Verkehr.

Im Rahmen dieser Versuchsreihen wurden an jedem der genannten Messpunkte 1–9 die Schwingungen mit Hilfe eines portablen Seismometers über einen Zeitraum von 3,8min pro Richtung gemessen. Die zugehörigen Analysen erbrachten im Jahre 1991 für die erste Eigenform (Ost-West-Translation) eine Eigenfrequenz von $f = 1{,}85$ Hz, die Frequenz der zweiten Eigenform (Nord-Süd-Translation) konnte zu $f = 2{,}10$ Hz ermittelt werden. Ein leichter Abfall der Werte auf $f = 1{,}75$ Hz bzw. $f = 2{,}01$ Hz wurde bei den Messungen im Jahre 2000 verzeichnet.

Generell ist festzustellen, dass sich die Eigenfrequenzen der Hagia Sophia gegenüber vergleichbaren Bauwerken (z. B. Süleymaniye-Moschee mit Eigenfrequenzen $f > 3{,}0$ Hz [19]) auf sehr geringem Niveau befinden, was mit hoher Wahrscheinlichkeit auf die Flexibilität des Ziegelmauerwerks zurückgeführt werden kann.

9.4.2.4 Erstellung numerischer Berechnungsmodelle

Die wenigen bis in die frühen 90-er Jahre existierenden numerischen Berechnungen der Hagia Sophia (vgl. Abschnitt 9.3) bedeuteten allererste Beurteilungsschritte unter Einsatz der zum damaligen Zeitpunkt neuen Finite-Elemente-Methode und beschränkten sich – der begrenzten Rechenkapazität wegen – auf stark vereinfachte Teilsysteme.

Im Verlauf des türkisch-amerikanischen Kooperationsprojektes wurden bis Mitte der 90-er Jahre eine ganze Reihe numerischer Berechnungen zur statischen und dynamischen Analyse der Hagia Sophia durchgeführt. Diese aufeinander aufbauenden bzw. auf denselben Gebäudemodellen beruhenden Analysen und deren Ergebnisse seien – soweit publiziert – nachfolgend dargelegt.

- ***Statische Analyse nach Mark, Çakmak, Erdik (1992)***

In [76] wurde erstmals angestrebt, eine Modellierung des gesamten primären Tragsystems, d. h. Haupt- und Nebenkuppeln, Pendentifs, Hauptbögen und Hauptpfeiler, vorzunehmen. Das Augenmerk bei dieser Modellierung lag, so die Verfasser, auf einer exakten geometrischen Abbildung des Gebäudes.

Das auf einen Quadranten des Tragsystems beschränkte Modell umfasst 1073 Knoten. Der zugehörigen, auf dem Finite-Element-Code *DYNAFLOW* basierenden Berechnung liegt ein linear-elastisches Materialgesetz mit an Vergleichsobjekten[43] gewonnenen Materialparametern zugrunde.

Abbildung 9.9 zeigt die Verformungsfigur des Gebäudemodells unter Eigengewichtsbelastung. Auf eine nähere Beschreibung wird an dieser Stelle verzichtet.

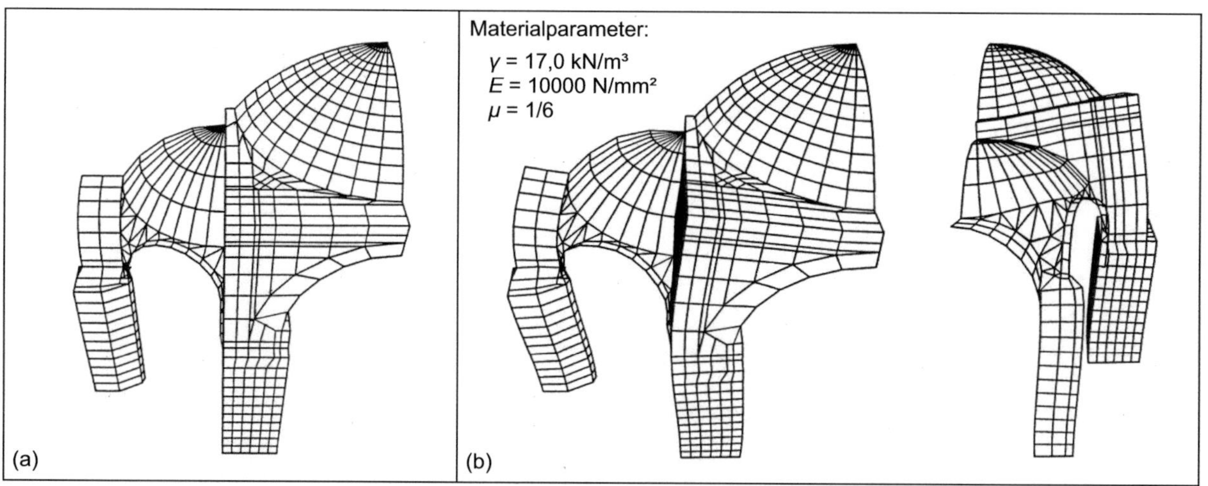

Abb. 9.9: (a) Unverformtes und (b) verformtes System, aus [76]

- ***Statische Analyse nach Mark, Çakmak, Hill, Davidson (1993)***

Die Diskretisierung des vollständigen primären Tragsystems mit der ursprünglichen „ersten“ Kuppel bedeutete eine deutliche Erweiterung der numerischen Gebäudemodellierung [77].

Die mit nicht näher spezifizierten Schalen- und Volumenelementen und dem Programm *SAP90* durchgeführte statische Analyse basiert auf der Annahme eines linear-elastischen Materialverhaltens und sollte zunächst eine Aussage hinsichtlich zugbelasteter und damit rissgefährdeter Bereiche ermöglichen.

Grundlage hinsichtlich der Materialkennwerte – insbesondere derer des jungen byzantinischen Mörtels – bildete eine am Teilsystem Hauptpfeiler (Abb. 9.10-a) durchgeführte

[43] Es wurden die Materialparameter von Santa Maria del Fiore in Florenz angesetzt.

Voruntersuchung, wobei durch entsprechende Wahl und Variation der Materialkennwerte auf die tatsächlichen – zu einem frühen Zeitpunkt erfolgten – Verformungen[44] in Nord-Süd-Richtung zurückgerechnet wurde.

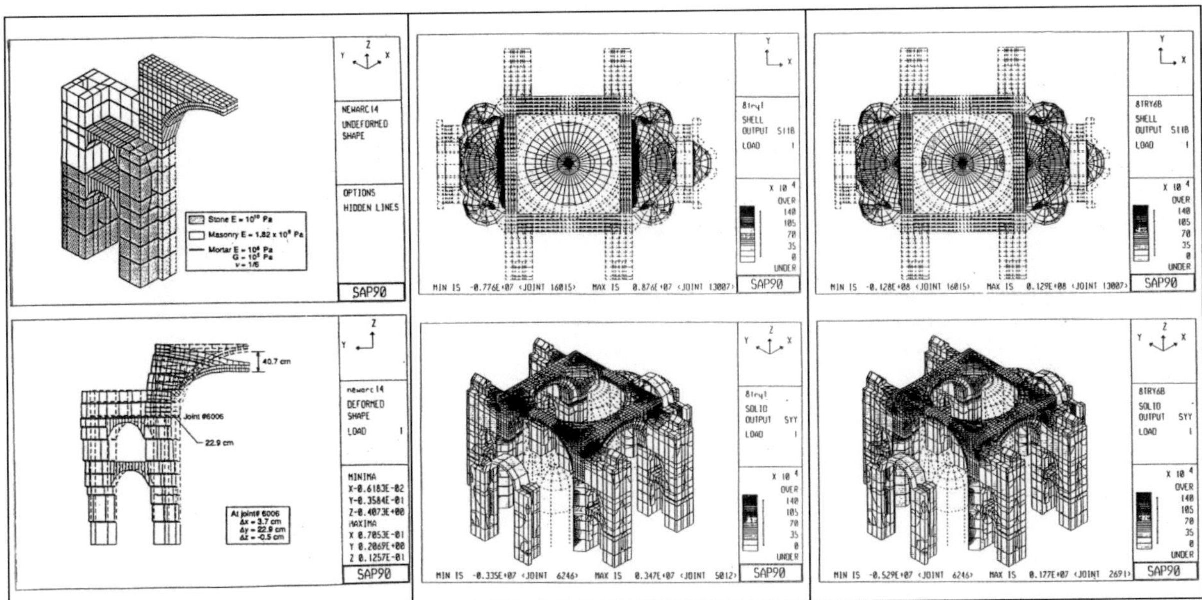

Abb. 9.10: (a) Bestimmung von Materialparametern, (b) Spannungen am ungerissenen Modell und (c) Spannungen unter Reduzierung des E-Moduls in den zugbeanspruchten Bereichen nach [77]

Als Ergebnis der numerischen Analyse werden als sensibelste Punkte die Hauptbögen an der Ost- und Westseite genannt, die bereits unter Eigengewicht deutliche Verformungen, insbesondere in vertikale Richtung, erfahren. Vor dem Hintergrund der niedrigsten Eigenform in Ost-West-Richtung (vgl. Abb. 9.8) wird die Vermutung geäußert, dass zusätzliche horizontale Verformungen infolge Erdbeben den Grund vergangener Einstürze bilden könnten.

Maximale Zugspannungen wurden am ungerissenen Modell zu $\sigma_Z = 1{,}4$ N/mm² ermittelt (Abb. 9.10-b). Durch Abminderung des Elastizitätsmoduls ($E = 1000$ N/mm²) in zugbeanspruchten Bereichen sollte eine Annäherung an ein nicht-lineares Verhalten simuliert werden. Diese Abminderung führte zu einer gewissen Reduzierung der Zugspannungen (Abb. 9.10-c).

Mit Blick auf die errechneten hohen Zugspannungen werden die positiven Eigenschaften des verwendeten Mörtels betont. Dieser bringt aufgrund seiner Fugendicke zwar große Verformungen mit sich, trägt durch sein hohes Plastizitätsvermögen jedoch auch erheblich zur Reduzierung einer Rissbildung bei.

- ***Dynamische Analyse nach Çakmak, Davidson, Mullen, Erdik (1993)***

Eine anhand der identischen Gebäudemodellierung durchgeführte dynamische Bewertung der Hagia Sophia wird in [13] beschrieben.

Die Wahl der Materialkennwerte erfolgte wiederum iterativ. Im Gegensatz zur vorangegangenen statischen Analyse, wonach entsprechend der vorhandenen Verformungen auf die Materialkennwerte gefolgert wurde, wurde für den dynamischen Fall eine möglichst gute Übereinstimmung zwischen den am Bauwerk nach Abschnitt 9.4.2.3 gemessenen und am Modell errechneten Eigenfrequenzen angestrebt.

---

44 Siehe hierzu Überlegungen von MAINSTONE [67]

Abbildung 9.11 und Tabelle 9.2 geben Auskunft über die rechnerische Bestimmung der ersten drei Eigenformen, welche unter Ansatz der dort genannten Materialparameter eine gute Übereinstimmung mit den am Bauwerk gemessenen Werten aufweisen, wobei diese mit Hilfe von Umgebungsschwingungsmessungen („ambient-vibration-testing") ermittelt wurden.

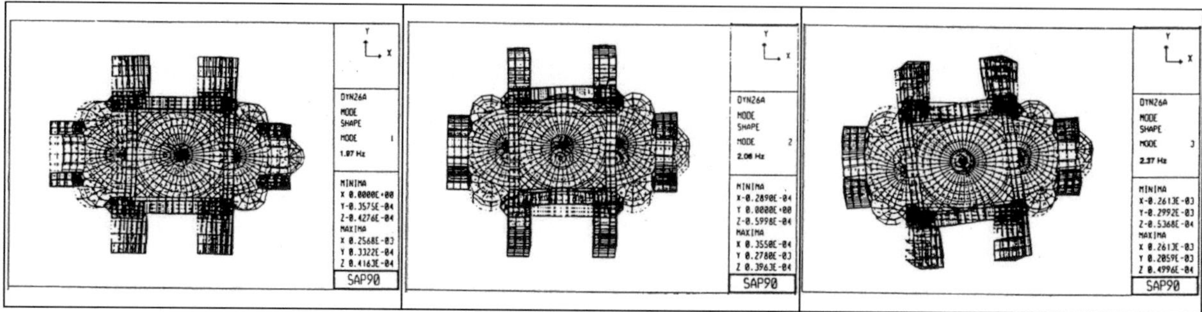

Abb. 9.11: Rechnerische Bestimmung der ersten (a), zweiten (b) und dritten Eigenform (c) nach [13]

Eigenform	Eigenfrequenz *f* gemessen (*„ambient vibration"*)	Eigenfrequenz *f* errechnet (*Modell dyn26a*)	Bewegung
1	1,84 Hz	1,97 Hz	Ost-West-Translation
2	2,09 Hz	2,08 Hz	Nord-Süd-Translation
3	2,41 Hz	2,37 Hz	Rotation

Tab. 9.2: Vergleich gemessener („ambient vibration testing") mit errechneten Eigenfrequenzen *f* auf der Grundlage folgender Steifigkeitswerte: Natursteinmauerwerk E = 10000 N/mm², Ziegelmauerwerk E = 5000 N/mm² mit Reduzierung auf E = 1000 N/mm² in den zugbeanspruchten Bereichen

Eine ergänzende Kalibrierung des Berechnungsmodells konnte anhand der erfassten Messwerte eines Erdbebens des Jahres 1992 (Magnitude 4,8) erfolgen. Gegenüber den Umgebungsschwingungsmessungen konnte ein leichter Abfall der Eigenfrequenzen beobachtet werden (Tab. 9.2, 9.3). Entsprechend musste, um eine hinreichende Übereinstimmung zwischen tatsächlichen und errechneten Werten zu erreichen, das Modell unter Reduzierung der Materialsteifigkeiten modifiziert werden.

Eigenform	Eigenfrequenz *f* gemessen (*Erdbeben Magnitude 4.8*)	Eigenfrequenz *f* errechnet (*Modell hsdyntc4*)	Bewegung
1	1,53 Hz	1,74 Hz	Ost-West-Translation
2	1,85 Hz	1,88 Hz	Nord-Süd-Translation
3	2,15 Hz	2,10 Hz	Rotation

Tab. 9.3: Vergleich gemessener (Erdbeben des Jahres 1992, Magnitude 4,8) mit errechneten Eigenfrequenzen auf Grundlage folgender Steifigkeitswerte: Natursteinmauerwerk E = 10000 N/mm², Ziegelmauerwerk E = 4000 N/mm²

Von den Verfassern wird angemerkt, dass die Steifigkeitswerte der dynamischen Analyse deutlich höher sind als diejenigen der statischen Analyse. Dies ist damit zu erklären, dass das Trag- und insbesondere Schwingungsverhalten des Gebäudes durch die in der Berechnung unberücksichtigt gebliebenen Bauteile eine deutliche Beeinflussung erfährt.

- ***Dynamische Analyse nach Davidson (1993)***

In [14] wird von weiteren linearen Berechnungen nach *Davidson* (unveröffentlicht) berichtet.

Grundlage der Berechnung bildete das vorstehend beschriebene Gebäudemodell, welches im Bereich der Hauptbögen eine geringfügige Netzverfeinerung erfuhr und entsprechend den Erdbebendaten des Jahres 1992 (Magnitude 4,8) kalibriert wurde.

Als Ergebnis dieser Berechnungen werden Spannungen in den östlichen und westlichen Hauptbögen infolge Eigengewicht und Erdbeben der Magnitude 6.5 und 7.5 angegeben. Danach betragen die Zugspannungen im Scheitel des westlichen Hauptbogens σ_z = 1,2 N/mm² unter Eigengewicht, während aus einem Erdbeben der Magnitude 6.5 bzw. 7.5 Zugspannungen von σ_z = 1,72 N/mm² bzw. σ_z = 2,73 N/mm² resultieren würden.

- ***Dynamische Analyse nach Swan/Çakmak (1993)***

SWAN/ÇAKMAK [107] führten eine nichtlineare Analyse des primären Tragsystems der Hagia Sophia mit dem Finite-Element-Code *FENDAC* durch.

Grundlage bildete erneut die bereits mehrfach erwähnte Gebäudemodellierung, wobei die Materialbeschreibung auf einem Homogenisierungsansatz von Stein und Mörtel basiert, der durch ein elasto-plastisches Materialgesetz in das numerische Modell eingebracht wird.

Hinsichtlich des Materialgesetzes wird differenziert zwischen dem Ziegelmauerwerk mit dicken Mörtelfugen und dem Natursteinmauerwerk der Hauptpfeiler mit sehr dünnen Mörtelfugen. Die Materialkennwerte entsprechend den an der „Rotunda of Thessaloniki“ [92] ermittelten Werten.

Zunächst erfolgte die Betrachtung des Teilsystems Kuppel. Unter Annahme einer konstanten Kuppeldicke (d_K = 0,70 m, ρ = 1700 kg/m³) und starrer Lagerung auf der Unterkonstruktion ergab sich für die heutige „zweite“ Kuppel pro Rippe eine Vertikallast von V = 600 kN sowie eine radial nach außen gerichtete Horizontalkraft von H = 158 kN.

Der Erweiterung auf das gesamte primäre Tragsystem ging eine Beurteilung der Interaktion zwischen Kuppelschale und Unterkonstruktion voraus, indem unterschiedliche „Abstützsituationen“ untersucht wurden.

Die Validierung des erstellten Modells erfolgte anhand der gemessenen Beschleunigungsdaten des Erdbebens aus dem Jahre 1992 (Magnitude 4,8). Während die Hauptpfeiler an ihren Oberkanten eine gute Übereinstimmung zwischen errechneten und tatsächlichen Antworten aufweisen, konnte dies an den Scheiteln der Hauptbögen nicht erreicht werden. Als Grund hierfür wird die im Rahmen der Schwingungsmessungen erkannte, differierende dynamische Charakteristik des Südwest-Pfeilers gegenüber den anderen angeführt.

Als höchstbeanspruchte Bereiche werden wiederum die Scheitel der Hauptbögen an der West- und Ostseite genannt. Die Simulierung eines synthetisch erzeugten Erdbebens der Stärke 7,5 würde hier Zugspannungen von σ_z = 1,6 N/mm² bewirken, was als Hinweis für die historischen Schäden gewertet wird. Die Spannungen an den entsprechenden Stellen der Nord- und Südseite wurden zu σ_z = 0,6 N/mm² ermittelt.

9.4.3 Diskussion und Bewertung

Mit ihrem Bericht aus dem Jahre 1997 geben DURUKAL/ERDIK/ÇAKMAK [18] einen zusammenfassenden Überblick aller im Rahmen der türkisch-amerikanischen Kooperation durchgeführten Untersuchungen und den gewonnenen Erkenntnissen und beschreiben damit einen gewissen Abschluss dieses Projektes.

Ihre zentrale Aussage zur Standsicherheit der Hagia Sophia ist, dass die Scheitel der Hauptbögen an West- und Ostseite sowie die anschließenden Halbkuppeln als empfindlichste Stellen einzustufen sind. Diese scheinen in der Lage, ein Erdbeben der Magnitude 5 schadlos aufzunehmen, ein Erdbeben der Magnitude 7 könnte jedoch zu Schäden führen.

Im Rahmen des Forschungsprojektes wurden wichtige Erkenntnisse über das dynamische Verhalten der Hagia Sophia gewonnen. Die aus der Aufzeichnung tatsächlicher Erdbeben entstammenden Daten ermöglichten schwingungstechnische Analysen und die Bestimmung spezifischer dynamischer Eigenarten des Baugefüges der Hagia Sophia.

Der Zugewinn grundlegender geometrischer, struktureller und materialspezifischer Berechnungsparameter blieb eng begrenzt. Entsprechend fanden auch diese Untersuchungen am System der idealen Pendentifkuppel mit stark idealisierten Gebäudeabmessungen und homogenen Materialeigenschaften statt (Abb. 9.12).

Abb. 9.12: Gebäudemodell nach *M. Erdik* und *A. Çakmak* [Quelle: *LUSAS*]

9.5 Weitere Berechnungen und Studien

In Ergänzung der vorangestellten Berechnungen und Analysen seien drei weitere Studien erwähnt, welche jedoch überwiegend die Erkenntnisse bisheriger Berechnungen aufgreifen bzw. auf denselben Grundlagen beruhen und lediglich hinsichtlich der numerischen Materialformulierung erweitert wurden.

• ***Einschätzungen nach Croci***

CROCI [15] bestätigt die Erkenntnisse des türkisch-amerikanischen Forschungsprojektes, wonach die Scheitel der Hauptbögen an West- und Ostseite als kritischste Stellen zu betrachten sind. Im Falle eines Erdbebens sieht er – vor dem Hintergrund der ersten Eigenform in West-Ost-Richtung – die Gefahr einer Ablösung bzw. eines Zusammenpressens der Verbindungsfuge zwischen Hauptbögen und Halbkuppeln gegeben.

Im Rahmen einer ergänzenden Einschätzung[45] sieht *Croci* den Grund des Einsturzes der ersten Kuppel im Schwinden des Mauermörtels begründet. Die späteren Einstürze schreibt er Erdbeben in transversaler Nord-Süd-Richtung zu.

Die Studien zusammenfassend wird betont, dass einer genaueren statischen bzw. dynamischen Analyse Untersuchungen der Materialeigenschaften, der plastischen Verformungen, der Gründung sowie der Bauwerksgeschichte vorangehen müssen.

• ***Analysen nach Şahin/Mungan (2005)***

ŞAHIN/MUNGAN [96] führten statische und dynamische Berechnungen an der Hauptkuppel und dem primären Tragsystem durch.

Geometrische Grundlage bildete erneut das im Rahmen der Untersuchungen von *Mark/Erdik/Çakmak* (vgl. Abschnitt 9.4.2.4) erstellte, idealisierte Rechenmodell des primären Tragsystems. Die Mauerwerksfestigkeiten werden mit $\beta_{D,mw}$ = 15 N/mm² und $\beta_{Z,mw}$ = 1,4 N/mm² als Druck- bzw. Zugfestigkeit angenommen. Die Materialbeschreibung setzt sich aus einem linear-elastischen Anteil und einem Schädigungsanteil zusammen: Durch eine Steifigkeitsreduktion im Element wurde das Ziel einer Lokalisierung auftretender Risse verfolgt.

Die Ergebnisse der Studie werden qualitativ diskutiert und zielten auf mögliche Rissbildungen.

• ***Analysen nach Ozkul/Kuribayashi (2007)***

OZKUL/KURIBAYASHI [89, 90] führten sowohl statische als auch dynamische numerische Untersuchungen an Teilen der Tragstruktur der Hagia Sophia durch.

Die Bauwerksgeometrie wurde stark idealisiert angenommen. Die Modellierung des primären Tragsystems beschränkte sich auf eine Anzahl von 522 Schalenelementen, welchen ein linear-elastisches Materialverhalten zugrunde liegt. Hinsichtlich der Materialparameter wird auf Abschätzungen zurückgegriffen, welche den in Abschnitt 9.4 dargelegten Berechnungen entsprechen.

Als Resulat der Analyse werden die errechneten Verformungen den tatsächlich vorhandenen gegenübergestellt, wobei sich eine moderate Übereinstimmung zeigt.

[45] Dieser unveröffentlichte Report wurde auszugsweise vom *'Central Laboratory for Restoration and Conservation'* zur Verfügung gestellt.

9.6 Beurteilung der bisherigen Betrachtungen

Die Darlegung der bisherigen Betrachtungen zum Tragverhalten der Hagia Sophia veranschaulicht, dass die Berechnungsmethodik zur baustatischen Analyse – angefangen bei qualitativen Einschätzungen über analytische und erste numerische Beurteilungen bis hin zu dynamischen Berechnungen – eine stetige Entwicklung durchlief.

Heute stehen numerische Berechnungsmethoden und entsprechende Rechenkapazitäten zur Verfügung, welche die Möglichkeit eröffnen, das Baugefüge der Hagia Sophia noch weitaus präziser und differenzierter zu betrachten.

Als auffallender Gegensatz zur Entwicklung der Berechnungsmethodik erweist sich dagegen nach wie vor der Mangel an grundlegenden Berechnungsparametern. Das heißt, dass jede bisher erfolgte Betrachtung auf annähernd denselben, stark idealisierten Geometrien und homogenen Materialeigenschaften basiert, die – wie die zerstörungsfreien Untersuchungen jetzt zeigen – in Wirklichkeit so nicht gegeben sind.

Beschränkte Rechenkapazitäten, aber insbesondere die nur lückenhaft vorhandenen oder auf Abschätzungen beruhenden Kenntnisse der tatsächlichen geometrischen, strukturellen und materialtechnischen Ausbildung des Konstruktionsgefüges machten eine realitätsnahe und die heterogenen Verhältnisse der Hagia Sophia wiedergebende Modellierung nicht möglich.

Entsprechend konnte – was durch die Aufsteller der Berechnungen durchaus bemerkt und als wünschenswert angemahnt wurde – der Einfluss der in Abschnitt 8.2 diskutierten und in Tabelle 8.1 zusammenfassend dargestellten Parameter auf das Tragverhalten des Gesamtbauwerks keine hinreichende Berücksichtigung finden.

Mainstone beschäftigte sich wie kein anderer mit der Thematik des Tragverhaltens der Hagia Sophia. In [69] und insbesondere in seinem im Auftrag der UNESCO publizierten Report „*Present State of the Hagia Sophia Monument with Recommendations for its Preservation and Restoration*" [71] steht er den bisherigen Berechnungen und Standsicherheitseinschätzungen kritisch gegenüber. Die starken Vereinfachungen und mit Unsicherheiten behafteten Annahmen – und damit bezieht er sich insbesondere auf die Nichtberücksichtigung vorhandener Verformungen und Risse und die Unkenntnis hinsichtlich der Materialeigenschaften – lassen ihn an der Aussagekraft bisheriger Berechnungsmodelle und damit auch an der Gültigkeit der gezogenen Folgerungen gewisse Zweifel hegen [67]. Insbesondere im Hinblick auf die hochsensible Fragestellung einer Bauwerksverstärkung sieht er mit den bisherigen Berechnungsmodellen die Grundlagen einer zuverlässigen Beurteilung des Tragverhaltens nicht gegeben und verbindet dies mit der Forderung nach einer differenzierten statischen Berechnung auf der Grundlage genauerer Kenntnisse des Konstruktionsgefüges.

Seitens des Verfassers wird der Einschätzung *Mainstones* zugestimmt, gleichzeitig aber betont, dass die bisherigen Berechnungen – trotz ihrer Idealisierungen – Einsichten und Ergebnisse geliefert haben, die als Ausgangspunkte für die eigenen Untersuchungen und als Vergleichsdaten von hohem Nutzen waren.

10 Eigene Studien zum Tragverhalten der Hagia Sophia

Mit den zerstörungsfreien Bauwerkserkundungen konnte den Forderungen *Mainstones* und weiterer internationaler Experten in vielen Punkten entsprochen, der vorhandene Kenntnisstand deutlich erweitert und ein erheblicher Beitrag zur besseren Kenntnis des Konstruktionsgefüges der Hagia Sophia geleistet werden. Neben dem Zugewinn an baugeschichtlichen Gebäudedaten bieten die neuen Erkenntnisse zur geometrischen, strukturellen und materialspezifischen Gebäudestruktur und Bauwerksbeschaffenheit ein wesentlich konkreteres Bild der tatsächlichen Verhältnisse und bilden einen grundlegenden Schritt in Richtung einer wirklichkeitsnahen, statt der notwendigerweise vielfach idealisierten Einschätzung des Tragverhaltens.

Über den generellen Lastfluss in der Pendentifkuppel hinaus ergeben sich aus den neu zu formulierenden Randbedingungen und den Überlegungen aus Abschnitt 8.2 folgende Fragestellungen:

- Wie verhält sich die aus drei unterschiedlichen Teilstücken bestehende Kuppel gegenüber einer solchen aus einem Stück? Welchen Einfluss haben hierbei die unterschiedlichen Querschnittsdicken und Materialkennwerte?
- Was bewirken die geometrischen Irregularitäten der Hauptkuppel, insbesondere im Hinblick auf die Schalenstabilität?
- Wie wirken sich die im Laufe der Geschichte, durch die Teileinstürze, entstandenen Bauzustände auf den heutigen Lastabtrag aus?
- Wie sind die unterschiedlichen Steifigkeiten der Pendentifs und Hauptbögen bzw. der Schildwände zu beurteilen, welche Einflüsse haben diese wiederum auf die Kuppel?
- Was tragen die umfänglichen Verstärkungsmaßnahmen und Anbauten hinsichtlich der Gebäudestabilität bei?
- Welche Bedeutung hat eine eventuell unterschiedliche Gründung für das Gesamttragsystem?

Eine umfängliche quantitative Beantwortung dieser Fragen und damit die Einschätzung des Tragverhaltens der geometrisch-strukturell heterogenen Struktur unter statischer und dynamischer Belastung und unter Berücksichtigung des nicht-linearen und anisotropen Verhaltens des Mauerwerks kann letztendlich nur an einem detaillierten, mit allen dafür maßgebenden Parametern erstellten numerischen Modell des Gebäudes und seiner Anbauten gelingen. Hierzu wird eine Erweiterung der gesamten Prozesskette einer numerischen Modellentwicklung – ausgehend von der Geometrie und den Materialdaten über die Diskretisierung mit finiten Elementen bis hin zum Verifizierungs- und Validierungsprozess – erforderlich. Diese vielschichtige und äußerst rechenintensive Aufgabe verlangt ein unmittelbares Zusammenwirken der Disziplinen Tragkonstruktion, Mechanik und Erdbebeningenieurwesen und kann im Rahmen der vorliegenden Arbeit nur teilweise geleistet werden.

Nachfolgend seien als Teil dieser Aufgabe elementare Studien und Überlegungen dargelegt, welche – zunächst am Teilsystem Kuppel, dann an einem gewissen Vereinfachungen unterliegenden Gesamtsystem – den Einfluss der neuen Kenntnisse hinsichtlich des Lastflusses und des Tragverhaltens unter statischer Belastung veranschaulichen, dem Vergleich mit tatsächlich am Gebäude angetroffenen Schäden und Verformungen dienen und schließlich als Vorstudien zu einem derzeit in Kooperation mit dem *Institut für Mechanik der Universität Karlsruhe (TH)* erstellten, detailgetreuen numerischen Modell der Gesamtanlage herangezogen werden.

10.1 Berechnungsgrundlagen

Den nachfolgend diskutierten Studien und Berechnungen liegen Rechenannahmen und Randbedingungen zugrunde, welche den erarbeiteten, im ersten Teil der Arbeit dargelegten Erkenntnisse zur geometrischen, strukturellen und materialspezifischen Ausbildung des Konstruktionsgefüges der Hagia Sophia entsprechen.

10.1.1 Geometrie

Geometrische Grundlage der Berechnungen im Bereich der Hauptkuppel bilden die Untersuchungen der Kuppelabmessungen und Schalendicken gemäß Abschnitt 4.3.3. Während zur Ermittlung der Schalenspannungen die idealisierten Querschnitte – mit den bauphasenspezifischen Schalendicken und -verläufen aber kugelförmiger Unterkante – herangezogen werden (Abschnitt 4.3.3.1), liegen den Stabilitätsbetrachtungen an der Kuppel die tatsächlichen verformungstreuen Kuppelquerschnitte (Abschnitt 4.3.3.2) zugrunde.

Die sich an der Kuppelinnenseite abzeichnenden Rippen bewirken, aufs Ganze gesehen, nur einen geringen Steifigkeitszuwachs und bleiben unberücksichtigt.

Die Abmessungen des Kuppelunterbaus und der angrenzenden Bauteile entsprechen in Ihrer Steifigkeit den Planunterlagen nach VAN NICE [113].

10.1.2 Lastannahmen

Die nachfolgenden Studien beschränken sich auf die Betrachtung der Tragstruktur unter statisch wirkenden Lasten. Als maßgebender statischer Lastfall wird ausschließlich das Eigengewicht des Gebäudes betrachtet. Einflüssen von Schnee-, Wind- und Nutzlasten werden – und damit schließt sich der Verfasser den qualitativen Überlegungen von THODE [110] an – als äußerst gering erachtet und sind demnach vernachlässigbar.

Entsprechend den Untersuchungsergebnissen und Überlegungen aus Abschnitt 4.3.6.2 bzw. 6.3.3.1 liegen den Berechnungen folgende Eigengewichtslasten zugrunde:

Ziegelmauerwerk: $g_{mw,\ Ziegel} = 18{,}0\ kN/m^3$

Natursteinmauerwerk: $g_{mw,\ Naturstein} = 27{,}0\ kN/m^3$

10.1.3 Materialkennwerte

- ***Steifigkeitswerte***

Grundlage zur Festlegung der Steifigkeitswerte bilden die Untersuchungen zum Elastizitätsmodul gemäß Abschnitt 4.3.6.3 und 6.3.3.2. Für das nicht näher erkundete Ziegelmauerwerk des 10. Jahrhunderts wird von einem gemittelten E-Modul der Bauphasen des 6. und 14. Jahrhundert ausgegangen.

Es sei angemerkt, dass sich der statische Elastizitätsmodul E_{stat} (Sekantenmodul bei einem Drittel der Bruchlast) im Allgemeinen etwas geringer als der dynamische Elastizitätsmodul E_{dyn} (Tangentenmodul im Ursprung der Spannungs-Dehnungs-Linie) einstellt [9]. Da sich ein konstantes Verhältnis zwischen E_{stat} und E_{dyn} nicht angeben lässt, wird im Folgenden mit dem durch Messung ermittelten dynamischen Elastizitätsmodul E_{dyn} gerechnet.

• ***Festigkeitswerte***

Hinsichtlich der Festigkeitseigenschaften sei auf die Überlegungen in Abschnitt 4.3.6.4 und 6.3.3.3 verwiesen. Danach lassen sich für das Ziegel- bzw. Natursteinmauerwerk keine absoluten Werte festlegen, die abgeschätzten Druckfestigkeiten $\beta_{D,mw}$ bzw. σ_0 können aber durchaus als Mindestwerte betrachtet werden. Die Werte für die Mauerwerkszugfestigkeiten $\beta_{Z,mw}$ entsprechen den anhand von Mörtelproben ermittelten Werten [14, 78].

Tabelle 10.1 gibt Auskunft über die den Berechnungen zugrundeliegenden Steifigkeits- und Festigkeitswerte. Hierbei sei davon ausgegangen, dass diese sich innerhalb ihrer Bauphase als konstant erweisen und keinen Schwankungen unterworfen sind.

	Ziegelmauerwerk 6. Jahrhundert	Ziegelmauerwerk 10. Jahrhundert (Mittelwert 6./14.Jh.)	Ziegelmauerwerk 14. Jahrhundert	Naturstein-mauerwerk
Elastizitätsmodul E [N/mm²]	2200	3500	4900	15200
Poissonzahl μ [-]	0,2	0,2	0,2	0,2
Schubmodul $G = \frac{E}{2(1+\mu)}$ [N/mm²]	917	1458	2042	6333
Druckfestigkeit $\beta_{D,mw}$ [N/mm²]	≥ 1,46		≥ 3,27	$\sigma_0 \geq 3{,}5$
Zugfestigkeit $\beta_{Z,mw}$ [N/mm²]	Versuchsergebnisse: 0,5...1,2			

Tab. 10.1: Steifigkeits- und Festigkeitswerte

Im Rahmen der nachfolgenden Studien wird vereinfacht linear-elastisches und isotropes Materialverhalten des Mauerwerks angenommen. Die geringen Auswirkungen unterschiedlicher Steifigkeiten senkrecht und parallel zur Schichtung bleiben bei den durchgeführten Studien unberücksichtigt.

10.1.4 Nachgiebigkeit der Gründung

Die Nachgiebigkeit der Gründungssituation des Gebäudes wird durch den Ansatz elastisch gebetteter Platten simuliert, deren Grundfläche den Hauptpfeilerquerschnitten entspricht.

Auf theoretischer Grundlage des Bettungsmodulverfahrens wird der Baugrund durch voneinander unabhängige Vertikalfedern mit konstanter Federsteifigkeit ersetzt. Hierbei wird vorausgesetzt, dass die Sohlspannung an jeder Stelle proportional zur Setzung ist. Der Bettungsmodul k_S ergibt sich als Quotient dieser Parameter. Er ist keine Bodenkonstante sondern abhängig von der Form und den Abmessungen des Fundaments, vom Maß der Zusammendrückbarkeit und der Dicke des zusammendrückbaren Untergrundes sowie von der Intensität der Belastung. Die quantitative Festlegung des Bettungsmoduls gestaltet sich entsprechend schwierig und ließe sich mit hinreichender Zuverlässigkeit nur aus Setzungsmessungen bei bekannter Sohldruckverteilung ermitteln.

Eine realistische Abschätzung des Bettungsmoduls aus Setzungsformeln unter Ansatz des Steifemoduls E_S erscheint wenig erfolgversprechend, zumal letzterer in einer Bandbreite von E_s = 100 . . . 400 MN/m² (vgl. Abschnitt 7) angegeben wird und auch ergänzende Einflussparameter mit Unsicherheiten behaftet wären. In Anlehnung an tabellierte Erfahrungswerte [u. a. 39] wird daher für den Baugrund der Hagia Sophia von einem Bettungsmodul k_S = 200 MN/m³ ausgegangen.

10.2 Studien am Teilsystem Kuppel

Die Hauptkuppel der Hagia Sophia wird in erster Näherung als separates Teilsystem mit kontinuierlicher, gelenkiger Lagerung des Kuppelkreises betrachtet. Vereinfachte analytische Berechnungen sowie die Bestimmung von Stützlinien bzw. Stützflächen sollen erste Anhaltspunkte zur Größenordnung der Spannungen in den mit unterschiedlichen Schalenstärken ausgeführten Kuppelsegmenten sowie zu den Auswirkungen vorhandener Deformationen auf die Schalenstabilität erbringen.

10.2.1 Zum Spannungsverlauf in der Kuppelschale

Gegenüber elementaren, auf der Membrantheorie beruhenden und in geschlossener Form vorliegenden Berechnungsformeln für die Kuppel mit idealer Kugelform und konstantem Querschnitt bietet das u. a. in [48] beschriebene Differenzenverfahren der Schalenstatik (Abb. 10.1) die Möglichkeit einer Betrachtung rotationssymmetrischer Kuppeln mit beliebiger Form der erzeugenden Kurve und veränderlicher Schalenstärke.

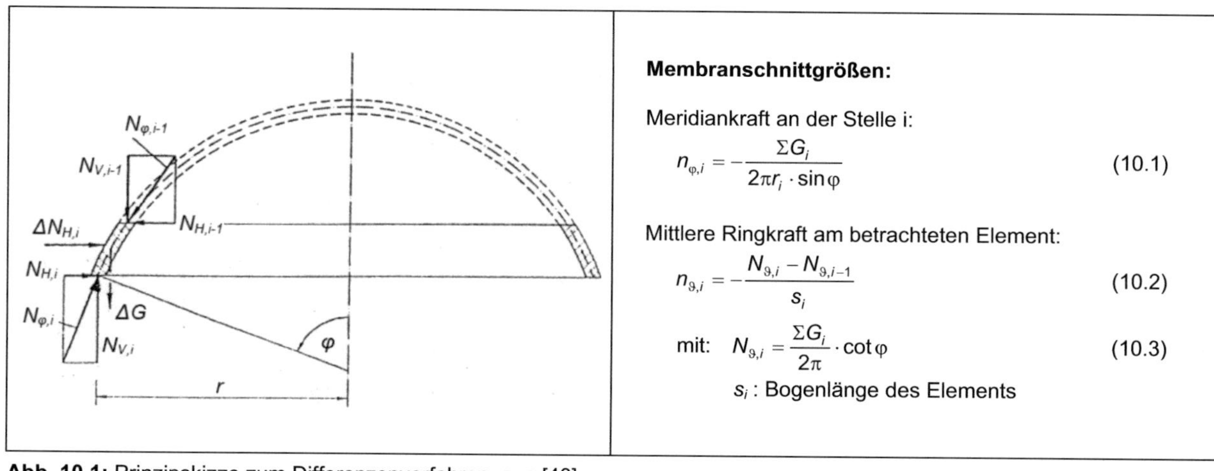

Abb. 10.1: Prinzipskizze zum Differenzenverfahren, aus [48]

Zur statischen Bewertung der Kuppel der Hagia Sophia mit Hilfe dieses trivialen Berechnungsverfahren sei angemerkt, dass dieses

- zur Erfüllung des Kräftegleichgewichts auch die Übertragung von umlaufenden Ringzugkräften n_ϑ voraussetzt, was in „ungestörten" Mauerwerkskuppeln zwar bis zu einem begrenzten Maß denkbar, aber in der gegenwärtigen, durch die Bruchkanten eine Aufteilung erfahrende Kuppel auszuschließen ist
- Gültigkeit für rotationssymmetrische Kuppeln besitzt und damit eine in Ringrichtung konstante Querschnittsdicke unterstellt. Dies war ursprünglich der Fall, ist aber heute, als Folge der ungleichen geometrischen Ausbildung der Kuppelsegmente, nicht mehr gegeben.

Vor diesem Hintergrund scheint das beschriebene Berechnungsverfahren zwar nicht in der Lage, den Spannungszustand in der heutigen, mehrteiligen Mauerwerkskuppel differenziert und mit hinreichender Genauigkeit wiederzugeben. Die Spannungsverhältnisse in der weitestgehend homogenen und ungestörten Kuppel des 6. Jahrhunderts (Bauzustand 1) lassen sich jedoch durchaus mit einem vertretbaren Maß an Genauigkeit ermitteln und den anderen Bauphasen bzw. vorhandenen oder späteren genaueren Berechnungen und ihren Ergebnissen vergleichend gegenüberstellen.

Abbildung 10.2 zeigt den Spannungsverlauf in Meridian- und Ringrichtung für den idealisierten, in der Höhe unterschiedlich dicken Schalenquerschnitt im Feldbereich der Bauphasen des 6. Jahrhunderts (Abb. 4.24). Die Ordinate zeigt den Öffnungswinkel φ der Kuppel, beginnend am Kuppelscheitel bis zur Oberkante der Fensteröffnungen bei $\varphi \sim 67{,}5°$. Negative Werte der über der Abszisse abgetragenen Spannungen bezeichnen Druck-, positive Werte Zugspannungen.

Ergänzend aufgetragen sind, einen auch hier über den gesamten Kuppelumfang gleichbleibenden Querschnittsverlauf unterstellend, die sich für die idealen Querschnitte des 10. und 14. Jahrhunderts (Abb. 4.26 und 4.28) ergebenden Spannungsverläufe.

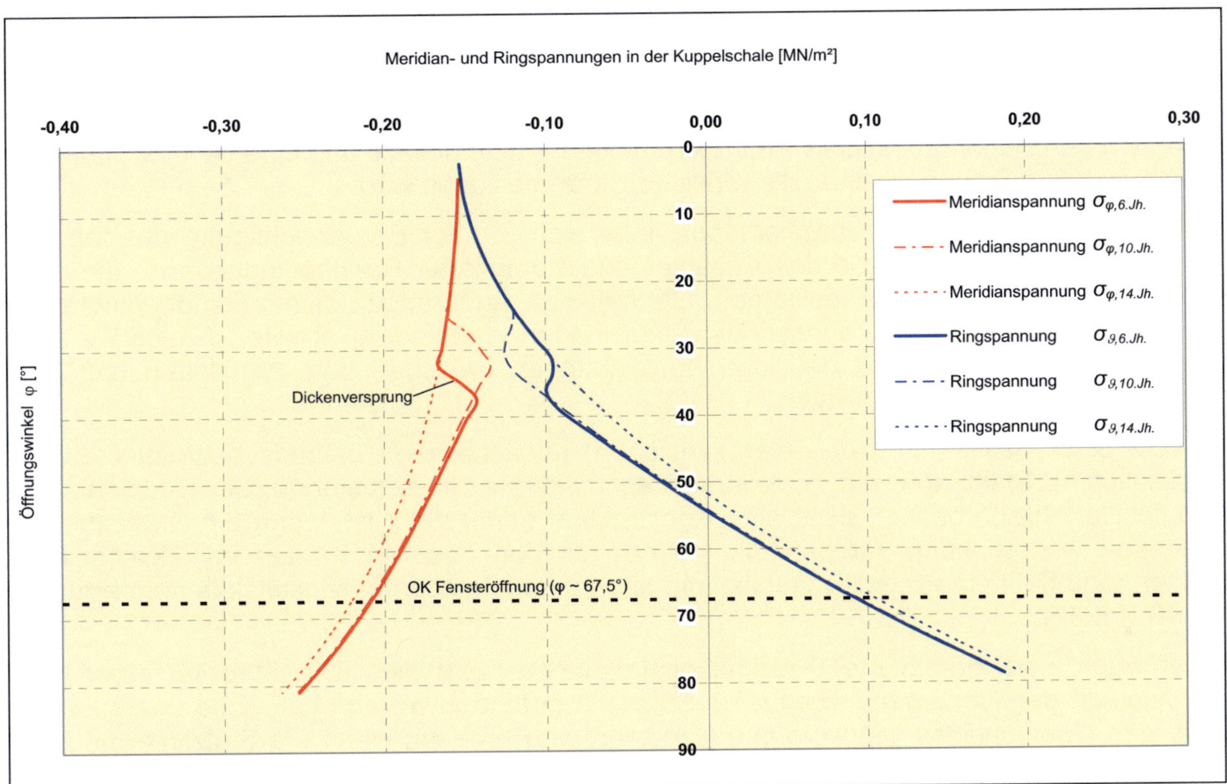

Abb. 10.2: Spannungsverläufe in der ungestörten Kuppelschale

Eine kontinuierliche Stützung der Kuppel vorausgesetzt, lässt sich aus dieser Betrachtung Folgendes feststellen:

- Die Spannungen in Meridianrichtung befinden sich auf einem für das vorhandene Mauerwerk niedrigen Niveau. Im Übergangsbereich von der Kuppelschale in die Fensterpfeiler ($\varphi \sim 67{,}5°$) nehmen sie einen Maximalwert von $\sigma_\varphi = 0{,}22$ MN/m² an.
- In Ringrichtung wurden die Zugspannungen für den Öffnungswinkel $\varphi \sim 67{,}5°$ zu $\sigma_\vartheta = 0{,}10$ MN/m² errechnet. Vor dem Hintergrund der hohen Zugfestigkeit des byzantinischen Mauerwerks wäre die Aufnahme dieser Zugspannungen durchaus denkbar.
- Die für das 6. und 10. Jahrhundert festgestellten Dickenversprünge wirken sich mindernd auf die Größe der Spannungen aus. Auch führt dieser Versprung zu einer Verlagerung der Bruchfuge nach unten ($\varphi \sim 54°$).
- Gegenüber früheren Berechnungen (z. B. nach THODE [110], vgl. Abschnitt 9.2) führen die jetzt gewonnenen Kenntnisse über die tatsächlich vorhandenen Schalendicken zu geringeren Spannungswerten im Kuppelmauerwerk.

10.2.2 Zum Stabilitätsverhalten der gerissenen Mauerwerkskuppel

Die vorangegangene Betrachtung zeigt, dass das Spannungsniveau in einer einteiligen Kuppelschale der Hagia Sophia auf einem niedrigen Niveau liegt, und beschreibt damit den im Mauerwerksbau überwiegend anzutreffenden Fall [41]. Festigkeit und Steifigkeit stehen nicht im Vordergrund einer Mauerwerksbemessung, im Allgemeinen ist es das Kriterium der Stabilität, welches maßgebend wird. Die im Rahmen einer Mauerwerksdimensionierung zu leistende Aufgabe besteht damit im Nachweis entsprechender Bauteilabmessungen und -proportionen[46], damit ein unstabiler Bruchmechanismus vermieden werden kann.

10.2.2.1 Stabilitätsbetrachtungen an der geometrisch idealen Mauerwerkskuppel

Die Stabilität einer Mauerwerkskonstruktion ist gegeben, wenn die Stützlinie innerhalb der äußeren Ränder der Konstruktion liegt [6]. Dieses Stabilitätskriterium vorausgesetzt, lässt sich für jeden Bogenquerschnitt – als Extremlagen – eine steilste und eine flachste Stützlinie konstruieren, zwischen welchen die wirkliche Stützlinie liegen wird.

Auf der Grundlage der *Elastizitätstheorie* ließe sich – unter Berücksichtigung des tatsächlichen Materialverhaltens und des Ansatzes exakt definierter Randbedingungen – die Lage dieser wirklichen Stützlinie bestimmen. Geringfügige Änderungen dieser Randbedingungen oder kleinste Auflagerbewegungen bewirken jedoch einen völlig anderen Gleichgewichtszustand und können damit deutliche Abweichungen zwischen dem ermittelten und dem tatsächlichen Zustand hervorrufen.

Anstatt einer Bestimmung des (vermeintlichen) tatsächlichen Zustands betrachtet die ursprünglich für Stahltragwerke formulierte *Traglasttheorie* Grenzzustände. Der Hauptsatz des Traglastverfahrens besagt, dass eine Konstruktion dann stabil ist, wenn *ein* Kräftezustand gefunden werden kann, für den die inneren mit den äußeren Kräften im Gleichgewicht stehen, und bei dem für jeden Querschnitt ein entsprechendes Festigkeitskriterium erfüllt ist [6, 40, 41, 47].

Übertragen[47] auf gemauerte Gewölbekonstruktionen heißt dies: Die Stabilität einer Konstruktion ist gegeben, wenn *irgendeine* Stützlinie gefunden werden kann, die überall innerhalb des Querschnittes liegt. Ein Grenzzustand wird erreicht, wenn die Stützlinie mit einer Ausmitte von $e = d/2$ parallel zum oberen bzw. unteren Gewölberand verläuft und an dieser Stelle ein Gelenk entsteht. Anhand von Gelenkketten (vgl. Abb. 10.3-b) lassen sich entsprechende Grenzbetrachtungen durchführen und damit die maximale Belastung, die maximalen oder minimalen Auflagerreaktionen oder die geringstmöglichen Querschnittswerte ermitteln.

HEYMAN [41, 42] erweitert die Stabilitätsüberlegungen zum Bogen bzw. Tonnengewölbe [6] auf Mauerwerkskuppeln, indem er die auf ein Nachgeben der Widerlagerkonstruktion zurückzuführende, in Meridianrichtung gerissene Kuppel als eine beliebige Anzahl von Kuppelteilstücken („Orangenstücken“, Abb. 10.3-a) betrachtet, die sich im ungerissenen Kuppelscheitel gegeneinanderlehnen und damit quasi zweidimensionale Bögen bilden[48].

---

46 Schon Baumeister des Altertums verwendeten Regeln bezüglich der Proportionen ihrer Bauwerke. Der römische Architekt *Vitruv* machte bereits im 1. Jahrhundert v. Chr. in seinem Werk über die Baukunst „De architectura libri decem“ („Zehn Bücher über Architektur“) Angaben hierzu.

47 Die Übertragung der Theorie gemauerter Tragwerke in den Kontext der Traglasttheorie erfolgte insbesondere durch HEYMAN [u. a. 41, 42] unter Zugrundelegung folgender Bedingungen:
- Die Druckfestigkeit von Mauerwerk ist unendlich.
- Die Zugfestigkeit von Mauerwerk ist null.
- Das Gleiten benachbarter Mauersteine ist nicht möglich.

48 Diese Überlegung und die experimentelle Bestätigung liegt bereits dem Bericht über den Zustand der Kuppel von St. Peter in Rom zugrunde, welcher im Jahre 1748 durch *Poleni* erstattet wurde [40, 41, 62].

Die zur Sicherstellung einer ausreichenden Stabilität erforderliche minimale Dicke eines derartigen Gewölbes ergibt sich aus der in Abb. 10.3-b schematisch dargestellten Grenzbetrachtung: Der Verlauf der Stützlinie führt zu einer Gelenkbildung in den Punkten P, Q und R und damit zu einem unstabilen Bruchmechanismus. Lediglich das Teilstück PP im Scheitelbereich der Kuppel behält seine Form bei und entspricht der ungerissenen Kuppelkappe gemäß Abbildung 10.3-a. Hier ist die Entwicklung von Meridian- und Ringdruckspannungen möglich.

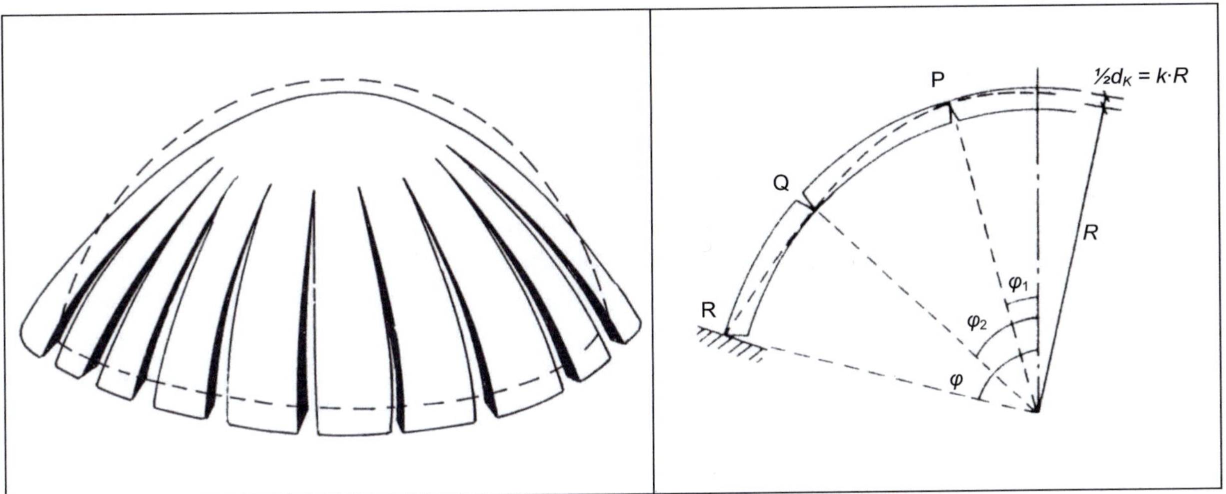

Abb. 10.3: (a) Rissstruktur einer Mauerwerkskuppel, aus [41, 42] (b) Kuppel mit minimaler Schalenstärke, aus [41]

Als Funktion des Kuppelöffnungswinkels φ zeigt Abb. 10.4-a die aus den Grenzbetrachtungen resultierenden minimalen Kuppeldicken. Danach lässt sich eine kugelförmige Mauerwerkskuppel mit $\varphi < 51{,}8°$ theoretisch mit einer verschwindend kleinen Dicke ausführen, eine halbkugelförmige Kuppel ($\varphi = 90°$) erfordert eine theoretische Minimaldicke von 4,2% ihres Radius.

In Abb. 10.4-b ist der Winkel φ_1, welcher die Grenze der an der Kuppelbasis beginnenden Meridianrisse bzw. den Bereich der ungeschädigten Kappe definiert, in Abhängigkeit von der normierten Kuppeldicke k sowie vom Öffnungswinkel φ aufgetragen.

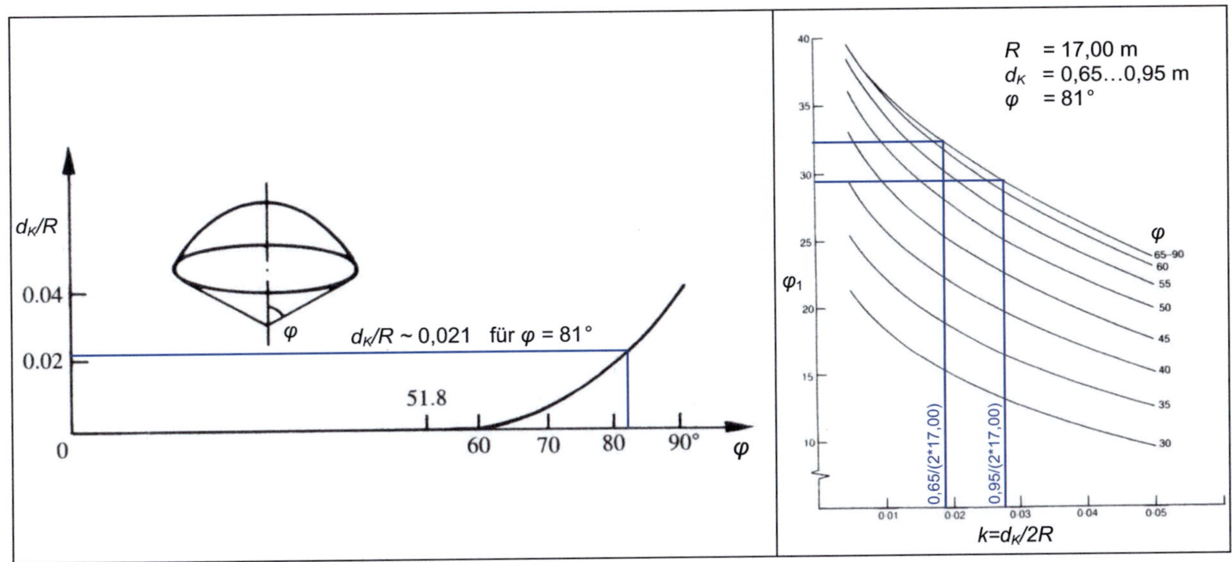

Abb. 10.4: (a) Minimaldicke einer Kuppel, aus [42] (b) Ausdehnung der Meridianrisse, aus [41]

Heymans Überlegungen auf die Mauerwerkskuppel der Hagia Sophia übertragend lässt sich Folgendes ableiten:

- Einen Öffnungswinkel von $\varphi \sim 81°$ und einen mittleren Systemradius von $R \sim 17{,}00$ m zugrunde legend, ist die Stabilität der Kuppel bereits bei einer Schalenstärke von $d \sim 0{,}021 \cdot 17{,}00 = 0{,}36$ m gegeben. Vor dem Hintergrund, dass die eigentliche Kuppelschale erst oberhalb der Fensterpfeiler ($\varphi \sim 67{,}5°$) beginnt, ist eine weitere Verringerung dieses theoretischen Mindestmaßes denkbar.
- Die ungeschädigte Kuppelkappe (bzw. die von der Kuppelbasis ausgehende Rissbildung in Meridianrichtung) erstreckt sich – je nach Schalenstärke bzw. Bauphase – bis zu einem Öffnungswinkel von $\varphi_1 \sim 30° \ldots 32°$, was einem in Meridianrichtung gemessenen Abstand vom Kuppelscheitel von $x_i \sim 9{,}00$ m entspricht. Vor diesem Hintergrund erscheint es äußerst bemerkenswert, dass sowohl die Kuppelrippe als auch die stärker werdenden Schalenquerschnitte in diesem Bereich (vgl. Abschnitt 4.3.3) ihren Ausgangspunkt finden.

Diesen Betrachtungen sei abschließend angemerkt, dass den Diagrammen Kuppeln mit geometrisch idealer Kugelform, konstanter Schalenstärke und gleichmäßiger Belastung zugrunde liegen und den Grenzzustand der Tragfähigkeit unmittelbar vor dem Bruch repräsentieren.

Die Anwendung auf die mehrteilige Kuppel der Hagia Sophia, die unterschiedliche Querschnittsdicken und -verläufe und deutliche Abweichungen von der Kugelform aufweist, scheint damit nur bedingt gegeben und erfordert eine genauere Betrachtung.

10.2.2.2 Stabilitätsbetrachtungen an der deformierten Kuppel

Zur Beurteilung der Stabilität der verformten und mit unterschiedlichen Querschnittsdicken ausgeführten Kuppelschale der Hagia Sophia sei ein auf der Membrantheorie beruhendes Verfahren [u. a. 63] angewendet, welches die Möglichkeit bietet, unterschiedliche Gleichgewichtszustände zu simulieren und die jeweils zugehörige Stützlinie iterativ einer verformten und ungleichmäßigen Querschnittskontur anzunähern.

- ***Grundlagen***

Entsprechend den vorgenannten Überlegungen nach *Heyman* sei die – zumindest im Bereich der Bruchkanten – in Meridianrichtung gerissene Kuppel als beliebige Anzahl von Bögen in Form von „Orangenscheiben“ (Abb. 10.3-a) betrachtet, die sich im Bereich des ungeschädigten Kuppelscheitels gegeneinander abstützen.

In der massiven Kappe kann sich, wie bereits erwähnt, eine räumliche Tragwirkung als Kombination der Meridiankräfte N_φ und der rechtwinklig dazu verlaufenden Ringdruckkräfte N_ϑ einstellen. Gegenüber dem einachsig wirkenden Bogen, welcher die gesamte (konstante) Horizontalkraft H_i entlang seiner Bogenachse zu übertragen hat, wird beim „Orangenscheibengewölbe“ damit ein gewisser Teil dieser Horizontallast in Meridian-, der übrige in Form der in Breitenkreisrichtung wirkenden Ringkräfte $N_{\vartheta,i}$ abgetragen.

Hierbei können die inneren Meridian- und Ringkräfte, welche mit den äußeren Kräften im Gleichgewicht stehen und – gemäß Membrantheorie – in der Mittelfläche jedes Kuppelelements einen ebenen Spannungszustand erzeugen, durchaus eine gewisse Bandbreite an Werten annehmen, aus deren Kombination unterschiedliche Gleichgewichtszustände hervorgehen.

Die nachfolgend erläuterte, auf den Kräfteverhältnissen in Gewölben beruhende Vorgehensweise (Abb. 10.5) ermöglicht durch Vorgabe der inneren Ringkräfte die Bestimmung der zugehörigen Kräfteverhältnisse im Kuppelsegment und damit die Bewertung des aus dieser Kombination resultierenden Spannungs- und Gleichgewichtszustands.

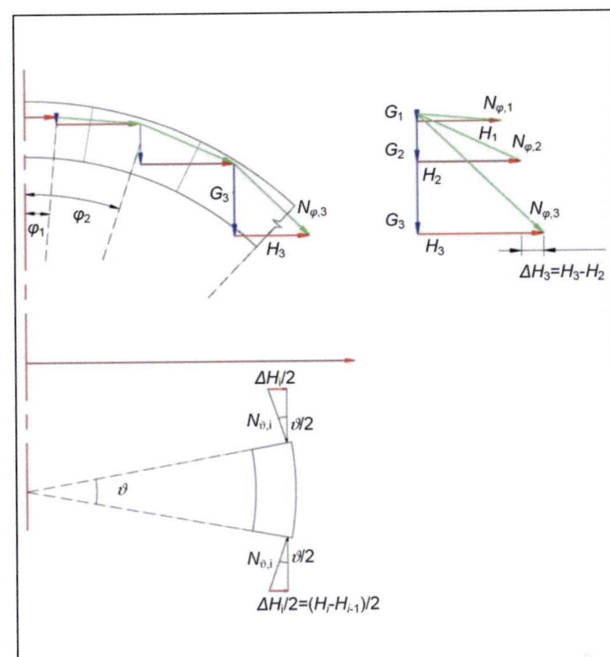

Meridiankraft:

$$N_{\varphi,i} = \sqrt{\Sigma G_i^2 + H_i^2} \qquad (10.4)$$

$$\text{mit} \quad G_i = \frac{\vartheta \cdot \gamma \cdot \left(R_a^{\,3} - R_i^{\,3}\right)}{3} \cdot (\cos\beta - \cos\gamma) \qquad (10.5)$$

Ringkraft:

$$N_{\vartheta,i} = \frac{H_i - H_{i-1}}{2 \cdot \sin(\vartheta/2)} = \frac{\Delta H_i}{2 \cdot \sin(\vartheta/2)} \qquad (10.6)$$

$$\text{mit:} \quad H_{i-1} = H_i - 2 \cdot N_{R,i} \cdot \sin(\vartheta/2) \qquad (10.7)$$

Spannungen:

$$\sigma_{\vartheta,i} = \frac{N_{\vartheta,i}}{d \cdot R \cdot (\gamma - \beta)} \qquad (10.8)$$

$$\sigma_{\varphi,i} = \frac{N_{\varphi,i}}{d \cdot R \cdot \vartheta \cdot \sin\varphi_i} \qquad (10.9)$$

Abb. 10.5: Kräfteverhältnisse im Kuppelsegment

Hierzu sei das Kuppelsegment als eine beliebige Anzahl von Kuppelelementen *i* betrachtet. Die auf das einzelne Element wirkende Meridiankraft $N_{\varphi,i}$ wird im Kräftepolygon in Größe und Richtung durch die vertikale Gewichtslast ΣG_i und die horizontale Komponente H_i definiert. ΣG_i ergibt sich hierbei als Summe der am Kuppelscheitel beginnenden und bis zum betrachteten Element reichenden Eigengewichtslasten.

Die Wirkungslinie der Vertikalkräfte verläuft durch den Schwerpunkt des jeweiligen Kuppelelements. Die Komponente H_i im Kräftepolygon zeigt den Anteil der Horizontalkraft, welcher am entsprechenden Element in Meridianrichtung abgetragen wird. Als Differenz $\Delta H_i = H_i - H_{i-1}$ zwischen den in Meridianrichtung abzutragenden Horizontalkomponenten von zwei aufeinanderfolgenden Kuppelelementen ergibt sich der Anteil der Horizontalkraft, welcher in Ringrichtung abgetragen wird. Er entspricht nach Gleichung (10.6) der Horizontalkomponente der am Element wirkenden Ringkraft $N_{\vartheta,i}$.

Ausgehend von der maximalen Horizontalkraft H_{max} am Kuppelfuß lässt sich mit Gleichung (10.7) in Abhängigkeit von den vorhandenen Ringkräften $N_{\vartheta,i}$ für jedes Element i die Horizontalkomponente H_i ermitteln. Damit sind alle Parameter zur Ermittlung der Meridiankraft nach Gleichung (10.4) und zur Ermittlung der Stützlinie gegeben.

Ringkräfte $N_{\vartheta,i} = 0$ bewirken keinen Lastabtrag in Ringrichtung, die zugehörige Stützlinie entspricht der eines Bogens. Ringkräfte $N_{\vartheta,i} > 0$ bewirken eine Verminderung der in Meridianrichtung abzutragenden Horizontalkraftkomponente und damit – bei unveränderter Gewichtskraft *G* – eine „steilere" Stützlinie.

- ***Berechnung***

Zur graphischen Ermittlung von Stützlinien und Bewertung des Stabilitätsverhaltens der verformten Kuppelschale der Hagia Sophia wurden die dargelegten Überlegungen programmtechnisch aufbereitet.

Das auf Grundlage des Programmpaketes *Excel* erstellte Berechnungsmodul bietet dem Anwender die Möglichkeit der Betrachtung eines Kuppelsegments mit beliebiger Kontur und veränderlicher Querschnittsdicke.

Durch Vorgabe der am Kuppelfuß wirkenden horizontalen Auflagerkraft H_{max} sowie der in Verteilung und Größe frei vorzugebenden Ringkräften $N_{\vartheta,i}$ lässt sich jeder beliebige Gleichgewichtszustand simulieren.

Ziel der Betrachtung ist, den zu jedem Gleichgewichtszustand ermittelten und graphisch dargestellten Stützlinienverlauf durch Variation der Ringdruckkräfte $N_{\vartheta,i}$ derart zu modifizieren, dass dieser möglichst innerhalb des verformten Mauerwerksquerschnitts verläuft. Damit wäre – gemäß dem Hauptsatz der Traglasttheorie – eine ausreichende Stabilität der gerissenen und verformten Kuppel nachgewiesen.

Die nachfolgende Berechnung fußt auf folgenden geometrischen Randbedingungen:

- Die Bestimmung des Eigengewichts G_i der Kuppelelemente gemäß Gleichung (10.5) erfolgt mit Hilfe der elementweise gemittelten Schalendicken. Die Abweichungen zwischen gemittelter und tatsächlicher Schalendicke liegen im niedrigen Zentimeterbereich, Eigengewichtsdifferenzen sind damit – auch vor dem Hintergrund einer nur grob abschätzbaren, als konstant angenommenen Materialwichte – als vernachlässigbar einzustufen. Die Eigengewichtslasten aus dem umlaufenden Fenstergesims G_{Fg} und den Fensterpfeilern G_{Fp} wurden separat ermittelt und als Einzellasten wirkend angesetzt.
- Der Ermittlung der Schwerpunktlage der Kuppelelemente wurde vereinfacht die kreisförmige Innenkontur der idealen Querschnitte zugrunde gelegt. Diese Vereinfachung erscheint angebracht, zumal sich die Schwerpunktlage lediglich durch ihre Ordinate, welche die Lage der Wirkungslinie der Gewichtskraft definiert, auf den Verlauf der Stützlinie auswirkt. Verformungen und maßgebliche, die Stabilität ggf. beeinflussende Abweichungen von der Kreisform wurden jedoch insbesondere in Form eines Absenkens der Kuppelfläche in vertikaler Richtung festgestellt. Erhöhte horizontale Abweichungen ergeben sich lediglich im Bereich des Fenstergesimses bzw. der Fensterpfeiler. Hier wurde die Wirkungslinie der Einzellasten der verformten Kontur angepasst.

Diese Überlegungen zu den Randbedingungen rechtfertigen, dass eine diesen Vereinfachungen folgende Stützlinienermittlung auch in den verformten Querschnitten Gültigkeit besitzt.

- ***Ergebnisse***

Als Resultat der Studie sind in Abbildung 10.6 bis 10.8 Stützlinien für die Kuppelquerschnitte der Bauphasen des 6., 10. und 14. Jahrhunderts aufgetragen, welche – unter Erfüllung des Kräftegleichgewichts zwischen den drei Bauphasen – *einen* möglichen Spannungszustand sowohl in den idealisierten (Abb. 10.6-a, 10.7-a und 10.8-a) als auch in den tatsächlichen (Abb. 10.6-b, 10.7-b und 10.8-b) Kuppelsegmenten beschreiben.

Die sich in der ungestörten Kuppelkappe einstellende Ringkräfte wurden – in Anlehnung an die Diagramme nach HEYMAN [41] (vgl. Abb. 10.4-b) – bis zu einem Öffnungswinkel von $\varphi = 33°$ und vereinfacht als konstant wirkend (35 kN/Grad bzw. $n_{\vartheta} = 118$ kN/m) angesetzt. Gegenüberstellend wurde die Stützlinie eingetragen (grün gepunktet), welche sich aus der Betrachtung als reiner Bogen – d. h. ohne Berücksichtigung von Ringdruckkräften – ergeben und zu keinem stabilen Gleichgewichtszustand führen würden.

Es ist erkennbar, dass die sich aus den gewählten Randbedingungen ergebenden Stützlinien die Querschnittskontur der *idealisierten* Kuppelsegmente nahezu verlassen. Für den Fall der kreisförmigen Kuppel würde damit eine entsprechende Anpassung der Ringdruck- und Auflagerkräften erforderlich.

Der Verlauf der ermittelten Stützlinien befindet sich jedoch für alle Bauphasen innerhalb des *tatsächlichen* verformten Mauerwerksquerschnitts, die Stabilität der Kuppel ist somit – auch für den Fall, dass diese in Meridianrichtung gerissen ist (Abb. 10.3-a) und damit für $\varphi > 33°$ lediglich eine 2-dimensionale Bogentragwirkung besäße – gegeben. Während eine

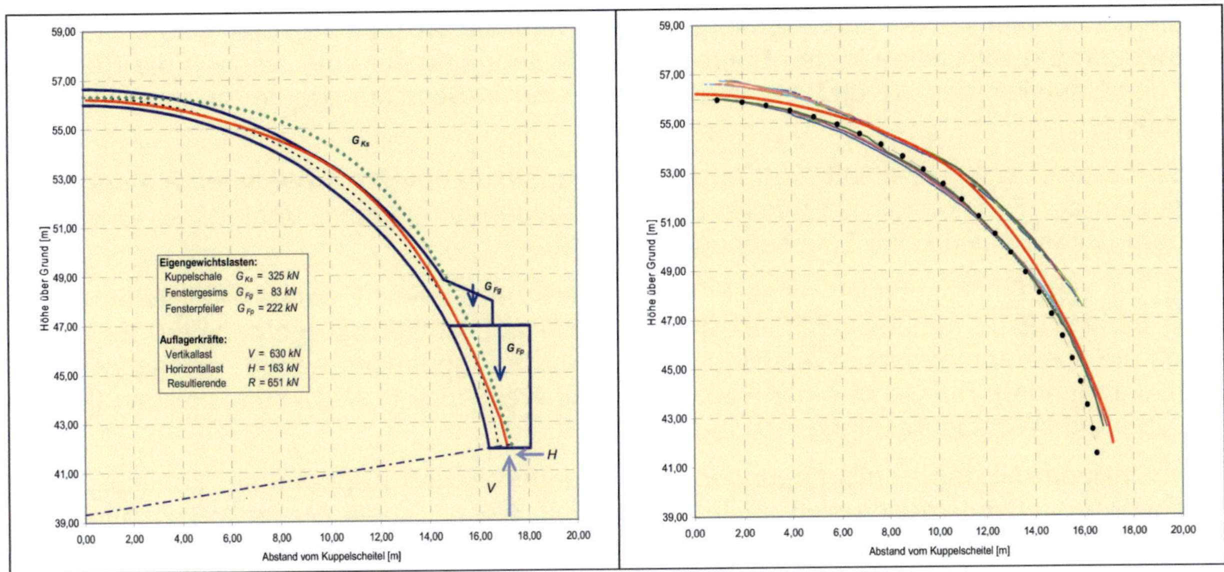

Abb. 10.6: Verlauf der Stützlinie im idealisierten (a) und tatsächlichen (b) Kuppelschnitt des 6. Jahrhunderts

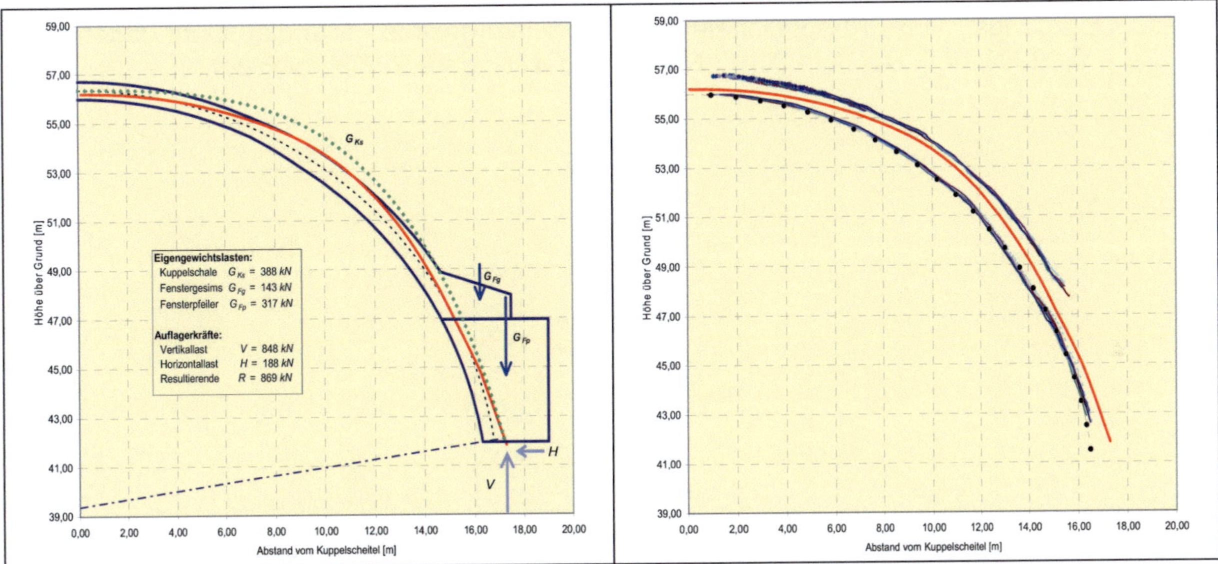

Abb. 10.7: Verlauf der Stützlinie im idealisierten (a) und tatsächlichen (b) Kuppelschnitt des 10. Jahrhunderts

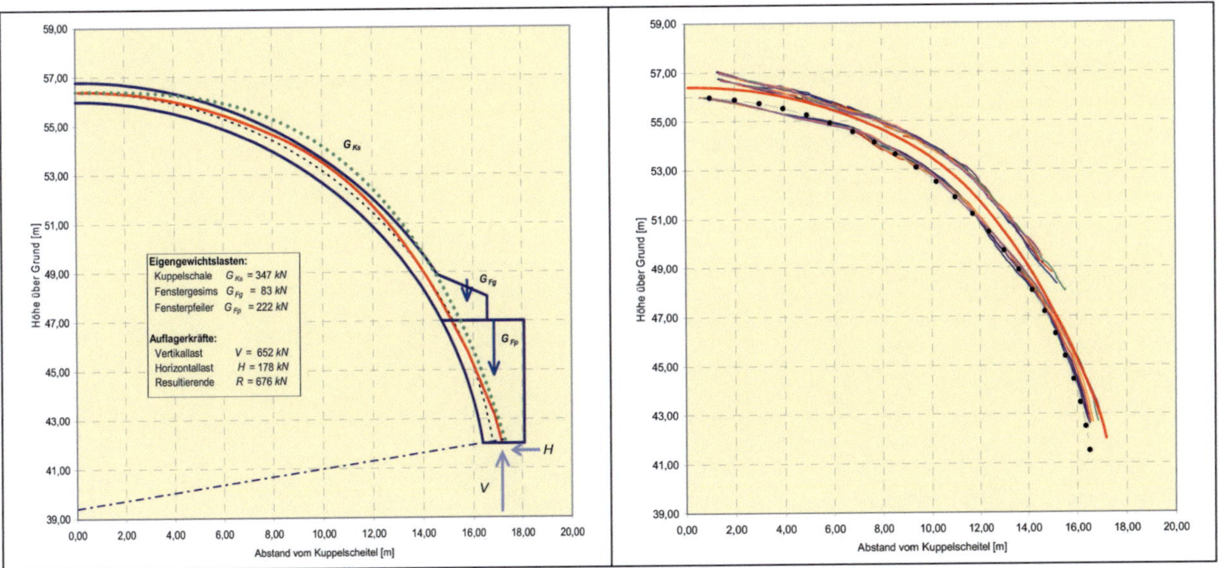

Abb. 10.8: Verlauf der Stützlinie im idealisierten (a) und tatsächlichen (b) Kuppelschnitt des 14. Jahrhunderts

geringe Schalenstärke und insbesondere die vertikale Absenkung des Querschnitts zu gewissen Exzentrizitäten in den Bauteilen des 6. Jahrhunderts führt, verläuft die Stützlinie in den Bauteilen des 10. und 14. Jahrhunderts eher in Schalenmitte der verformten Querschnitte.

Die Resultierende R verläuft am Kuppelansatz nahezu zentrisch bzw. innerhalb der Kerngrenzen der Fensterpfeiler. Es kann davon ausgegangen werden, dass diese vollständig überdrückt sind und keine Zugspannungen auftreten[49].

Die auf den Einflussbereich eines Fensterpfeilers bezogenen Eigengewichtslasten sowie die daraus resultierenden Auflagerkräfte sind den Abbildungen zu entnehmen. Es zeigen sich die aus der massiveren Ausbildung der Bauteile ergebenden hohen Auflagerlasten im 10. Jahrhundert. Die Summe der Horizontalkräfte ergibt sich in Nord-Süd-Richtung (jeweils 6. Jh.) und West-Ost-Richtung (10./14.Jh.) zu null.

Im Einklang mit den Vorüberlegungen an der ungerissenen Kuppel unter kontinuierlicher Lagerung stehend, zeigen sich auch als Ergebnis dieser Studie Mauerwerksspannungen auf geringem Niveau. Entsprechend den unterschiedlichen Querschnittsdicken ergeben sich im Bereich des Kuppelscheitels Ringdruckspannungen zu $\sigma_{\vartheta,6.Jh.} = 0{,}181$ N/mm², $\sigma_{\vartheta,10.Jh.} = 0{,}164$ N/mm² *bzw.* $\sigma_{\vartheta,14.Jh.} = 0{,}147$ N/mm². In Meridianrichtung treten im Bereich des Übergangs von Kuppelschale zum Fenstergesims Meridianspannungen von $\sigma_{\varphi,6.Jh.} = 0{,}193$ N/mm², $\sigma_{\varphi,10.Jh.} = 0{,}193$ N/mm² und $\sigma_{\varphi,14.Jh.} = 0{,}207$ N/mm² auf.

49 In ergänzend durchgeführten Studien wurden die Eigengewichtslasten des Fenstergesimses und der Fensterpfeiler abgemindert. Dabei konnte ein nach außen gerichtetes „Wandern“ der Druckresultierenden festgestellt werden. Das Auftreten einer klaffenden Fuge an der Kuppelinnenseite ließ sich aber rechnerisch nicht nachweisen.

10.3 Studien am primären Gesamtsystem

Die an der Kuppel als Teilsystem durchgeführten, erstmals an den tatsächlich vorhandenen Kuppelquerschnitten angestellten Studien erbrachten Erkenntnisse hinsichtlich des Spannungsniveaus und des Stabilitätsverhaltens. Jedoch konnten in diesen Berechnungen die ungleichen Stützverhältnisse und deren Auswirkung auf das Tragverhalten der Kuppel keine Berücksichtigung finden.

Anhand einer numerischen Modellierung der kompletten „primären" Tragstruktur der Hagia Sophia (Abb. 9.1-a) erfolgt jetzt die statische Analyse des Tragverhaltens der Hauptkuppel unter Berücksichtigung der vertikalen und horizontalen Steifigkeiten des Kuppelunterbaus.

Zwar unterliegt das nachfolgend betrachtete Modell gewissen vereinfachenden Annahmen und ist damit ebenfalls als Studie und Zwischenschritt zu einem weitaus detaillierteren Modell zu betrachten (vgl. Abschnitt 10.6), dennoch erlaubt die Berücksichtigung und Abbildung aller tragenden Bauteile eine Abschätzung ihres Zusammenwirkens und damit eine bessere Beurteilung des Tragverhaltens der Hauptkuppel und des gesamten Gebäudes, als es bisher möglich war.

10.3.1 Randbedingungen und vereinfachende Annahmen

Die in Abschnitt 8.2 genannten Einflüsse auf das Tragverhalten bzw. in Tabelle 8.1 zusammengefassten „Anforderungen an ein realistisches Rechenmodell" bilden die maßgeblichen Randbedingungen der numerischen Modellierung. Diese – durch wenige vereinfachende Annahmen ergänzt – seien im Folgenden dargelegt.

- ***Statisches System***

  Entsprechend ihrer tatsächlichen Gestalt wird die Kuppel als mehrteilige, aus vier unabhängigen Segmenten bestehende Konstruktion betrachtet.

  Die Bruchkanten, welche aus der Hauptkuppel kommend ihren Fortsatz in den Pendentifs finden, werden aus Gründen der Vereinfachung in Meridianrichtung verlaufend angesetzt. Aus den in Wirklichkeit vorhandenen, geringfügigen Abweichungen von diesem Verlauf sind keine entscheidenden Auswirkungen auf das Tragverhalten zu erwarten.

  Die Entwicklung des Gebäudes, d. h. die Auswirkungen der Teileinstürze und Wiederaufbauten, wird anhand der chronologischen Betrachtung der fünf relevanten Bauzustände nachgezeichnet. Hierbei sei angefügt, dass für die Phasen des Wiederaufbaus eingestürzter Segmente davon ausgegangen wird, dass ein Lehrgerüst benutzt wurde, welches bis zur vollständigen Aushärtung des Mauerwerks stehen blieb. Das ergänzte Kuppelsegment wirkt somit als ein zusammenhängendes Element und gibt seine Last erst nach vollständiger Fertigstellung auf die bestehenden Bauteile ab.

- ***Kuppelgeometrie***

  Die äußeren Abmessungen der Kuppelsegmente kommen denen der idealisierten Querschnitte gleich. Die Berechnung fußt damit auf den tatsächlichen bauphasenspezifischen Schalendicken und ihren Abstufungen. Die abgebildete Innenkontur entspricht jedoch der idealen Kugelform.

- ***Die Materialeigenschaften***

  Den Berechnungen liegenden die im Rahmen der Erkundung des Konstruktionsgefüges ermittelten und in Abschnitt 10.1 zusammenfassend dargelegten bauphasenspezifischen Materialkennwerte zugrunde.

- ***Randbedingungen***

  Das numerische Modell umfasst das komplette primäre Tragsystem gemäß Abbildung 9.1-a und erlaubt damit die Beurteilung der richtungsabhängigen Steifigkeit des Gesamtgebäudes sowie des Lastflusses innerhalb und zwischen den tragenden Bauteilen.

  Um das Zusammenwirken der am Lastabtrag beteiligten Bauteile realitätsnah wiederzugeben, galt besonderes Augenmerk der Ausbildung der Bauwerksfugen und einer entsprechenden Wahl der Rand- und Verträglichkeitsbedingungen.

  Hierbei werden folgende Annahmen zugrunde gelegt:

  - Im Bereich der Bruchkanten zwischen den Kuppelsegmenten bzw. Pendentifflächen der verschiedenen Bauphasen erfolgt lediglich eine Übertragung von Druckkräften in Ringrichtung. Eine Schubübertragung wird, da die Bruchkanten als nicht ausreichend schubsteif angesehen werden können, ausgeschlossen.
  - Da zwischen den Hauptbögen an der West- und Ostseite und den jeweils anschließenden Halbkuppeln kein Mauerwerksverband nachzuweisen war, wird lediglich ein „Aneinanderlehnen“ der Bauteile als wahrscheinlich erachtet, ein Kraftfluss in vertikaler Richtung und die Übertragung horizontaler Zugkräfte als nicht möglich angenommen.
  - Der Kraftfluss in den Fensterpfeilern beschränkt sich ebenfalls auf die Weiterleitung von Druckkräften. Zugbelastungen, z. B. aus sich absenkenden Bogenscheiteln werden ausgeschlossen.
  - Hinsichtlich der Gründungsverhältnisse und der Bodenkennwerte gelten die unter Abschnitt 10.1 getroffenen Annahmen einer elastischen Bettung. Diese wird für alle Bereiche als einheitlich und konstant angenommen.

Angefügt sei, dass im Rahmen der hier wiedergegebenen Studien zum Tragverhalten die Beschränkung auf das primäre Tragsystem durchaus angebracht erscheint, um – durch Betrachtung dieses ursprünglichen Haupttragsystems – Gründe für vorhandene Verformungen zu finden, Schwachstellen zu lokalisieren und damit den Ursachen für die Teileinstürze auf den Grund zu gehen.

Unabdingbar – insbesondere für den dynamischen Lastfall – ist eine spätere Erweiterung des jetzt betrachteten primären Systems um die sekundären Tragglieder (Abb. 9.1-b) und die später angefügten Strebepfeiler (Abb. 1.2-b). Hierbei sind – über die hier vorliegende Arbeit hinaus – auch Studien hinsichtlich unterschiedlicher Gründungsverhältnisse durchzuführen.

10.3.2 Modellierung und linear-elastische Berechnung

Die Systemgenerierung und die linear-elastische Berechnung des primären Tragsystems erfolgt mit der Statik Version 23 der *SOFiSTiK AG*. Das zugehörige Tool *SOFiPLUS* (Version 16.4) bietet auf Basis des CAD-Programmes *AutoCAD* ein komfortables Hilfsmittel zur geometrischen Erfassung des Gebäudes und dessen Vernetzung.

Die Diskretisierung der flächigen Bauteile Haupt-, Halb- und Nebenkuppeln sowie der Pendentifs erfolgt mit Schalenelementen. Aufgrund der vertikalen Durchdringung der massigen Strebepfeiler durch das integrierte Treppenhaus (vgl. Abb. 9.1-a) scheint auch hier die Abbildung der verbleibenden Mauerwerksscheiben durch Flächenelemente gerechtfertigt.

Das verwendete Schalen- bzw. Flächenelement ist ein allgemeines Viereck mit vier Knoten, das in wenigen Fällen zu einem Dreieck entartet. Das vollständige, in Abbildung 10.9 dargestellte numerische Modell umfasst 33483 Elemente und 35034 Knoten.

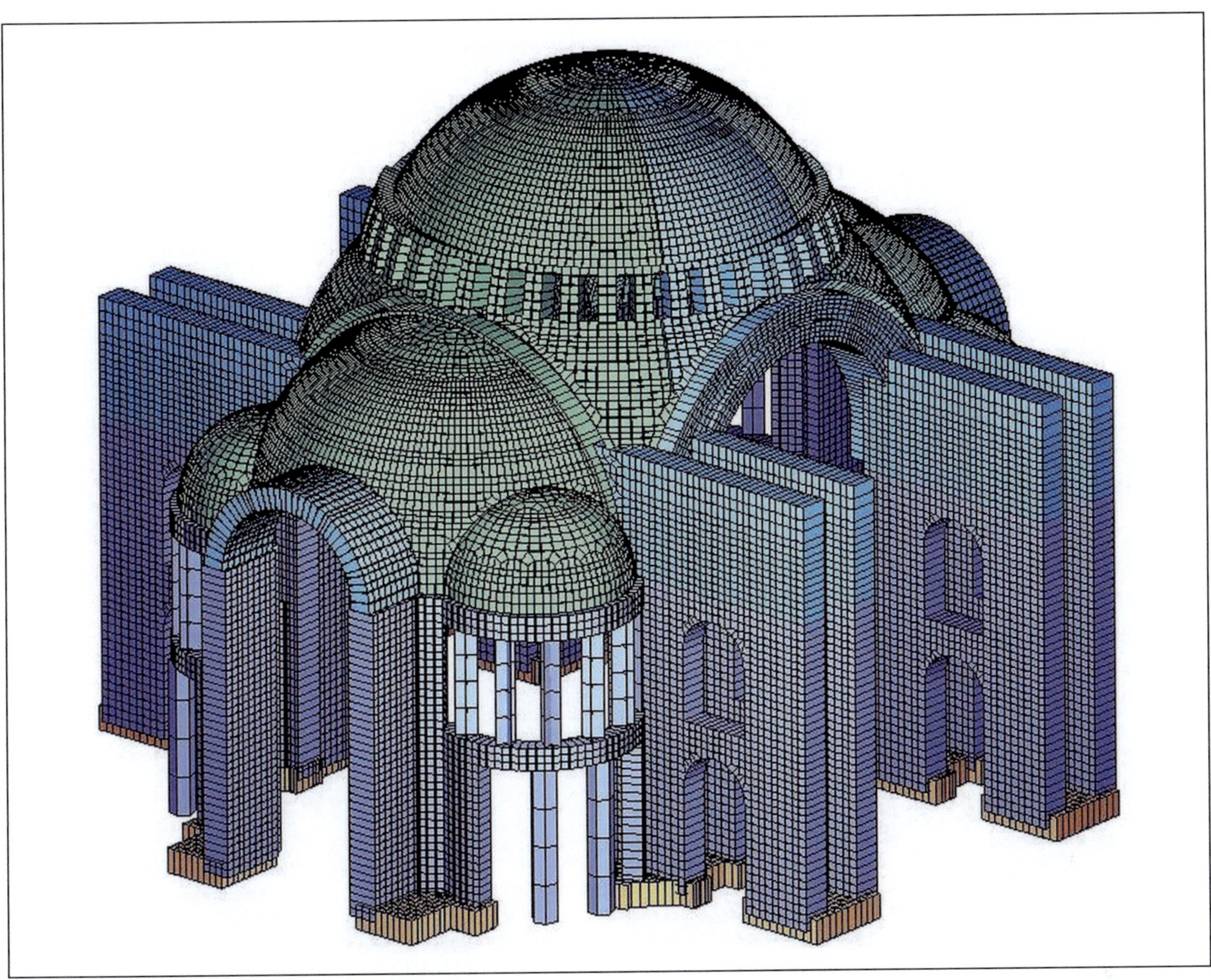

Abb. 10.9: FE-Modellierung des „primären" Tragsystems

Den vorliegenden Materialkennwerten entsprechend erfolgt die Materialdarstellung als Makromodellierung. Hierbei wird der Verbundwerkstoff Mauerwerk als homogener Baustoff betrachtet, indem das Zusammenwirken von Stein und Mörtel in Form eines verschmierten Materialverhaltens wiedergegeben wird.

Außerdem wurde eine linear-elastische Spannungsdehnungslinie zugrunde gelegt. Diese Idealisierung erscheint gerechtfertigt, zumal – wie die Voruntersuchungen an der Kuppel zeigten – die zu erwartenden Druckspannungen wesentlich geringer sind als die Druckfestigkeit des Mauerwerks.

Trotz der im Allgemeinen nur geringen Möglichkeit von Mauerwerk, Zugkräfte aufzunehmen, wurde im Rahmen der nachfolgenden Studien auf eine Beschränkung der aufnehmbaren Zugspannungen verzichtet. Dies erfolgte einerseits vor dem Hintergrund der nicht zu unterschätzenden Zugfestigkeit des byzantinischen Mauerwerks, andererseits dient die Lokalisierung von Bereichen erhöhter Zugspannungen dem späteren Vergleich mit vorhandenen Schadensbildern.

Dagegen wurden den in Abschnitt 10.3.1 genannten Bruchkanten und Bauwerksfugen durch eine entsprechende numerische Modellierung die jeweiligen Randbedingungen zugewiesen. Die Kopplung zweier Bauteile, welche keine Verzahnung aufweisen und lediglich durch eine Stumpffuge verbunden sind, erfolgte beispielsweise durch Federn mit einer dem Bauteil entsprechenden Drucksteifigkeit und einer Zugsteifigkeit von null.

10.3.3. Ergebnisse der Berechnung und Bewertung

Die an diesem numerischen Modell durchgeführten Berechnungen und Analysen erfolgten in enger Korrelation mit der Baugeschichte des Bauwerks. Entsprechend werden die Berechnungsergebnisse der fünf maßgeblichen Bauzustände (vgl. Abschnitt 8.2.1.2) in chronologischer Abfolge wiedergegeben und damit die aus den Teileinstürzen und Wiederaufbauten resultierenden Auswirkungen auf die Tragstruktur einer statischen Bewertung unterzogen.

10.3.3.1 Bauzustand 1: Die ursprüngliche Tragstruktur

Das als Bauzustand 1 definierte Ausgangssystem gibt das Tragverhalten des primären Tragsystems mit der im Jahre 563 durch *Isidorus d. J.* fertig gestellten „zweiten“ Kuppel wieder (Abb. 10.10). Diese, nach dem Einsturz der „ersten“ Kuppel neu entstandene, nahezu ideale Pendentifkuppel wird strukturell als ungestört sowie geometrisch und vom Material her als homogen angesehen.

Entsprechend den Ausführungen in Abschnitt 6.3.1 zur Geometrie der Hauptpfeiler kann das plastische Kriechen des jungen Mörtels und damit das Ausweichen der Hauptpfeiler zum Zeitpunkt der Erstellung der „zweiten“ Kuppel als bereits erfolgt angenommen werden. Letztere wurde damit auf eine verformte, jedoch weitestgehend lastfreie Unterkonstruktion aufgesetzt.

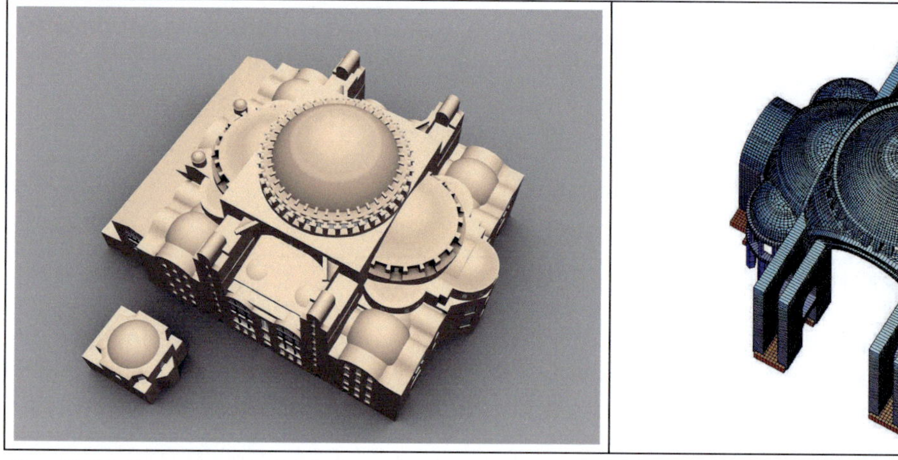

Abb. 10.10: Bauzustand 1: Gebäudegeometrie und vereinfachte FE-Modellierung

- ***Systemverformungen***

Anhand der in Abbildung 10.11 qualitativ dargestellten elastischen Systemverformungen unter Eigengewichtsbelastung lassen sich Rückschlüsse auf die Gebäudesteifigkeiten in vertikaler und insbesondere horizontaler Richtung ziehen. Als maßgeblich erweisen sich hierbei die richtungsabhängigen, horizontalen Bauteilsteifigkeiten der vier Hauptpfeiler, welche durch die auf der Nord- und Südseite angegliederten Strebepfeiler in Gebäudequerrichtung eine deutlich erhöhte Steifigkeit gegenüber der in West-Ost-Richtung verlaufenden Gebäudelängsrichtung haben.

Entsprechend bringen die am Kämpferbereich der Hauptbögen wirkenden Horizontalkräfte eine größere horizontale Verformung der Hauptpfeiler in die oftmals als steifere Gebäudeachse angesehene Längsrichtung mit sich. Als Berechnungswerte der elastischen Pfeilerverformung ergeben sich auf Kämpferhöhe der Hauptbögen $f_{h,W,O}$ = 8,2 mm in West-Ost-Richtung und $f_{h,N,S}$ = 6,2 mm in Nord-Süd-Richtung.

Neben den horizontalen Pfeilerauslenkungen lässt sich aus der Berechnung eine auf die exzentrische Lage des Lastangriffspunktes zurückzuführende Torsion des Hauptpfeilerquerschnitts und damit eine gewisse Verdrehung der Hauptpfeiler im Grundriss ablesen.

Die Hauptbögen folgen mit ihren Auflagern den Verformungen der Hauptpfeiler und erfahren eine relative vertikale Absenkung ihrer Scheitel gegenüber dem oberen Pendentifabschluss. Hierbei beschränken die an der Nord- und Südseite vorhandenen, mit deutlich massiveren Querschnitten ausgeführten Doppelbögen dieses Maß auf $f_v = 22{,}8$ mm, während die Scheitel des westlichen und östlichen Hauptbogens eine Absenkung von $f_v = 33{,}7$ mm erfahren.

In horizontaler Richtung weisen die nördlichen und südlichen Hauptbögen eine – auf den Kuppelschub zurückzuführende – nach außen gerichtete Verformung auf. An West- und Ostseite zeichnet sich dagegen eine ins Gebäudeinnere gerichtete Deformation der Hauptbögen ab. Hierbei zeigt sich, dass die aus den sich „anlehnenden" Halbkuppeln auf die Hauptbögen einwirkende Horizontalkraft größer ist als der an dieser Stelle wirkende Horizontalschub der Hauptkuppel.

Als Resultat der unterschiedlichen horizontalen Verformungen der Hauptbögen ergibt sich eine elliptische Form der Kuppelbasis mit längerer Achse in Nord-Süd-Richtung. Dieses Ergebnis entspricht – qualitativ – auch den tatsächlichen Verhältnissen. Es sei jedoch angemerkt, dass die errechneten elastischen Verformungen keineswegs die Größenordnung der tatsächlich vorhandenen elliptischen Setzlinie wiedergeben und diese, wie eingangs erwähnt, überwiegend auf plastische Kriechverformungen des jungen Mörtels zurückzuführen ist.

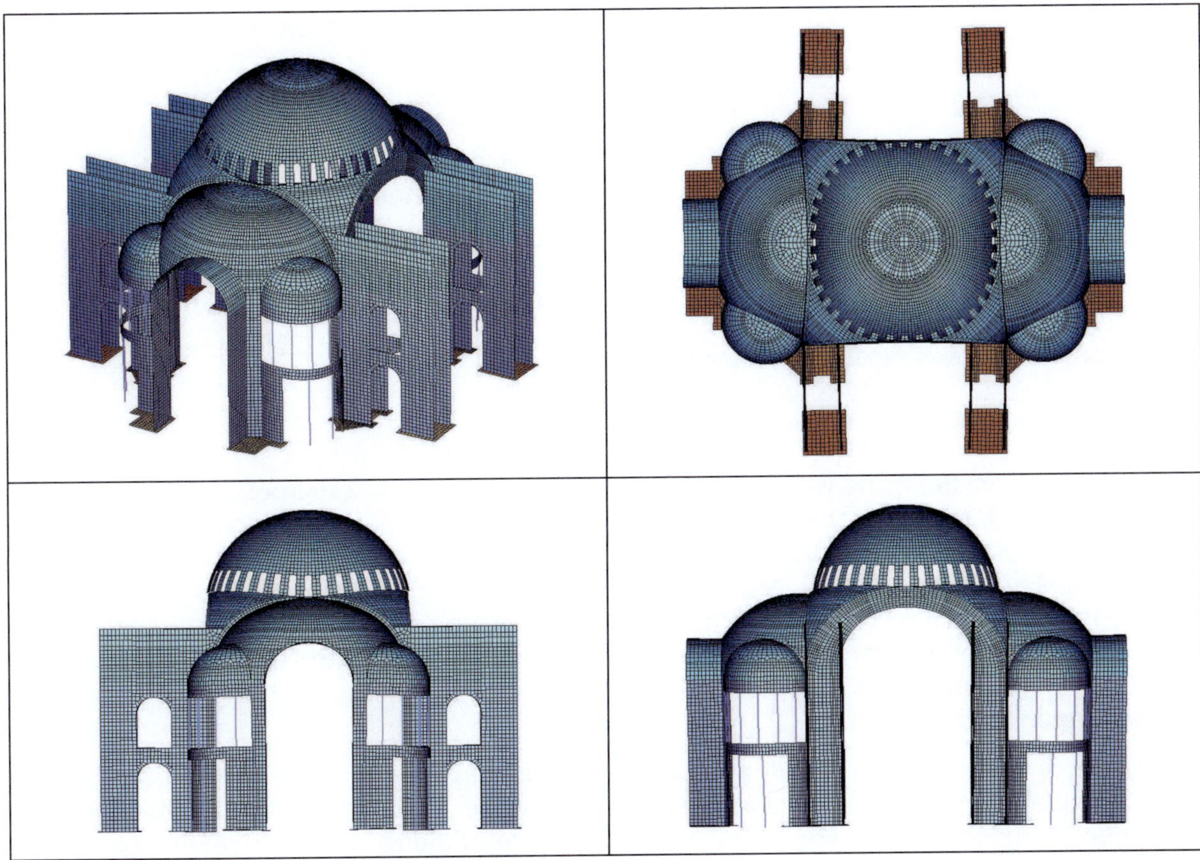

Abb. 10.11: Bauzustand 1: Elastische Verformungsfigur

• *Zum Tragverhalten der Kuppel*

Das Tragverhalten bzw. der Lastfluss in der Hauptkuppel wird maßgeblich durch die Steifigkeit der durch die oberen Pendentifabschlüsse und die Hauptbogenscheitel gebildeten Kuppelbasis bestimmt. Das Zusammenspiel von Pendentifs und Hauptbögen, welches sich aus geometrischer und materialspezifischer Ausbildung der Bauteile einerseits, andererseits aus deren horizontalen Stützungen ergibt, wirkt sich unmittelbar auf den Lastfluss in der Hauptkuppel aus und bedingt eine ungleiche Verteilung der Auflagerlasten.

In vorliegendem Fall erweisen sich die durch den oberen Pendentifabschluss gebildeten Linienlager gegenüber den durch die Hauptbogenscheitel gebildeten Punktlagern als die deutlich steiferen Elemente.

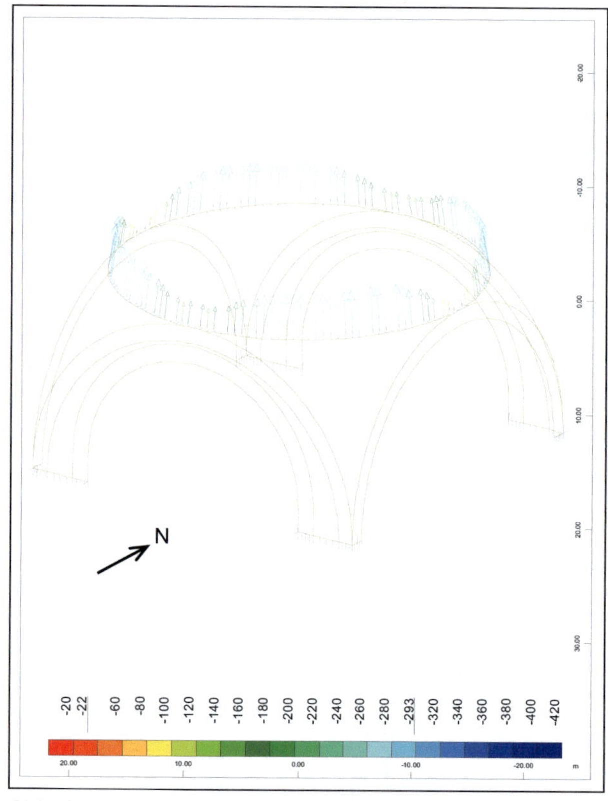

Abb. 10.12: Bauzustand 1: Resultierende Auflagerkräfte *R* [kN]

Entsprechend erfahren die Kuppel-Auflagerkräfte (Abb. 10.12) eine achssymmetrische Verteilung. Sie erreichen in den Mittelachsen der steifen Pendentifs ihr Maximum und nehmen in Richtung der – sich senkenden – Hauptbogenscheitel ab. Dieser Abfall erweist sich – analog den Verformungen – in Richtung der westlichen und östlichen Hauptbogenscheitel stärker ausgeprägt.

Die resultierenden Auflagerkräfte schwanken pro Fensterpfeiler zwischen einem Maximalwert von $R = 849$ kN im Bereich der Pendentifs und den minimalen Werten von $R = 192$ kN bzw. $R = 433$ kN über den östlichen und westlichen bzw. nördlichen und südlichen Hauptbögen.

Als Vergleichswert sei die im Rahmen der analytischen Studien unter Annahme einer kontinuierlichen Stützung errechnete Auf lagerkraft von $R = 651$ kN genannt.

Die in Schalenmittelfläche wirkenden Meridianspannungen σ_φ lassen ebenfalls den in Richtung der Pendentifs bzw. der Hauptpfeiler gerichteten Lastfluss erkennen (Abb. 10.13-a). Ausgehend von einer Meridianspannung am Kuppelscheitel von $\sigma_\varphi = 0{,}16$ MN/m², welche dem am Teilsystem Kuppel errechneten Wert entspricht, wächst diese (für einen bei Öffnungswinkel $\varphi = 63{,}6°$ geführten Schnitt, welcher unmittelbar über dem Fenstergesims verläuft) auf einen lokalen Maximalwert von $\sigma_\varphi = 0{,}34$ MN/m² im Bereich über den Pendentifs an. In Richtung der Hauptbogenscheitel ist dagegen eine Abnahme der Meridianspannungen festzustellen.

Gegenüber einer Kuppel mit kontinuierlicher Stützung gleicht die Tragwirkung der Pendentifkuppel derjenigen von zwei gekreuzten Bögen, welche in Diagonalrichtung von Pendentif zu Pendentif spannen. Die damit verbundene lokale Spannungszunahme befindet sich dennoch deutlich unter der für das 6. Jahrhundert ermittelten Mauerwerksdruckfestigkeit $\beta_{D,mw}$.

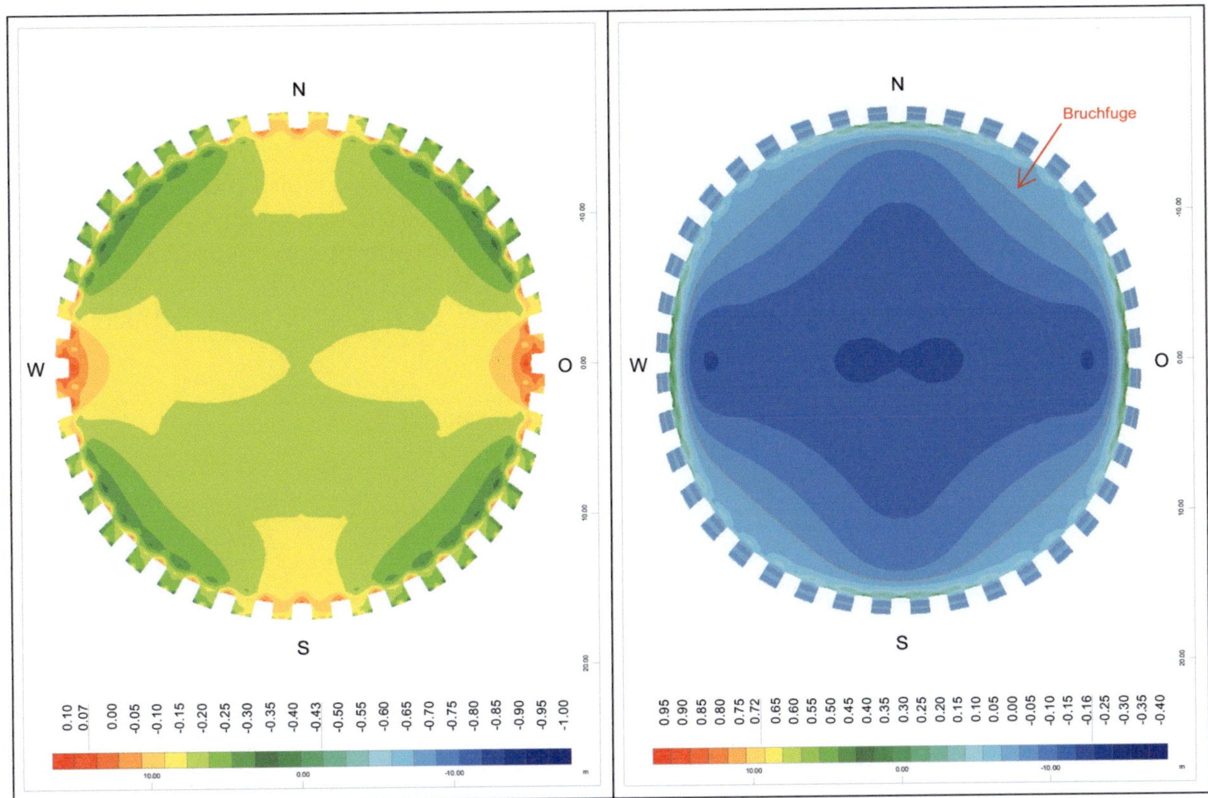

Abb. 10.13: Bauzustand 1: (a) Meridianspannungen σ_φ und (b) Ringspannungen σ_ϑ in der Kuppelmittelfläche [N/mm²]

In Ringrichtung (Abb. 10.13-b) stellt sich oberhalb des Fensterbandes eine Zugbelastung ein. Die als rote Linie dargestellte Bruchfuge ($\sigma_\vartheta = 0$) lässt sich in Richtung der Pendentifs bei einem Kuppelöffnungswinkel von $\varphi \sim 54°$, in Richtung der Hauptbogenscheitel bei $\varphi \sim 60°$ feststellen. Der Verlauf der Bruchfuge ist anhand des diagonal gerichteten Lastflusses zu erklären: Die Lastumlagerung auf die Pendentifs führt zu einer Reduzierung der Ringzugspannungen im oberen Kuppelbereich bei gleichzeitigem Anwachsen der Spannungen am unteren Kuppelrand. Entsprechend wachsen die Ringzugspannungen über den Hauptbogenscheiteln, d. h. unterhalb der – tiefliegenden – Bruchfuge rasch an und erreichen für $\varphi = 63{,}6°$ Werte von bis zu $\sigma_\vartheta = 0{,}13$ MN/m², über den Pendentifs ergeben sich bei identischem Öffnungswinkel φ Ringzugspannungen von $\sigma_\vartheta = 0{,}04$ MN/m².

Vor dem Hintergrund der Zugfestigkeit $\beta_{Z,mw}$ von byzantinischem Mauerwerk scheint die Aufnahme dieser Kräfte zunächst nicht ausgeschlossen, wobei Vertikalrisse (vgl. Abb. 10.34) dennoch auf eine – möglicherweise auch zu einem späteren Zeitpunkt erfolgte – Überschreitung der Mauerwerkszugfestigkeit hindeuten.

- ***Zum Tragverhalten der Unterkonstruktion***

Pendentifs und Hauptbögen bilden – gemeinsam mit dem umlaufenden Kuppelgesims – die Unterkonstruktion der Hauptkuppel und damit, als unmittelbar zusammenwirkende statische Einheit, das Bindeglied zwischen Hauptkuppel und Hauptpfeilern.

Die durch den oberen Abschluss der Pendentifs und die Hauptbogenscheitel gebildete, annähernd kreisrunde Kuppelbasis erfährt infolge der Kuppelauflast und entsprechend ihrer horizontalen und vertikalen Steifigkeiten ungleichförmige Verformungen. Die geringsten vertikalen Steifigkeiten bzw. deutlichsten vertikalen Verformungen ergaben sich für die Bereiche der Hauptbogenscheitel. Entsprechend zeigen die Hauptbögen eine gewisse Abflachung bzw. Zunahme des Krümmungsradius in den Scheitelbereichen bei gleichzeitiger Aufweitung bzw. Verringerung des Krümmungsradius im Bereich ihrer Drittelspunkte.

Eine nahezu monolithische Verbindung vorausgesetzt, folgt der Verlauf der seitlichen Ränder der sphärisch gekrümmten Pendentifs den Verformungen der Hauptbögen. Damit erfahren die Pendentifs eine – dem horizontalen Ausweichen der Hauptpfeiler in zwei Richtungen folgende – Verformung in Diagonalrichtung, eine Art Streckung. Gleichzeitig sinkt der obere Pendentifrand leicht ab (Abb. 10.14). Die Aufweitung der Hauptbögen in ihren Drittelspunkten führt einerseits zu einer seitlichen Stabilisierung und damit Steifigkeitszunahme der Pendentifs, andererseits resultiert aus dem gleichzeitigen Absinken der Hauptbogenscheitel eine Verwölbung der Pendentifflächen.

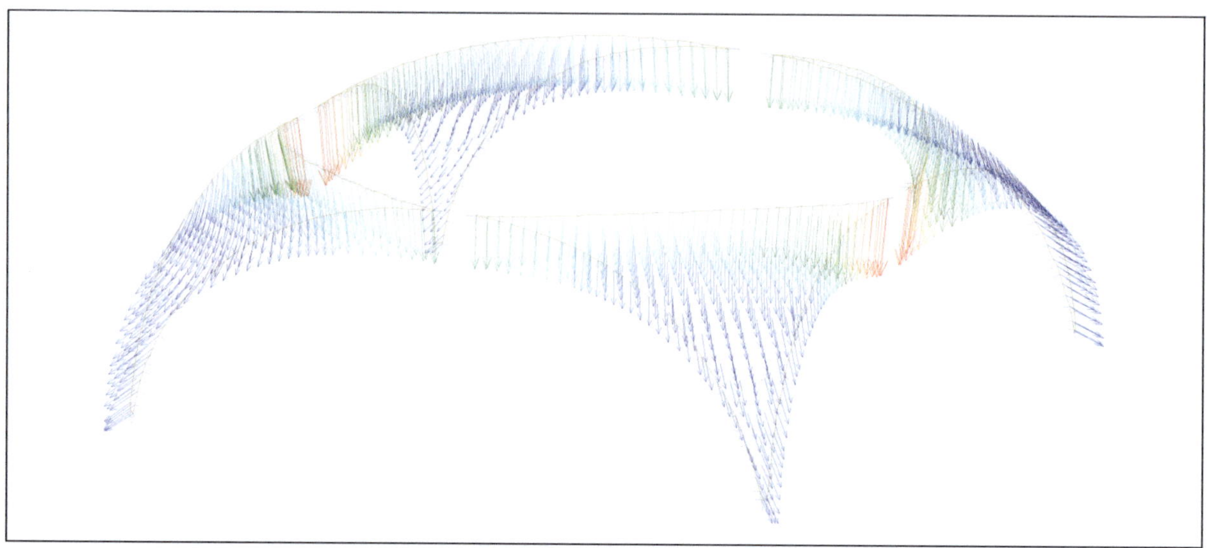

Abb. 10.14: Bauzustand 1: Verformungsvektoren der Pendentifflächen

Diese Verwölbung spiegelt sich im Verlauf der Meridianspannungen σ_φ wider: Den Lasteinleitungsbereich an den oberen Pendentifrändern ausgenommen, ergeben sich auf den Außenseiten Zugspannungen, welche mit zunehmendem Krümmungsradius in den unteren Pendentifbereichen ihre maximalen Werte annehmen (Abb. 10.15-a). Entsprechend sind die dem Gebäudeinnern zugewandte Pendentifseiten sowie die Mittelflächen vollständig überdrückt (Abb. 10.15-b, -c).

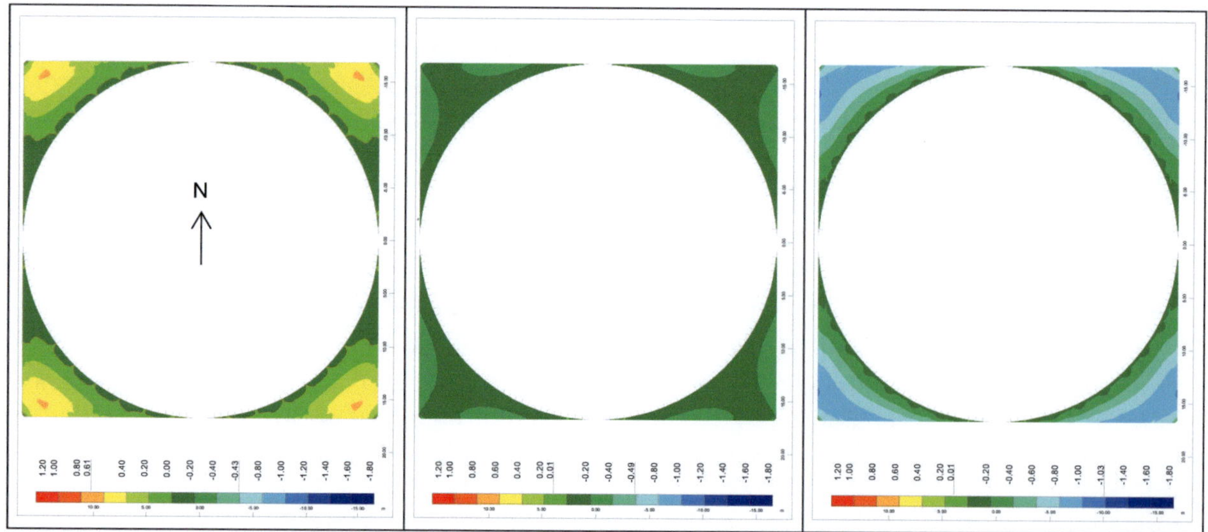

Abb. 10.15: Bauzustand 1: Meridianspannung σ_φ [N/mm²] in den Pendentifs: (a) Außenseite, (b) Schalenmitte, (c) Innenseite

Die errechneten Spannungen beziehen sich auf eine minimal angenommene Pendentifdicke von $d_P = 2{,}50$ m und müssen aufgrund dieser Abschätzung (vgl. Abschnitt 5.3.1.2) als eher qualitativ das Tragverhalten beschreibend betrachtet werden. In einem plausiblen Rahmen variierende Pendentifdicken lassen jedoch keine Spannungssteigerungen erwarten. Als eher wahrscheinlich zu erachten ist eine Reduzierung der an der Außenseite herrschenden Zugspannung durch eine vorhandene Hinterfüllung, welche den nach außen gerichteten Verwölbungen entgegenwirkt.

Hinsichtlich der Spannungen σ_ϑ in Ringrichtung sind verschiedene, sich überlagernde Einflüsse zu betrachten. Zunächst bewirken die – aus der Umleitung der steil ankommenden Kuppellasten in die flacheren Pendentifs resultierenden – Umlenkkräfte eine Druckbelastung des oberen Pendentifrandes bzw. des Kuppelgesimses. Diese umlaufenden Druckkräfte werden vermindert bzw. erhöht durch eine Belastung des oberen Pendentifrandes, welche sich aus den ungleichmäßigen Absenkungen ergibt.

Im unteren Bereich stehen die in der Pendentiffläche wirkenden Kräfte im Gleichgewicht mit den Horizontalkräften, welche sich infolge des seitlichen Druckes der sich aufweitenden Hauptbögen ergeben. Es entwickelt sich eine stabilisierende Wirkung zwischen dem Pendentif und den beidseits angrenzenden Hauptbögen. Ausgehend von einer orthogonal stehenden Wirkungslinie müssen hierbei die Horizontalkräfte der Hauptbögen durch die Pendentifschale umgelenkt werden, was zu Zugspannungen an ihrer Außen- und Druckspannungen an ihrer Innenseite führt.

Abbildung 10.16 zeigt den Verlauf der Ringspannungen auf den Außenseiten der Pendentifs, in den Pendentifmittelfläche sowie auf den dem Gebäudeinnern zugewandten Seiten.

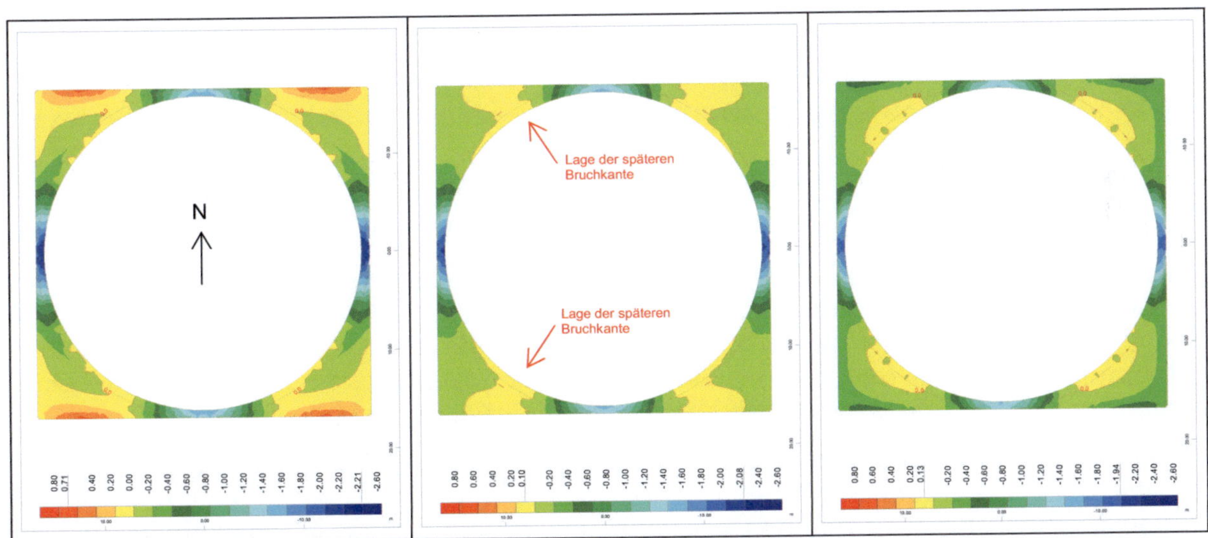

Abb. 10.16: Bauzustand 1: Ringspannung σ_ϑ [N/mm²] in den Pendentifs: (a) Außenseite, (b) Schalenmitte, (c) Innenseite

Hohe Druckspannungen (blau) sind im Kuppelgesims bzw. im oberen Pendentifrand über den Hauptbogenscheiteln zu erkennen. Entsprechend der vertikalen Verformungen treten die maximalen Werte an der Ost- und Westseite auf. Zugbeanspruchte Bereiche (gelb/orange) ergeben sich über die gesamte Querschnittsdicke. Hierbei kann insbesondere die in der Pendentifmittelfläche vorhandene Spannungsverteilung in Verbindung mit der späteren Lage der Bruchkante (vgl. hierzu Bauzustand 2) gesetzt werden.

Hinsichtlich der Zugspannungen an der Pendentifaußenseite sei auch hier auf die positive Wirkung einer möglicherweise vorhandenen Hinterfüllung hingewiesen.

• *Zum Tragverhalten der Hauptbögen*

Eine statische Bewertung der vier Hauptbögen sei anhand der errechneten Verformungsvektoren sowie den daraus resultierenden Spannungen parallel zur Bogenachse vorgenommen (Abb. 10.17). Erwartungsgemäß bilden die Scheitel der Hauptbögen bei maximaler Verformung die Bereiche maximaler Spannungswerte.

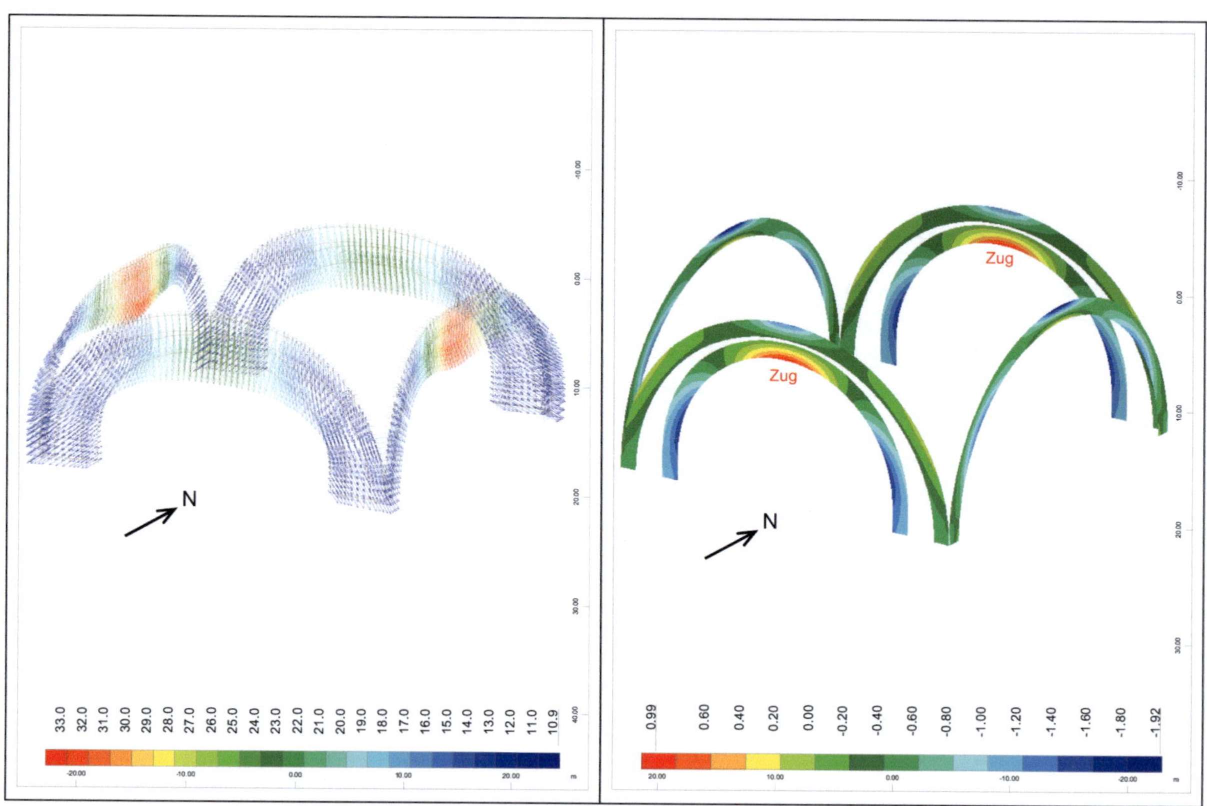

Abb. 10.17: Bauzustand 1: Verformungsvektoren und Spannungsverlauf [N/mm²] in den Hauptbögen

Die auf Grund der beschriebenen Rand- und damit Steifigkeitsbedingungen durchgeführte elastische Berechnung weist am unteren Bogenrand Zugspannungen aus, welche insbesondere am nördlichen und südlichen Bogenscheitel eine lokale Rissbildung als wahrscheinlich erachten lassen. Aufgrund des begrenzten zugbelasteten Querschnittanteils (begrenzt durch die rote Linie) befindet sich die Resultierende innerhalb des Bauteilquerschnitts, die Gefahr eines Stabilitätsversagens ist damit nicht gegeben.

Entsprechend den Erläuterungen in Abschnitt 10.2.2.1 wird die Lage der Stützlinie und damit auch die Spannungsverteilung im Bogenquerschnitt entscheidend von der horizontalen Nachgiebigkeit der Bogenauflager beeinflusst. Aufgrund einer stärkeren Nachgiebigkeit der Bogenauflager in West-Ost-Richtung ergeben sich daher an der Unterseite der Hauptbögen an Nord- und Südseite – trotz doppeltem Bauteilquerschnitt – höhere Zugbelastungen (σ_z = 0,99 N/mm²) als an den mit deutlich geringerem Querschnitt ausgeführten Hauptbögen an West- und Ostseite (σ_z = 0,29 N/mm²).

Die an der Bogenoberseite ermittelten maximalen Druckspannungen betragen an der West- und Ostseite σ_D = 1,92 N/mm², an der Nord- und Südseite σ_D = 1,29 N/mm². Diese Spannungswerte weisen die Scheitel der Hauptbögen als hochbelastete Bereiche aus und stehen damit in qualitativer Übereinstimmung mit den Einschätzungen bisheriger Betrachtungen.

Insbesondere für die West- und Ostseite lässt die Berechnung auf eine hohe Ausnutzung der Bogenquerschnitts in Bauzustand 1 schließen. In Verbindung mit dem geringen Wert der Mauerwerksdruckfestigkeit der Bauteile des 6. Jahrhunderts scheint hier möglicherweise – neben der Erdbebenbelastung, welche als Auslöser zu sehen ist – eine Mitursache der Teileinstürze zu liegen.

Für die im 10. bzw. 14. Jahrhundert wieder errichteten Hauptbögen kann – einerseits durch einen mit größeren Abmessungen ausgebildeten Bogenquerschnitt (Westseite), andererseits durch höhere Mauerwerksfestigkeiten – ein deutlich erhöhtes Sicherheitsniveau unterstellt werden. Eine optische Bewertung im Hinblick auf dennoch vorhandene Risse oder Schäden im Bereich der Bogenscheitel wird in Abschnitt 10.4 vorgenommen.

- ***Zum Tragverhalten der Hauptpfeiler***

Der Lastfluss in den Haupt- und Strebepfeilern, den elementaren Bauteilen zur Aufnahme der vertikalen und horizontalen Kuppellasten, sei anhand des verformten Trajektorienbildes der Hauptspannungen sowie der Verteilung der vertikalen Spannungen erläutert (Abb. 10.18).

Ausgehend vom Lasteinleitungsbereich auf Höhe der Bogenkämpfer stellt sich eine diagonal nach außen gerichtete Wirkungslinie der resultierenden Lasten ein, welche eine entsprechende Verformung der Pfeiler und deutlich Deformation der Durchgangsöffnungen bewirkt. Der Bauteilquerschnitt erweist sich als vollständig überdrückt, es entsteht keine klaffende Fuge. Einzig im Bereich der Gewölbe zwischen Haupt- und Treppenhauspfeiler ergeben sich horizontal gerichtete Zugspannungen (blau dargestellt), welche gegebenenfalls einen Abriss der Gewölbe und damit eine Verstärkung der Pfeilerverformungen bewirken.

Die vertikal gerichteten Druckspannungen σ_D im Natursteinmauerwerk nehmen auf dem Fußbodenniveau ihre maximalen Werte an. Sie bewegen sich – lokale Randspannungen ausgenommen – zwischen $\sigma_D = 0{,}6$ N/mm² und $\sigma_D = 1{,}8$ N/mm² und befinden sich damit deutlich unterhalb des abgeschätzten Grundwertes der zulässigen Spannung von $\sigma_0 = 3{,}50$ MN/m².

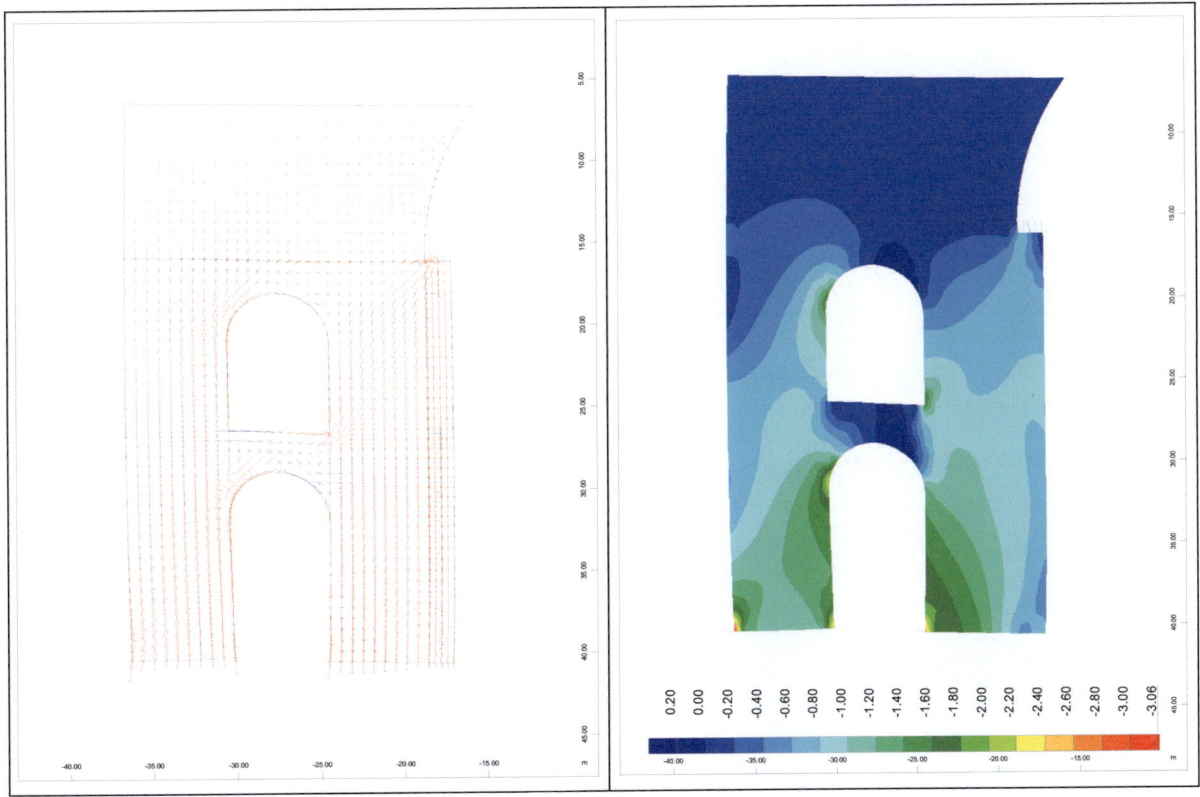

Abb. 10.18: Bauzustand 1: Trajektorienbild und vertikal gerichtete Mauerwerksspannungen [N/mm²] in den Hauptpfeilern

10.3.3.2 Bauzustand 2: Der Teileinsturz im 10. Jahrhundert

Als Bauzustand 2 wird die Gebäudestruktur betrachtet, wie sie sich nach dem Teileinsturz im Jahre 989 darstellte. Diesem Ereignis fielen, neben der westlichen Nebenkuppel und dem westlichen Hauptbogen, 13 Rippen der Hauptkuppel zum Opfer und reduzierten diese auf ein verbleibendes Segment von ca. 2/3 ihres ursprünglichen Umfanges. Da der genaue Verlauf der Bruchkante in der Nebenkuppel nicht näher erkundet wurde, wird diese samt zugehörigen Nebenkuppeln als komplett eingestürzt und damit in Bezug auf die Hauptkuppel als statisch unwirksam betrachtet.

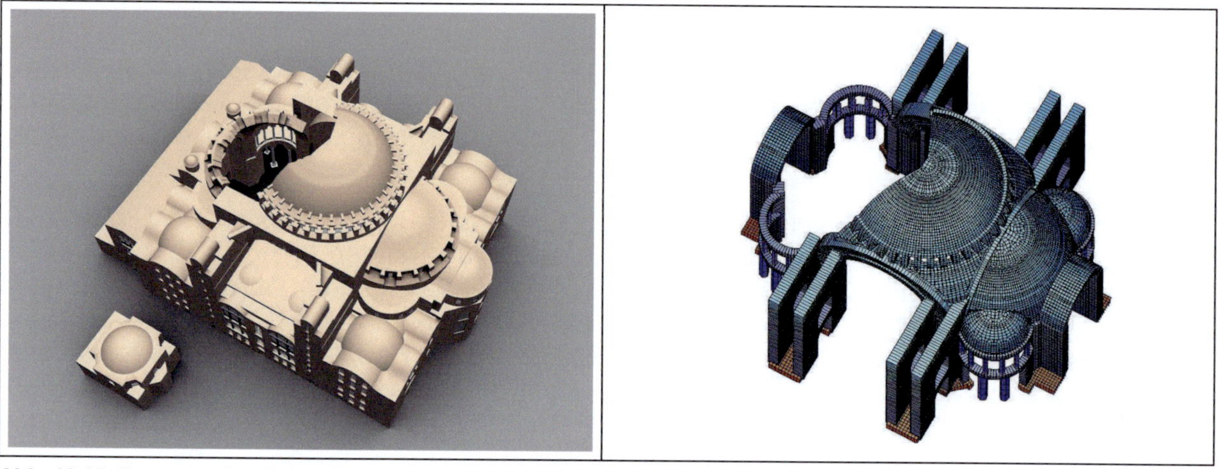

Abb. 10.19: Bauzustand 2: Gebäudegeometrie und vereinfachte FE-Modellierung

- ***Systemverformungen***

Abbildung 10.20 zeigt die Systemverformungen unter Eigengewichtsbelastung nach erfolgtem Teileinsturz.

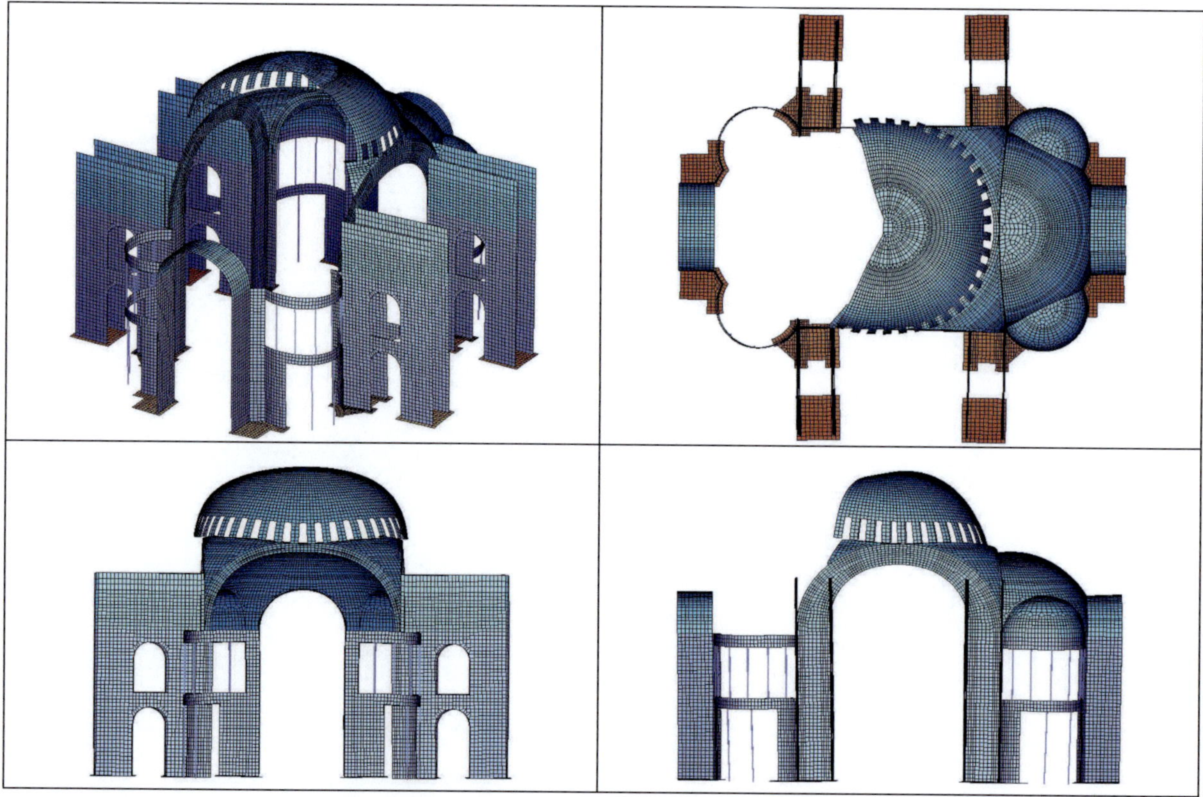

Abb. 10.20: Bauzustand 2: Elastische Verformungsfigur

Erwartungsgemäß kommt es gegenüber dem vorhergehenden Bauzustand 1 zu deutlichen Verformungen. Verbunden mit einer gewissen Aufspreizung an den freien Rändern und einer Absenkung ihres Scheitels neigt sich die verbliebene Restkuppel in westliche Richtung.

• ***Zum Tragverhalten der Restkuppel***

In dem geschädigten Kuppelfragment ist die Ausbildung umlaufender Ringkräfte nicht mehr gegeben. Die ehemals vorhandene geschlossene Kuppeltragwirkung geht damit verloren, in der Restkuppel stellt sich ein statisches Gleichgewicht als Kombination aus Schalen- und Bogentragwirkung ein.

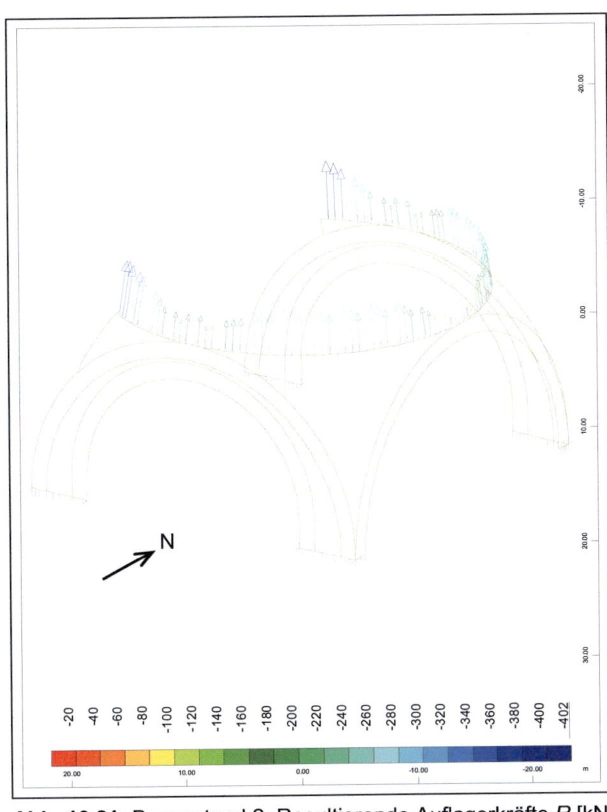

Abb. 10.21: Bauzustand 2: Resultierende Auflagerkräfte *R* [kN]

Die mit der Aufspreizung der freien Ränder einhergehende System- und Lastumlagerung in westliche Richtung wird anhand der Verteilung der Auflagerkräfte (Abb. 10.21) deutlich.

Hierbei erfahren die an den Kuppelrändern angeordneten Fensterpfeiler 14 und 28 Auflagerkräfte von R_{14} = 1033,3 kN bzw. R_{28} = 1136 kN und damit eine Laststeigerung gegenüber Phase 1 von 26,9% bzw. 49,8%. Eine entsprechende Abnahme der Auflagerlasten stellt sich im Bereich des östlichen Hauptbogenscheitels ein.

Aus dem Verlauf der in Abbildung 10.22-a dargestellten, in Schalenmittelfläche wirkenden Meridianspannungen σ_φ zeichnet sich zunächst wiederum ein in Richtung der steiferen Pendentifs gerichteter Lastfluss ab.

Die Systemverlagerung in westliche Richtung bewirkt gegenüber Bauzustand 1 im östlichen Kuppelbereich eine Reduzierung der Meridianspannungen. Der auf der Westseite gelegene, freie Rand der Restkuppel wirkt dagegen wie ein (im Grundriss geknickter) Bogen und erfährt dadurch eine deutliche Mehrbelastung: hohe Druckspannungen aufgrund der horizontalen Stützwirkung mit lokalen Spitzenwerten bis σ_φ = 0,95 MN/m² im Kämpferbereich und – entsprechend der horizontalen Nachgiebigkeit der Auflager – Zugspannungen im Bereich des „Bogenscheitels".

In Ringrichtung (Abb. 10.22-b) kommt es zu einer geringen Zunahme der Zugspannungen über dem östlichen Hauptbogenscheitel. Diese betragen für φ = 63,6° σ_ϑ = 0,15 MN/m² und können zu einer Rissbildung bzw. Ausweitung bereits vorhandener Risse in Meridianrichtung geführt haben.

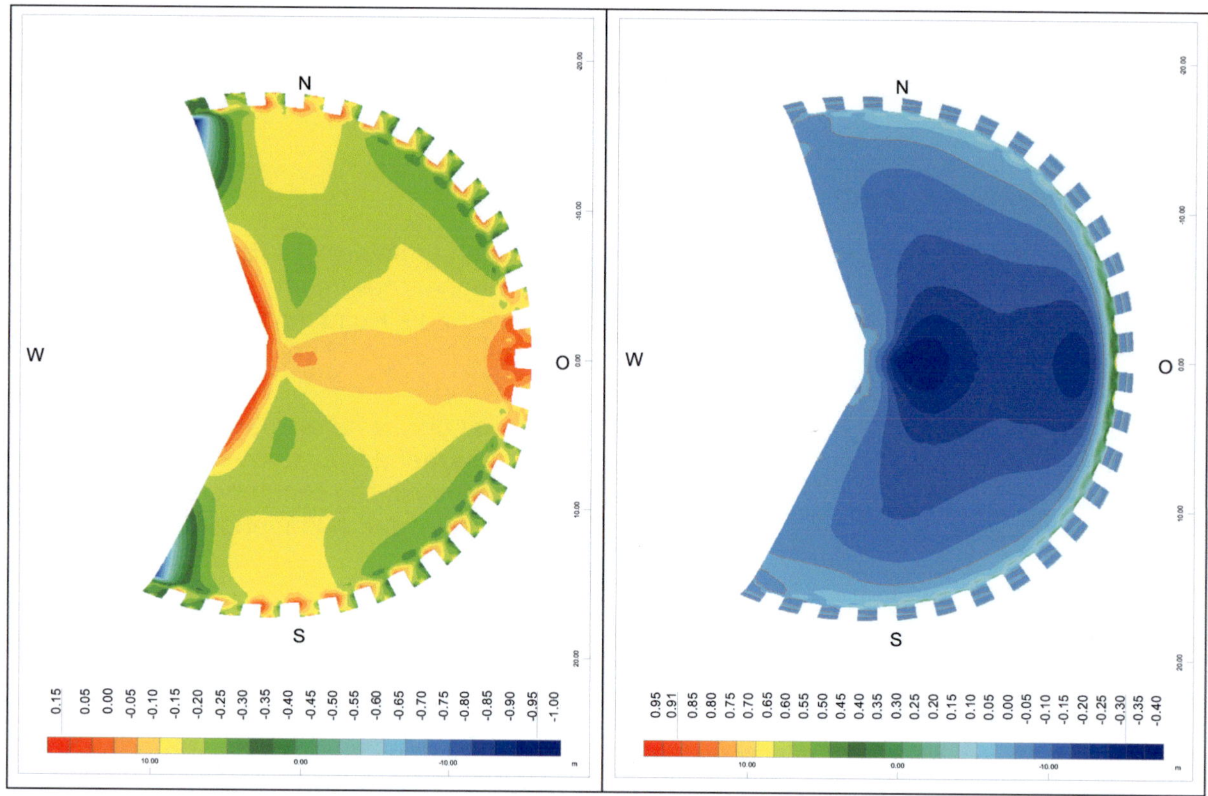

Abb. 10.22: Bauzustand 2: (a) Meridianspannungen σ_φ und (b) Ringspannungen σ_ϑ in Kuppelmittelfläche [N/mm²]

• **Zum *Tragverhalten der Unterkonstruktion***

Infolge der Lastverlagerung in der Restkuppel in westliche Richtung ist in den östlichen Pendentifs eine geringfügige Abnahme des Spannungsniveaus und in den westlichen Pendentiffragmenten ein Anwachsen der Spannungswerte zu verzeichnen.

Die nördlichen und südlichen Hauptbögen erfahren aufgrund der nicht mehr vorhandenen Auflast auf ihrer Westseite eine einseitige Belastung. Dieser Lastfall bringt neben einer Steigerung der Spannungen in ihren Scheiteln die Ausbildung von Zugspannungen an den westlichen Bogenoberseiten mit sich.

Die beiden an der Westseite gelegenen Hauptpfeiler werden aufgrund des Teileinsturzes weniger belastet, wobei das Entfallen des in Nord-Süd-Richtung wirkenden Horizontalschubes zu einer Spannungszunahme auf der dem Gebäudinnern zugewandten Seite führt.

10.3.3.3 Bauzustand 3: Die Kuppel zwischen dem 10. und 14. Jahrhundert

Als Bauzustand 3 sei die Gebäudestruktur betrachtet, wie sie sich nach Abschluss des im 10. Jahrhundert erfolgten Wiederaufbaues des westlichen Kuppelsegments mit dem westlichen Hauptbogen und der daran anschließenden Halbkuppel darstellte (Abb. 10.23). Besondere Berücksichtigung wird hierbei dem durch den Architekten *Trdat* dicker gewählten Kuppelquerschnitt, den veränderten Materialeigenschaften sowie der Beschaffenheit der Bruchkante beigemessen.

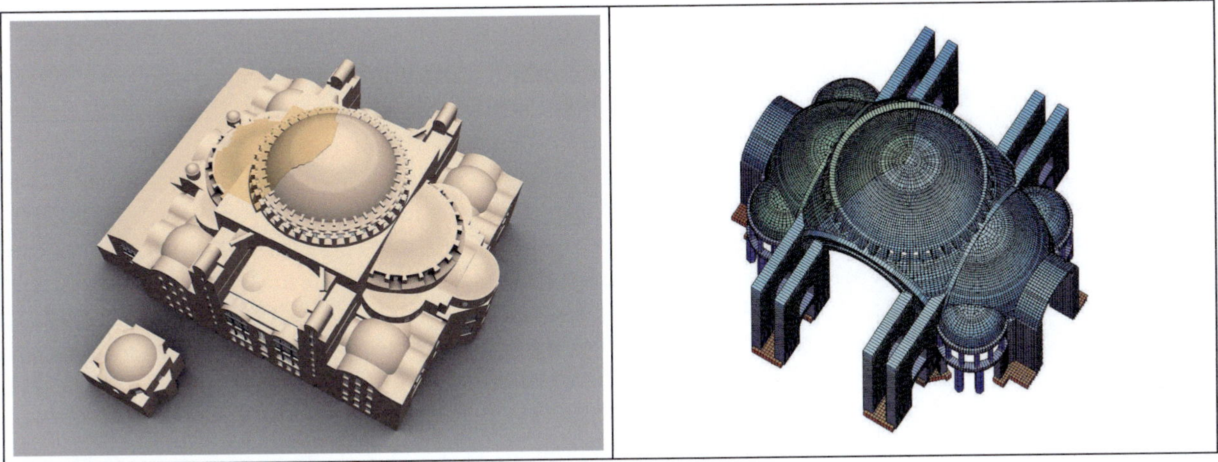

Abb. 10.23: Bauzustand 3: Gebäudegeometrie und vereinfachte FE-Modellierung

• ***Systemverformungen***

Abbildung 10.24 zeigt die Verformungsfigur von Bauzustand 3 unter Eigengewichtsbelastung. Als ausschlaggebend erweist sich hierbei das Zusammenspiel der vorhandenen mit den ergänzten Bauteilen.

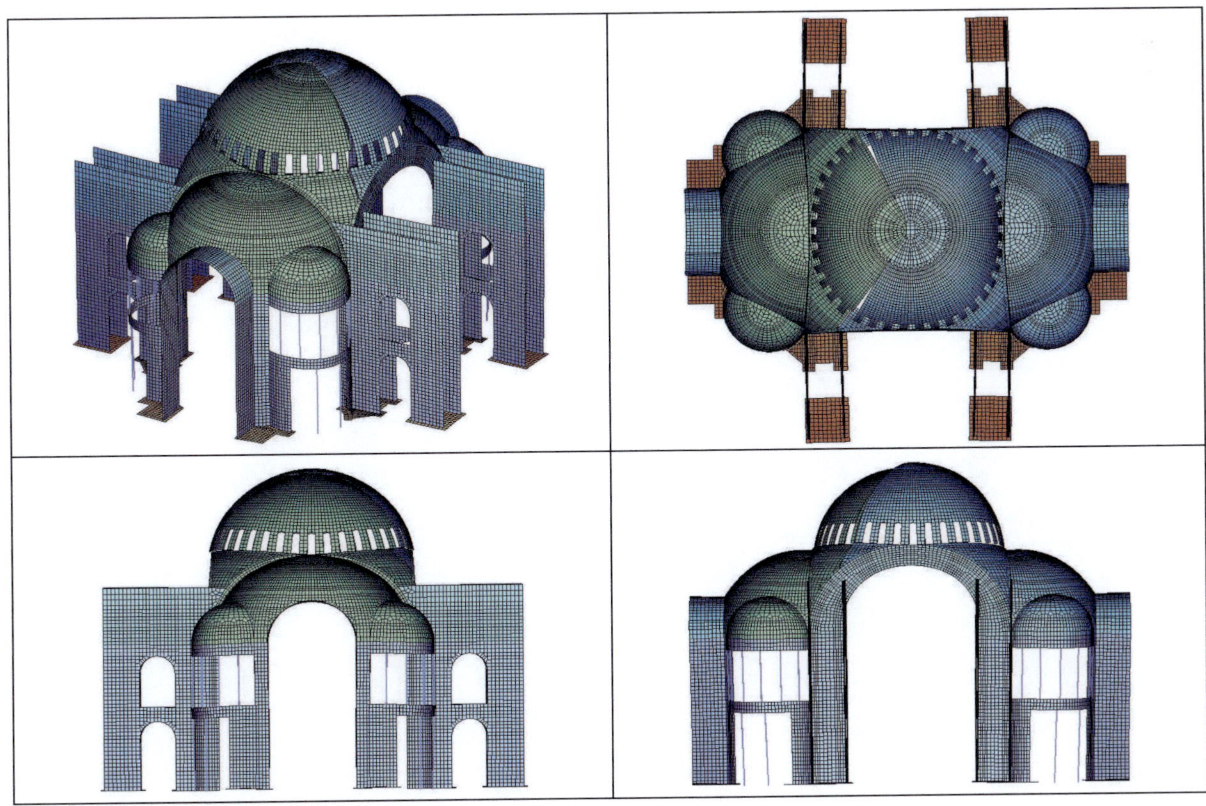

Abb. 10.24: Bauzustand 3: Elastische Verformungsfigur

Das wieder aufgebaute westliche Kuppelsegment ergänzt das verbliebene Kuppelfragment zur vollständigen Kuppel und übt eine horizontale Belastung auf die Kuppelbauteile des 6. Jahrhunderts aus. Der im Bauzustand 2 erfolgten Systemverlagerung in westliche Richtung wird entgegengewirkt und – unter Annahme eines elastischen Verhaltens – eine gewisse Rückverformung erzielt. Der Ausschluss von Ringzugkräften im Bereich der Bruchkante führt zu einem Öffnen der Anschlussfugen sowohl im unteren Ringzugbereich der Kuppel als auch im Bereich der Pendentifs. Daraus resultiert eine vertikale Verschiebung des Kuppelscheitels des 10. Jahrhunderts gegenüber dem des 6. Jahrhunderts.

- ***Zum Tragverhalten der Kuppel***

Mit Wiederherstellung der vollständigen Kuppelform durch Ergänzung des westlichen Kuppelsegmentes kommt es zu einer gewissen Relativierung des Lastflusses gegenüber Bauzustand 2.

Die durch das ergänzte Kuppelsegment auf die Bauteile des 6. Jahrhunderts wirkenden Horizontalkräfte bewirken, in Verbindung mit der Rückverformung des Systems stehend, eine Reduzierung der hohen Auflagerkräfte am freien Rand des Bauzustandes 2. Qualitativ stellt sich damit eine Verteilung der Auflagerlasten ähnlich wie im Bauzustand 1 mit Konzentration auf die Pendentifs ein (Abb. 10.25-a). Erkennbar ist jedoch, dass – aufgrund der massiveren Ausbildung der Bauteile des 10. Jahrhunderts – eine erhöhte Last im Westen abzutragen ist. Die resultierenden Auflagerkräfte aus den Fensterpfeilern betragen hier bis zu R = 1164,5 kN und liegen damit deutlich über dem bei kontinuierlicher Stützung ermittelten Wert von R = 869 kN.

Das Zusammenwirken der Kuppelteile des 6. und 10. Jahrhunderts wird durch die Betrachtung der Koppelkräfte deutlich (Abb. 10.25-b). Es zeigt sich, dass eine Übertragung von Ringdruckkräften zwischen den beiden Bauphasen im Scheitelbereich lediglich bis zu einem Kuppelöffnungswinkel $\varphi \sim 32{,}5°$ erfolgt. Dies stellt eine deutliche Reduzierung gegenüber der Lage der Bruchfuge einer geschlossenen Kuppel ($\varphi \sim 50°$) dar, bestätigt jedoch sehr genau den zuvor abgeschätzten (Abb. 10.4-b) und auch den Stützlinienberechnungen zugrunde liegenden Wert.

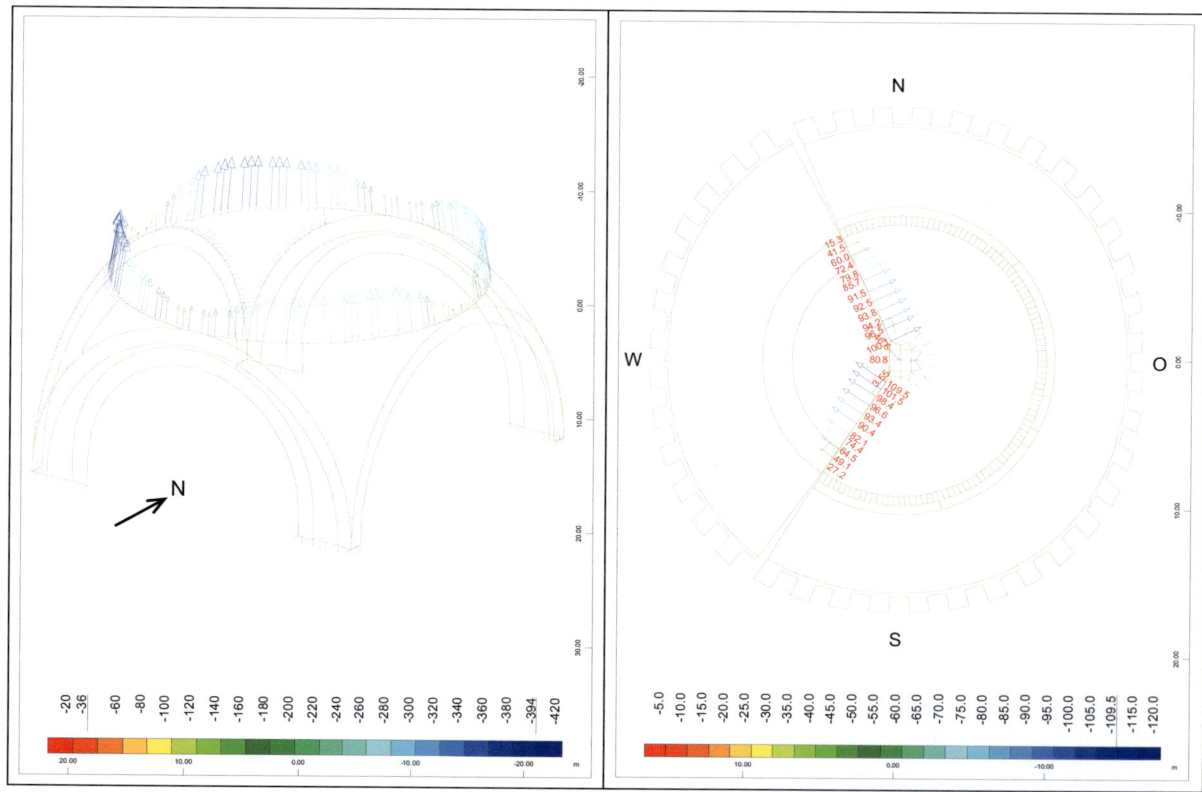

Abb. 10.25: Bauzustand 3: (a) Resultierende Auflagerkräfte R [kN] und (b) Ringkräfte N_ϑ [kN] zwischen den Segmenten

Hinsichtlich des Lastflusses in den Kuppelsegmenten des 6. und des 10. Jahrhunderts ist eine erneute Konzentration hin zu den steifen Pendentifs erkennbar (Abb. 10.26-a). Trotz der Ergänzung durch das westliche Kuppelsegment kann sich keine geschlossene Kuppeltragwirkung einstellen, der Lastfluss in den Segmenten bleibt damit qualitativ wie im Bauzustand 2.

Quantitativ erfährt der zuvor hochbelastete freie Rand durch den Wiederaufbau des eingestürzten Kuppelsegments eine deutliche Stabilisierung. Dies führt zu einem gewissen Abbau der hohen Randlasten (auf Spannungswerte σ_φ = 0,68 MN/m²), auch die im Kuppelscheitel herrschenden Zugspannungen werden überdrückt. In den übrigen Bereichen befinden sich die Meridianspannungen auf dem Niveau des ursprünglichen Bauzustandes 1. In Ringrichtung (Abb. 10.26-b) ergibt sich – aufgrund des Öffnens der vertikalen Bruchkante und einer damit möglich werdenden unabhängigen Verformung der Kuppelsegmente – ein deutlicher Versatz in der horizontalen, den ringzugbelasteten Bereich abgrenzenden Bruchfuge. Die Ringspannungen nehmen ihren Maximalwert wiederum über den Hauptbogenscheiteln an der West- (σ_ϑ = 0,14 MN/m²) und der Ostseite (σ_ϑ = 0,12 MN/m²) an.

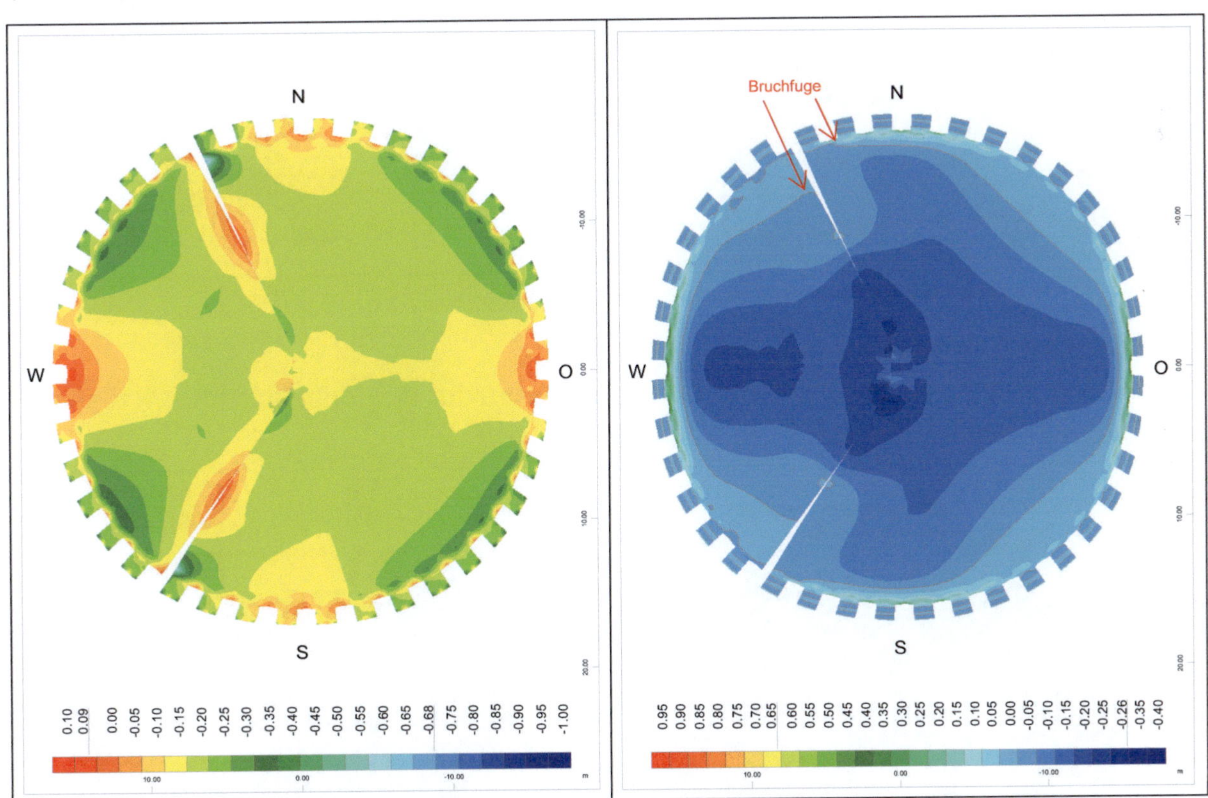

Abb. 10.26: Bauzustand 3: (a) Meridianspannungen σ_φ und (b) Ringspannungen σ_ϑ in Kuppelmittelfläche [N/mm²]

• *Zum Tragverhalten der Unterkonstruktion*

Das Tragverhalten der Unterkonstruktion im Bauzustand 3 wird geprägt von der massiveren Ausbildung der ergänzten westlichen Kuppelbauteile. Während sich in den östlichen Pendentifs der Lastfluss und das Spannungsniveau nahezu identisch zu Bauzustand 1 einstellt, erfahren die Pendentifs der Westseite – einheitliche Dicke d_P bei allen vier Pendentifs vorausgesetzt – insbesondere in Meridianrichtung ein erhöhtes, jedoch unkritisches Spannungsniveau. Dieser Effekt wird verstärkt durch die vorhandenen Bruchkanten, welche einen ehemals räumlichen Lastabtrag unterbinden.

In den Hauptbögen und Hauptpfeilern stellt sich annähernd der Lastfluss von Bauzustand 1 ein, mit einem leichten, auf die massivere Ausbildung der ergänzten Bauteile zurückzuführenden Spannungszuwachs auf der Westseite.

10.3.3.4 Bauzustand 4: Der Teileinsturz im 14. Jahrhundert

Nach dem Einsturz des östlichen Kuppelsegments mit östlichem Hauptbogen und angegliederter Apsidenkuppel im Jahre 1346 setzt sich das im Bauzustand 4 verbleibende Kuppelfragment aus zwei schmalen, dem 6. Jahrhundert entstammenden Segmenten über acht Rippen (28–35) im Norden und sechs Rippen (9–14) im Süden sowie dem im 10. Jahrhundert angefügten westlichen Kuppelsegment (Rippen 15–27) zusammen (Abb. 10.27). Entsprechend musste sich ein statischer Gleichgewichtszustand einstellen, welcher insbesondere auf einer Bogentragwirkung der beiden Kuppelsegmente des 6. Jahrhunderts beruht, die zusätzlich eine horizontale Beanspruchung durch das sich anlehnende Kuppelsegment des 10. Jahrhunderts erfahren.

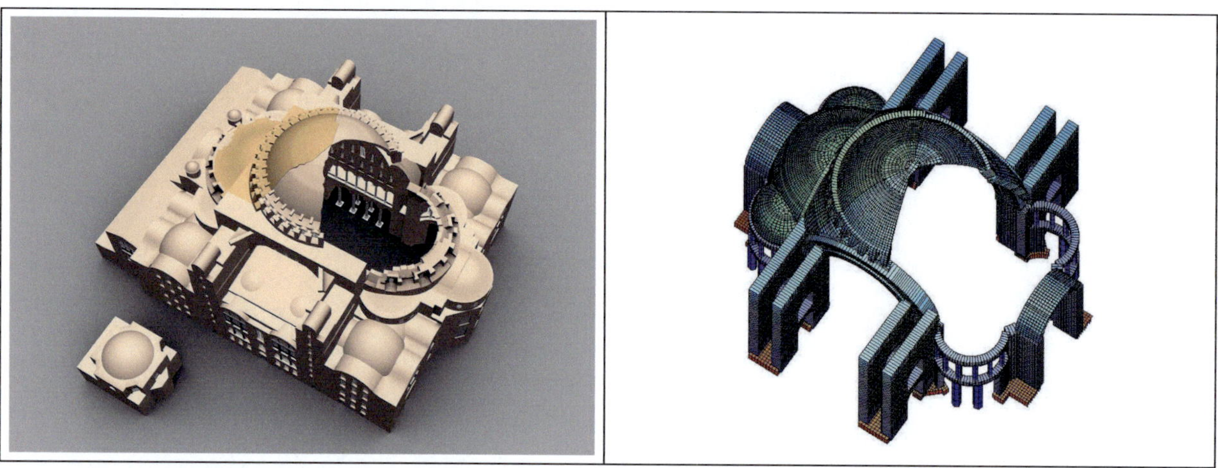

Abb. 10.27: Bauzustand 4: Gebäudegeometrie und vereinfachte FE-Modellierung

- ***Systemverformungen***

  Abbildung 10.28 zeigt qualitativ die der Gebäudestruktur des Bauzustandes 4 zugehörige Verformungsfigur unter Eigengewichtsbelastung.

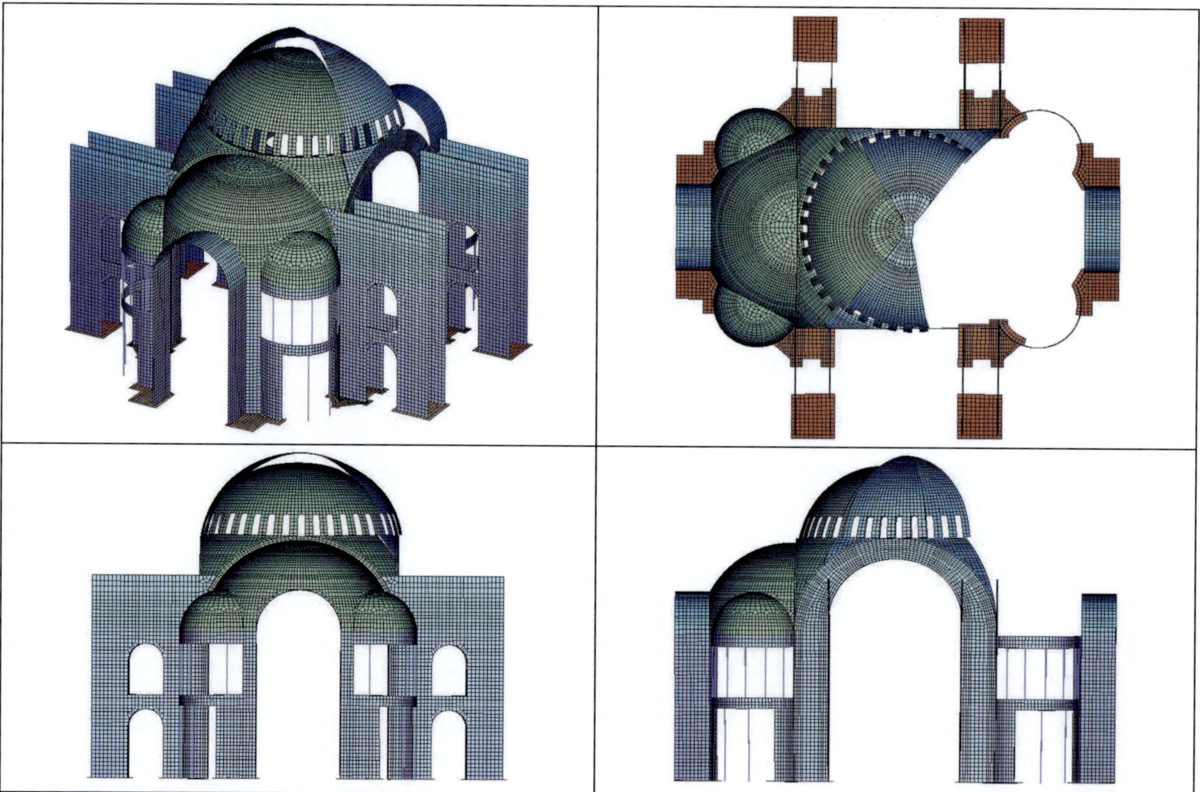

Abb. 10.28: Bauzustand 4: Elastische Verformungsfigur

Die Darstellung verdeutlicht, dass das westliche Kuppelsegment keine ausreichende eigene Standsicherheit aufweist und auf eine horizontale Abstützung durch angrenzende Bauteile angewiesen ist. Dass die auf der Nord- und Südseite befindlichen Segmente des 6. Jahrhundert jedoch nur mit Mühe in der Lage waren, diese horizontale Abstützung zu gewährleisten und die Kräfte des sich anlehnenden Kuppelsegments des 10. Jahrhunderts aufzunehmen, wird anhand einer Verdrehung dieser Segmente und – damit verbunden – erheblichen Verformung und Systemverlagerung in östliche Richtung deutlich.

- ***Zum Tragverhalten der Kuppel***

Hinsichtlich des Lastflusses führt der Einsturz des östlichen Kuppelsegments in den verbleibenden Bauteilen zu deutlichen Lastumlagerungen und beträchtlichen Spannungen im Mauerwerk.

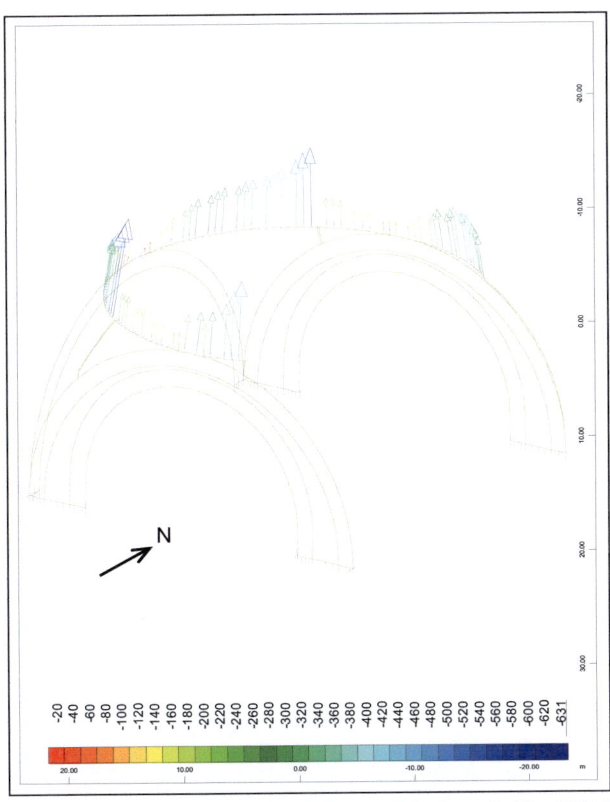

Abb. 10.29: Bauzustand 4: Resultierende Auflagerkräfte *R* [kN]

Die in östliche Richtung orientierten Kippbewegungen der Kuppelsegmente führen in den Randrippen des 10. Jahrhunderts mit R_{15} = 1740 kN und R_{27} = 1519 kN zu einer deutlichen Zunahme der Auflagerkräfte (Abb. 10.29). Zweifellos wirkte sich hierbei das im Zuge der Aufbauarbeiten des 10. Jahrhunderts erfolgte Schließen der Fensteröffnungen positiv zur Aufnahme dieser Mehrlasten aus.

Auch in den östlichen Randrippen der 6.-Jahrhundert-Segmente kommt es mit R_9 = 1243 kN und R_{34} = 1022 kN (R_{35} = 882 kN) zu einem Anwachsen der resultierenden Auflagerkräfte.

Der Zustand der Hauptkuppel nach dem Einsturz des 14. Jahrhunderts muss hinsichtlich ihrer Standsicherheit als äußerst kritisch eingestuft werden. Ohne an dieser Stelle näher darauf einzugehen, ist ein stabiler Gleichgewichtszustand, der sich durch eine Bogenwirkung (in Nord-Süd-Richtung) der verbleibenden Bauteile des 6. Jahrhunderts und dem sich dagegen lehnenden westlichen Kuppelsegment des 10. Jahrhunderts ergeben musste, rechnerisch nicht nachzuweisen.

Aufgrund von Lastumlagerungen in Verbindung mit deutlichen Spannungszunahmen und vor dem Hintergrund eines länger andauernden, von einem Baustopp unterbrochenen Wiederaufbaues ist im Bauzustand 4 von einer deutlichen Rissbildung im Kuppelmauerwerk auszugehen.

Auf eine Darstellung des Tragverhaltens der Unterkonstruktion sei verzichtet, es gilt sinngemäß das für Bauzustand 2 Gesagte.

10.3.3.5 Bauzustand 5: Die heutige Kuppel

Die Aufbauarbeiten des 14. Jahrhunderts unter den Architekten *Astras* und *Peralta* führten zur Vervollständigung der Kuppel und gaben dem primären Tragsystem seine bis heute bestehende, als Bauzustand 5 betrachtete Form und Struktur: ein der ursprünglichen „zweiten“ Kuppel des 6. Jahrhunderts entstammender „Bogen“ in Nord-Süd-Richtung, eingefasst von zwei Kuppelsegmenten des 10. bzw. 14. Jahrhunderts (Abb. 10.30).

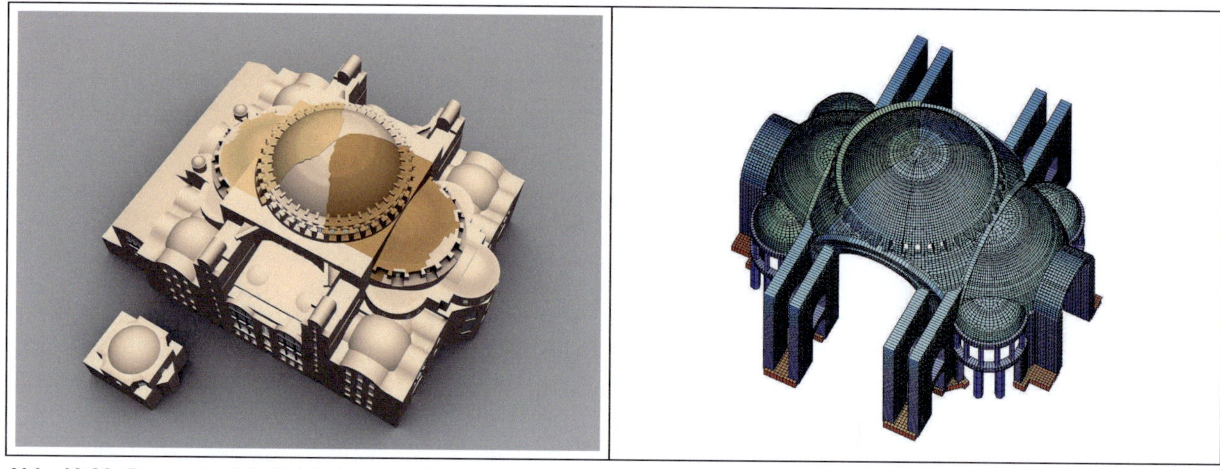

Abb. 10.30: Bauzustand 5: Gebäudegeometrie und vereinfachte FE-Modellierung

- ***Systemverformungen***

  Abbildung 10.31 zeigt die Verformungsfigur des Bauzustandes 5 unter Eigengewichtsbelastung.

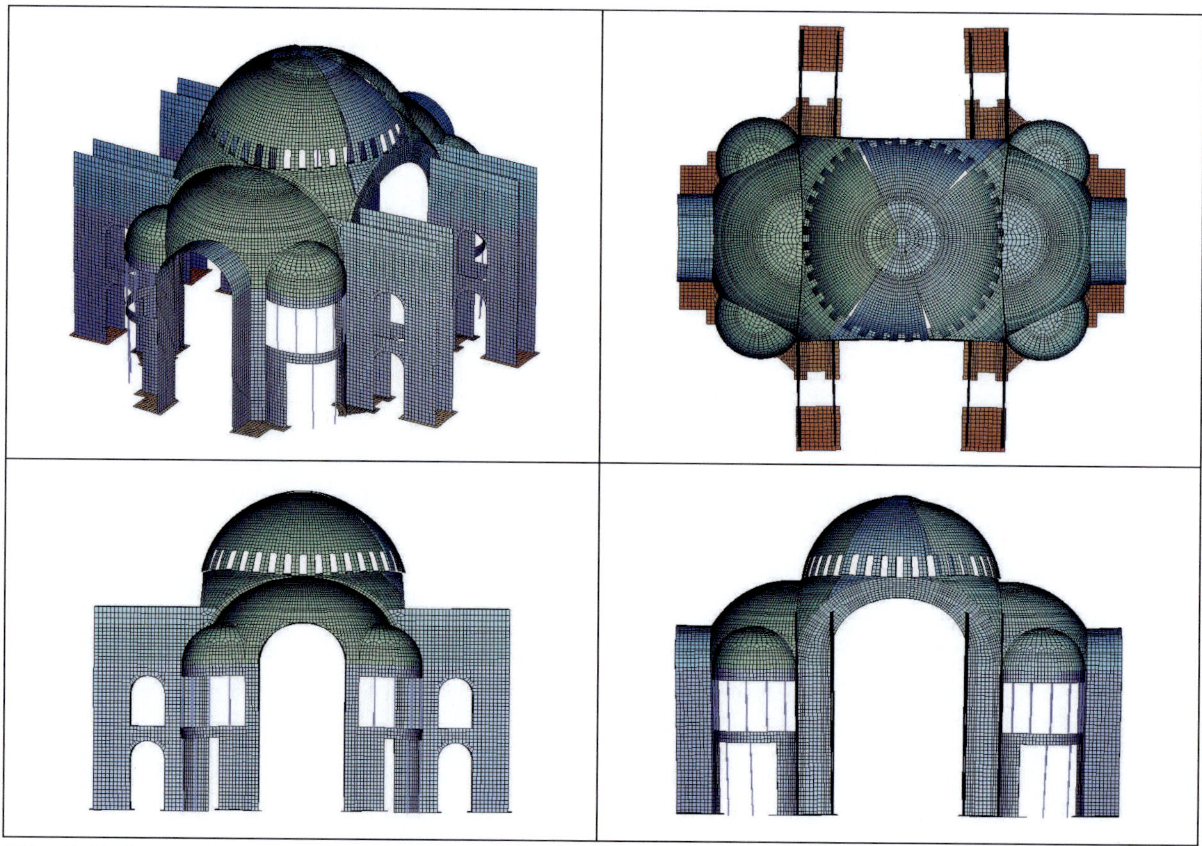

Abb. 10.31: Bauzustand 5: Elastische Verformungsfigur

Durch den Wiederaufbau des östlichen Kuppelsegmentes erfährt das Kuppelfragment des Bauzustandes 4 die erforderliche Ab- und Unterstützung und damit – elastische Verhältnisse vorausgesetzt – eine deutliche Rückverformung und Systemstabilisierung.

Die vier weitestgehend unabhängig wirkenden Segmente lehnen sich im Bereich des Kuppelscheitels gegeneinander und bewirken damit eine gegenseitige Stützung. Wie bereits für den Bauzustand 3 erkannt, führt der Ausschluss von Ringzugkräften zu einem Öffnen der Bruchkanten.

- ***Zum Tragverhalten der Kuppel***

Analog zum Verformungsverhalten sind auch der Lastfluss und das Tragverhalten der Hauptkuppel in ihrer heutigen Form geprägt durch die im Laufe der Jahrhunderte erfolgte Zergliederung in die beschriebenen Segmente.

Anhand der Verteilung der Auflagerkräfte (Abb. 10.32-a) ist ein Lastfluss hin zu den steifen Pendentifs erkennbar, wobei die ursprünglich achssymmetrische Lastverteilung nicht mehr gegeben ist. Maximale Werte stellen sich – als Folge der dickeren Querschnitte der Bauteile des 10. Jahrhunderts – über den westlichen Pendentifs ein, minimale Auflagerkräfte ergeben sich über dem westlichen und östlichen Hauptbogenscheitel. Der Wertebereich bewegt sich zwischen R_{17} = 1148 kN und R_{20} = 230 kN.

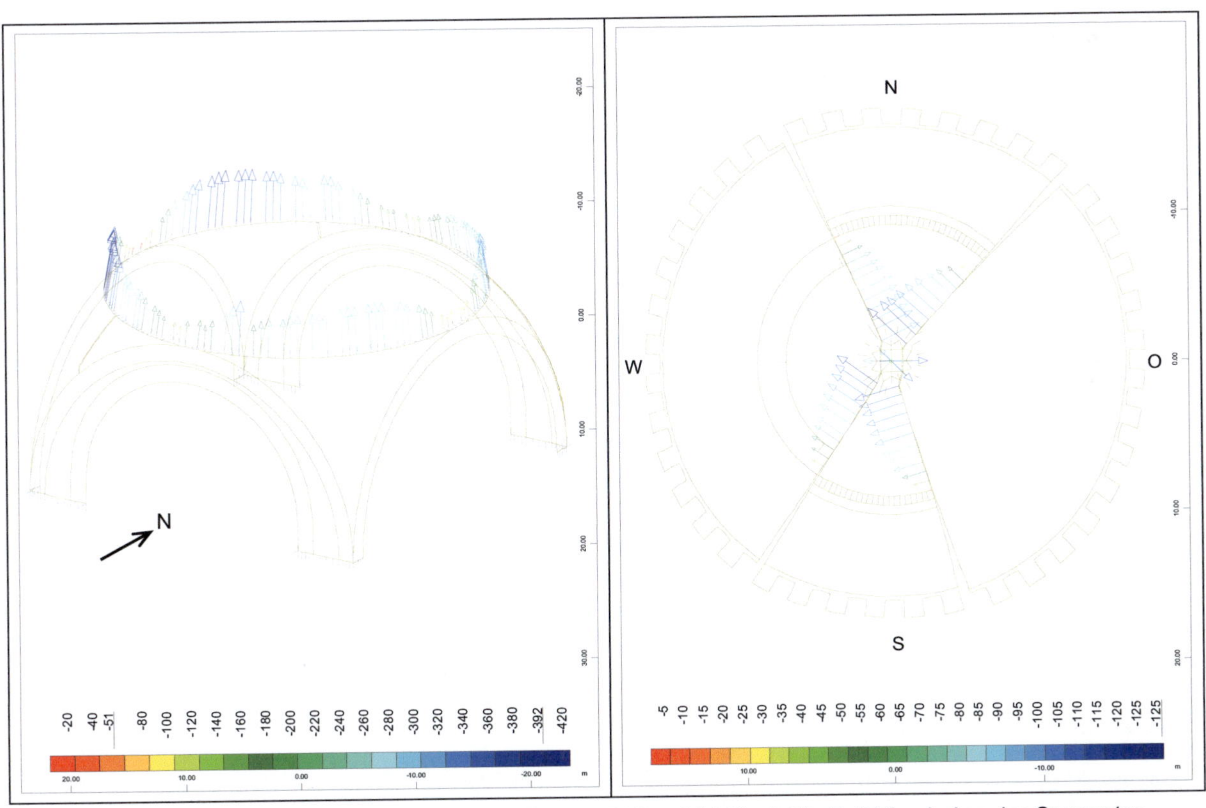

Abb. 10.32: Bauzustand 5: (a) Resultierende Auflagerkräfte R [kN] und (b) Ringkräfte N_ϑ [kN] zwischen den Segmenten

Eine entsprechende Tendenz lässt sich auch in der Verteilung der Meridianspannungen ablesen (Abb. 10.33-a). Als lokaler Spitzenwert ergibt sich – analog zu Bauzustand 3 – σ_φ = 0,68 MN/m² für die Randrippen der Bereiche des 6. Jahrhunderts. Im Allgemeinen wird ein Spannungswert von σ_φ = 0,35 MN/m² jedoch nicht überschritten.

Die in Ringrichtung verlaufenden Koppelkräfte zwischen den Kuppelsegmenten erstrecken sich bis zu einem Öffnungswinkel von $\varphi \sim 27{,}5°\ ...\ 32{,}5°$ (Abb. 10.32-b). Der dadurch definierte „Ringdruckbereich" entspricht demjenigen des Bauzustandes 3 und steht wiederum in enger Übereinstimmung mit den in Abschnitt 10.2.2 aus den Stabilitätsüberlegungen hergeleiteten Verhältnissen.

Die Lastkonzentration auf die steifen Pendentifs bewirkt die für Bauzustand 1 bereits beschriebene Ringzugbelastung über den Scheitel der Hauptbögen (Abb. 10.33-b). Für $\varphi = 63{,}6°$ (oberhalb der Fenster) ergibt sich ein Wert von $\sigma_\vartheta = 0{,}13$ MN/m², was der Größenordnung von Bauzustand 1 entspricht.

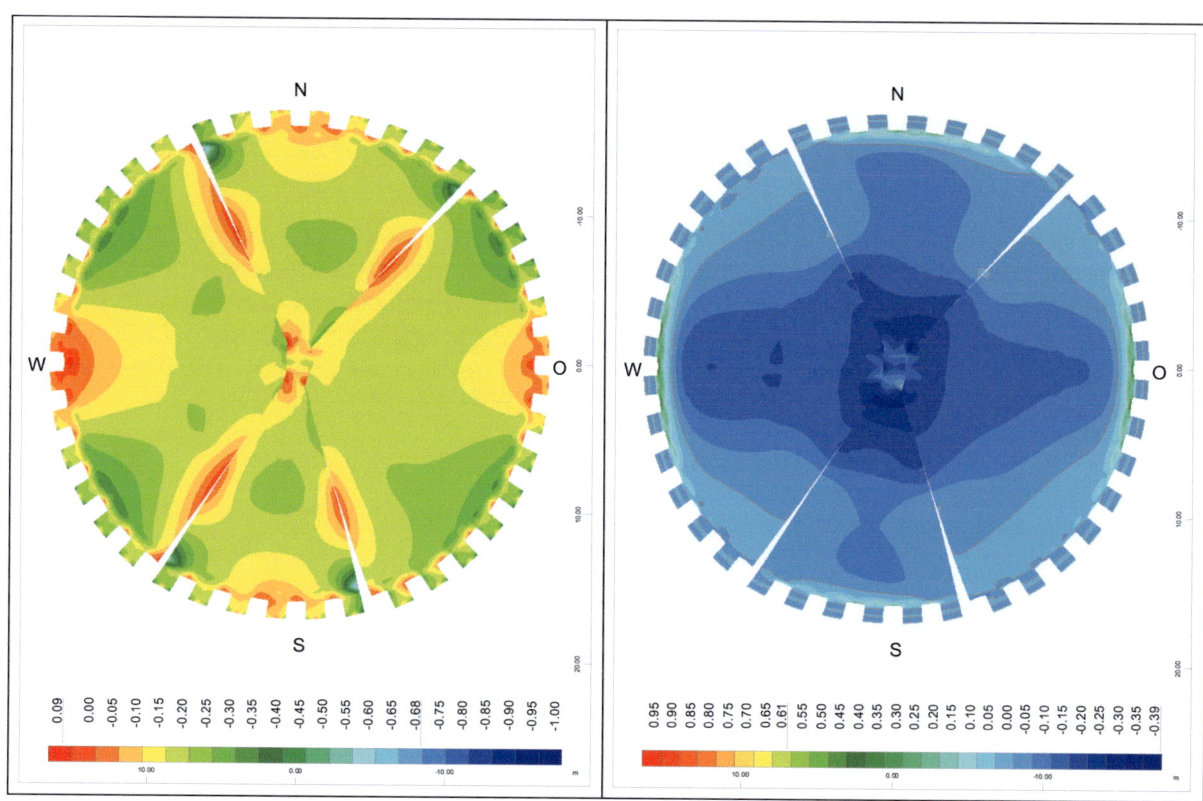

Abb. 10.33: Bauzustand 5: (a) Meridianspannungen σ_φ und (b) Ringspannungen σ_ϑ in Kuppelmittelfläche [N/mm²]

Generell lässt sich in der heute mehrteiligen Kuppel gegenüber der ursprünglichen, homogenen und einteiligen Struktur insbesondere eine in Meridianrichtung wirkende Spannungssteigerung und ein Verlust des rotationssymmetrischen Lastabtrages feststellen. Dennoch liegen die Spannungswerte deutlich unterhalb der ermittelten Werte zur Mauerwerksfestigkeit.

- **Zum *Tragverhalten der Unterkonstruktion***

Das Tragverhalten der Unterkonstruktion zeigt sich geprägt durch den Verlauf der Bruchkante durch die Pendentifs.

Die in Bauphase 3 in Meridianrichtung erkannten erhöhten Zug- und Druckspannungen an Außen- bzw. Innenseiten der westlichen Pendentifs zeigen sich jetzt auch im Bereich der Pendentifs an der Ostseite. Aufgrund der positiven Wirkung der Hinterfüllung wird dies jedoch als unkritisch erachtet.

Hinsichtlich der Hauptbögen und Hauptpfeiler lässt sich auf die Darlegungen des Bauzustandes 1 verweisen: Die Scheitel der Hauptbögen auf der West- und Ostseite sind als hochbelastete und damit empfindliche Bereiche einzustufen, die Spannungen in den Hauptpfeilern befinden sich dagegen auf niedrigem Niveau.

10.4 Validierung der Berechnung anhand von Beobachtungen am Bauwerk

Eine Validierung der Berechnungen, sprich die Beurteilung ihres Vermögens, den tatsächlichen Spannungs- bzw. Verformungszustand mit einem gewissen Maß an Genauigkeit wiederzugeben, gestaltet sich oftmals schwierig und ist im Allgemeinen nur durch eine vergleichende Gegenüberstellung vorhandener Verformungen bzw. Schäden mit den Berechnungsergebnissen möglich.

Deshalb werden, unter Zuhilfenahme der durchgeführten Bau- und Schadensaufnahme nachfolgend Plausibilitätskontrollen durchgeführt, d.h. es wird beurteilt, inwieweit die am Gebäude angetroffenen Schäden und Verformungen in Übereinstimmung mit den Berechnungsergebnissen stehen bzw. ob die als gefährdet eingestuften Bereiche auch die entsprechenden Anzeichen übermäßiger Belastung aufweisen.

10.4.1 Ringzugbelastung in der Kuppel und in den Pendentifs

Sowohl die am Teilsystem Kuppel als auch die am Gesamtsystem vorgenommenen Berechnungen ergeben eine Ringzugbelastung im Mauerwerk der Hauptkuppel, welche oberhalb der Fensteröffnungen ihren maximalen Wert annimmt.

An nahezu allen Fenstergewölben zeichnen sich deutliche Risse ab. Zumeist horizontal im Kämpfer- oder Scheitelbereich des Gewölbes beginnend, finden sie an der Kuppelinnenseite diagonal nach oben in Richtung der Kuppelrippen ihren Fortsatz (Abb. 10.34-a). Das in unterschiedlicher Ausprägung, jedoch über den gesamten Kuppelumfang wiederkehrende, auch durch eine historische Rissaufnahme dokumentierte Schadensbild (Abb. 10.34-b) weist auf die herrschende Ringzugbelastung hin, welche durch das Ziegelmauerwerk nicht aufzunehmen ist[50]. Reparaturstellen aus der Vergangenheit, aber auch aktuell durchgeführte Sanierungen verdeutlichen, dass die Beanspruchung auch nach der Restaurierungsphase der Gebrüder *Fossati* nicht abgeklungen ist.

Abb. 10.34: (a) Sanierte horizontale Risse im Kämpfer- und Scheitelbereich des Fenstergewölbes bei Rippe 19 (b) Historische Rissaufnahme (um 1894)

[50] Dass das Schadensbild auf eine klaffende Fuge infolge einer im Fensterpfeiler weit außen liegenden Druckresultierenden hindeutet, wird durch die durchgeführten Berechnungen (vgl. Abb. 10.6, 10.7 und 10.8) nicht wiedergegeben und daher als unwahrscheinlich erachtet.

Die oftmals geäußerte Vermutung [u. a. 75], dass eine vertikale Rissbildung durch die Fensteröffnungen ersetzt und oberhalb dieser keine Ringzugbelastungen herrschen würden, ist anhand der durchgeführten Berechnungen und dem angetroffenen Schadensbild nicht zu bestätigen. Wie anhand der Stützlinienbetrachtung an der gerissenen Kuppel gezeigt werden konnte, ist ein negativer Einfluss auf die Kuppeltragfähigkeit aus diesem, für Mauerwerkskuppeln „typischen" Schadensbild nicht zu erwarten.

Auch eine an der Innenseite der Pendentifs rechnerisch ermittelte Ringzugbelastung findet vor Ort ihre Bestätigung: Im Rahmen der Erkundung des Südwest-Pendentifs konnten, abgesehen von der Bruchkante, deutliche, in vertikaler Richtung verlaufende Risse erkannt werden (vgl. Abb. 5.5), welche auf eine bereits vor dem ersten Teileinsturz herrschende Ringzugbelastung hindeuten.

10.4.2 Deformation der Hauptbögen und Bewertung der Scheitelbereiche

Anhand der errechneten Verformungsfigur ergibt sich eine ins Gebäudeinnere gerichtete horizontale Verformung des westlichen und östlichen Hauptbogens.

Dass diese rechnerisch ermittelten Verformungen den tatsächlichen Gegebenheiten entsprechen, wurde bereits durch Van Nice [112] und Mainstone [67] (vgl. Abschnitt 9.1) dokumentiert und zeichnet sich am Gebäude deutlich ab (Abb. 10.35). An der Innenseite der Hauptbögen zeigt sich keine, aus dem Maß der vorhandenen Deformation zu erwartende Rissbildung. Es kann daher zunächst gefolgert werden, dass die Verformungen spätestens bis zur letzten großen Restaurierungsphase der Gebrüder *Fossati* abgeklungen waren. Als wahrscheinlich zu erachten ist, dass sich der überwiegende Anteil der Auslenkungen als Konsequenz aus dem Bauablauf bereits zu dem Zeitpunkt ergab, als Hauptbogen und Halbkuppel wieder erstellt, die Hauptkuppel aber noch nicht wieder geschlossen war. Die Halbkuppel lehnte sich gegen den in horizontaler Richtung noch ungestützten Hauptbogen und bog ihn aus.

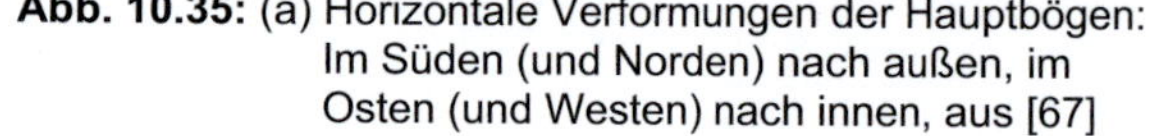

Abb. 10.35: (a) Horizontale Verformungen der Hauptbögen: Im Süden (und Norden) nach außen, im Osten (und Westen) nach innen, aus [67]
(b) Verformung des östlichen Hauptbogens

Die Scheitel der Hauptbögen (Abb. 10.36) erweisen sich – als übereinstimmende Erkenntnis der eigenen und vorausgegangenen Berechnungen – als besonders schwache bzw. hochbeanspruchte Zonen. Die optische Erkundung ergab, dass geringfügige Putzrisse auf leichte Bewegungen der Bögen – die durch die dynamischen Messungen auch belegt wurden – hinweisen. Anzeichen, welche auf eine deutlichen Überlastung dieser Bereiche oder gar die Notwendigkeit eines sichernden Eingreifens hindeuten, konnten nicht erkannt werden.

Mit Blick auf die Messungen von ERDIK et. al [13, 19, 25, 26] und die daraus ermittelte niedrigste Eigenfrequenz in West-Ost-Richtung (vgl. Abb. 9.8) erfolgt ergänzend eine Beurteilung der Fuge zwischen den westlichen und östlichen Hauptbögen und den daran anschließenden Halbkuppeln.

Zur oftmals diskutierten Frage der Beschaffenheit dieser Fuge – verzahnt oder stumpf – konnte die optische Beobachtung keine hinreichenden Erkenntnisse beisteuern: Es wurden weder gesicherte Hinweise auf einen Mauerwerksverband erkannt, noch deuten Schäden oder klaffende Fugen auf ein ruckartiges Ablösen bzw. Aneinanderstoßen der beiden Bauteile hin.

Abb. 10.36: (a) Scheitelbereich des westlichen Hauptbogens (b) Scheitelbereich des östlichen Hauptbogens

Zu den Hauptbogenscheiteln auf der Nord- und Südseite sei angemerkt, dass diese laut Berechnung aufgrund der horizontalen Nachgiebigkeit der Hauptpfeiler erhebliche Spannungen aufweisen, jedoch eine – rechnerisch nicht berücksichtigte – vertikale Unterstützung durch die Schildwände erfahren. Diesen käme in diesem Fall nicht nur raumabschließende, sondern auch tragende Funktion zu. Das nachträgliche Schließen verschiedener Fensteröffnungen in den Schildwänden kann als Indiz für gleichartige Absichten gewertet werden.

10.4.3 Deformation der Hauptpfeiler

Entsprechend ihrer richtungsabhängigen Steifigkeiten ließen sich an den Hauptpfeilern horizontale Ausbiegungen und Verformungen in Nord-Süd- und West-Ost-Richtung errechnen sowie eine Torsion ihrer Querschnitte nachweisen.

Im Bauwerk ist eine erhebliche Lotabweichung der Hauptpfeiler in Nord-Süd-Richtung unschwer abzulesen, der optische Eindruck wird hierbei durch eine starke Deformation der die Haupt- und Strebepfeiler verbindenden Gewölbe verstärkt (Abb. 10.37-b). Die Verformungen der Hauptpfeiler bzw. des anschließenden sekundären Tragsystems in West-Ost-Richtung zeichnet sich im Gebäudeinnern ebenfalls deutlich ab und tritt insbesondere durch erhebliche Schiefstellungen verschiedener Marmorstützen (Abb. 10.37-a) zutage. Einige dieser „Schönheitsfehler“ wurden im Rahmen vergangener Sanierungsmaßnahmen korrigiert, indem verschiedentlich Marmorstützen gerade gerückt wurden [46, 76].

Das Maß der rechnerisch ermittelten elastischen Pfeilerverformung gibt die Größenordnung der tatsächlichen Lotabweichung bei weitem nicht wieder und bestätigt damit, dass der überwiegende Anteil der horizontalen Verformungen auf das plastische Kriechverhalten des jungen Mörtels zurückzuführen sein muss. Folglich scheint auch die Antwort auf die Frage, warum sich die tatsächliche Pfeilerverformung in Nord-Süd-Richtung – und damit in die steifere Pfeilerrichtung – ausgeprägter darstellt als in die schwächere West-Ost-Richtung, in einer unterschiedlichen Horizontalbelastung der noch nicht vollständig ausgehärteten Pfeiler zu suchen sein: Die Verformungsdifferenzen könnten sich entweder auf eine frühere Fertigstellung der Bögen auf der West- und Ostseite zurückführen lassen oder aber die tragende Funktion der Schildwände auf der Nord- und Südseite bestätigen.

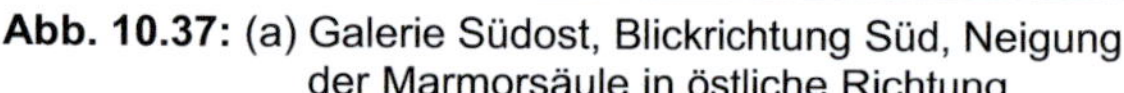

Abb. 10.37: (a) Galerie Südost, Blickrichtung Süd, Neigung der Marmorsäule in östliche Richtung (b) Galerie Nordost, Blickrichtung West, Verformung der Hauptpfeiler in nördliche Richtung

Hinsichtlich der rechnerisch ermittelten Torsion der Haupt- bzw. Treppenhauspfeiler und dem Vergleich mit den tatsächlichen Verhältnissen sei auf die Bauaufnahme von VAN NICE [113] verwiesen. Der oberhalb der Halbkuppeln geführte Horizontalschnitt (Abb. 10.38-a) weist eine erhebliche Torsion der Hauptpfeiler in Verbindung mit einer deutlichen Verdrehung der Treppenhäuser auf und bestätigt, dass die Berechnung die tatsächlichen Gegebenheiten widerspiegelt.

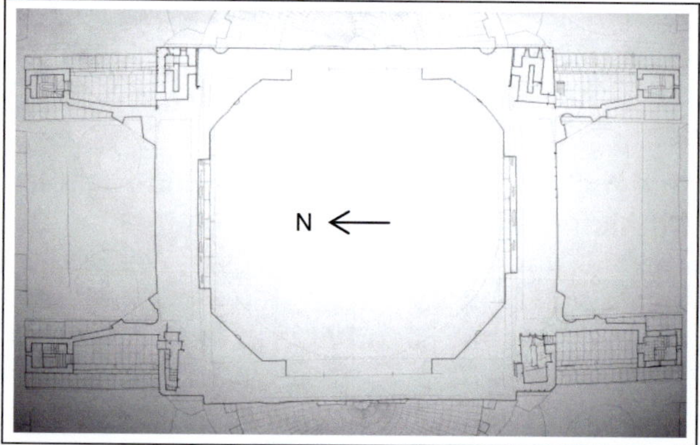

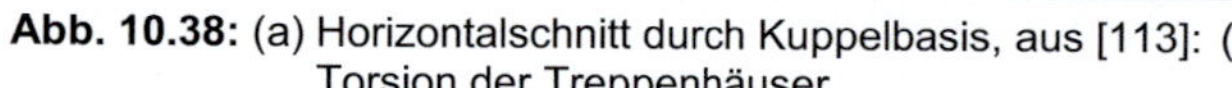

Abb. 10.38: (a) Horizontalschnitt durch Kuppelbasis, aus [113]: Torsion der Treppenhäuser (b) Nordseite des südwestlichen Hauptpfeilers in Grundebene: Geschädigte Marmorplatten

Ergänzend sei noch eine deutliche Schädigung bzw. Ablösung der Marmorplatten am südwestlichen Hauptpfeiler erwähnt (Abb. 10.38-b). Dass dieses Schadensbild in unmittelbarem Zusammenhang mit der differierenden dynamischen Charakteristik dieses Pfeilers steht (vgl. Abschnitt 9.4.2.3) und damit auf Schwachzonen innerhalb der Mauerwerksstruktur hindeutet, ist denkbar, konnte mit letztendlicher Sicherheit jedoch nicht geklärt werden.

10.5 Zusammenfassung der Erkenntnisse zum Tragverhalten

Als Resultat des vorangegangenen Abschnitts ist festzustellen, dass die am vereinfachten Gesamtsystem durchgeführten Berechnungen den tatsächlichen Verformungszustand qualitativ gut wiedergeben und auch quantitativ hinsichtlich des errechneten Lastflusses und der Spannungszustände von einer guten Annäherung an die tatsächlichen Verhältnisse ausgegangen werden kann.

Damit stehen Berechnungen zur Verfügung, welche erstmals auf der Grundlage tatsächlicher Geometrien, Materialeigenschaften und unter Berücksichtigung der Teileinstürze und Wiederaufbauten das Tragverhalten der Hagia Sophia unter statischer Belastung beschreiben und nicht nur für sich von Bedeutung sind, sondern auch Basis und erster Schritt der an diese Arbeit anschließenden Untersuchung des Bauwerksverhaltens unter dynamischen Belastungen darstellen.

Verbunden mit einer Aussage hinsichtlich ihrer Relevanz lassen sich die maßgeblichen Erkenntnisse folgendermaßen zusammenfassen:

- In der Hauptkuppel stellt sich ein zu den Pendentifs gerichteter Lastfluss ein. Die aus Eigengewicht resultierenden Meridianspannungen befinden sich auf einem für das Mauerwerk geringem Niveau und unterschreiten – als Folge der Betrachtung der tatsächlichen Kuppelquerschnitte – die Werte von früheren Berechnungen. Einzig nach den Teileinstürzen im 10. und insbesondere 14. Jahrhundert kam es zu temporären Bauzuständen, welche aufgrund lokaler Spannungszunahmen als kritische Grenzzustände einzustufen sind.
- Die Beschaffenheit der Bruchkanten zwischen den Bauteilen der verschiedenen Bauphasen bewirkt, dass sich das Tragverhalten der heute mehrteiligen Kuppel aus einer Bogenwirkung der vier Kuppelsegmente ergibt, welche sich lediglich im Bereich des Kuppelscheitels gegeneinanderlehnen. Trotz des Verlustes einer geschlossenen Schalenwirkung und des Ausschlusses von Ringzugkräften konnte eine ausreichende Sicherheit gegen ein Stabilitätsversagen der – als verformte Struktur betrachteten – Kuppel nachgewiesen werden.
- Die Erkenntnisse der vorgenannten Punkte zusammenfassend ist festzuhalten, dass sowohl die Ursache vergangener Kuppeleinstürze als auch eine aktuelle Gefährdung der Kuppel einzig in einem Nachgeben oder Versagen ihrer, insbesondere im Falle dynamischer Erdbebenlasten eine hohe Beanspruchung aufweisende Unterkonstruktion zu suchen ist.
- In der durch Pendentifs und Hauptbögen gebildeten Unterkonstruktion konnten die Scheitel der Hauptbögen als besonders schwache bzw. hochbeanspruchte Stellen ausgewiesen und insoweit die Einschätzung von Vergleichsrechnungen bestätigt werden.

  Das in den Hauptbogenscheiteln tatsächlich herrschende Niveau der Spannungen und deren Verteilung über den Querschnitt ist in starkem Maße von den horizontalen Nachgiebigkeiten der Hauptpfeiler abhängig und daher einer gewissen Bandbreite unterworfen. Hinweise auf eine Überlastung konnten jedoch weder an den unmittelbar an die Halbkuppeln angrenzenden Hauptbögen an der West- und Ostseite noch an den durch die Schildwände Unterstützung erfahrenden Bögen an der Nord- und Südseite erkannt werden.
- Die Deformationen und Lotabweichungen der Hauptpfeiler lassen sich anhand der Berechnungen in qualitativer Form erklären. Die Größenordnung der tatsächlichen Verformungen bestätigt jedoch eindeutig, dass der überwiegende Anteil auf plastische Kriechverformungen des jungen Mörtels zurückzuführen ist und damit zu einem sehr frühen Zeitpunkt, vermutlich schon während der allerersten Bauphase, erfolgte.

- Das Spannungsniveau im Natursteinmauerwerk der Hauptpfeiler erweist sich als gering. Die Bodenpressungen erscheinen – unter der Voraussetzung einer einheitlichen Gründung aller Tragglieder auf gewachsenem Grund – als unkritisch.

Als Erkenntnis der durchgeführten Studien ist festzustellen, dass die heute existierende Gebäudestruktur im statischen Fall nicht der Gefahr eines Versagens ausgesetzt ist. Auch wird anhand der erkannten (oder nichterkannten) Schäden eine Gefährdung durch leichte Beben, von welchen die Hagia Sophia auch in jüngerer Vergangenheit ereilt wurden, als gering eingestuft.

Das Gefährdungspotential für die Hagia Sophia im Falle eines starken Erdbebens kann an dieser Stelle nur qualitativ diskutiert werden. Hierzu sei zunächst nochmals ein Blick auf die vergangenen Einstürze, deren Auslöser und die zu vermutenden Versagensmechanismen geworfen.

- Zweifellos ist der Einsturz der „ersten" Kuppel im Jahre 558 einerseits auf ihre flachere Form, maßgeblich jedoch auf das Kriechen des jungen Mörtels und dem damit verbundenen, erheblichen horizontalen Ausweichen der Hauptpfeiler zurückzuführen. Die Tragfähigkeit der Hauptbögen dürfte durch die Nachgiebigkeit ihrer Auflager beträchtlich reduziert gewesen sein.
- Bei den Teileinstürzen der Jahre 989 und 1346 ist davon auszugehen, dass der überwiegende Teil des plastischen Kriechens des Mörtels abgeklungen war und diesem, wenn überhaupt, als Versagensursache nur untergeordnete Bedeutung zukam. Als maßgebliche Ursache sind hier die Erdbebenerschütterungen zu sehen, welche zu einem Versagen der bereits unter Eigengewicht erheblich beanspruchten Hauptbogenscheitel an der West- und Ostseite und zum Einsturz der angrenzenden Bereiche von Haupt- und Nebenkuppel führten.

Der Blick in die Geschichte zeigt, dass ein befürchtetes starkes Erdbeben für die Hagia Sophia ein nicht zu unterschätzendes Risiko birgt. Andererseits zeugen nunmehr 662 Jahre mit ihren Erdbebenerschütterungen und ohne nennenswerte Schäden von Standsicherheit und bestätigen den optischen Eindruck, dass sich die heutige Hagia Sophia mit all ihren Verstärkungen widerstandsfähiger erweist als zu Zeiten ihrer Erbauung (vgl. Abb. 1.2). Auch die optische Kontrolle hochbelasteter Bereiche ergibt keine Hinweise auf Überlastungen oder das Baugefüge bedrohende Schäden.

10.6 Ausblick auf ein detailliertes numerisches Modell für dynamische Analysen

Die dargelegten, gewissen Idealisierungen und vereinfachenden Annahmen folgenden Berechnungen können als gute Annäherung an die tatsächlichen Verhältnisse unter statischer Belastung verstanden werden. Eine quantitativ verlässliche Aussage zum dynamischen Verhalten des Gebäudes mit all seinen Anbauten erfordert dagegen weiteres Vorgehen.

Im Rahmen des von der DFG geförderten Fortsetzungsprojektes *„Die Erdbebengefährdung der Hagia Sophia in Istanbul – Verifizierung und Validierung numerischer Rechenmodelle für dynamische Beanspruchungen"* sollen nach Erstellung eines mit hohem Detaillierungsgrad ausgestatteten numerischen Modells, die Ergebnisse der statischen Berechnungen überprüft werden[51] und eine schwingungstechnische Analyse der Hagia Sophia erfolgen.

In diesem verformungstreuen Modell des gesamten Bauwerks werden die erarbeiteten baugeschichtlichen Fakten sowie die geometrischen, strukturellen und baukonstruktiven Erkenntnisse vereint, alle in Tabelle 8.1 aufgeführten Parameter erfasst und damit eine Beurteilung des Tragverhaltens und der Standsicherheit im Falle eines Erdbeben ermöglicht.

Als wissenschaftliche Zielstellung gilt hierbei auch der methodisch gesicherte Aufbau des numerischen Modells. Die angestrebte maximale Prognosequalität lässt sich dadurch erreichen, dass in den hierfür notwendigen Verifikations- und Validierungsprozess sämtliche, gegenüber allen vorherigen Untersuchungen deutlich verbesserten Gebäudedaten sowie dem Stand der Forschung entsprechende Elementformulierungen, Materialmodelle und Diskretisierungsmöglichkeiten einfließen.

Durchführung und Ergebnisse dieser Untersuchungen sind nicht Thema dieser Arbeit. Die vorbereitenden Projektschritte dieser in institutsübergreifender Zusammenarbeit mit dem *Institut für Mechanik der Universität Karlsruhe (TH)* durchgeführten Forschungsarbeit seien im Folgenden jedoch dargelegt und ausblickend die weitere Vorgehensweise erläutert.

10.6.1 Die CAD-Visualisierung als geometrische Grundlage

Geometrische Grundlage der Modellbildung bildet ein mit dem CAD-Programm *Nemetschek Allplan* (Version 2006) erstelltes dreidimensionales Gebäudemodell (Abb. 10.39). Dieses basiert auf den Bauaufnahmeplänen nach VAN NICE [113], den photogrammetrischen Kuppelvermessungen durch SATO/HIDAKA [98, 99] sowie den durch eigene Messungen gewonnenen Gebäudedaten – und vereint damit erstmals alle derzeit verfügbaren Informationen zu den Bauwerksabmessungen.

Die maßstabsgetreue Modellierung der gesamten Anlage berücksichtigt neben den Haupttraggliedern auch alle darüber hinausgehenden baukonstruktiven Elemente wie Kreuzgewölbe, Säulen, Brüstungen etc. und bildet damit ein wirklichkeitsnahes, mit einer bisher noch nie erreichten Genauigkeit und enormem Detaillierungsgrad ausgestattetes Abbild der tatsächlich gebauten Situation.

Eine realistische Darstellung wurde erreicht, indem viele Innen- und Außenbauteile detailliert nachgebildet, Fensteröffnungen mit Rahmen und Glasflächen geschlossen, Säulen mit Kapitellen und Verzierungen bekleidet, Kerzenleuchter modelliert, Geländer angebracht sowie Türrahmen und Türblätter dem Original nachempfunden wurden (Abb. 10.40).

[51] Dieses neue Modell soll auch benutzt werden, um über hier in dieser Arbeit nicht hinreichend beantwortbare Detailfragen Auskunft zu geben.

Abb. 10.39: Visualisierung der Gesamtanlage

Die fotorealistische Weiterbearbeitung des vollständigen Gebäudemodells erfolgte schließlich mit dem 3D-Grafikprogramm *Cinema4D*, welches insbesondere für Animation und Rendering im High-End-Bereich eingesetzt wird. Die Simulierung von künstlichem und natürlichem Licht und das Zuweisen von Struktur und Farbe lassen die Bauteiloberflächen in einem realistischen Bild erscheinen.

Abb. 10.40: (a) Blick von der Galerie in den Innenraum (b) Blick in das Kirchenschiff Richtung Osten

10.6.2 Diskretisierung, Validierung und Prozesssimulation

Der weiterführende Projektschritt bildet die Vernetzung der gesamten Gebäudegeometrie und deren Aufbereitung zur Übergabe in ein Finite-Elemente-Programm. Entsprechend den spezifischen Fragestellungen und maßgeblichen Einflussparametern ist dieser Arbeitsschritt in unterschiedlichen Varianten und unter Einsatz verschiedener Elementformen (3D-Kontinua- und Strukturelemente) vorgesehen. Eine gegenüber bisherigen Modellen deutliche Steigerung der Prognosequalität wird hierbei durch eine realitätsnahe geometrische Abbildung – z. B. der verformten Kuppelgeometrie – bei entsprechend hohem Diskretisierungsgrad erreicht. Abbildung 10.41 zeigt als Arbeitsmodelle erste Schritte der verformungstreuen Vernetzung der Kuppel und des primären und sekundären Tragsystems.

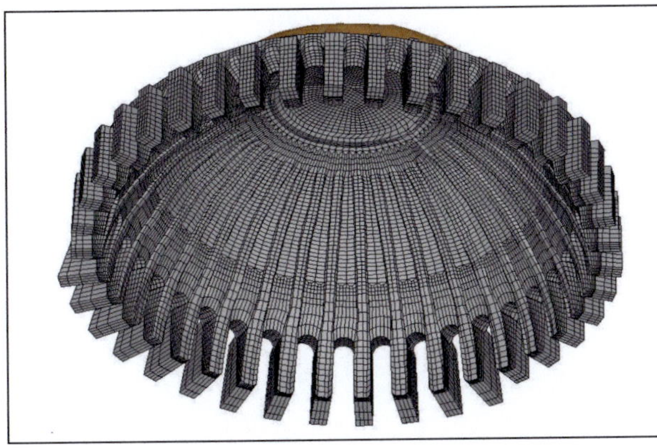

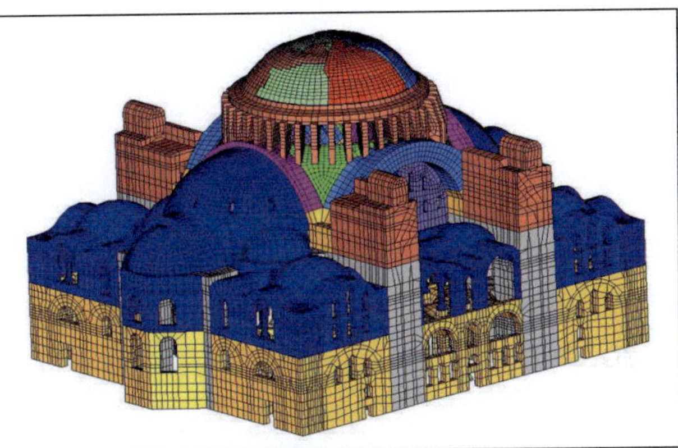

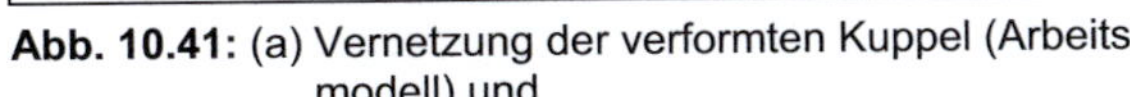

Abb. 10.41: (a) Vernetzung der verformten Kuppel (Arbeitsmodell) und (b) Primäres und sekundäres Tragsystem (Arbeitsmodell) [Quelle: *Institut für Mechanik, Universität Karlsruhe (TH)*]

Hinsichtlich einer späteren fundierten Einschätzung unter statischer und dynamischer Belastung wird bei der Wahl des geeigneten numerischen Lösungsinstruments insbesondere auf Effizienz und Robustheit der genutzten Elemente geachtet und durch entsprechende Verifizierungen eine maximale Abbildungsqualität des numerischen Modells angestrebt. Ausgehend von elastischem Materialverhalten werden Berechnungen mit anisotrop elastischem Materialverhalten bzw. einer erweiterten Materialbeschreibung mit Plastizität und Schädigung erfolgen.

Die Validierung der numerischen Modelle, d. h. die Erkundung und Prüfung, ob die realen physikalischen Vorgänge und Beobachtungen durch das Rechenmodell in ausreichender Qualität wiedergegeben werden, ist der im Rahmen der Modellerstellung abschließende, für die spätere Aussagekraft von Prozesssimulationen jedoch mitentscheidende Arbeitsschritt. Ausgangspunkt bildet hierbei eine statische Analyse, in deren Rahmen die Vorbelastung der Struktur, d. h. der infolge Gravitationskraft in der heutigen verformten Struktur herrschende Spannungszustand, erzeugt und mit den am Bauwerk herrschenden Verformungen in Deckung gebracht wird. Hierauf aufbauend erfolgt eine Validierung anhand realistischer, im Rahmen des türkisch-amerikanischen Forschungsprojektes erlangter dynamischer Kennwerte des Gebäudes. Ausgehend von den Schwingungsanalysen unter Einwirkung moderater dynamischer Belastungen und der Validierung anhand Eigenfrequenzen sollen in einem weiteren Schritt die Erschütterungen tatsächlich aufgezeichneter Erdbebenereignisse mit den errechneten Daten in Einklang gebracht werden.

Das derart validierte Modell wird Grundlage umfassender dynamischer Untersuchungen bilden, in welchen die Einflüsse eines synthetisch erzeugten starken Bebens mit hinreichender Genauigkeit erfasst und analysiert werden. Hierbei sollen nicht nur die Hintergründe der Standsicherheit beleuchtet und eine Aussage zur Erdbebengefährdung der Hagia Sophia getätigt, sondern auch die Frage nach etwaigen Verstärkungsmaßnahmen mit einer der historischen Bedeutung des Gebäudes gerecht werdenden Zuverlässigkeit beantwortet werden.

11 Zusammenfassung und Ausblick

Die Hagia Sophia in Istanbul, eines der bau- und kulturgeschichtlich wichtigsten und ingenieurmäßig bemerkenswertesten Bauwerke der letzten 1500 Jahre, war im Rahmen des DFG-Projektes *„Ingenieurwissenschaftliche Untersuchungen an der Hauptkuppel und den Hauptpfeilern der Hagia Sophia in Istanbul“* Gegenstand umfänglicher Forschungen, erst zum Konstruktionsgefüge, dann zum Tragverhalten.

Mit einer intensiven Erkundung des Konstruktionsgefüges wurde zunächst der Blick in die *Vergangenheit* des Gebäudes gerichtet, wie es sich über die Jahrhunderte und mehrere Teileinstürze hinweg bis zum heutigen Tag entwickelt hat. Die deutlich erweiterte Kenntnis des Gebäudebestandes ermöglichte dann, das Tragverhalten und die *gegenwärtige* Standsicherheit des Bauwerks unter statischer Last zuverlässig zu beurteilen, und sie trägt dazu bei, die Gefährdung durch ein *künftiges* Erdbeben besser einschätzen zu können.

- *Die Vergangenheit – Erkundung des Konstruktionsgefüges*

  Die Erkundung des sensiblen Baugefüges verlangte ein äußerst behutsames Vorgehen und erfolgte ausschließlich unter Einsatz von zerstörungsfrei arbeitenden, geophysikalischen Untersuchungsmethoden. Diese erbrachte umfassende Kenntnisse zum heutigen Bestand und inneren Zustand der aus Ziegeln gemauerten Pendentifkuppel und der aus Naturstein errichteten vier Hauptpfeiler.

  Neben der präzisen Bestimmung der Bauteilgeometrien, einer Ermittlung von Gefüge- und Materialeigenschaften sowie des Feuchtegehalts ließen sich auch die spezifischen geometrischen und strukturellen Eigenarten der verschiedenen Konstruktionsphasen erkennen und differenzieren. Damit standen erstmals Kenntnisse zur Verfügung, welche nicht nur eine bessere technische Beurteilung des überlieferten Konstruktionsgefüges möglich machten, sondern auch zu neuen Einsichten in die Bauwerksgeschichte und Baugeschichte verhalfen.

- *Die Gegenwart – Beurteilung des Tragverhaltens*

  Mit den neuen Kenntnisse und Daten, sowohl zur Konstruktion als auch zu ihrer Geschichte, ist eine entscheidend neue Ausgangslage für eine realitätsnahe Bestimmung des Lastflusses und eine Beurteilung des Tragverhaltens der heutigen Gebäudestruktur gegeben. Gegenüber den stark vereinfachten Annahmen bisheriger Analysen ließen sich nun differenziertere Randbedingungen definieren und zutreffendere Berechnungsansätze formulieren. Erstmals konnten auch die am Bauwerk festgestellten geometrischen und materiellen Irregularitäten und Diskontinuitäten, der Zeitversatz der Teileinstürze und Wiederaufbauten und die ermittelten Materialkennwerte Berücksichtigung finden.

  Die durchgeführten Studien und *statischen* Analysen geben die tatsächlichen, am Baugefüge ablesbaren Deformationen gut wieder. Damit ließen sich auch hinsichtlich des Lastflusses, den Spannungszuständen und dem Stabilitätsverhalten zuverlässige Aussagen treffen. Hierbei zeigte sich, dass die Ursachen der – letztendlich durch Erdbeben ausgelösten – Teileinstürze bereits bei Betrachtung des Gebäudes unter Eigengewichtsbelastung erkennbar sind. Statisch ruhende Lasten stellen jedoch für das Bauwerk keine Gefährdung dar.

- *Die Zukunft – Erdbebengefährdung der Hagia Sophia*

  Die Wahrscheinlichkeit eines starken, die Region um das Marmarameer in nicht allzu ferner Zukunft ereilenden Erdbebens wird von ausgewiesenen Erdbebenforschern als sehr hoch angegeben.

Eine Untersuchung, inwieweit ein derartiges Beben die Standsicherheit der Hagia Sophia tatsächlich zu beeinträchtigen vermag, wird im Rahmen des derzeit noch in Bearbeitung befindlichen Anschlussprojektes *„Die Erdbebengefährdung der Hagia Sophia in Istanbul – Verifizierung und Validierung numerischer Rechenmodelle für dynamische Beanspruchungen“* vorgenommen. Den zugehörigen *dynamischen* Analysen werden alle im Rahmen der vorliegenden Forschungsarbeit erlangten Erkenntnisse zur geometrischen und materialtechnischen Gebäudestruktur sowie detaillierte numerische Berechnungsmodelle zugrunde gelegt. Damit kann der Frage, wie groß die Erdbebengefährdung ist, mit einer der kultur- und baugeschichtlichen Bedeutung des Gebäudes angemessen Rechnung tragenden Zuverlässigkeit nachgegangen werden.

Ausgehend von der Analyse, warum das Haupttraggefüge seit nunmehr 650 Jahren weitgehend schadensfrei geblieben ist, und basierend auf den Ergebnissen des genannten Folgeprojektes lässt sich dann beurteilen, ob die errechnete Standsicherheit unter dynamischer Last, genau wie diejenige unter statischer Last, das Erhalten und Bewahren der Integrität und Identität des Bauwerks unverändert erlaubt, oder ob, und wenn ja, welche behutsamen Verstärkungsmaßnahmen in Teilbereichen nötig erscheinen.

12 Summary and Outlook

The Hagia Sophia in Istanbul, which is one of the most important and remarkable buildings of the past 1,500 years from the point of view of architectural and cultural history as well as from a civil-engineering perspective, has been the object of extensive research – first, regarding its structure and then, its structural behavior as the subject of the DFG Project "*Engineering Studies of the Main Dome and Main Pillars of the Hagia Sophia in Istanbul*".

A thorough examination of the structural characteristics was performed directing the project's initial attention to the *past* of the building and its development over the centuries and through several partial collapses, to the present day. The resulting considerable expansion of the body of knowledge about the existing building then allowed a more reliable evaluation of its structural behavior and its *present* stability under static loads, contributing to a better assessment of the risk presented by *future* earthquakes.

- *The Past – Researching the structural characteristics*

  Examining this sensitive structure required proceeding with utmost caution; consequently, non-destructive geophysical study methods were used exclusively. They resulted in extensive findings regarding the currently existing structure, as well as the inner state of the pendentive dome made of brick masonry work and the four main pillars made of natural stone.

  In addition to determining building component geometries precisely, identifying structural and material characteristics, as well as moisture content, this also allowed detecting and differentiating the specific geometric and structural characteristics of the different construction phases. This provided, for the first time, knowledge that did not only allow a better technical assessment of the historic structural design, but also added new facts regarding the history of the Hagia Sophia and its construction.

- *The Present – Assessing the structural behavior*

  The new findings and data on the structural design as well as on its history represent a completely new starting point for assessing the load flow and the structural behavior of today's building realistically. This allowed – in contrast to the highly simplified assumptions of existing analyses – defining more differentiated boundary conditions and formulating more precise calculation approaches. And it provided, for the first time, a basis for taking into account the irregularities and discontinuities in geometry and materials found on the building, the time differential between the partial collapses and reconstruction measures, as well as the material properties determined.

  The studies and *structural* analyses performed succeed in reflecting the actual deformations detectable on the building. This also allowed making reliable statements regarding load flow, stress states, and stability behavior, and it showed that the cause for the partial collapses, even though ultimately caused by earthquakes, is already noticeable when looking at the building under the load of its own weight. Its dead load, however, does not represent a risk for the building.

- *The Future – The earthquake risk for the Hagia Sophia*

  The probability of a strong earthquake affecting the region surrounding the Sea of Marmara in the not-too-distant future has been rated as very high by proven earthquake experts.

  A study on the extent to which such a quake can actually impact the stability of the Hagia Sophia is being conducted in the context of a follow-up project entitled *"The earthquake risk for the Hagia Sophia in Istanbul – verification and validation of numerical calculation models for dynamic loads"*. The related *dynamic* analyses will be based on all the findings acquired during the present study of the building's structure in terms of geometry and material-technology, as well as on detailed numerical calculation models. This will allow researching the question how high the earthquake risk is with a reliability that is appropriate for the Hagia Sophia's importance from the point of view of cultural and architectural history.

Based on the examination of why the main load-bearing structure has mostly escaped damage for the last 650 years, and on the results of the follow-up project mentioned above, it should then be possible to assess whether the calculated stability under dynamic loads will – just as that under dead load – continue to allow preserving and maintaining the integrity and identity of the building, or whether – and if so, what kind of – cautious reinforcing measures may be necessary.

Literaturverzeichnis

[1] AHUNBAY, M.; AHUNBAY, Z.:
Structural Influence of Hagia Sophia on Ottoman Mosque Architecture.
In: Hagia Sophia from the age of Justinian to the present, edited by R. Mark and A.Ş. Çakmak, Cambridge 1992, S. 179–194

[2] AHUNBAY, M. & Z.; ALMESBERGER, D.; RIZZO, A.; TONCIC, M.; IZMIRLIGIL, Ü.:
Non-destructive testing and monitoring in Hagia Sophia / Istanbul.
In: Studies in Ancient Structures, Proceedings of the International Conference, Yildiz Technical University, Istanbul 1997, S. 197–206

[3] AHUNBAY, Z.; AHUNBAY, M.:
persönliche Gespräche

[4] ALMESBERGER, D.; RIZZO, A.; TONCIC, M.:
Diagnosis and monitoring of St. Sophia basilica, Istanbul, Turkey.
In: IABSE International Colloquium Seriate 1997 on Inspection and Monitoring of the Architectural Heritage, Clusone 1997, S. 81–86

[5] BAKOLAS, A.; BISCONTI, G.; MOROPOULOU, A.; ZENDRI, E.:
Charakterization of structural byzantine mortars by thermogravimetric analysis.
Thermochimica Acta 321 (1998), S. 151–160

[6] BARTHEL, R.:
Tragverhalten gemauerter Kreuzgewölbe.
Aus Forschung und Lehre, Heft 26, Institut für Tragkonstruktionen, Universität Karlsruhe 1993

[7] BARTOLI, G.:
Hagia Sophia in Istanbul: Some remarks on displacement phenomena in Main Piers.
In: Hagia Sophia Surveying Project Conference, Proceedings of the Conference, Tokyo 2001, S. 143–160

[8] BERGER, F.:
Zur nachträglichen Bestimmung der Tragfähigkeit von zentrisch gedrücktem Mauerwerk.
In: Erhalten historisch bedeutsamer Bauwerke, Jahrbuch 1986 des Sonderforschungsbereiches 315, Universität Karlsruhe. Berlin 1987, S. 231–248

[9] BERGER, F.; WENZEL, F.:
Einsatzmöglichkeiten zerstörungsfreier Untersuchungsmethoden an Mauerwerk, insbesondere an historischen Bauten.
In: Erhalten historisch bedeutsamer Bauwerke, Jahrbuch 1988 des Sonderforschungsbereiches 315, Universität Karlsruhe. Berlin 1989, S. 69–106

[10] BINDA, L.; TEDESCHI, C.; BARONIO, G.:
Mechanical behaviour at different ages, of masonry prisms with thick mortar joints reproducing a Byzantine Masonry.
In: Becchi, A. (Hrsg.), Towards a History of Construction, Basel 2002, S. 73–86

[11] BLASI, C.:
Hagia Sophia in Istanbul: Earthquake and Restorations.
In: Hagia Sophia Surveying Project Conference, Proceedings of the Conference, Tokyo 2001, S. 179–203

[12] BLASI, C.:
Hagia Sophia: Geometry and collapse mechanism.
In: Studies in Ancient Structures, Proceedings of the 2nd International Congress, Yildiz Technical University, Istanbul 2001, S. 323–334

[13] ÇAKMAK, A.Ş.; DAVIDSON, R.; MULLEN, C.L.; ERDIK, M.:
Dynamic analysis and earthquake response of Hagia Sophia.
In: Structural Repair and Maintenance of Historical Buildings III, Proceedings of the third International Conference held at Bath in June 1993, edited by C.A. Brebbia and R.J.B. Frewer, Southampton 1993, S. 67–84

[14] ÇAKMAK, A.Ş.; MOROPOULOU, A.; MULLEN, C.L.:
Interdisciplinary study of dynamic behavior and earthquake response of Hagia Sophia.
Soil Dynamics and Earthquake Engineering 14 (1995), S. 125–133

[15] CROCI, G.:
Report on the mission at Hagia Sophia (2nd visit, June 1999).
unveröffentlicht

[16] DEICHMANN, F.W.:
Studien zur Architektur Konstantinopels im 5. und 6. Jahrhundert nach Christus.
Baden-Baden 1954

[17] dtv-Atlas zur Baukunst
Band 1: Allgemeiner Teil, Baugeschichte von Mesopotamien bis Byzanz.
13. Auflage, München 2002

[18] DURUKAL, E.; ERDIK, M.; ÇAKMAK, A.Ş.:
Assessment of the earthquake performance of Hagia Sophia.
In: Studies in Ancient Structures, Proceedings of the International Conference, Yildiz Technical University, Istanbul 1997, S. 407–415

[19] DURUKAL, E.; CIMILLI, S.; ERDIK, M.:
Dynamic response of two historical monuments in Istanbul deduced from the recordings of Kocaeli and Düzce earthquakes.
Bulletin of the Seismological Society of America 93 (2003), No. 2, S. 694–712

[20] EGERMANN, R.:
Zur nachträglichen Bestimmung der mechanischen Eigenschaften von Mauerziegeln.
In: Erhalten historisch bedeutsamer Bauwerke, Jahrbuch 1990 des Sonderforschungsbereiches 315, Universität Karlsruhe. Berlin 1992, S. 159–182

[21] EGERMANN, R.:
Modelluntersuchungen zum Tragverhalten von ein- und mehrschaligem Mauerwerk.
In: Untersuchungen an Material und Konstruktion historischer Bauwerke. Arbeitsheft 10/1991 des Sonderforschungsbereiches 315, Universität Karlsruhe. S. 23–29

[22] EMERSON, W.; VAN NICE, R.L.:
Haghia Sophia, Istanbul: Preliminary Report of a Recent Examination of the Structure.
American Journal of Archaeology 47 (1943), S. 403–436

[23] EMERSON, W.; VAN NICE, R.L.:
Hagia Sophia: The collapse of the First Dome.
Archaeology 4 (1951), S. 94–103

[24] EMERSON, W.; VAN NICE, R.L.:
Hagia Sophia: The Construction of the second Dome and its later repairs.
Archaeology 4 (1951), S. 162–171

[25] ERDIK, M.; DURUKAL, E.; YÜZÜGÜLLÜ, Ö.; BEYEN, K.; KADAKAL, U.:
Strong-motion instrumentation of Aya Sofya and the analysis of response to an earthquake of 4.8 magnitude.
In: Structural Repair and Maintenance of Historical Buildings III, Proceedings of the third International Conference held at Bath in June 1993, edited by C.A. Brebbia and R.J.B. Frewer, Southampton 1993, S. 99–114

[26] ERDIK, M.; DURUKAL, E.; AYDINOGLU, N.; YÜZÜGÜLLÜ, Ö.:
Use of strong motion data for the assessment of the earthquake response of historical monuments.
In: Proceedings of the 11th World Conference on Earthquake Engineering, Acapulco 1996, S. 225–235

[27] ERDIK, M.; DEMIRCIOGLU, M.; SESETYAN, K.; DURUKAL, E.; SIYAHI, B.:
Earthquake hazard in Marmara Region, Turkey.
Soil Dynamics and Earthquake Engineering 24 (2004), S. 605–631

[28] FALTER, H.; REINHARDT, H.-W.:
Tests on reproduced byzantine masonry.
Otto-Graf-Journal 9 (1998), S. 114–122

[29] FINK, J.:
Die Kuppel über dem Viereck – Ursprung und Gestalt.
Freiburg 1958

[30] FISCHER, L.:
Theorie und Praxis der Schalenkonstruktionen.
Berlin 1967

[31] FOSSATI, C.:
Die Hagia Sophia. Nach dem Tafelwerk von 1852. Erläutert und mit einem Nachwort von Urs Peschlow.
Dortmund 1980

[32] FREELY, J.; ÇAKMAK, A.Ş.:
Byzantine Monuments of Istanbul.
Cambridge 2004

[33] GERSTENECKER, C.:
Untersuchung des Untergrundes der Hagia Sophia, Istanbul.
Institut für Physikalische Geodäsie, Technische Universität Darmstadt 2004

[34] GGU Gesellschaft für geophysikalische Untersuchungen mbH
Informationsmappe mit Dienstleistungsübersicht, Verfahrensbeispielen, Fallbeispielen.
Auflage 3ac, Karlsruhe 2004

[35] GÜRKAN, O.; CAMLIDERE, S.; ERDIK, M.:
Photogrammetric Studies of the Dome of Hagia Sophia.
In: Hagia Sophia from the age of Justinian to the present, edited by R. Mark and A.Ş. Çakmak, Cambridge 1992, S. 78–82

[36] Glossarium Artis. Deutsch-Französisches Wörterbuch zur Kunst.
Band 6: Gewölbe und Kuppeln – Voutes et Coupoles.
Tübingen 1975

[37] HARIRI, K.:
Bauwerksmonitoring und Messtechnik I, Vorlesungsmanuskript.
Institut für Baustoffe, Massivbau und Brandschutz, TU Braunschweig 2004

[38] HEINLE, E.; SCHLAICH, J.:
Kuppeln aller Zeiten – aller Kulturen.
Stuttgart 1996

[39] HETTLER, A.:
Gründung von Hochbauten.
Berlin 2000

[40] HEYMAN, J.:
The Masonry Arch.
Chichester 1982

[41] HEYMAN, J.:
Poleni´s problem.
Proceedings of the Institution of Civil Engineers, Part 1, 84 (1988), S. 737–759

[42] HEYMAN, J.:
The Stone Skeleton: Structural Engineering of Masonry Architecture.
Cambridge 1995

[43] HOFFMANN, C.W.:
Ueber die alterthümliche Anfertigung leichter Steine aus einer weißen (wahrscheinlich Infusorien) Erde auf der Insel Rhodos.
Allgemeine Bauzeitung 10 (1845), S. 291–294

[44] HOFFMANN, V. (Hrsg.):
Die Hagia Sophia in Istanbul, Akten des Berner Kolloquiums vom 21.10.94.
Bern 1998

[45] HOFFMANN, V. (Hrsg.):
Die Hagia Sophia in Istanbul. Bilder aus sechs Jahrhunderten und Gaspare Fossatis Restaurierung der Jahre 1847 bis 1849.
Katalog der Ausstellung im Bernischen Historischen Museum, 12. Mai bis 11. Juli 1999, Bern 1999

[46] HOFFMANN, V. (Hrsg.):
Der geometrische Entwurf der Hagia Sophia in Istanbul: Bilder einer Ausstellung.
Bern, 2005

[47] HUERTA, S.; KURRER, K.-E.:
Zur baustatischen Analyse gewölbter Steinkonstruktionen.
Mauerwerk-Kalender 2008, S. 373–422

[48] IBS, C.:
Nachrechnung historischer rotationssymmetrischer Kuppeln mit einem Differenzenverfahren.
Bauingenieur 67 (1992), S. 31–33

[49] ILLICH, B.:
persönliche Gespräche

[50] JANDL, K.:
Die großen Moscheen in Konstantinopel.
Allgemeine Bauzeitung 78 (1913), S. 49–57

[51] JANTZEN, H.:
Die Hagia Sophia des Kaisers Justinian in Konstantinopel.
Köln 1967

[52] JUNECKE, H.:
Proportionen frühchristlicher Basiliken des Balkan im Vergleich von zwei unterschiedlichen Meßverfahren – Proportionen der Hagia Sophia in Istanbul.
Tübingen 1983

[53] KAHLE, M. ; ILLICH, B.
Erkundung von Struktur und Zustand historischen Mauerwerks mit dem Radarverfahren.
In: Erhalten historisch bedeutsamer Bauwerke, Jahrbuch 1991 des Sonderforschungsbereiches 315, Universität Karlsruhe. Berlin 1993, S. 101–115

[54] KAHLE, M.; ILLICH, B.:
Einsatz des Radarverfahrens zur Erkundung von Struktur und Zustand historischen Mauerwerks.
Bautechnik 69 (1992), Heft 7, S. 342–353

[55] KAHLE, M.; ILLICH, B.:
Bestimmung des Feuchtegehaltes historischen Mauerwerks mit Radar.
Bauphysik 16 (1994), Heft 1, S. 6–13

[56] KAHLE, M.:
Verfahren zur Erkundung des Gefügezustandes von Mauerwerk, insbesondere an historischen Bauten.
Aus Forschung und Lehre, Heft 28, Institut für Tragkonstruktionen, Universität Karlsruhe 1995

[57] KÄHLER, H.:
Die Hagia Sophia. Mit einem Beitrag von Cyril Mango über die Mosaiken.
Berlin 1967

[58] KATO, S.; AOKI, T.; HIDAKA, K.; NAKAMURA, H.:
Finite-Element modelling of the first and second domes of Hagia Sophia.
In: Hagia Sophia from the age of Justinian to the present, edited by R. Mark and A.Ş. Çakmak, Cambridge 1992, S. 103–119

[59] KINROSS, J. P.:
Hagia Sophia.
Wiesbaden 1976

[60] KLEINBAUER, W.E.; WHITE, A.; MATTHEWS, H.; AYDOĞMUŞ, T.:
Hagia Sophia.
London 2004

[61] KOCH, W.:
Baustilkunde.
München 2005

[62] KURRER, K.-E.:
Zur Entstehung der Stützlinientheorie.
Bautechnik 68 (1991), Heft 4, S. 109–117

[63] LAU, W.W.:
Equilibrium analysis of masonry domes.
Master Thesis, Massachusetts Institute of Technology 2006

[64] LETHABY, W.R.; SWAINSON, H.:
The church of Sancta Sophia Constantinople. A study of byzantine building.
London 1894

[65] LIVINGSTONE, R.A.:
Materials analysis of the masonry of the Hagia Sophia Basilica, Istanbul.
In: Structural Repair and Maintenance of Historical Buildings III, Proceedings of the third International Conference held at Bath in June 1993, edited by C.A. Brebbia and R.J.B. Frewer, Southampton 1993, S. 15–31

[66] MAINSTONE, R.J.:
Developments in Structural Form.
London 1975

[67] MAINSTONE, R.J.:
Hagia Sophia – Architecture, Structure and Liturgy of Justinian´s Great Church.
London 1988

[68] MAINSTONE, R.J.:
Einflüsse der Konstruktion auf die Form von Kuppeln und Gewölbe.
In: Zur Geschichte des Konstruierens, hrsg. von R. Graefe, Stuttgart 1989, S. 211–223

[69] MAINSTONE, R.J.:
Questioning Hagia Sophia.
In: Hagia Sophia from the age of Justinian to the present, edited by R. Mark and A.Ş. Çakmak, Cambridge 1992, S. 158–178

[70] MAINSTONE, R.J.:
The structural conservation of Hagia Sophia.
In: Structural Repair and Maintenance of Historical Buildings III, Proceedings of the third International Conference held at Bath in June 1993, edited by C.A. Brebbia and R.J.B. Frewer, Southampton 1993, S. 3–14

[71] MAINSTONE, R.J.:
Present State of the Hagia Sophia Monument with Recommendations for its Preservation and Restoration.
UNESCO, Paris 1996

[72] MANGO, C.:
Materials for the Study of the Mosaics of St. Sophia at Istanbul.
Washington 1962

[73] MANGO, C.:
Byzantinische Architektur.
Stuttgart 1975

[74] MANGO, C.:
Byzantine writers on the fabric of Hagia Sophia.
In: Hagia Sophia from the age of Justinian to the present, edited by R. Mark and A.Ş. Çakmak, Cambridge 1992, S. 41–56

[75] MARK, R.; WESTAGARD, A.:
The First Dome of the Hagia Sophia: Myth vs. Technology.
In: Domes from Antiquity to the Present, Proceedings of IASS - MSU Symposium, Istanbul, 1988, S. 163–172

[76] MARK, R.; ÇAKMAK, A.Ş.; ERDIK, M.:
Preliminary report on an integrated study of the structure of Hagia Sophia: Past, present, and future.
In: Hagia Sophia from the age of Justinian to the present, edited by R. Mark and A.Ş. Çakmak, Cambridge 1992, S. 120–131

[77] MARK, R.; ÇAKMAK, A.Ş.; HILL, K.; DAVIDSON, R.:
Structural analysis of Hagia Sophia: a historical perspective.
In: Structural Repair and Maintenance of Historical Buildings III, Proceedings of the third International Conference held at Bath in June 1993, edited by C.A. Brebbia and R.J.B. Frewer, Southampton 1993, S. 33–46

[78] MARK, R.; ÇAKMAK, A.Ş.:
Mechanical Tests of Material from the Hagia Sophia Dome.
Dumbarton Oaks Papers 48 (1994), S. 277–279

[79] MARK, R. (Hrsg.):
Vom Fundament zum Deckengewölbe.
Basel 1995

[80] MARKUS, G.:
Theorie und Berechnung rotationssymmetrischer Bauwerke.
3. Auflage, Düsseldorf 1978

[81] MÜLLER-WIENER, W.:
Bildlexikon zur Topographie Istanbuls.
Tübingen 1977

[82] MOROPOULOU, A.; CHRISTARAS, B.; LAVAS, G.; PENELIS, G.; ZIAS, N.; BISCONTI, G.; KOLLIAS, E.; PAISIOS, A.; THEOULAKIS, P.; BISBIKOU, K.; BAKOLAS, A.; THEODORAKI, A.:
Weathering phenomena on the Hagia Sophia Basilica Konstantinople.
In: Structural Repair and Maintenance of Historical Buildings III, Proceedings of the third International Conference held at Bath in June 1993, edited by C.A. Brebbia and R.J.B. Frewer, Southampton 1993, S. 47–66

[83] MOROPOULOU, A.; BAKOLAS, A.; MOUNDOULAS, P.; AGGELAKOPOULOU, E.; ANAGNOSTOPOULOU, S.:
Optimization of compatible restoration mortars for the protection of Hagia Sophia.
In: Studies in Ancient Structures, Proceedings of the 2nd International Congress, Yildiz Technical University, Istanbul 2001, S. 519–529

[84] MOROPOULOU, A.; ÇAKMAK, A.Ş.; BISCONTIN, G.; BAKOLAS, A.; ZENDRI, E.:
Advanced Byzantine cement based composites resisting earthquake stresses: the crushed brick/lime mortars of Justinian´s Hagia Sophia.
Construction and Building Materials 16 (2002), S. 543–552

[85] MOROPOULOU, A.; ÇAKMAK, A.Ş; LABROPOULOS, K.C.; VAN GRIEKEN, R.; TORFS, K.:
Accelerated microstructural evolution of a calcium-silicate-hydrate (C-S-H) phase in pozzolanic pastes using fine siliceous sources: Comparison with historic pozzolanic mortars.
Cement and Concrete Research 34 (2004), S. 1–6

[86] NELSON, R.S.:
Hagia Sophia, 1850–1950: Holy Wisdom Modern Monument.
Chicago 2004

[87] NORWICH, J.J.:
Byzanz – Aufstieg und Fall eines Weltreiches.
Berlin 2006

[88] OZIL, R.:
The Conservation of the Dome Mosaics of Hagia Sophia.
In: Light on Top of the Black Hill, Studies presented to Halet Çambel, edited by G. Arsebük, Istanbul 1998, S. 543–553

[89] OZKUL, T.A.; KURIBAYASHI, E.:
Structural characteristics of Hagia Sophia, A finite element formulation for static analysis.
Building and Environment 42 (2007) S. 1212–1218

[90] OZKUL, T.A.; KURIBAYASHI, E.:
Structural characteristics of Hagia Sophia: A finite element formulation for dynamic analysis.
Building and Environment 42 (2007), S. 2100–2106

[91] PATITZ, G.:
Erkundung mehrschaligen Mauerwerks mit mechanischen Wellen.
Aus Forschung und Lehre, Heft 35, Institut für Tragkonstruktionen, Universität Karlsruhe 1998

[92] PENELIS, G.; KARAVEZIROGLOU, M.; STYLIANIDIS, K.; LEONTARIDIS, D.:
The Rotunda of Thessaloniki: Seismic Behaviour of Roman and Byzantine Structures.
In: Hagia Sophia from the age of Justinian to the present, edited by R. Mark and A.Ş. Çakmak, Cambridge 1992, S. 132–157

[93] PROCOPIUS:
On Justinians´s Buildings. English translation by H.B. Dewing and G. Downey
London 1940

[94] RASCH, J.J.:
Die Kuppel in der römischen Architektur – Entwicklung, Formgebung, Konstruktion.
In: Zur Geschichte des Konstruierens, hrsg. von R. Graefe, Stuttgart 1989, S. 17–37

[95] RASCH, J.J.:
Zur Konstruktion spätantiker Kuppeln vom 3. bis 6. Jahrhundert.
Habilitationsschrift, Fakultät für Architektur, Universität Karlsruhe 1993

[96] ŞAHIN, M.; MUNGAN, I.:
Dynamic performance of the roof of Hagia Sophia considering cracking.
International Journal of Space Structures 20 (2005), No. 3, S. 135–141

[97] SALZENBERG, W.:
Alt-christliche Baudenkmale von Constantinopel vom V. bis XII. Jahrhundert.
Berlin 1854

[98] SATO, T.; HIDAKA, K.:
Deformation of the Upper Structure of Hagia Sophia.
In: Hagia Sophia Surveying Project Conference, Proceedings of the Conference. Tokyo 2001, S. 37–64

[99] SATO, T.; HIDAKA, K.:
Planunterlagen (M1:50) der photogrammetrischen Kuppelvermessung.
Zur Verfügung gestellt vom ´Laboratory for Conservation and Restoration´ des Türkischen Kulturministeriums

[100] SCHLÜTER, S.:
Gaspare Fossatis Restaurierung der Hagia Sophia in Istanbul 1847–49.
Bern 1999

[101] SCHNEIDER, A.M.:
Die Hagia Sophia zu Konstantinopel.
Berlin 1939

[102] SCHUBERT, P.:
Eigenschaftswerte von Mauerwerk, Mauersteinen, Mauermörtel und Putze.
Mauerwerk-Kalender 2008, S. 3–27

[103] SCHWAB, O.:
Der spätantike Gründungsbau von St. Gereon in Köln.
Bautechnik 82 (2005), Heft 10, S. 728–739

[104] Ser.Co.Tec (Servizi Controlli Tecnici)
Diagnosis and Monitoring for the Hagia Sophia in Istanbul.
Triest 1995 (unveröffentlicht)

[105] SVENSHON, H.; STICHEL, R.:
Das unsichtbare Oktagramm und die Kuppel an der "goldenen Kette".
In: Bericht über die 42. Tagung für Ausgrabungswissenschaft und Bauforschung vom 8. bis 12. Mai 2002 in München, Koldewey Gesellschaft, Stuttgart 2004, S. 187–205

[106] SVENSHON, H. (Hrsg.):
Einblicke in den virtuellen Himmel. Neue und alte Bilder vom Inneren der Hagia Sophia in Istanbul.
Tübingen 2008.

[107] SWAN, C.C.; ÇAKMAK, A.Ş.:
Nonlinear quasi-static and seismic analysis of the Hagia Sophia using an effective medium approach.
Soil Dynamics and Earthquake Engineering 12 (1993), S. 259–271

[108] TERRIN, J.-J.:
Coupoles.
Paris 2006

[109] TETERIATNIKOV, N.B.:
Mosaics of Hagia Sophia, Istanbul: The Fossati Restoration and the work of the Byzantine Institute.
Dumbarton Oaks Research Library and Collection, Washington D.C. 1998

[110] THODE, D.:
Untersuchungen zur Lastabtragung in spätantiken Kuppelbauten.
Herausgegeben von der Koldewey-Gesellschaft, Darmstadt 1975

[111] TRAUTZ, M.:
Zur Entwicklung von Form und Struktur historischer Gewölbe aus der Sicht der Statik.
Bericht Nr. 28, Institut für Baustatik, Universität Stuttgart 1998

[112] VAN NICE, R.L.:
St. Sophia´s Structure. A new assessment of the half domes.
The architectural forum: the magazine of building 121 (1964), Heft 2, S. 45–49

[113] VAN NICE, R.L.:
St. Sophia in Istanbul: an architectural survey.
Dumbarton Oaks Washington, 1965 und 1986

[114] WARTH, O.:
Allgemeine Baukonstruktionslehre, Band 1: Die Konstruktionen in Stein.
Leipzig, 1903

[115] WENZEL, F.; KLEINMANNS, J. (Hrsg.):
Historisches Mauerwerk: Untersuchen, Bewerten und Instandsetzen.
Sonderforschungsbereich 315, Universität Karlsruhe 2000

[116] WENZEL, F.:
Hagia Sophia, Istanbul. Measuring campaign January 29 to February 4, 2002,
(unveröffentlicht)

[117] WENZEL, F.; ILLICH, B.; DUPPEL, C.:
Zerstörungsfreie Untersuchungen am Baugefüge der Hagia Sophia in Istanbul.
In: Ingenieurbaukunst in Deutschland Jahrbuch 2003/2004, hrsg. von der Bundesingenieurkammer, Hamburg 2003, S. 166–171

[118] WENZEL, F.; ILLICH, B.; DUPPEL, C.:
Radar measurement evaluation of the dome interior surface.
(unveröffentlicht)

[119] WENZEL, F.; DUPPEL,C.:
Engineering Studies on the Main Dome and the Main Pillars of the Hagia Sophia in Istanbul.
In: Structure and Extreme Events, IABSE Symposium Lisbon 2005, Zürich 2005, S. 340–341

Normative Verweise

- DIN 1053-1 (11.96)
  Mauerwerk; Berechnung und Ausführung

- DIN 18554-1 (12.85)
  Prüfung von Mauerwerk; Ermittlung der Druckfestigkeit und des Elastizitätsmoduls